CorelDRAW
设计幻想 I

主 编　桑 振
副主编　袁小娟
参 编　严渭青　关　瑛
　　　　王海锋　黎锦妮

印刷工业出版社

图书在版编目（CIP）数据

CorelDRAW设计幻想 I／桑振著.—北京：印刷工业出版社，2009.5
ISBN 978-7-80000-833-7

I．C… II．桑… III．图形软件，CorelDRAW X4 IV.TP391.41

中国版本图书馆CIP数据核字（2009）第061111号

CorelDRAW设计幻想 I

桑 振 著

策划编辑：孙 祺	责任编辑：郭 平
责任印制：张利君	责任设计：张 羽

出版发行：印刷工业出版社（北京市翠微路2号 邮编：100036）
网　　址：www.keyin.cn　　www.pprint.cn
网　　店：//shop36885379.taobao.com
经　　销：各地新华书店
印　　刷：北京多彩印刷有限公司

开　　本：787mm×1092mm　1/16
字　　数：350千字
印　　张：19.125
印　　数：1～3000
印　　次：2009年5月第1版　2009年5月第1次印刷
定　　价：59.00元
ＩＳＢＮ：978-7-80000-833-7

◆ 如发现印装质量问题请与我社发行部联系　　发行部电话：010-88275707　88275602

前 言
QIANYAN

CorelDRAW是平面设计师及其爱好者最熟悉不过的绘画软件了,目前在国内已经形成了一种热烈的学习和应用氛围,甚至部分中小学都开了这门课程,可喜可贺!当然,据调查,CorelDRAW最大的使用市场还是20岁左右的大学生及其他年轻群体。年轻人的特点就是青春活泼,喜欢刺激挑战,追求新鲜事物,追求时尚与品位,也更喜欢标新立异,喜欢轻松幽默,对学习CorelDRAW也是如此。

不过在目前市场上,CorelDRAW教程书籍大都是井喷之作,鱼龙混杂,尽管其中不乏优秀者,但总体来说,还是风格单调、内容重复,繁杂而不丰富,并且抄袭严重,实力不足,尤其是大部分教程不苟言笑,让人看了心情灰冷,如同油水分离,缺乏亲切感和轻松幽默感,没有形成人书、书人相融。在笔者看来,好的教程书籍不仅仅注重内容的水平,还应该让读者和教程形成鱼水关系,不单单是程式上的"师生"关系,更重要的是其二者要能够产生心灵的沟通和融合。而要达成这种关系,CorelDRAW教程就要让人感到轻松、愉悦、亲切而新颖独特。

针对以上情况,笔者通过与出版社的沟通及市场调查,编辑了这套《CorelDRAW设计幻想》系列教程。该教程系列的重要特点就是风格活泼幽默,内容全面实用,案例经典精练。目标是追求成为经典制作,让性价比市场最高!

这本《CorelDRAW设计幻想Ⅰ》采用了CorelDRAW的最新版本CorelDRAW X4,CorelDRAW X4相对于CorelDRAW X3来说许多方面更加人性化,并增添了局部的新的功能,使我们表现设计创意更加简单。鉴于此,本书首先简单介绍了CorelDRAW X4的所有绘图工具,然后列举了9个典型的例子,每个例子都有一定的代表性,主要目的是让读者通过本书的学习,真正掌握住CorelDRAW X4的一些作图技巧,最重要的是让读者能够举一反三,在以后使用CorelDRAW X4表现设计作品时能够得心应手,游刃有余。

总之,这本《CorelDRAW设计幻想Ⅰ》主要是针对它的基础学习群体——学生的重要特征,而进行量身定做的多维学习教程,内容从基础到应用,从简单到复杂,细腻而不失大气,言简意赅,深入浅出,并配套多媒体学习光盘,使学习者在轻松愉快的心情下尽速掌握CorelDRAW X4软件的使用方法,进而囊其精髓,使其成为平面绘画高手不远矣!

由于时间仓促,书中难免有不足和疏漏之处,请读者谅解并批评指正,如欲沟通交流,可与出版社或者笔者联系,我们将有则改之,无则加勉!争取在下一本《CorelDRAW设计幻想Ⅱ》中更上一层楼。

笔 者

2009年3月

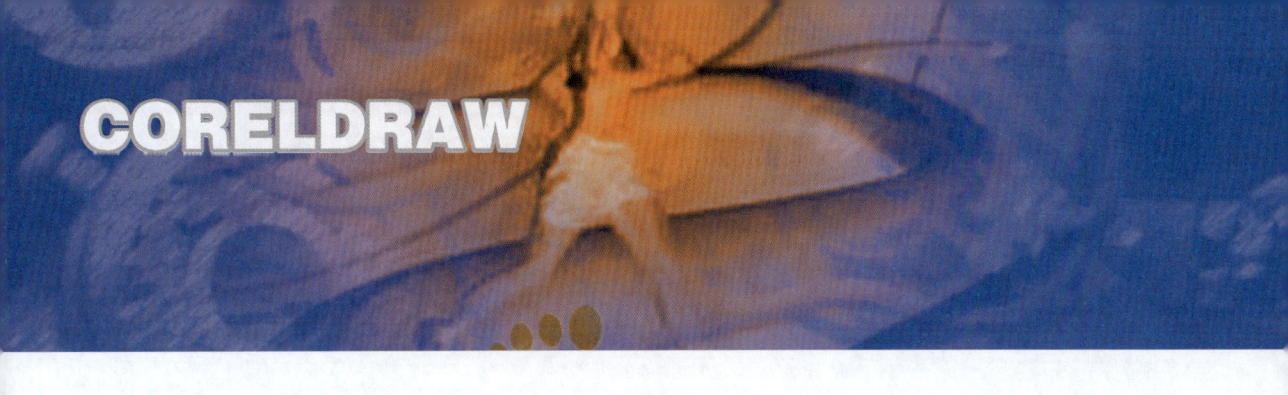

目录 CONTENTS

■ 第一部分　幻想序曲

| 3 | 第一章　CorelDRAW简介 |

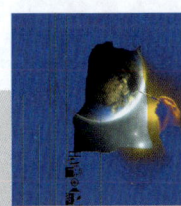

■ 第二部分　幻想端倪

27	第二章　Humorous CD
37	第三章　水晶甲壳虫
58	第四章　火柴火

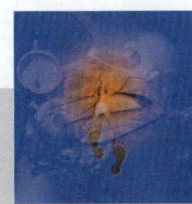

■ 第三部分　幻想征途

81	第五章　APPLE牛仔裤招贴广告
105	第六章　太空水杯
137	第七章　人　　像
188	第八章　电热水壶
225	第九章　立体电影海报

CorelDRAW 设计幻想 I

第一部分　幻想序曲

第一章 CorelDRAW 简介

一、CorelDRAW X4简介

CorelDRAW是由Michael Cowpland博士于1985年在加拿大渥太华创立的Corel公司提供发行的著名平面设计软件,主要功能是绘制图形、处理图像和编排版面等,被广泛应用于平面广告设计、网页图形设计、电子出版物设计等诸多设计领域。主要市场群体为专业设计人员、自由职业者、广告设计师、从事商业服务专业人员,在家庭或在学校寻找创新方式为其课程、项目和报告中加入图形的学生和教师、政府和商业组织中的业务专业人员,如技术人员、销售支持专家、工程师、科学家和行政支持专业人员,甚至需要创建或重新制作业务营销推广品的企业等。

CorelDRAW到目前为止已经开发到了CorelDRAW X4版本,CorelDRAW X4除了具备CorelDRAW X3版本的大部分优点外,还增加了一些新的功能。

1. 用户界面更时尚、更直观,如图1-1所示。

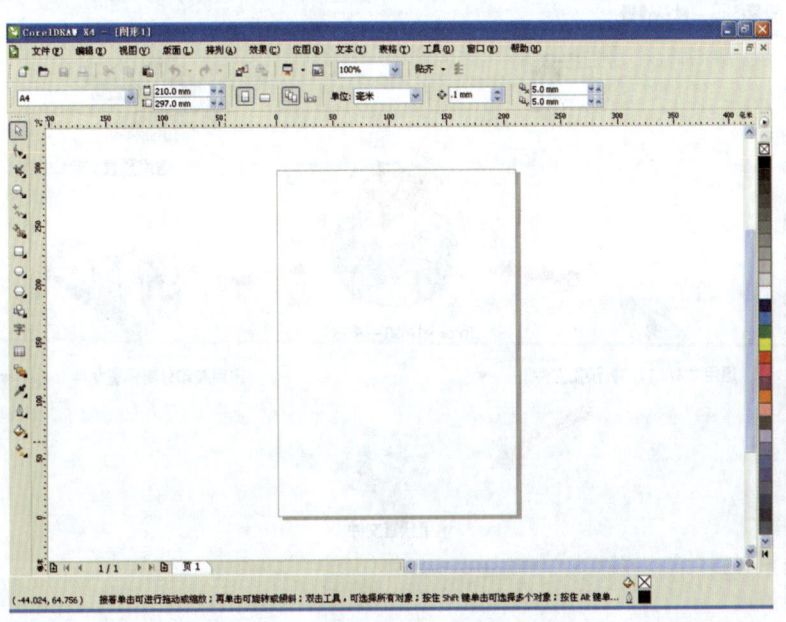

图1-1

2. "从模板新建"对话框的重新设计,提供了80个专业设计的模板,从而能够轻松地为任意设计工作找到合适的模板,并可按照关键字或行业进行浏览,如图1-2所示。

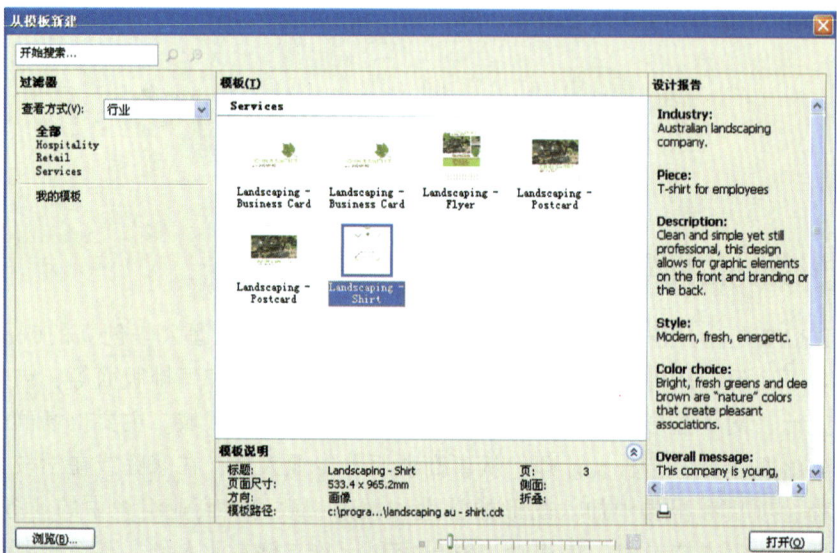

图1-2

3. 采用Adobe颜色管理模块,可以匹配Corel与Adobe应用程序之间的颜色,如图1-3所示。

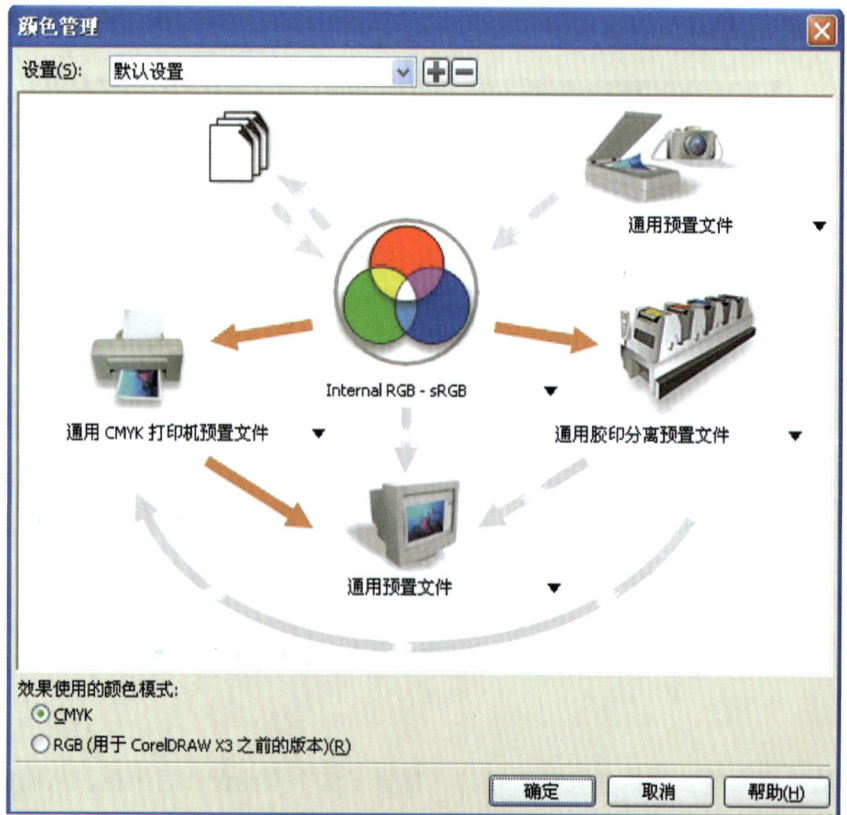

图1-3

4. 与Windows Vista的集成增强，可更迅速整理项目和搜索文件。

5. 新附赠1万个剪贴画图像，1000张高质量照片以及更多专用字体：包括75种Windows Glyph List 4 (WGL4) 字体，支持希腊、Cyrillic和其他国际字符集以及单行阴文字体和OpenType跨平台字体。

统计起来，CorelDRAW X4相比CorelDRAW X3，增加了总计50项以上大量新特性，其中最重要的亮点就是文本格式实时预览、字体识别、页面无关层控制、交互式工作台控制等。此外，它还整合了新系统的桌面搜索功能，可以按照作者、主题、文件类型、日期、关键字等文件属性进行搜索，新增了在线协作工具"ConceptShare"（概念分享）。CorelDRAW X4对大量新文件格式支持的增加，例如Microsoft Office Publisher、Illustrator CS3、Photoshop CS3、PDF 8、AutoCAD DXF/DWG、Painter X给了我们更多的设计施展空间。

CorelDRAW X4也继续整合了抓图工具Capture、点阵图矢量图转换工具Trace、剪贴图库与像素编辑工具Paint，其中Paint增加了对RAW相机文件格式的支持，还引入了一个新的自动控制功能"Straighten Image"，可以交互式快速调整倾斜的扫描图和照片。

还值得一提的是，CorelDRAW X4的启动界面和启动快捷方式更加简洁，且专业性更强，如图1-4所示。

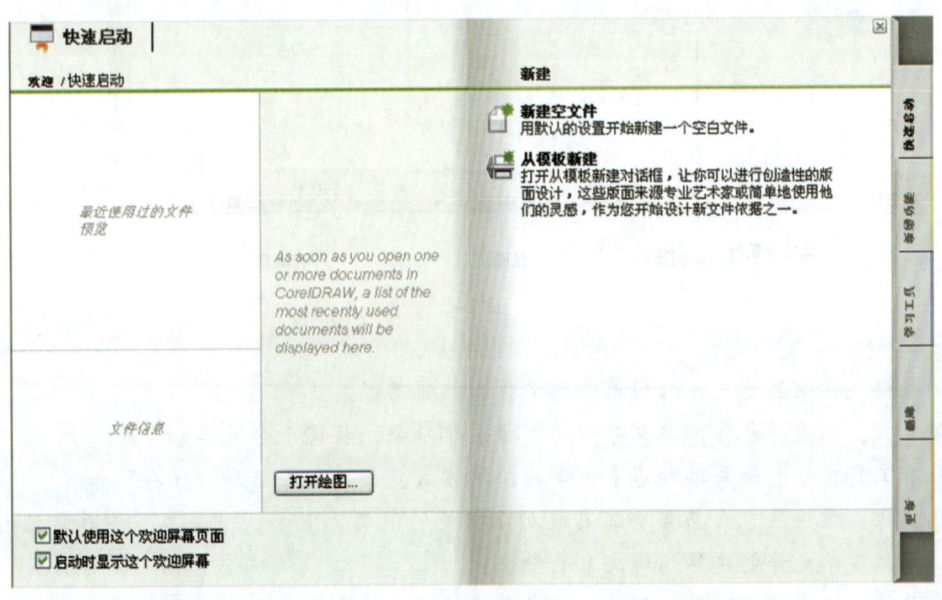

图1-4

二、CorelDRAW X4工作界面

CorelDRAW X4的工作界面可以划分为标题栏、菜单栏、标准工具栏、属性栏、工具箱、泊坞窗、调色板、标尺、状态栏、文档导航器、绘图窗口、绘图页和导航器十三块区，如图1-5所示。

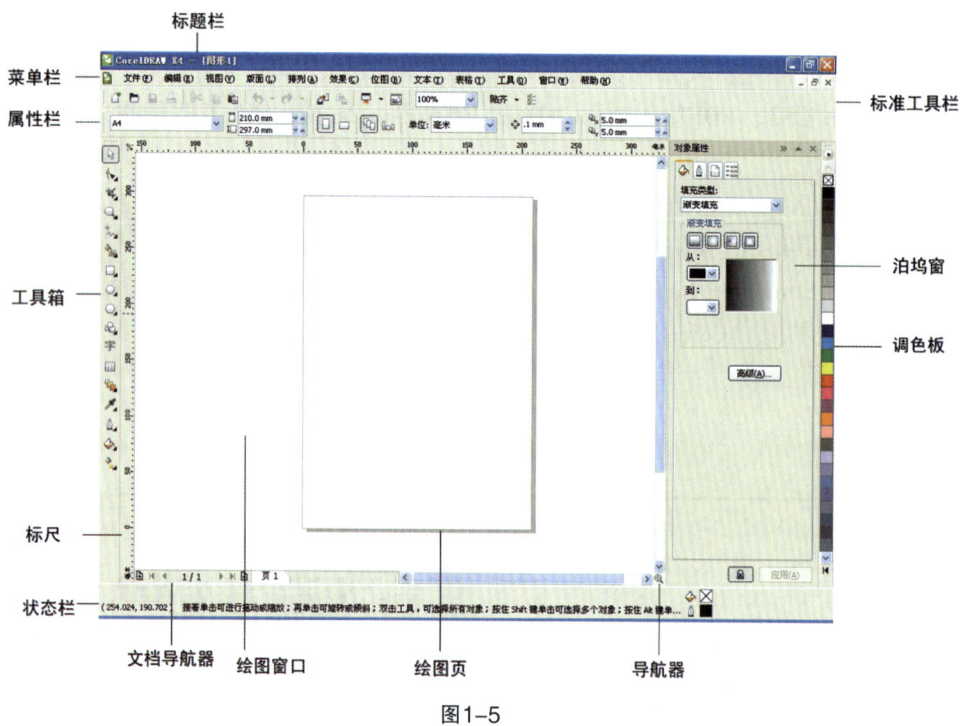

图1-5

标题栏：在此显示文件的当前编辑名称和编辑路径。

菜单栏：此块区包含按类别分组的下拉菜单命令，共12个分菜单命令组。

标准工具栏：包含菜单和基本命令的快捷方式，如"打开"和"保存"等。

属性栏：该块区包含与当前工具或对象相关的命令。例如，"文本"工具激活时，文本属性栏就显示允许创建和编辑文本的命令。

工具箱：主要包含可用于创建、填充和修改图形等命令的快捷图标。

泊坞窗：该窗口主要包含与工具或任务相关的命令和设置。

调色板：包含默认色块的泊坞窗。

标尺：用于测定绘图中对象大小和位置的刻度边框，分水平和垂直两个方向。

状态栏：显示对象的类型、大小、颜色、填充、分辨率以及鼠标当前位置等有关信息。

文档导航器：主要用于页面间移动和添减页数的控件。

绘图窗口：绘图页周围的块区，它以滚动条和应用程序控件为边界。

绘图页：绘图窗口中的矩形块区，分为横向和纵向两种。只有在此块区中的文件对象才可以打印。

导航器：能够打开一个较小的显示窗口，帮助使用者在绘图上进行移动操作。

1. CorelDRAW X4菜单栏

在CorelDRAW X4中，菜单栏包含着它的绝大多数主要功能，通过执行菜单命令可以完成几乎所有的基本操作。如图1-6至图1-18所示，CorelDRAW X4的菜单栏包括文件、编辑、视图、版面、排列、效果、位图、文本、表格、工具、窗口和帮助12项菜单命令组。

图1-6

1. 文件　　　　　　2. 编辑　　　　　　3. 视图

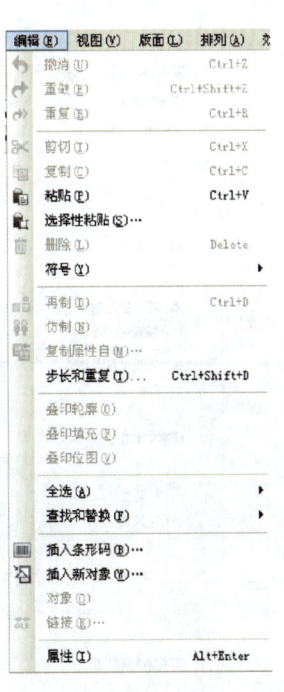
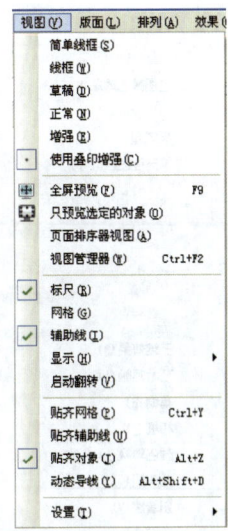

图1-7　　　　　　　图1-8　　　　　　　图1-9

4. 版面

5. 排列

6. 效果

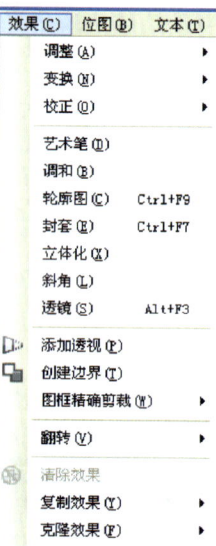

图1-10

图1-11

图1-12

7. 位图

8. 文本

9. 表格

图1-13

图1-14

图1-15

10. 工具　　　　　　11. 窗口　　　　　　12. 帮助

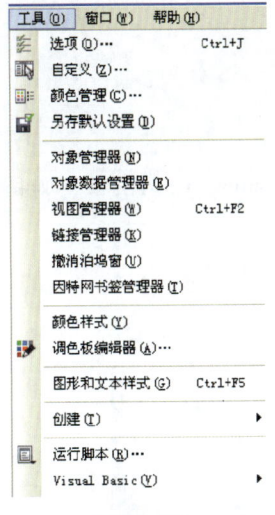

图1-16

图1-17

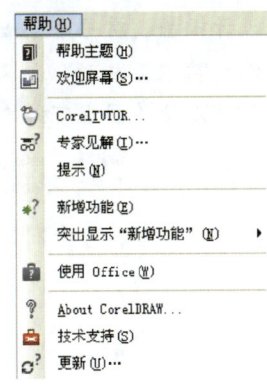

图1-18

在"文件"菜单的命令中，主要执行的是图形文件的新建、保存、导出、导入及输出打印等基本操作，如图1-7所示。

新建：建立一个新的图形，即一个新的空白文档。

从模板新建：新建空白文档时，CorelDRAW X4软件提供了内置或保存的各类专业模板，打开这些模板即可快速创建具有一定固定格式的文档，如图1-19所示。

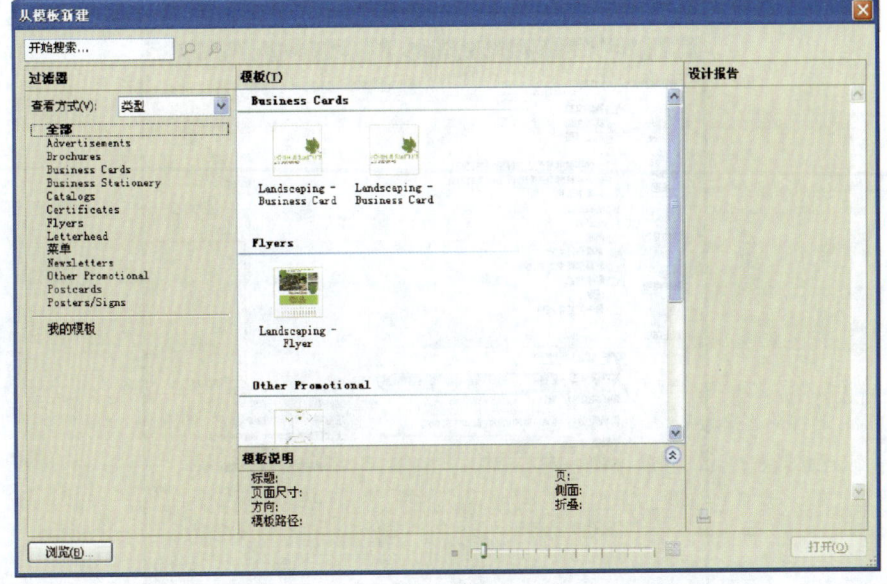

图1-19

查看方式：分为"类型"和"专业"两种查看方式。

我的模板：可以自己设计制作模板的功能。

浏览：搜索已存在的外置模板。

模板说明：对模板的属性进行说明。

设计报告：对每个模板设计的解析性文字。

例如在做名片时，如果采用Business Cards的Landscaping Business Card模板，如图1-20所示，可以使作图者节约绘图时间。

图1-20

打开：打开已保存过或者已存在的图形，如图1-21所示。

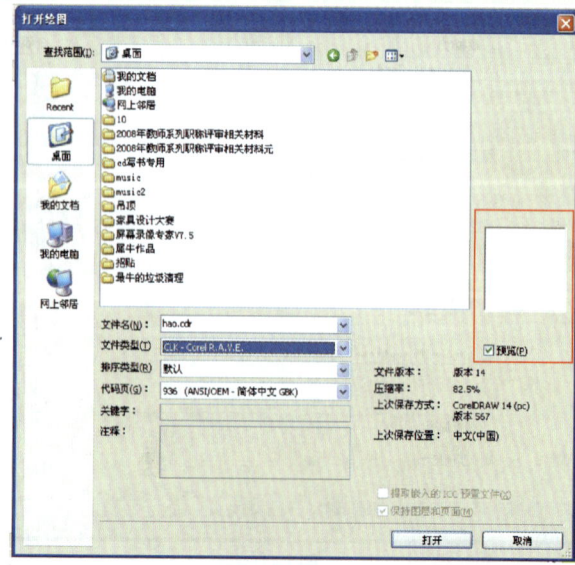

图1-21

查找范围：打开文件的路径。

文件名：打开文件的名称。

文件类型：打开文件的类型。CorelDRAW X4能够打开的格式有cdr.、ai.、wpg.等29种之多，这也提高了CorelDRAW X4的软件互动兼容性。

CorelDRAW X4的"打开"还有一个比较好用的功能：预览，这为打开图形操作增加了直观性，减少了操作时间。

· 关闭：结束CorelDRAW X4软件、某页或者某几页的操作。

· 全部关闭：结束整个CorelDRAW X4软件的操作。

· 保存：把制作完成的图形保存在储存盘内，如图1-22所示。

图1-22

保存在：文件保存地址的路径。

文件名：为该保存的文件命名。

保存类型：保存文件的格式选择。CorelDRAW X4的保存格式有19种，但一般选用它的专用cdr.格式。

版本：CorelDRAW X4的文件保存版本可以进行选择，从CorelDRAW 7.0一直到CorelDRAW X4共9个版本，从而提高了它与其他版本的融通性。

另存为：它的操作调板与内容和"保存"是相同的，唯一的区别是"保存"命令在保存文件时一般保存在同一地址或者同一格式，而"另存为"则通常是在文件的保存地址或格式需要改变时使用。

导入：将不能直接打开的格式文件导入至当前工作区中进行编辑制作。CoreIDRAW X4的导入文件格式有ai.、bmp.等61种，如图1-23所示。

图1-23

"导入"是CoreIDRAW X4很重要的操作之一，通过它可以导入位图素材图片。

全图像：可以导入整幅位图素材。

裁剪：在导入位图的时候，可以对图像素材进行裁剪，以达到使用需要，如图1-24所示。

在"裁剪"选项对话调板上，拉动预览视窗内图片上的方形边框，可以手动调整位图素材的长度和宽度，这和其下面的"选择要裁剪的区域"功能相似。

选择要裁剪的区域：通过数据的修改，调整位图素材的长度和宽度。

单位：一般默认为"像素"，但也可以选择其他8个单位选项。

全选：完整导入位图素材，不予裁剪。

重新取样：对导入的位图素材重新进行属性设置，如图1-25所示。

点击"重新取样"选项，弹出其对话调板"重新取样图像"。调板的最上端是位图素材的所在地址路径及名称，下面是宽度和长度的数据修改。

单位：一般为"像素"。

保持纵横比：勾选此选项，使位图素材的修改保持原来的长宽比。

分辨率：可以修改位图素材的水平和垂直的分辨率，但不能高于位图素材的原分辨率，即只能降低，不能提升。勾选"相同值"可以使水平和垂直的分辨率一直保持相同。

原始图像大小：原位图素材所占有的虚拟空间值。

新图像大小：新的图像所占有的虚拟空间值。

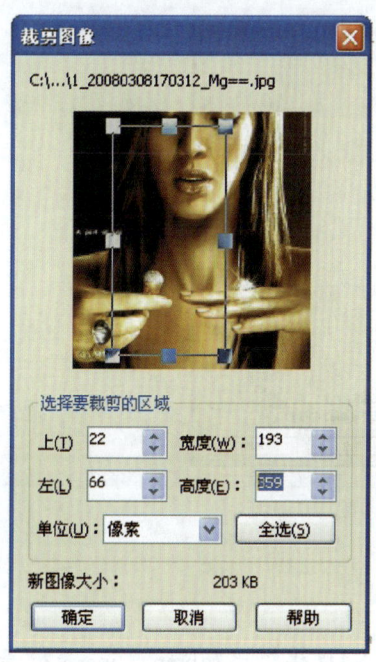

图1-24

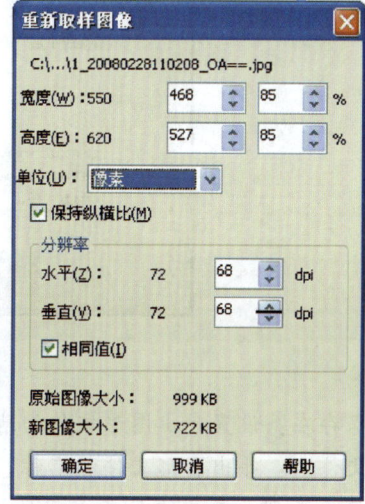

图1-25

外部链接位图：从外部链接位图，而不是将其嵌入文件中。

合并多图层位图：自动合并导入位图中的图层。

提取嵌入的ICC预置文件：将嵌入的国际颜色委员会（ICC）预置文件保存在安装了应用程序的颜色文件夹中。

检查水印：检查图像的水印及其所包含的版权等信息内容。

不显示过滤器对话框：可以不用打开对话框也能使用过滤器的默认设置。

保持图层和页面：勾选此选项，可以使具有图层的图像在导入时保持图层不变。如果不勾选此选项，则导入的图像图层将会合并。

导出：当我们制作完成图形后，如果需要输出非能保存的格式文件，就可以通过"导出"来完成，它的对话调板如图1-26所示。

图1-26

保存在：设置导出图形文件的地址路径。

文件名：导出图形文件的名称。

保存类型：导出文件所采用的格式，CorelDRAW X4提供了比如bmp.、jpg.及ai.等47种文件格式。

排序类型：根据操作时间而对最近所使用的文件格式进行排序。

压缩类型：导出图像所要压缩的类型。

只是选定的：只保存在当前绘图中选定的对象。

不显示过滤器对话框：隐藏导出时提供它选项的对话框。

点击"导出"按钮，弹出如图1-27所示的"转换为位图"对话调板。

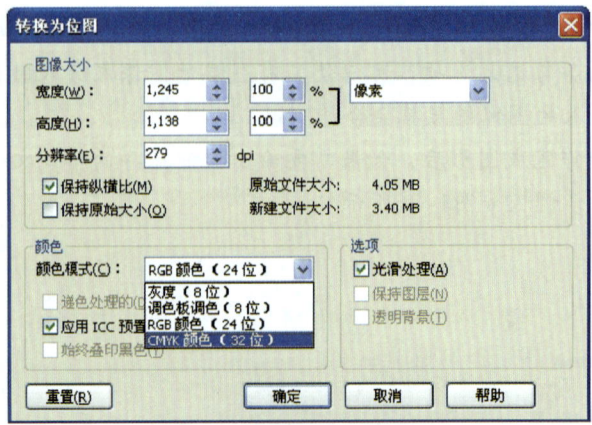

图1-27

图像大小：设置导出图形文件的长度和宽度及分辨率的大小。

保持纵横比：勾选该选项，使编辑的导出位图图像保持原来的纵横比值。

原始文件大小：导出文件的原始大小。

保持原始大小：勾选此选项，使导出的位图文件大小与原图形文件相同。

新建文件大小：导出的位图图像文件的大小。

颜色模式：CorelDRAW X4提供导出位图的颜色模式可以有四种选项：灰度、调色板调色、RGB颜色和CMYK颜色。

选项：选择导出位图图像是否"光滑处理"、"保持图层"和"透明背景"。

光滑处理：勾选此选项，可以使导出位图图像更细腻、光滑。

保持图层：勾选此选项，可使导出的能够保留图层的图像保持图层，如psd.格式的图像。

重置：点击该按钮，可以使对话调板上的数据与选项回到原来默认状态，以进行重新设置。

如果选择导出文件格式为jpg.，点击"确定"按钮时，则弹出"JPEG"对话调板，如图1-28所示。

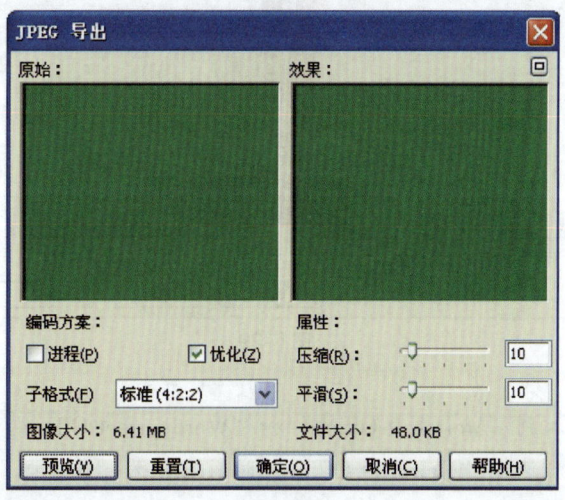

图1-28

属性：设置导出jpg.格式图像文件的大小、平滑度。

压缩：对导出的图像进行质量压缩，压缩值越高，导出图像分辨率就越低，图像质量越差。

平滑：它的数值越高，导出图像就越清晰。数值越低，则反之。

> **耳旁风**
>
> CorelDRAW X4导出图像的格式不同，它们的弹出对话调板也不同，所设置的参数和选项也不尽相同，有时差异甚大。

导出到Office：导出png.和wpg.格式的图像文件，对话调板如图1-29所示。

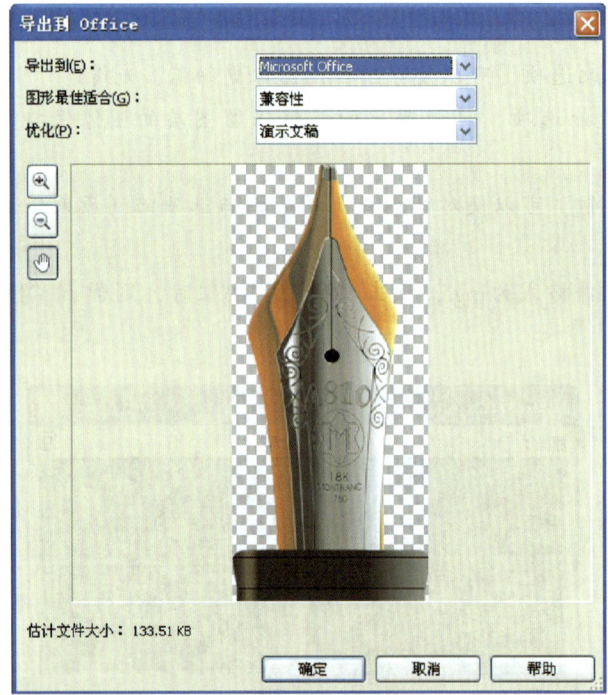

图1-29

导出到：分为导入到"Mcirosoft Office"和"Wordperfect Office"两个类型。

图形最佳适合：当选择"Mcirosoft Office"时，它分为"兼容性"和"编辑"两种。

优化：适配导出图像的属性类型，分为演示文稿、桌面打印和商业印刷三种。

发送到：把绘制完成的图形文件发送到指定位置：压缩（zipped）文件夹、我的文档、桌面快捷方式、邮件接收者及邮件（M），如图1-30所示。

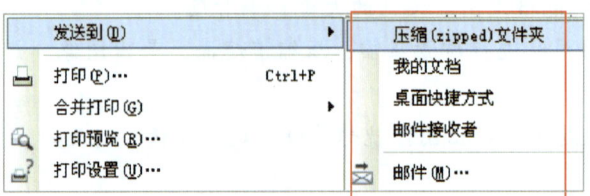

图1-30

打印：对文件进行打印输出设置，如图1-31所示。

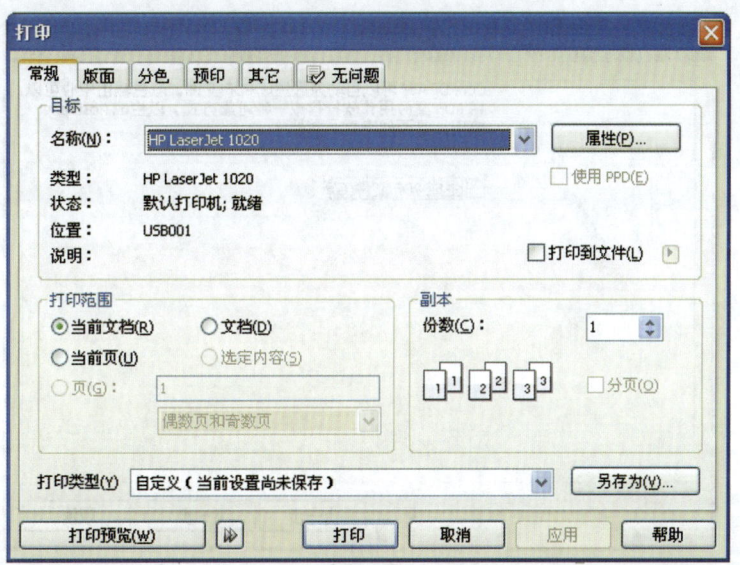

图1-31

合并打印：包含用于结合了文本与绘图的合并打印项的命令，如创建和装入数据文件、创建不同文本的数据域，以及插入合并打印域，如图1-32所示。

图1-32

打印预览：打印图形文件前对打印效果进行预览。

打印设置：对打印的属性进行设置，如图1-33所示。

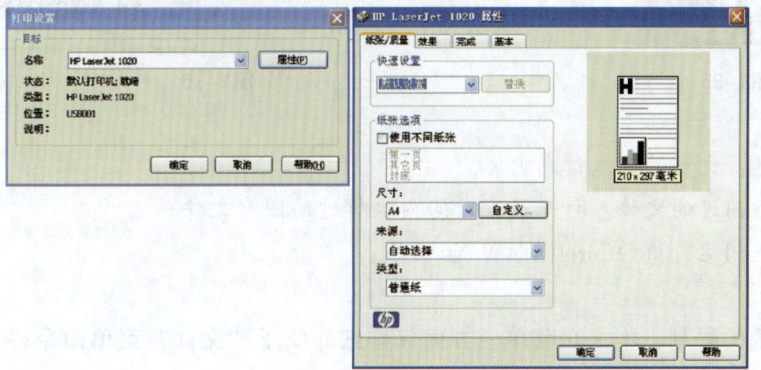

图1-33

为彩色输出中心作准备：彩色输出中心专业输出前的文件配备和收集，如图1-34所示。

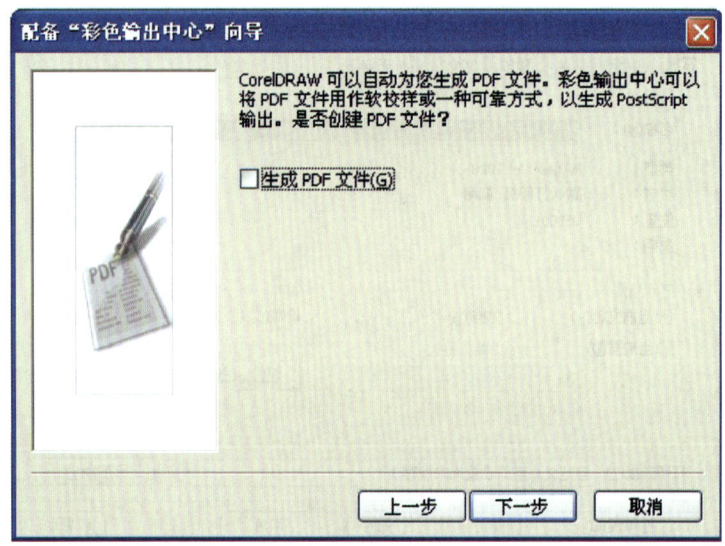

图1-34

发布至PDF：将图形文件发布成PDF文件，与导出功能类似。

发布页面到ConceptShare：将当前图形页面发布到ConceptShare，如图1-35所示。

发布到Web：将图形发布到网页，如图1-36所示。

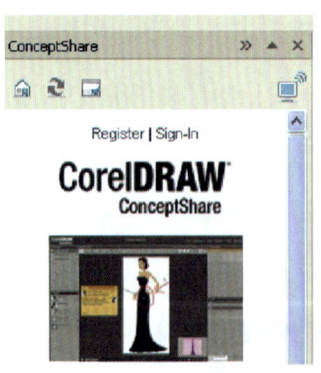

图1-35　　　　　　　　　　　　图1-36

文档信息：文档的基本信息内容。

打开最近用过的文件：打开最近时间内编辑过的图形文件。

退出：关闭运行中的CorelDRAW X4软件。

由于篇幅的限制，本书在菜单栏方面仅详细介绍了"文件"菜单命令栏，对另外11项菜单栏的功能在此不一一赘述。

2. CorelDRAW X4工具箱

CorelDRAW X4的工具箱包括标准工具栏和工具箱两部分。

（1）标准工具栏

标准工具栏上的图标实际上就是菜单命令栏中的某些命令的快捷方式。而默认显示的标准工具栏则由常用命令组成，如图1-37所示。

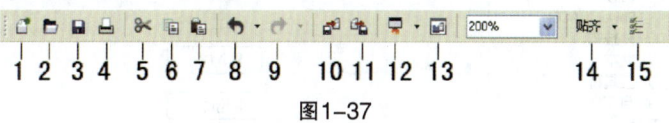

图1-37

1. 新建：新建绘图。
2. 打开：打开图形文件。
3. 保存：保存绘制的图形文件。
4. 打印：对图形文件的打印属性设置及打印输出。
5. 剪切：将选定的图形剪切到剪贴板上。
6. 复制：将选定的图形复制到剪贴板上。
7. 粘贴：将剪贴板内容粘贴到绘图上。
8. 撤销：撤销操作动作。
9. 重做：恢复撤销的动作。
10. 导入：将文件导入到CorelDRAW X4中。
11. 导出：将绘制好的cdr.文件以CorelDRAW X4允许导出的格式导出。
12. 应用启动程序：快速启动Corel相关软件，如图1-38所示。
13. 欢迎屏幕：打开CorelDRAW X4"快速启动"界面的快捷图标。
14. 贴齐：激活相关辅助绘图选项，如图1-39所示。
15. 选项：打开CorelDRAW X4相关属性设置界面的快捷图标，如图1-40所示。

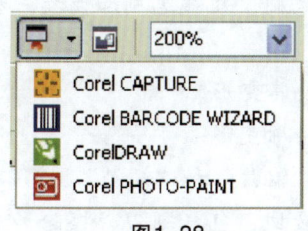

图1-38

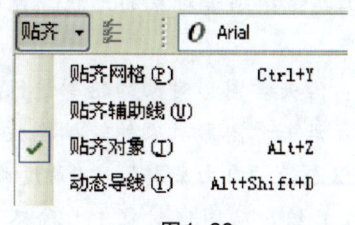

图1-39

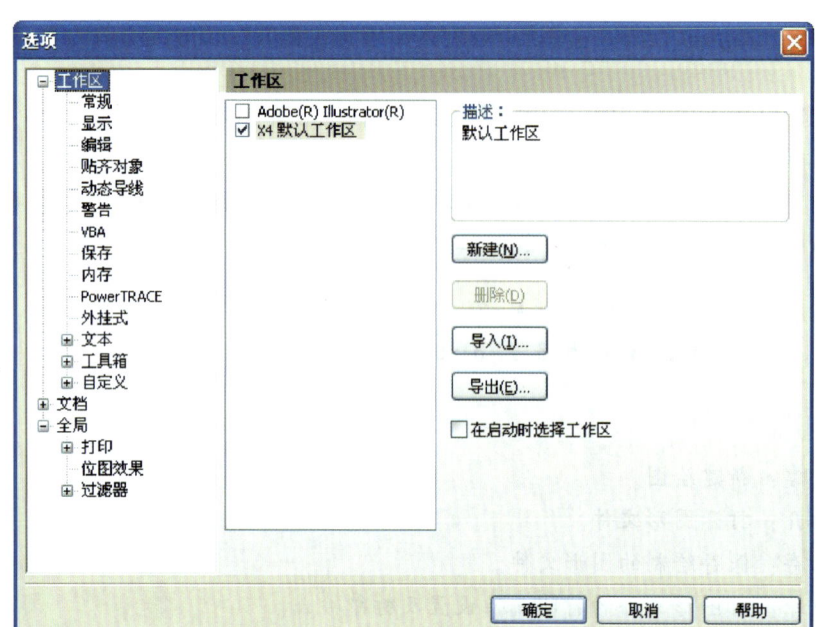

图1-40

（2）工具箱

工具箱包括编辑、创建和查看图形的工具。这其中一部分工具默认可见，而另一部分工具则以工具组的形式进行显示，即点击工具组图标右下角的黑三角箭头则可打开并显示该组中的相关工具。单击并拖动展开工具组顶端的抓取手柄，可以将展开工具组设置为扩展形式。CorelDRAW X4的工具箱包含17个工具（组），如图1-41所示。

图1-41

挑选工具：选择对象、设置对象大小、倾斜和旋转对象。

形状工具组：编辑对象的形状，包括涂抹笔刷、粗糙笔刷和变换三种工具，如图1-42所示。

涂抹笔刷：沿矢量图形对象的轮廓进行涂抹以使其变形。

粗糙笔刷：沿矢量图形对象的轮廓拖放以使其轮廓变形。

变换：可以进行"自由旋转"、"角度旋转"、"缩放"和"倾斜"图形编辑操作。

裁剪工具组：从图形对象中裁除不需要的区域，包括刻刀、擦除和虚拟段删除工具，如图1-43所示。

刻刀：切割图形对象。

擦除：擦除图形中的区域。

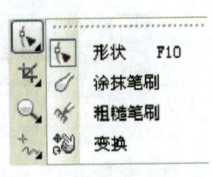
图1-42

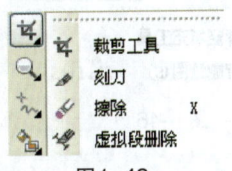
图1-43

虚拟段删除：删除图形对象中交叉的部分。

　　缩放工具组：更改绘图窗口中的缩放级别，包括缩放和手形工具，如图1-44所示。

手形：拖移绘图窗口中的图形，以改变它的位置。

　　手绘工具组：绘制单段线段和曲线，包括贝塞尔、艺术笔、钢笔、折线、3点曲线、连接器及度量工具，如图1-45所示。

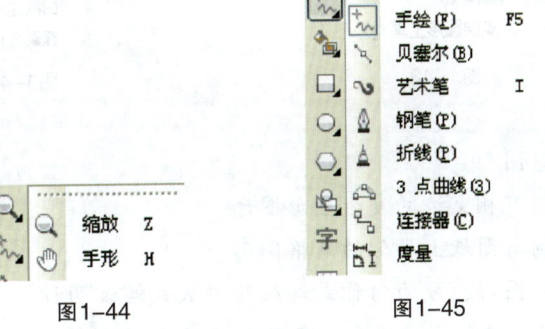

图1-44　　　　　　图1-45

贝塞尔：绘制每段曲线时可以通过控制杆编辑曲线的形状，也可以绘制多段直线。

艺术笔：采用"笔刷"、"喷罐"、"书法"和"压力"四种工具绘制多种特殊艺术效果笔触。

钢笔：可以绘制多段曲线或直线，与"贝塞尔"功能相似。

折线：预览模式下绘制直线和曲线。

3点曲线：通过定义起始点、结束点和中心点来绘制曲线。

连接器：用来绘制连接两个图形对象的线段。

度量：用来绘制垂直、水平、倾斜或带角度的尺度线。

　　智能填充工具组：给闭合图形进行色彩互动性智能填充，包括智能绘图工具，如图1-46所示。

智能绘图：通过对手绘图形的形状识别等级、智能平滑等级及轮廓宽度的参数进行设置，可控制绘制图形的形状。

　　矩形工具组：用于绘制矩形，包括3点矩形工具，如图1-47所示。

3点矩形工具：通过三个绘制位置控制点来绘制矩形。

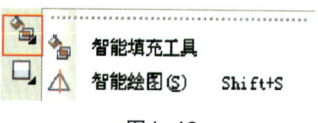

图1-46

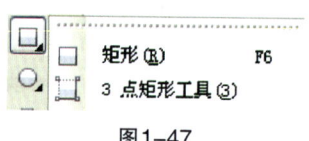

图1-47

○ 椭圆形工具组：绘制椭圆形或正圆形还包括3点椭圆形工具，如图1-48所示。

3,点椭圆形工具：通过三个绘制位置控制点来绘制椭圆形或正圆形。

○ 多边形工具组：绘制多边形，包括星形、复杂星形、图纸、螺纹工具，如图1-49所示。

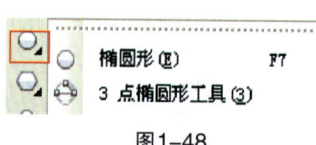

图1-48

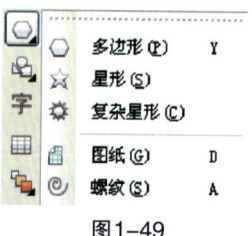

图1-49

星形：绘制星形图形。

复杂星形：绘制有相交边的复杂星形图形。

图纸：用于绘制与图纸上类似的网格图形。

螺纹：绘制螺纹图形，分为对称式螺纹和对数式螺纹两种。

基本形状组：绘制六角星形、笑脸和直角三角形等基础图形，包括箭头形状、流程图形状、标题形状和标注形状，如图1-50所示。

箭头形状：绘制各种方向、形状以及不同端头数的箭头图形。

流程图形状：绘制流程图符号图形。

标题形状：绘制丝带和爆炸形状的标题图形。

标注形状：绘制标注和标签图形。

字 文本工具：在绘图视窗上输入文字，分为美术字和段落文本。

表格工具：绘制表格图形。

交互式调和工具组：对两个图形对象进行调和，以达到渐变交融效果，包括轮廓图、变形、阴影、封套、立体化和透明度，如图1-51所示。

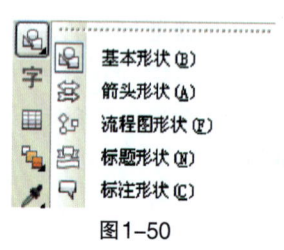

图1-50

图1-51

轮廓图：向图形对象应用轮廓图，产生轮廓同心缩放复制。

变形：向图形对象应用推拉变形、拉链变形或扭曲变形操作。

阴影：使图形产生阴影效果。

封套：通过拖动封套上的节点使图形对象变形。

立体化：使图形产生立体效果。

透明度：对图形的透明度进行编辑设置。

滴管工具组：为绘图窗口中的对象选择并复制对象属性，如色彩填充、线条粗细、形状大小及效果等，包括颜料桶，如图1-52所示。

颜料桶：将滴管工具复制的其他图形对象的属性应用于绘图窗口中需要编辑的图形对象。

轮廓工具组：设置图形轮廓的属性，含有轮廓颜色对话框、颜色泊坞窗等，如图1-53所示。

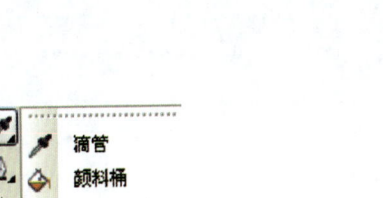

图1-52

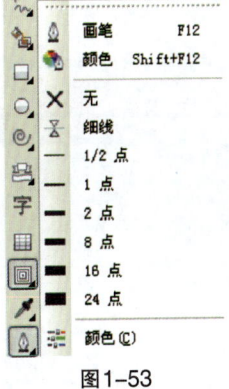

图1-53

填充工具：对图形的填充属性进行设置编辑操作，如图1-54所示。

交互式填充工具组：可以对图形进行交互式填充，包括网状填充工具，如图1-55所示。

网状填充：对图形对象进行网格填充。

图1-54

图1-55

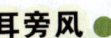

耳旁风

熟练掌握各个工具的使用技法，可以为学习CorelDRAW X4打下良好的基础，设计幻想也即悄然起步！

CorelDRAW 设计幻想 I

第二部分　幻想端倪

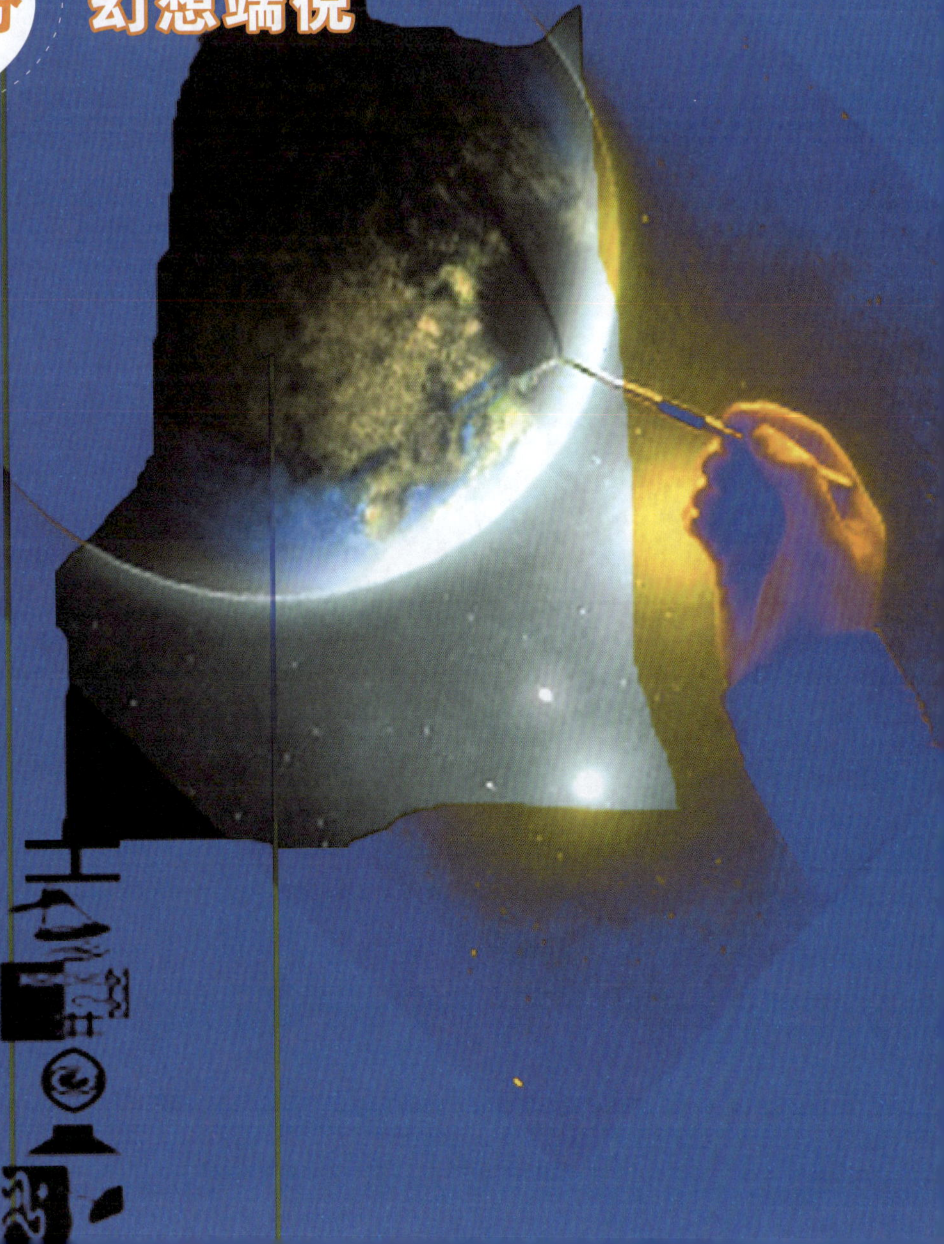

第二章 Humorous CD

本案例主要是训练如椭圆形工具、手绘工具、文本工具等一些常用工具和常用方法，让读者先"牛刀小试"一把，以能够对CorelDRAW X4产生兴趣。

1. 打开椭圆形工具 （快捷键为F7），按住Ctrl键，绘制直径为180 mm的正圆形，如图2-1所示。

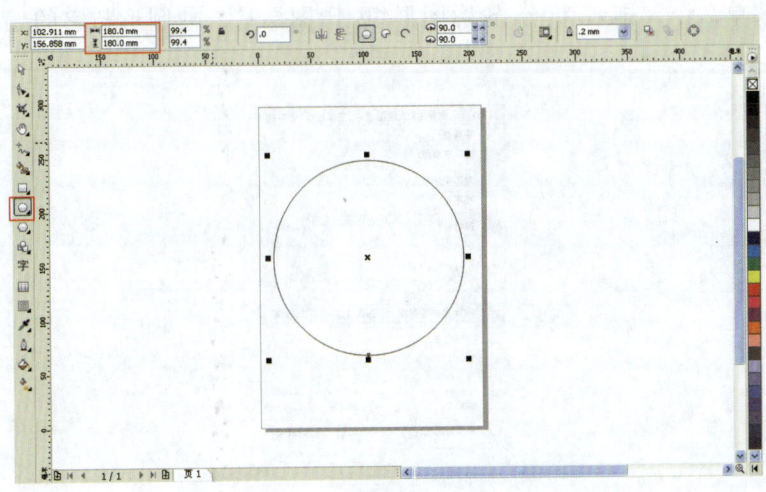

图2-1

第二部分 幻想端倪 27

> **耳旁风**
>
> 点击它的 图标,椭圆形工具还可以画扇形和圆弧,图标后面的参数是扇形和圆弧的起始度数。

2. 选择圆形,点击交互式轮廓图工具,并设置轮廓图步长为1,轮廓图偏移为2.0 mm,其他选项默认,如图2-2所示。

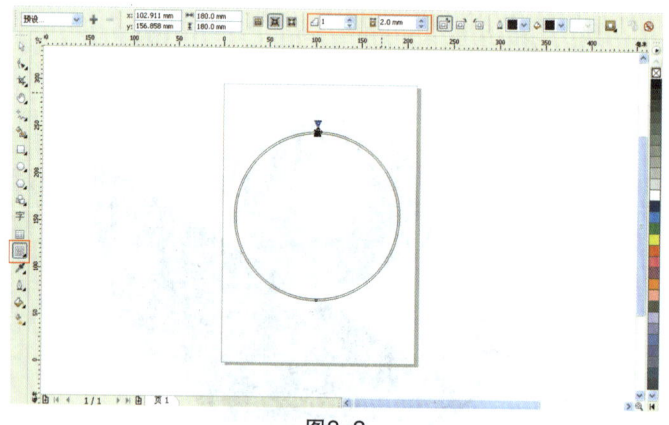

图2-2

> **耳旁风**
>
> 交互式轮廓图工具的轮廓偏移方向有三种: 依次为"到中心"、"向内"和"向外"。

3. 打开菜单命令"排列/拆分 轮廓图群组 于 图层1",使圆形与它的偏移轮廓分离,如图2-3所示。

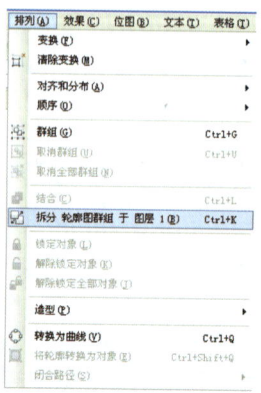

图2-3

4. 选中小圆形，按Ctrl+C和Ctrl+V键进行拷贝，然后点击调色板上的黑色，给拷贝的小圆形填上黑色，如图2-4所示。

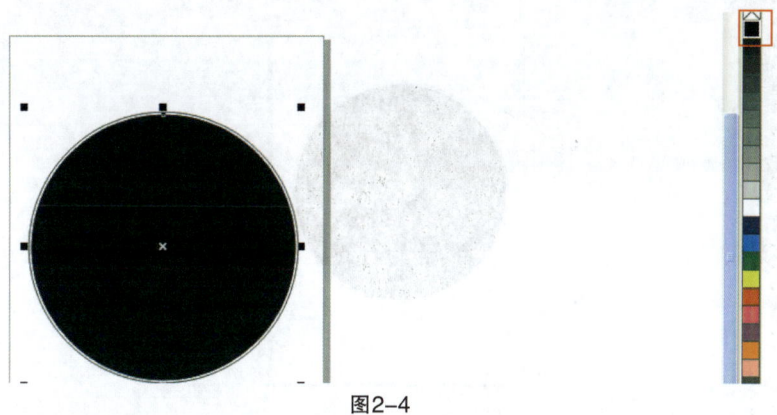

图2-4

5. 接下来点击矩形工具 ▭，绘制一个矩形，如图2-5所示。

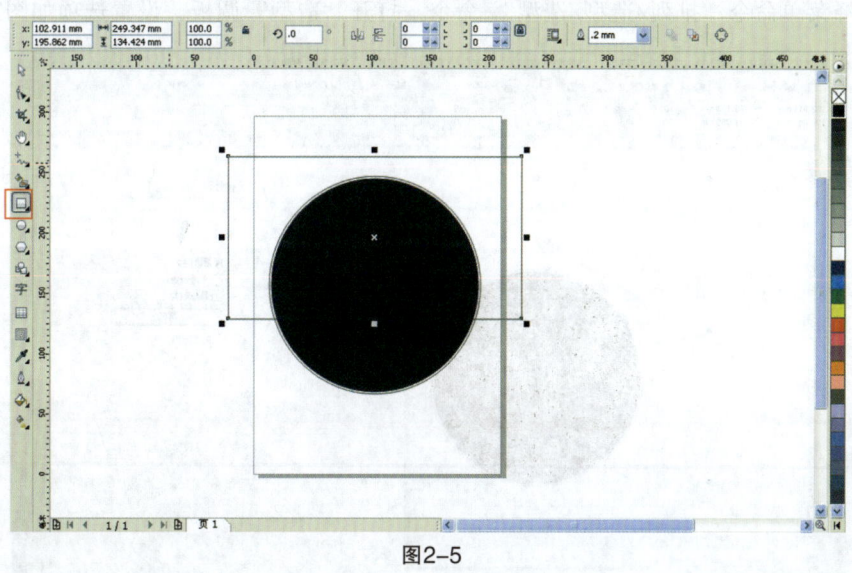

图2-5

6. 选中该矩形，点击它的控制中心点，使位移状态转化成旋转状态，然后拖曳角上的旋转控制点逆时针旋转30°，如图2-6所示。

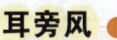

耳旁风

如果按住Ctrl键进行旋转，则15°为每次旋转的最小度数，如此可以帮助绘图者整倍度数转动图形。

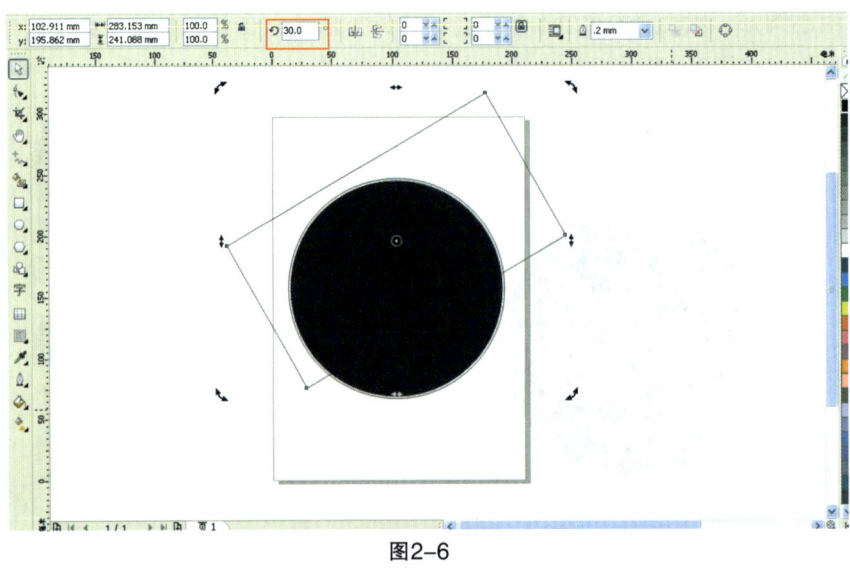

图2-6

7. 选择菜单命令"排列/造型/造型"命令,打开"造型"调板,设置选项如图2-7所示。

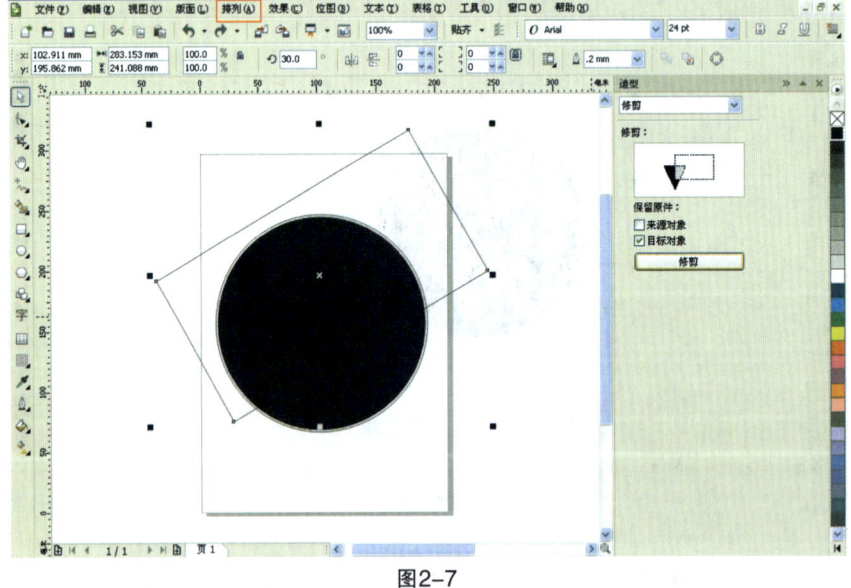

图2-7

耳旁风

"造型"命令有"焊接"、"修剪"、"相交"、"简化"、"前减后"及"后减前"6个图形之间的运算选项。

焊接:通过两个图形的运算,保留它们不相交的部分,并形成一个整体。

耳旁风

修剪：通过两个图形的运算，保留修剪与被修剪两个图形不相交的部分。

相交：通过两个图形的运算，保留两个图形相交的部分。

简化：通过两个图形的运算，剪除两个图形相交的、位置排在后面的一个图形的部分，两个图形仍为分离状态。

前减后：通过两个图形的运算，剪除两个图形相交的、位置排在上面的一个图形的部分和位置排在后面的图形。

后减前：与"前减后"相反。

8. 选中矩形，点击造型调板上的"修剪"按钮，然后点击黑色圆形，效果如图2-8所示。

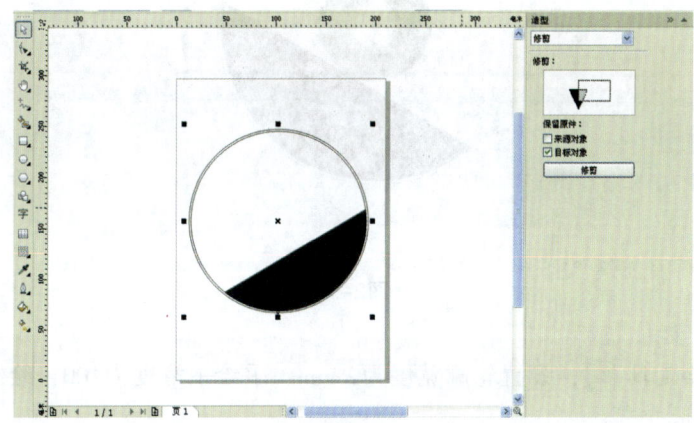

图2-8

9. 使用椭圆形工具再绘制两个小圆形，直径分别为63 mm、26 mm，并打开"排列/对齐和分布/对齐和分布"菜单命令，对齐所有圆形，如图2-9所示。

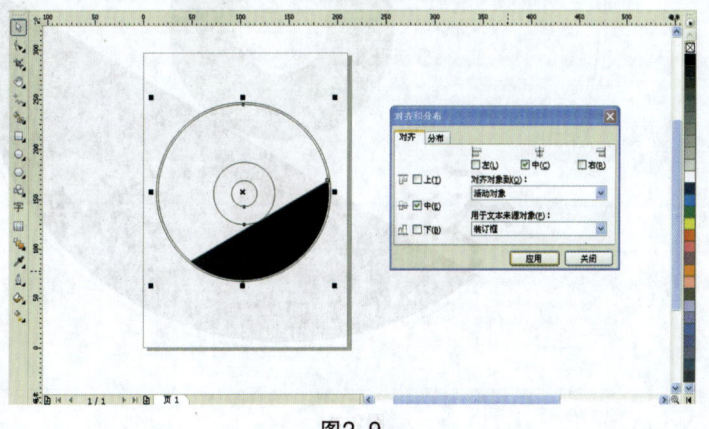

图2-9

> **耳旁风**
>
> "对齐"各个分项的快捷键就是它们的英文单词第一个字母,例如"右对齐"的快捷键为"R"(Right)、"顶对齐"为T(Top)等。

10. 使用右侧默认调色板来给两个小圆形分别填上绿色和白色,并复制白色小圆形,如图2-10所示。

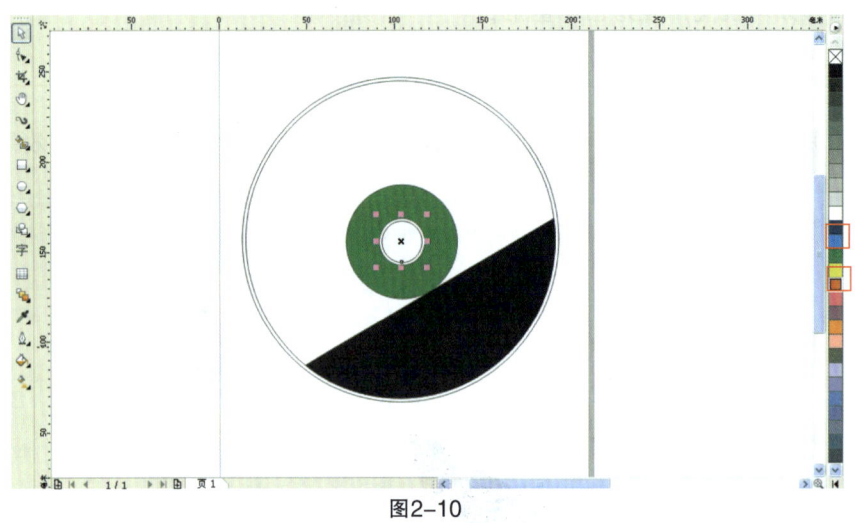

图2-10

11. 选择手绘工具 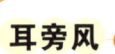,设置轮廓宽度为2 mm,手绘平滑度为100,绘制抽象躲跑人图形,如图2-11所示。

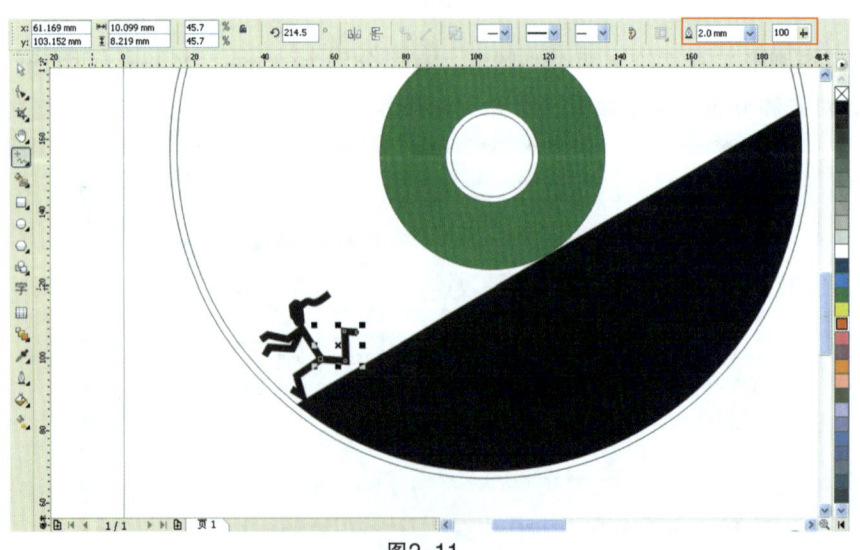

图2-11

12. 将手绘工具的轮廓宽度更改为0.25 mm，绘制线条图形，如图2-12所示。

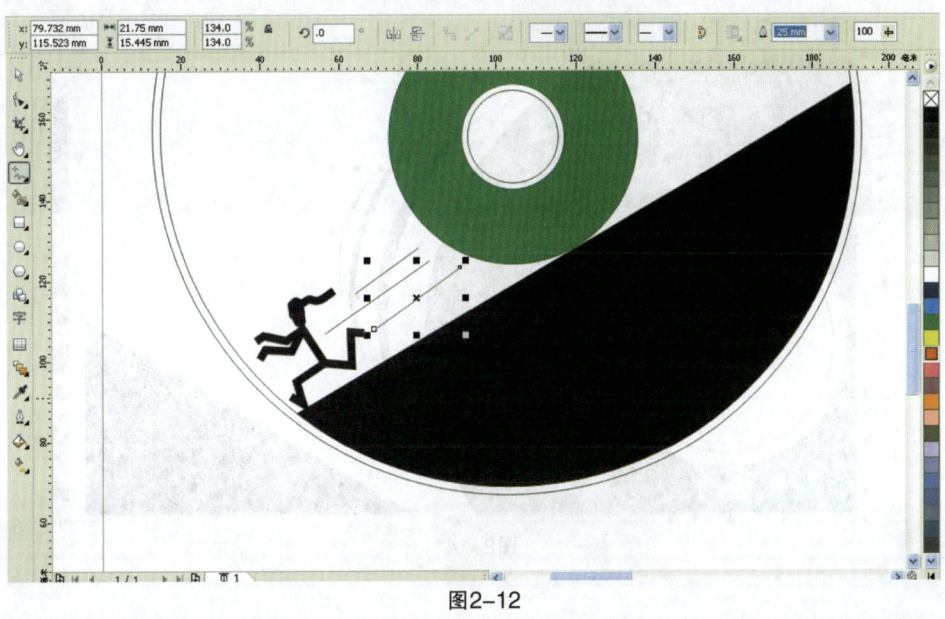

图2-12

13. 使用手绘工具 绘制一段线段，然后打开菜单命令"排列/将轮廓转换为对象"将该线段转换为图形对象，并将其进行编辑，效果如图2-13所示。

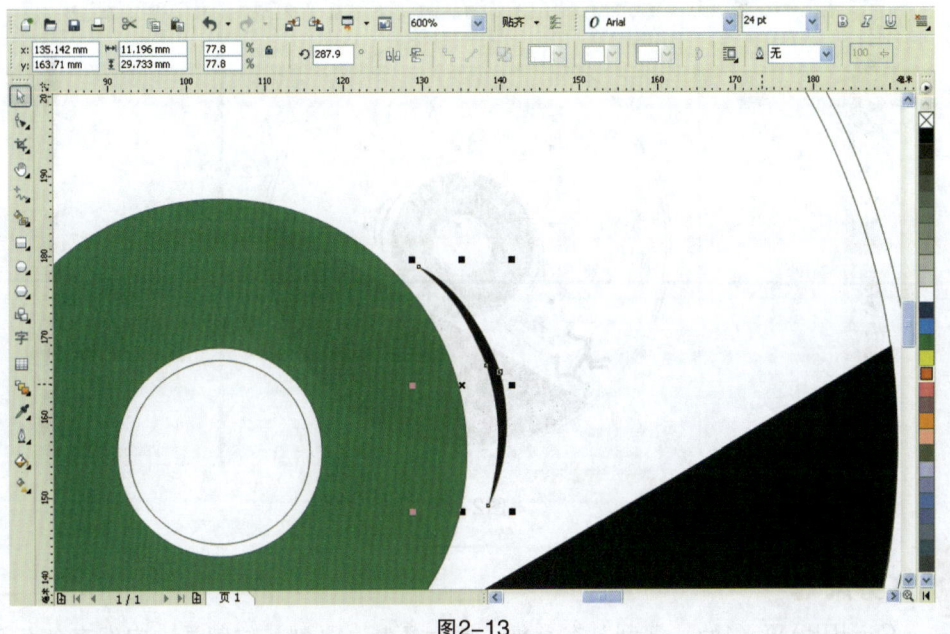

图2-13

14. 将该图形进行复制、编辑，效果如图2-14所示。

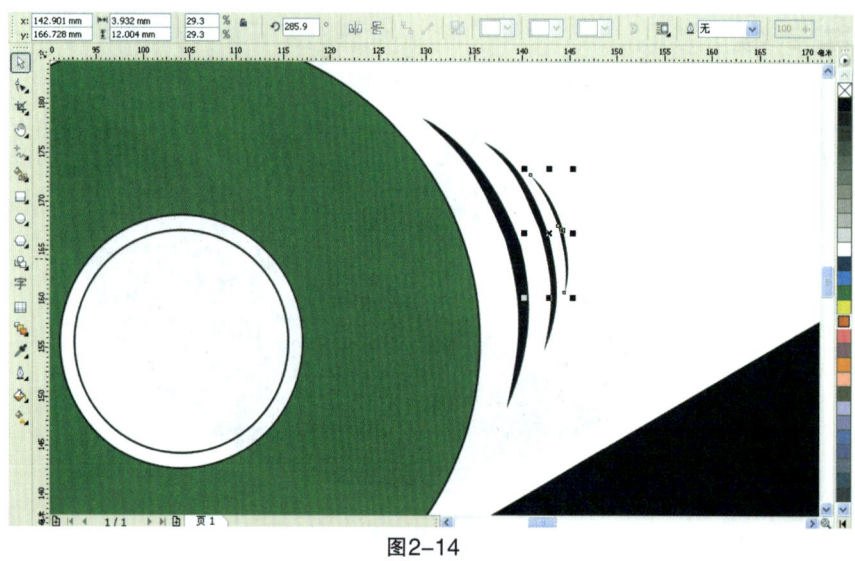

图2-14

15. 以同样的办法绘制其他两组类似图形（或者复制后再编辑），使绿色圆环产生滚动效果，如图2-15所示。

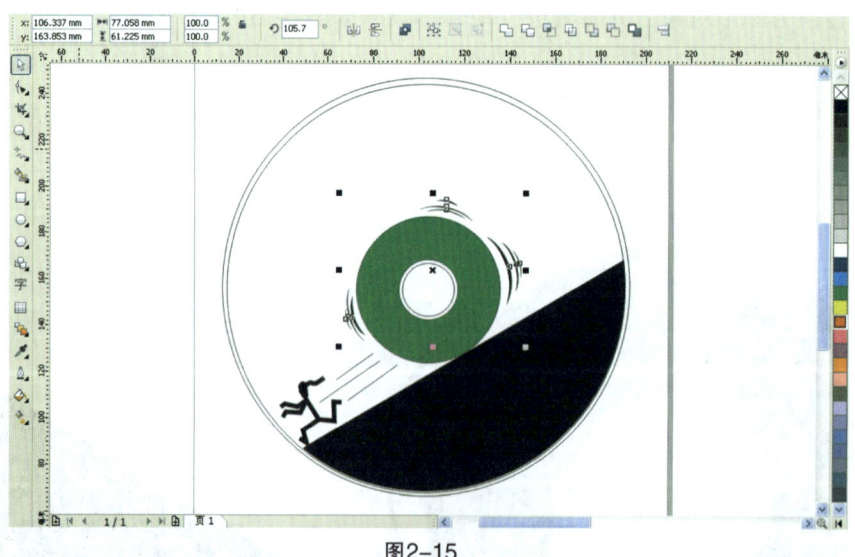

图2-15

耳旁风

CorelDRAW X4的"复制"有多种，比如复制、再制、仿制等，它们有一点点位置上的区别，但实质不变。

16. 打开文本工具 字，将鼠标指针靠近第二个大圆，产生路径文字状态，然后输入文字"Movement Humorous"，并修改它的各项参数，如图2-16所示。

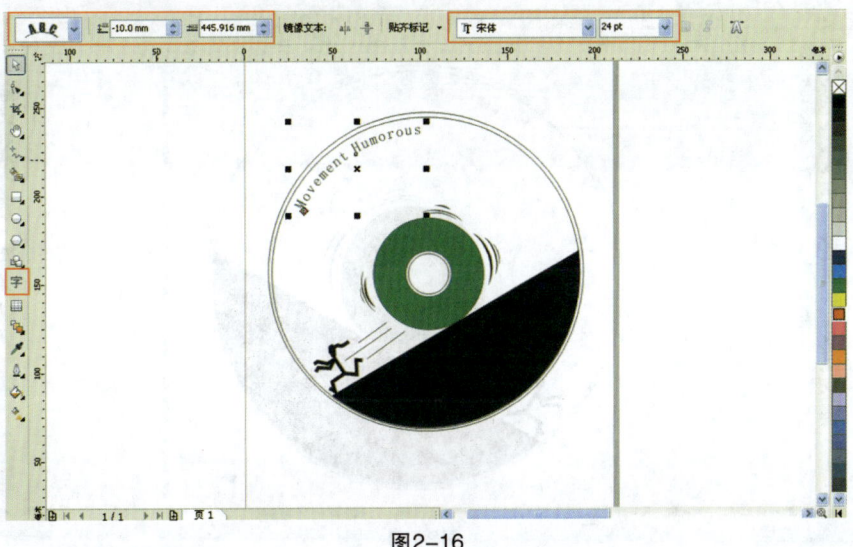

图2-16

 **耳旁风**

路径文字可以以任何矢量图形作为它的路径，位图则除外。

17. 使用文本工具选中文字，点击默认调色板上的红色，给文字填充上颜色，如图2-17所示。

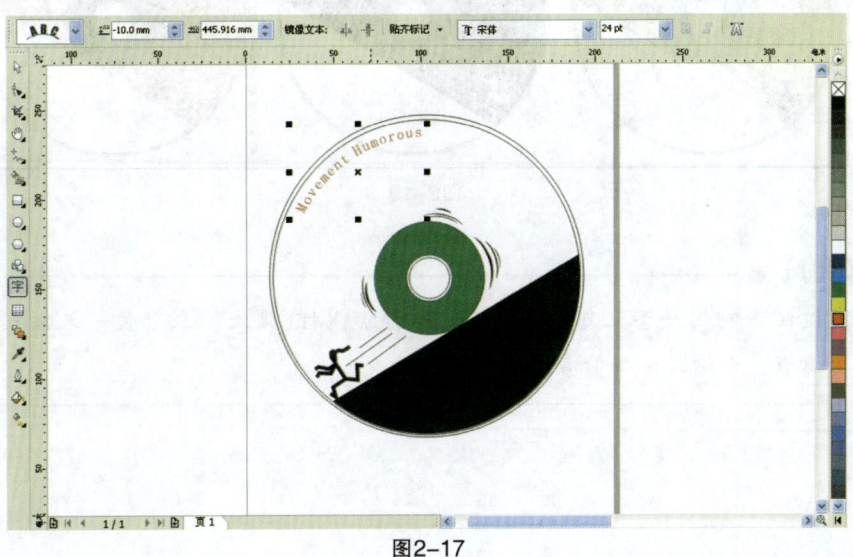

图2-17

18. 选择最大的圆形，使用默认调色板填充上10%的黑色，然后打开菜单命令"排列/顺序/到图层后面"对它进行顺序调整，最终效果如图2-18所示。

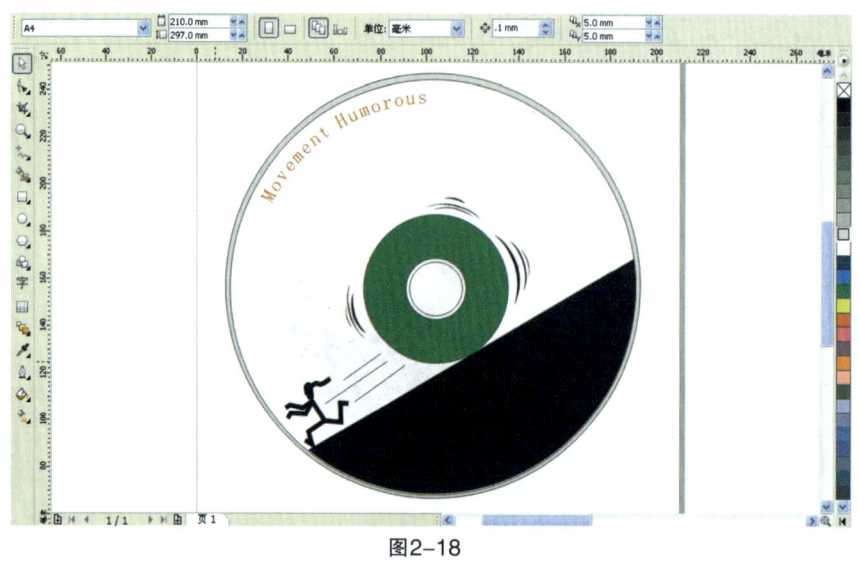

图2-18

19. 如果更改相关色彩，还可以产生其他系列效果，如图2-19所示。

图2-19

耳旁风

通过此案例，是否让您感觉到CorelDRAW X4既强大，又可爱，又文气低调呢？若没有，不妨紧接着看看下面的案例！

第三章 水晶甲壳虫

本案例是让读者掌握水晶类材质的表现,尤其是对水晶的高光和反光的表现技巧,在掌握本案例的基础上,进而举一反三,扩展到玻璃、高透明塑料、冰等物质的材质效果表现。

1. 首先绘制甲壳虫的身体。在CorelDRAW X4界面中,打开椭圆形工具(快捷键为F7),按住Ctrl键,绘制大小为65 mm×65 mm的正圆形,如图3-1所示。

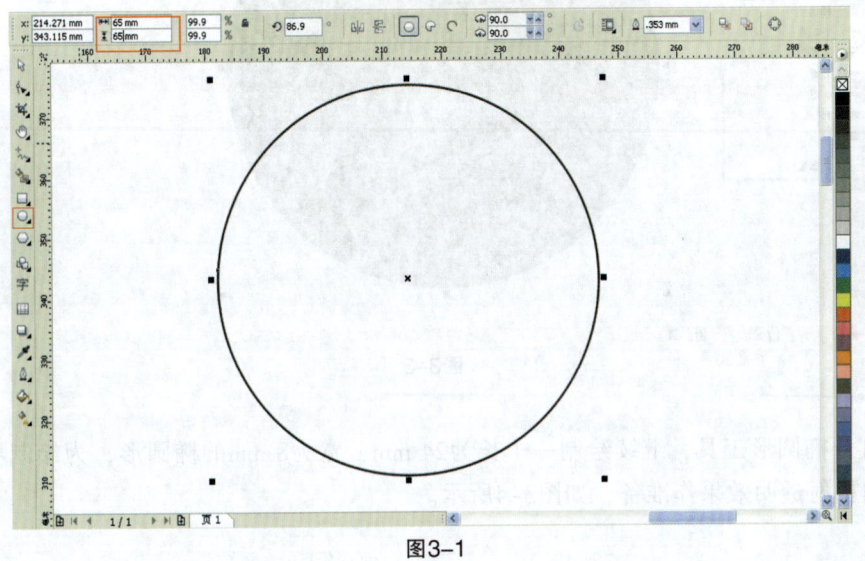

图3-1

2. 使用右侧默认CMYK颜色调色板中的绿色给正圆形进行颜色填充，效果如图3-2所示。

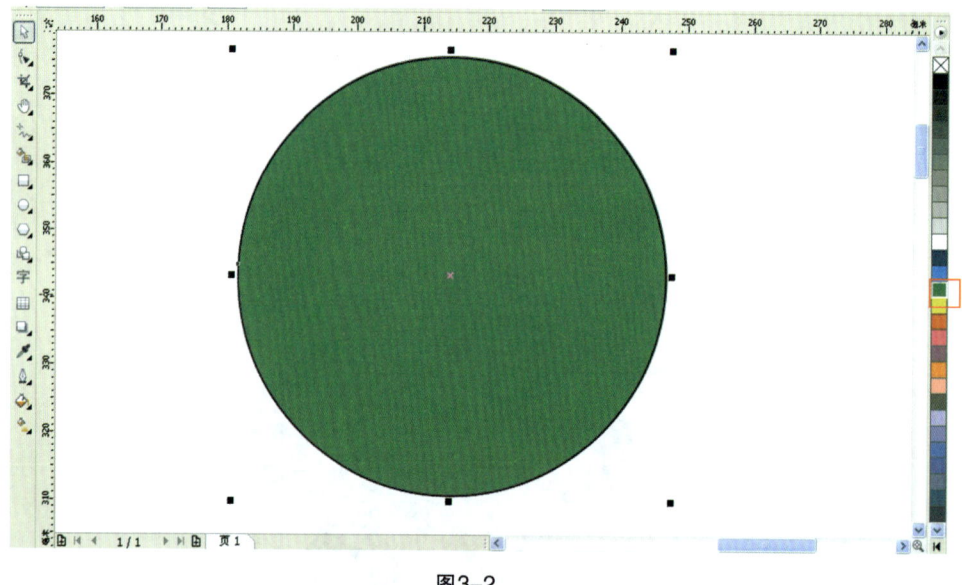

图3-2

3. 点击轮廓工具，选择"无"选项，把正圆形的轮廓删除，如图3-3所示。

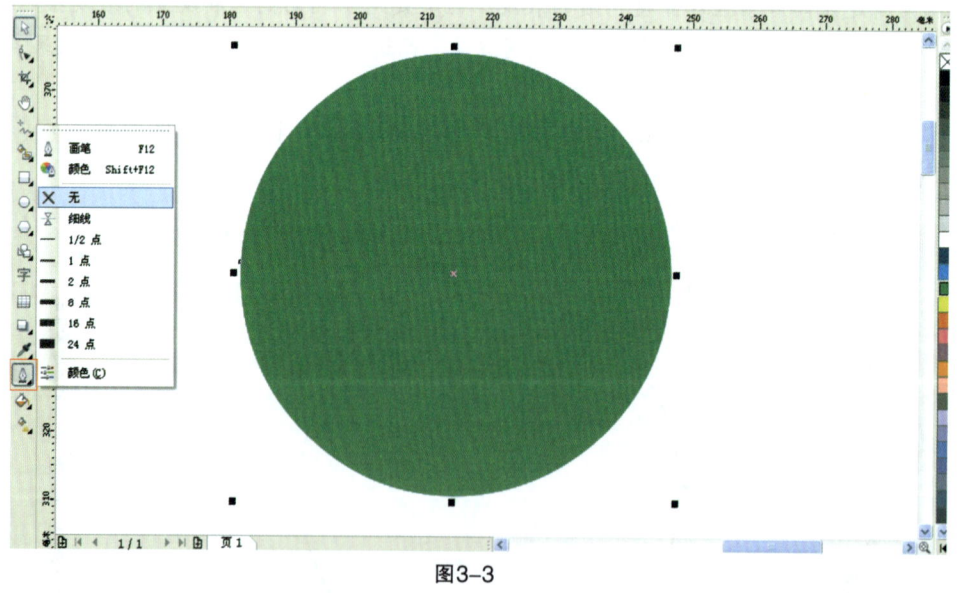

图3-3

4. 打开椭圆形工具，继续绘制一个长为24 mm，宽为8 mm的椭圆形，为绘制甲壳虫身体部分的折射透明效果作准备，如图3-4所示。

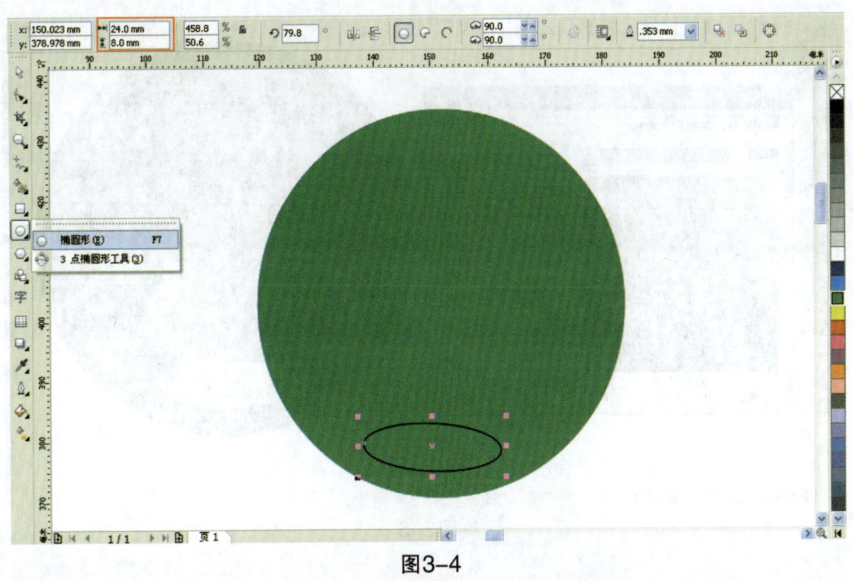

图3-4

5. 打开填充工具 ，选择"颜色"选项，如图3-5所示。

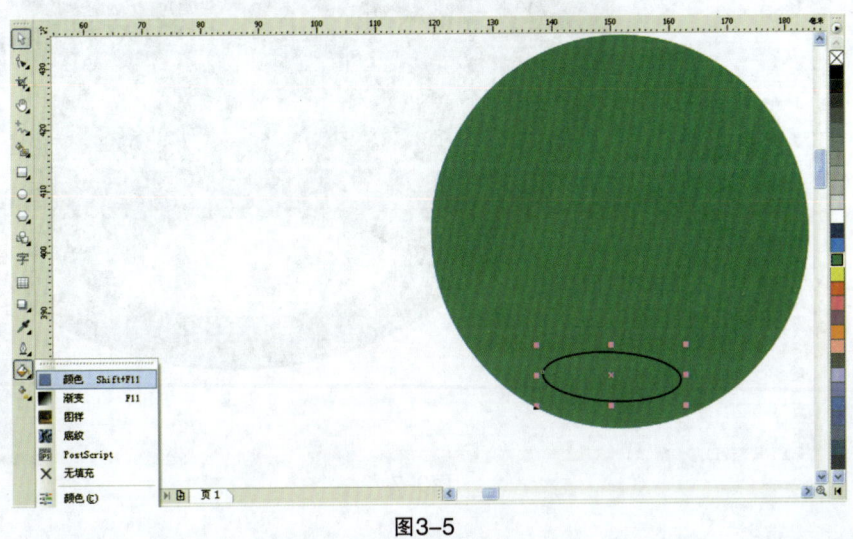

图3-5

6. 在"颜色"的弹出对话框中，设置颜色的值为 C:17 M:0 Y:30 K:0，给椭圆形填充颜色，效果如图3-6所示。

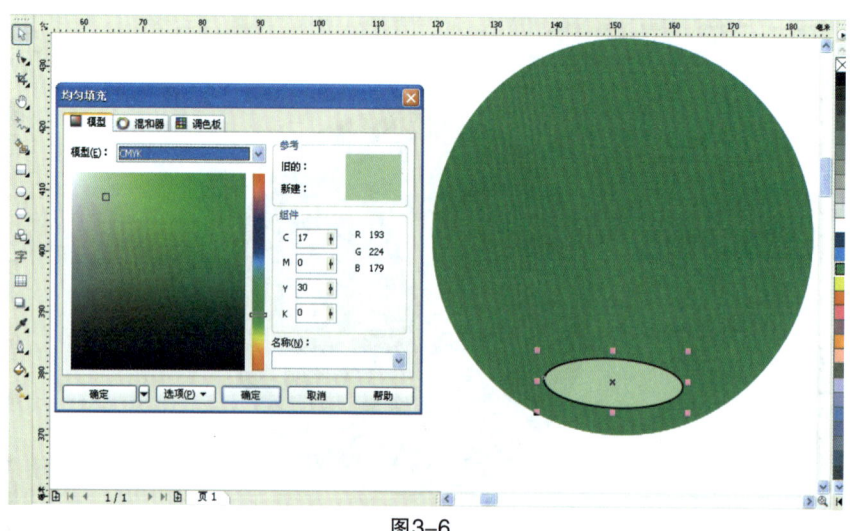

图3-6

7. 使用轮廓工具删除它的轮廓,如图3-7所示。

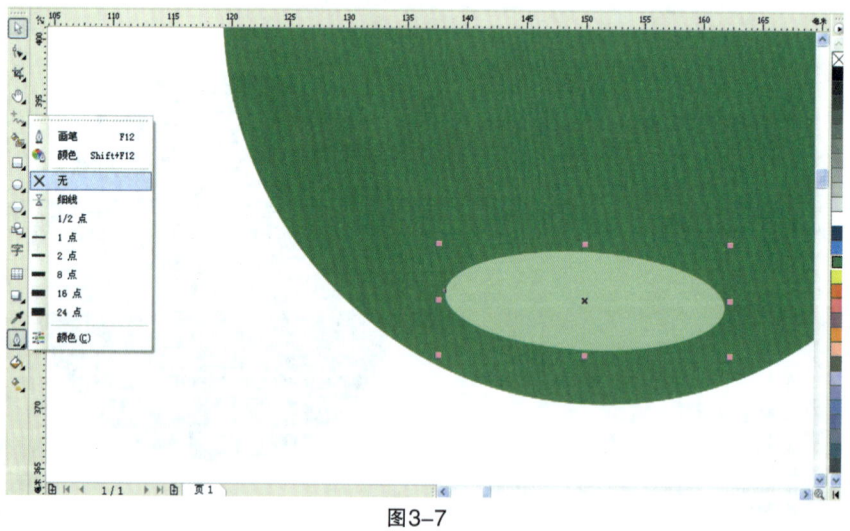

图3-7

8. 打开交互式调和工具 ,对椭圆形和绿色正圆形进行调和,步长设置为36,其他选项默认,效果如图3-8所示。

第三章 水晶甲壳虫

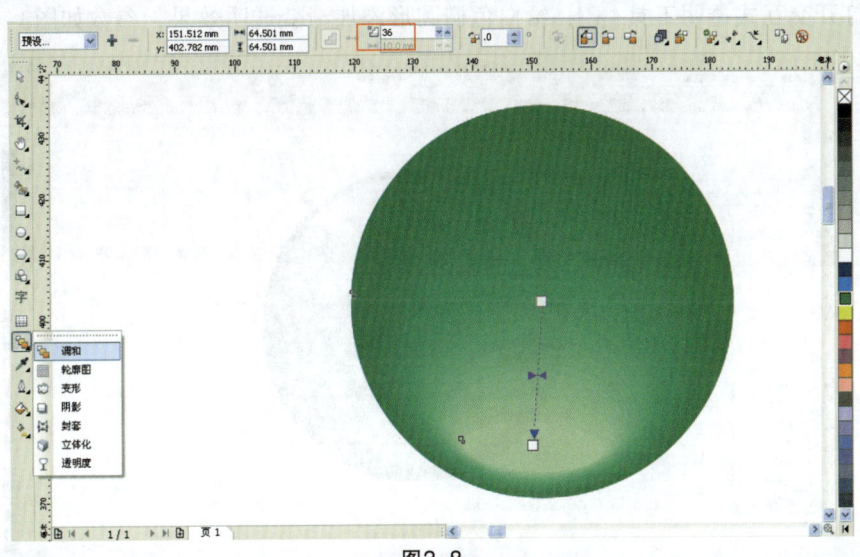

图3-8

> **耳旁风**
>
> 互动式调和工具的"步长"参数越大，调和的效果就越细腻，数值越小则相反。

9. 透明折射效果绘制完成后，接下来绘制甲壳虫身体的高光部分。使用椭圆形工具绘制一个椭圆形，然后使用默认调色板给它填充上白色，并用轮廓工具将它的轮廓去除，如图3-9所示。

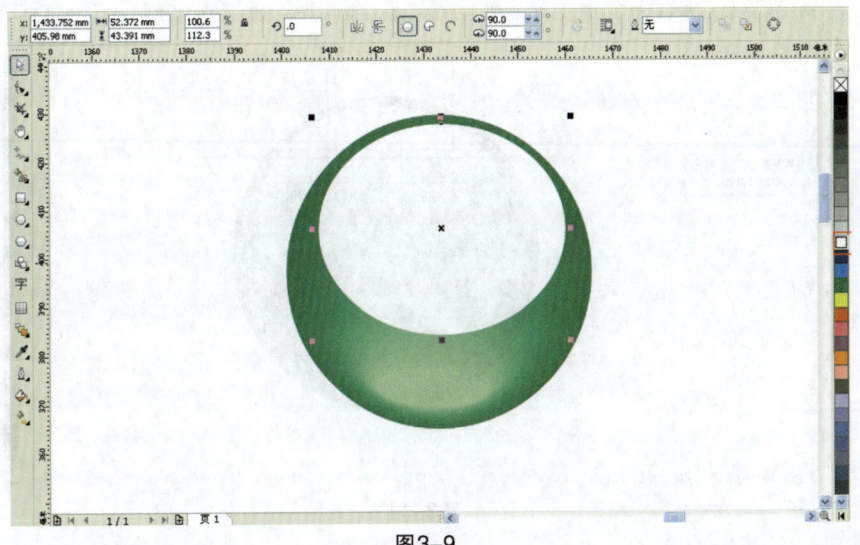

图3-9

10. 打开交互式透明工具 ,给白色椭圆形添加渐变透明效果,参数如图3-10所示。

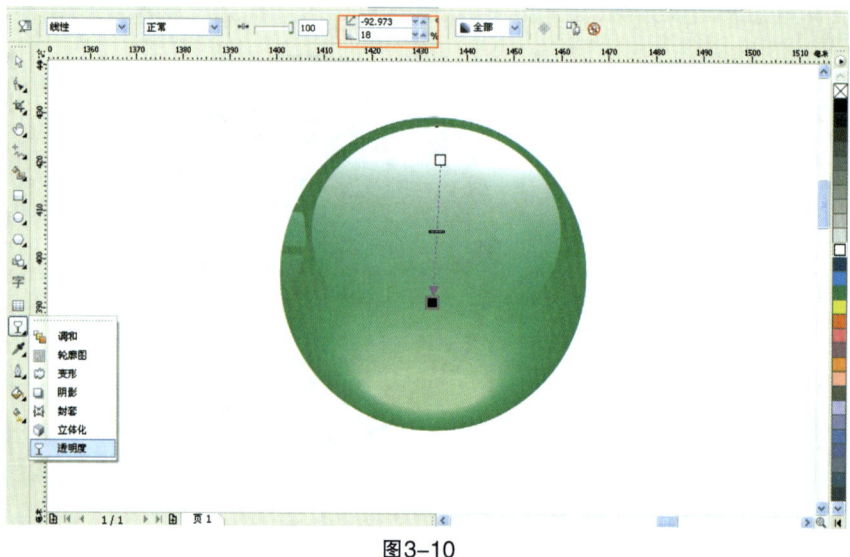

图3-10

> **耳旁风**
> 互动式透明工具可以分别对图形的轮廓、填充或二者同时进行操作。

11. 打开矩形工具 ,绘制一个矩形,然后进行复制、粘贴(Ctrl+C、Ctrl+V),并将它们排列后放置在白色渐变透明椭圆形的上面,矩形参数如图3-11所示。

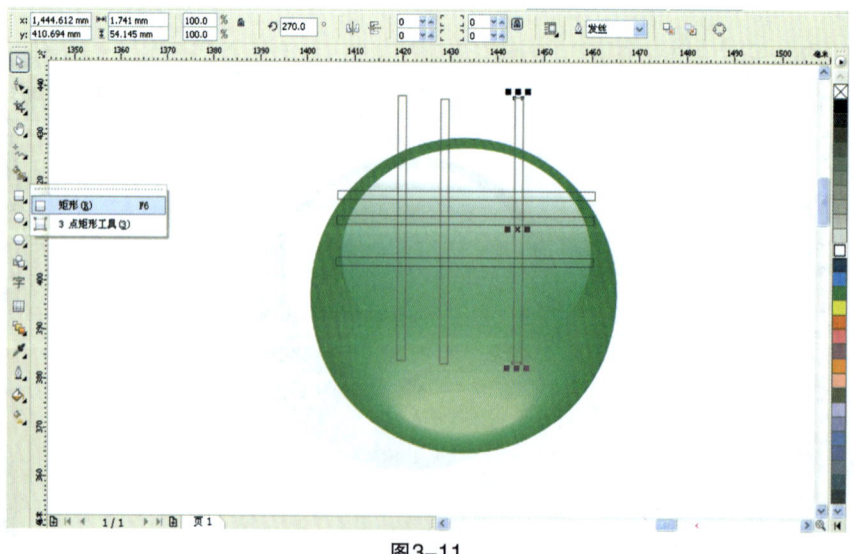

图3-11

12. 打开菜单命令"排列/造型/造型",弹出对话框,如图3-12所示。

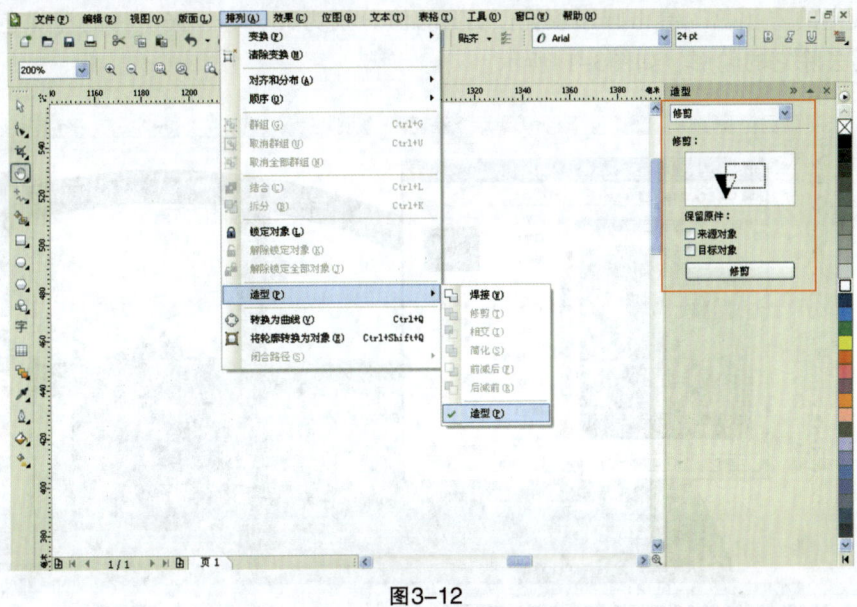

图3-12

13. 选择每个矩形,点击"造型"对话面板上的"修剪"选项按钮,对白色椭圆形进行修剪编辑,效果如图3-13所示。

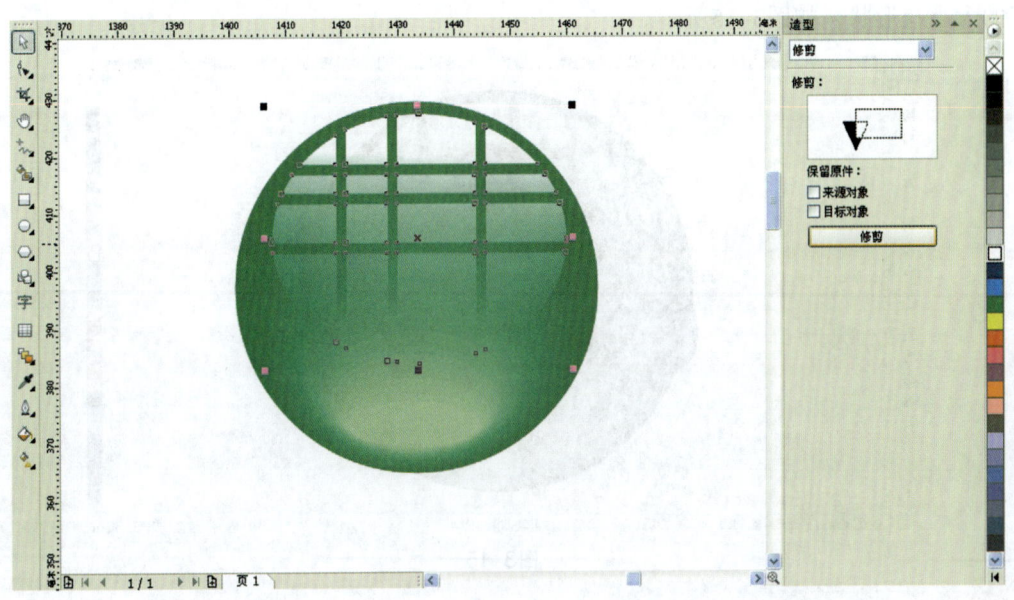

图3-13

14. 下面开始绘制甲壳虫身体部分上的圆形暗斑。使用椭圆形工具绘制正圆形，并用填充工具中的"颜色"给正圆形填充CMYK的值分别为96、49、96、19的深绿色，然后用轮廓工具去除它的轮廓，如图3-14所示。

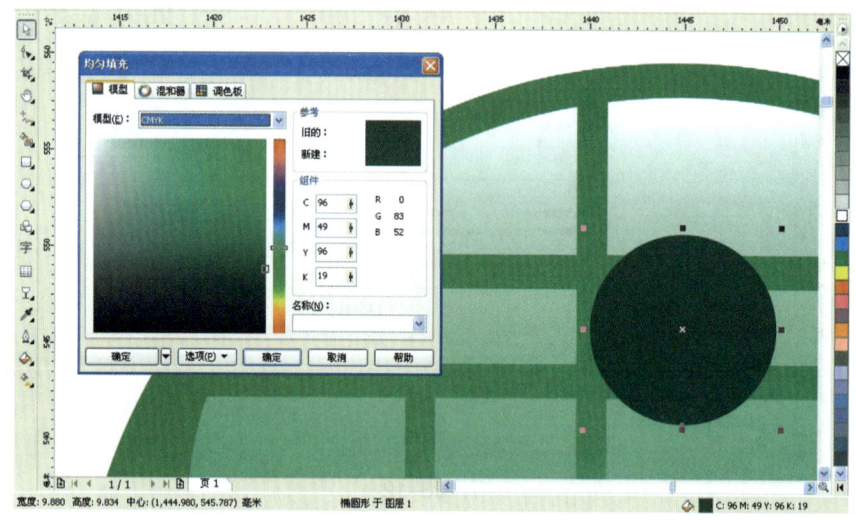

图3-14

15. 使用Ctrl+D（或"编辑/再制"菜单命令）分别复制六个深绿色正圆形，并调整它们的大小及形状，如图3-15所示。

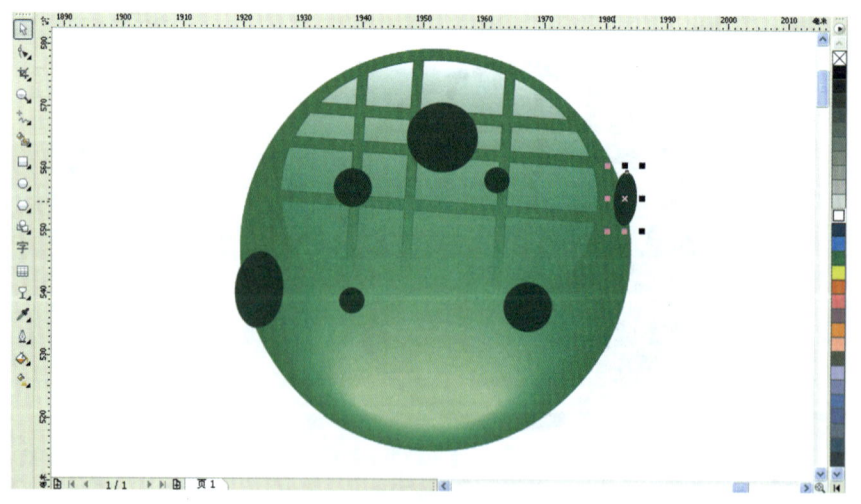

图3-15

 **耳旁风**

当图形被选中时，拉动图形周围的控制点，可以改变它的大小或形状。

选中一个图形，移动位置时，按住左键的同时点击右键，可以复制图形。

16. 使用贝塞尔工具 绘制如图3-16所示图形，并填上黑色。

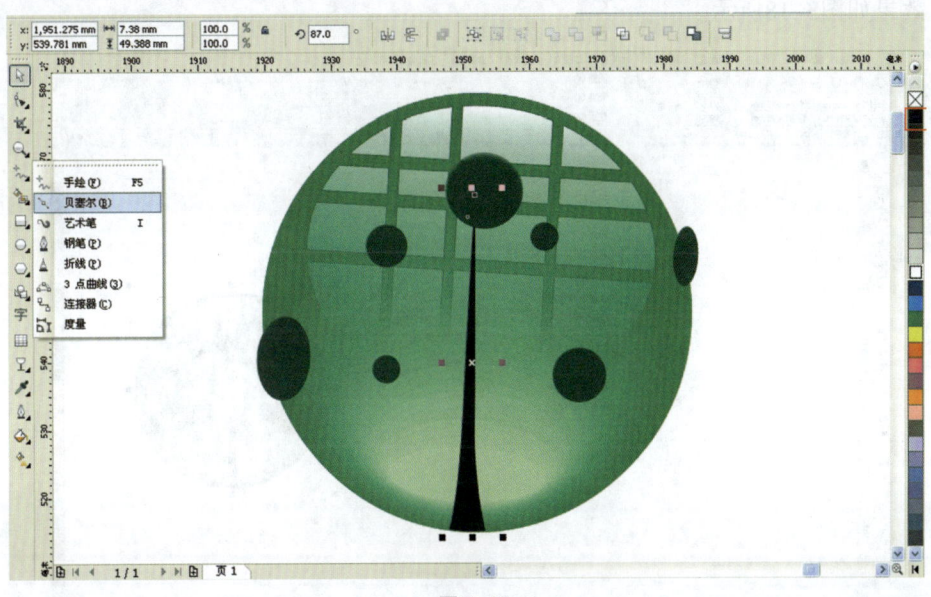

图3-16

17. 选择"效果/图框精确剪裁/放置在容器中"菜单命令，如图3-17所示。

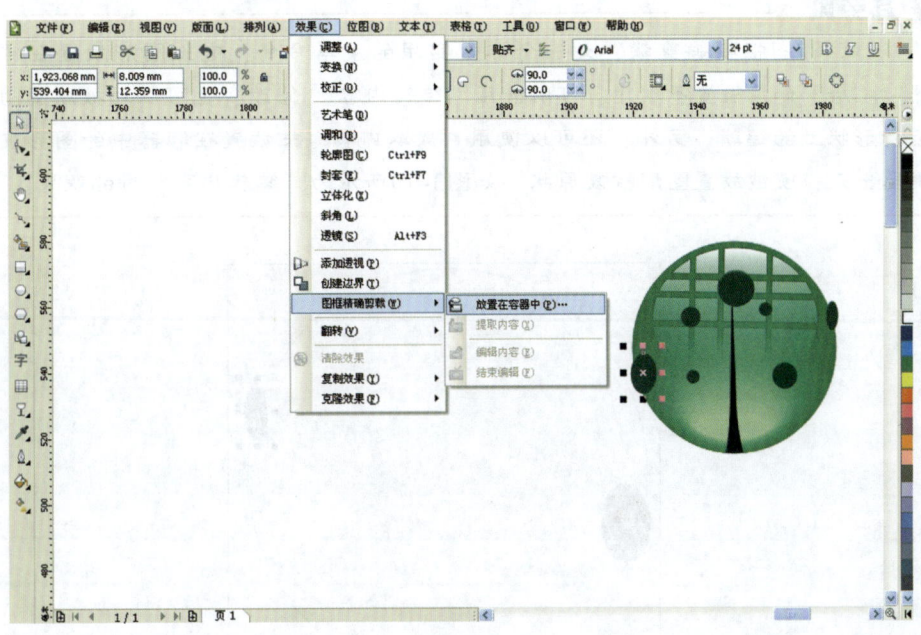

图3-17

18. 选择左右两个深绿色小椭圆形，鼠标变成向右粗黑箭头，点击"容器"绿色大正圆形，效果如图3-18所示。

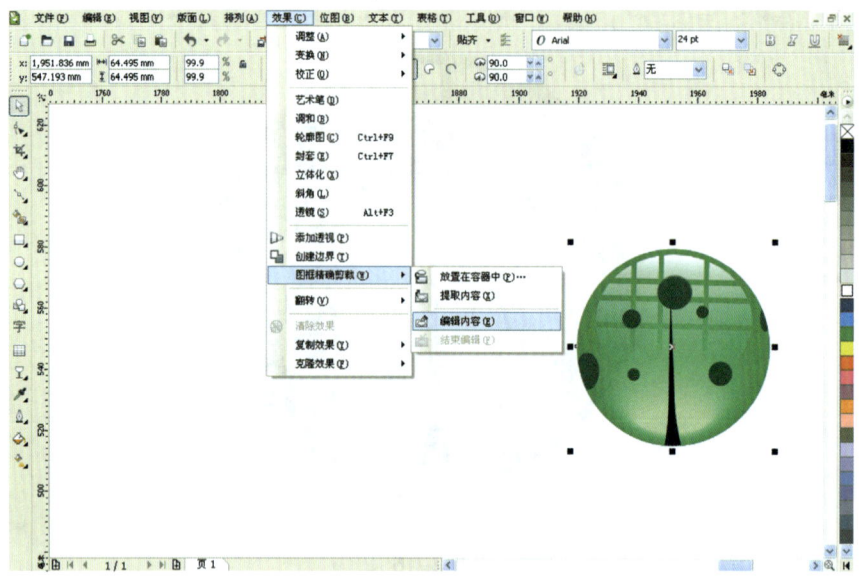

图3-18

> **耳旁风**
>
> "效果/图框精确剪裁"是一个非常实用的菜单命令，它把图形放置在"容器"之后，如果位置不理想，可以使用"编辑内容"修改，也可以对被放置图形进行形状上的编辑。另外，还可以使用"提取内容"把放置在容器中的图形重新提取出来，使被放置图形恢复原状。如图3-19所示为"编辑内容"时的效果。

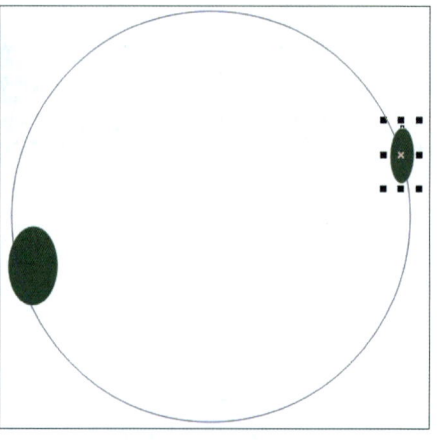

图3-19

19. 现在绘制甲壳虫的头部。使用椭圆形工具绘制一个椭圆形,并填充上黑色,参数如图3-20所示。

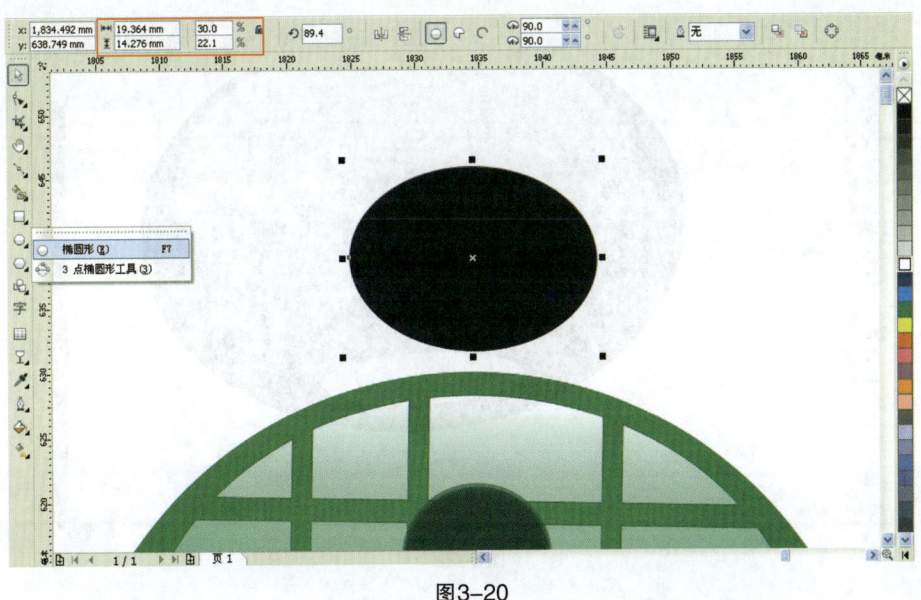

图3-20

20. 复制该椭圆形,并调整它的大小,然后使用交互式透明工具给它做一个渐变透明效果,完成甲壳虫头部的高光绘制,参数如图2-21所示。

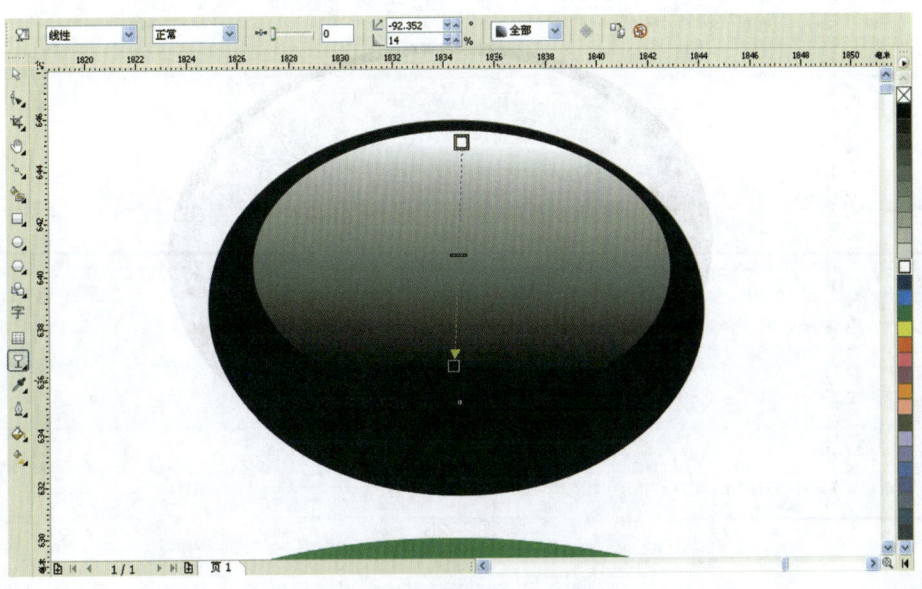

图3-21

21. 再使用椭圆形工具绘制一个椭圆形，并用轮廓工具去除其轮廓，然后用默认颜色调板给它填上10%的黑色，如图3-22所示。

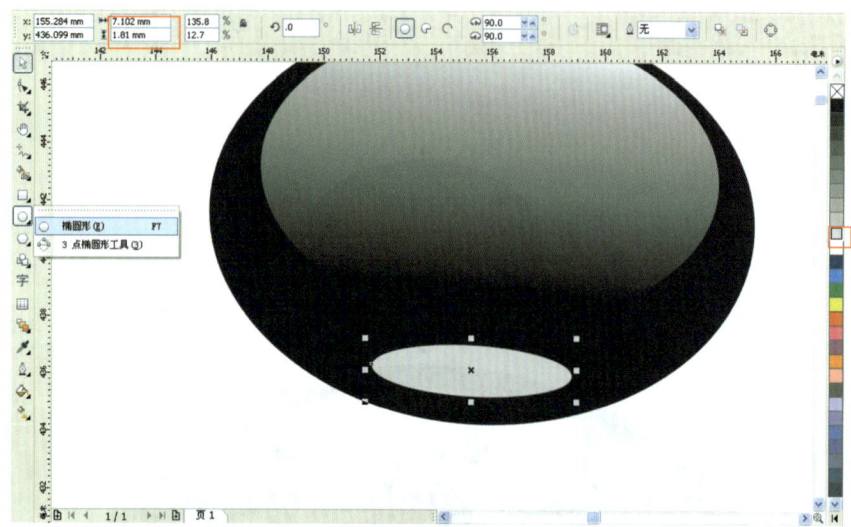

图3-22

22. 点击交互式调和工具，将10%白色小椭圆形与黑色椭圆形进行调和，数据默认，甲壳虫头部的折射透明效果完成，如图2-23所示。

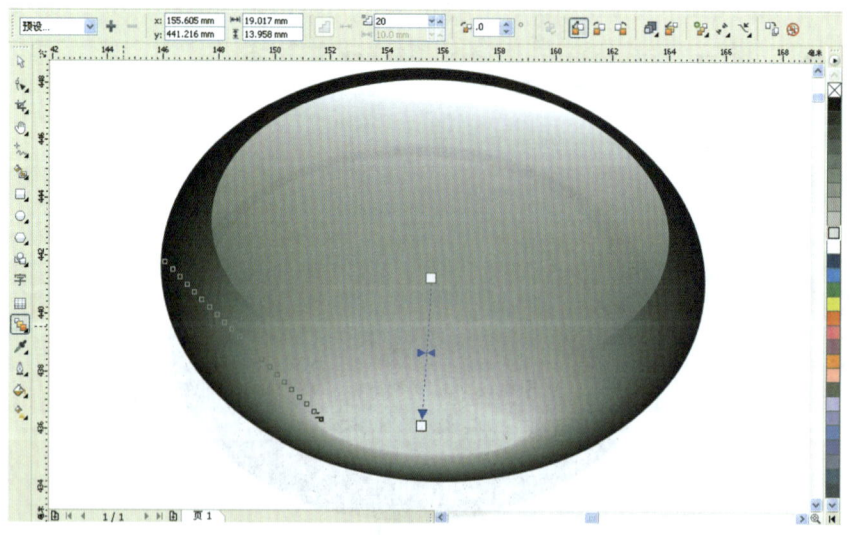

图2-23

23. 选择刚刚绘制好的"水晶"椭圆图形，复制（Ctrl+D），然后调整它的形状，效果如图3-24所示。

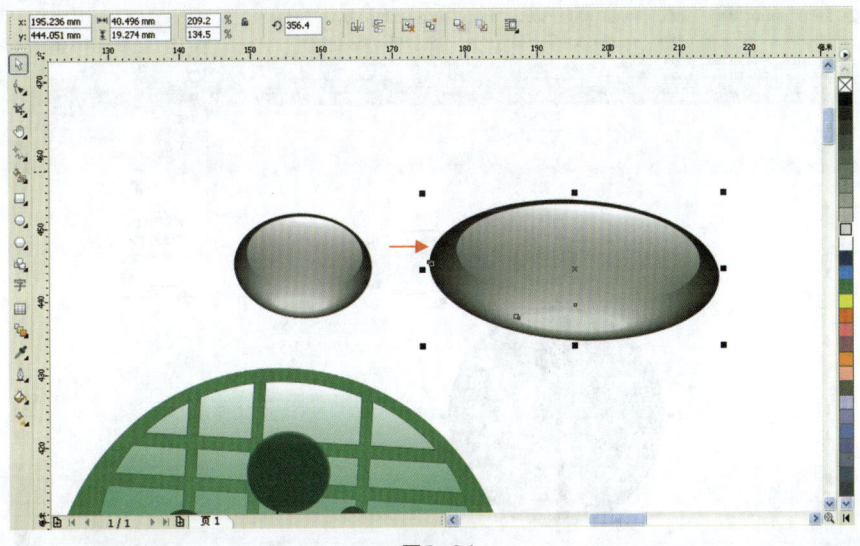

图3-24

24. 为了绘图的方便性，在没有绘制头部之前，先绘制甲壳虫的颈部。打开椭圆形工具绘制两个正圆形（或者复制绿色大圆形，然后在填充工具中选择"无填充"去除填充颜色，再到轮廓工具中选择"1点"为其添加黑色轮廓），参数如图3-25所示。

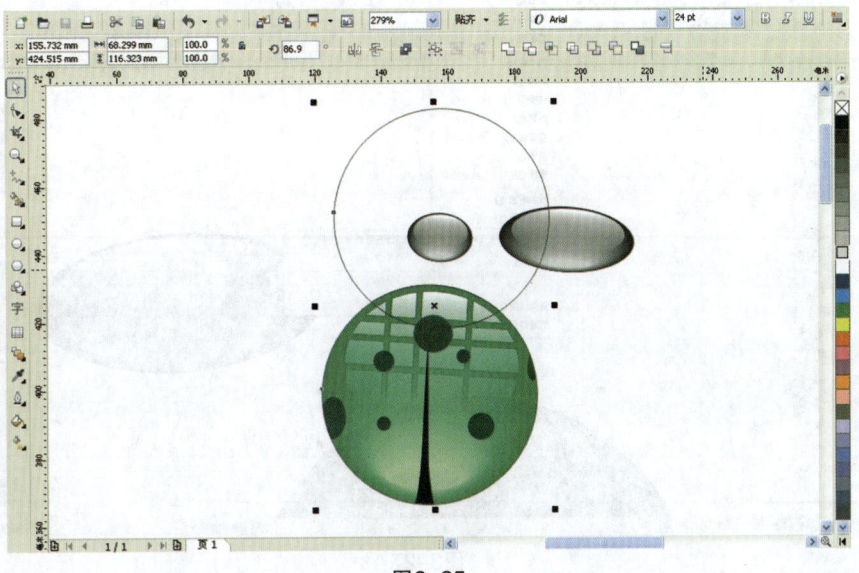

图3-25

25. 打开菜单命令"排列/造型/造型",弹出"造型"对话框,选择"相交"选项,如图3-26所示。

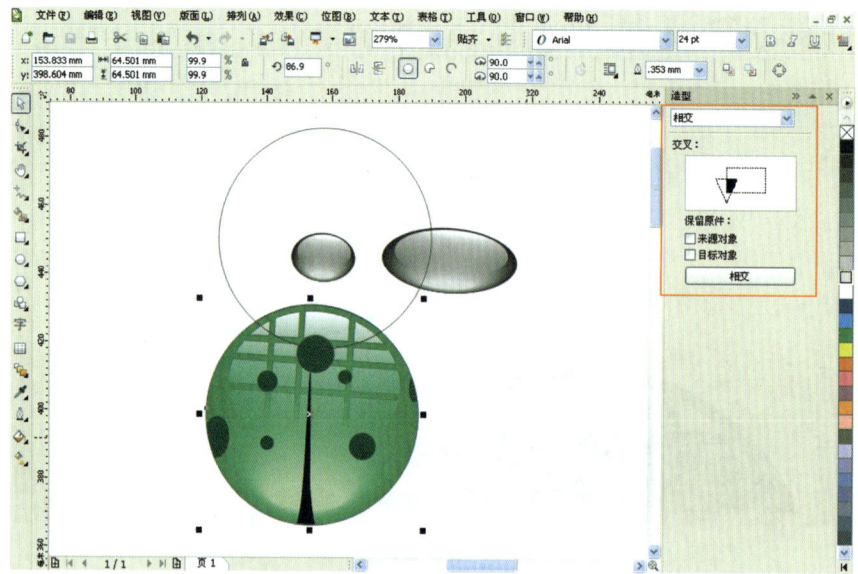

图3-26

26. 打开"效果/图框精确剪裁/放置在容器中"菜单命令,如图3-27所示。

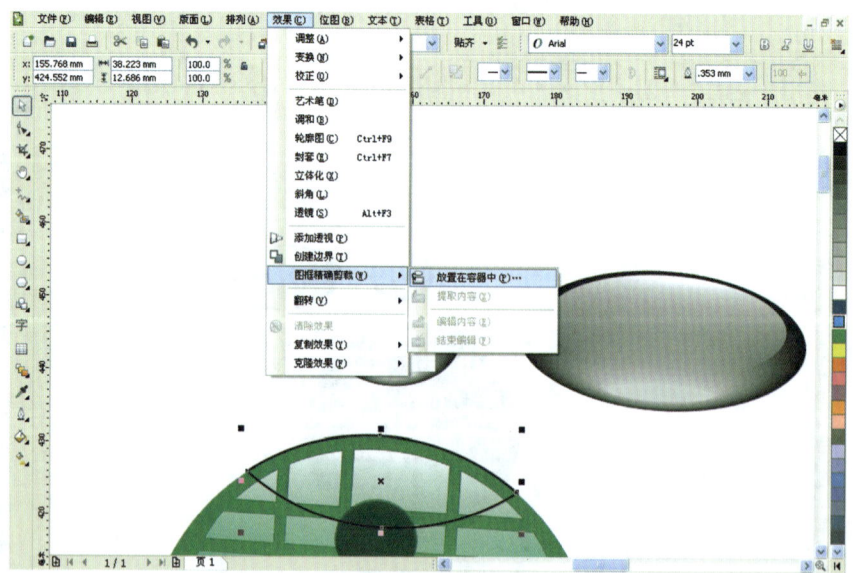

图3-27

27. 选择复制的大"水晶"椭圆图形，将它放置在刚刚绘制的"容器"中，效果如图3-28所示。

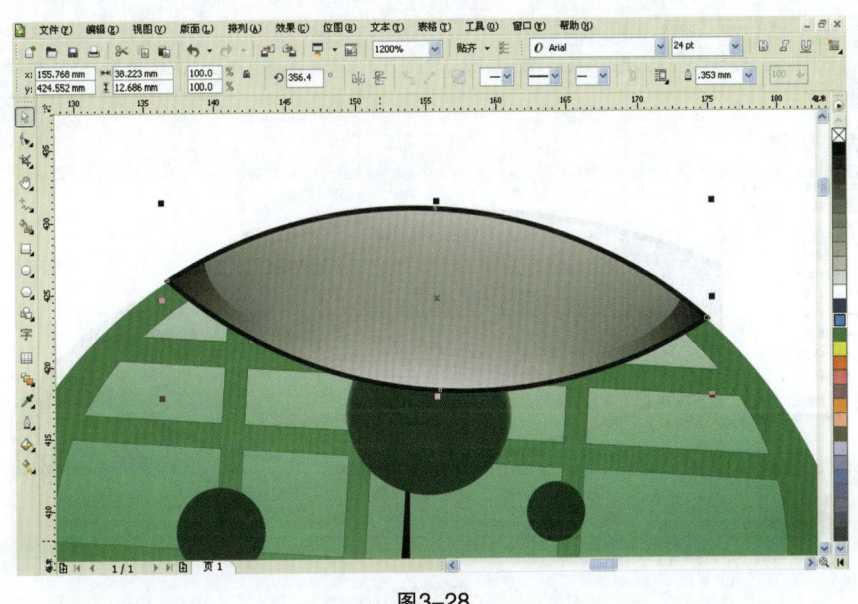

图3-28

28. 绘制甲壳虫颈部的高光，打开贝塞尔工具，绘制如图3-29所示图形，并使用形状工具 修改它们的形状（或者绘制一个大的横向长条状图形，然后使用两个纵向条状图形进行修剪）。

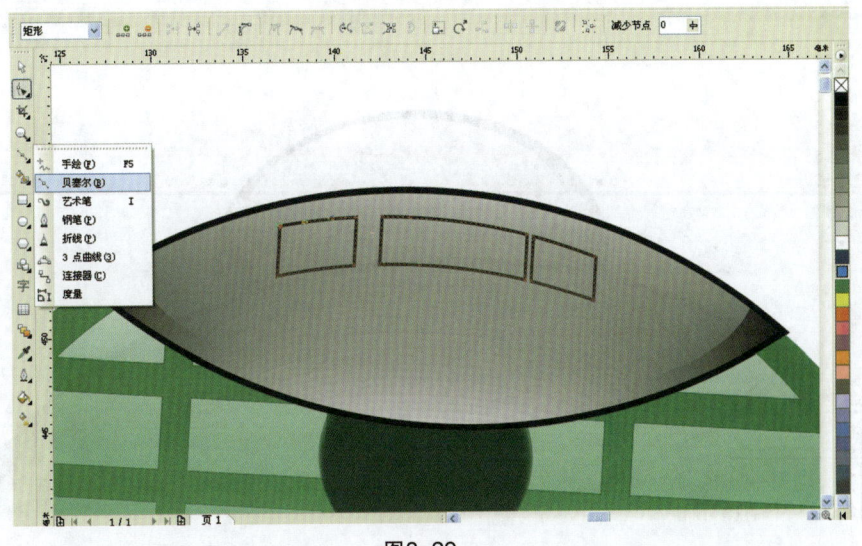

图3-29

29. 使用轮廓工具去除该图形的轮廓,然后使用默认CMYK颜色调板给它填充上白色,效果如图3-30所示。

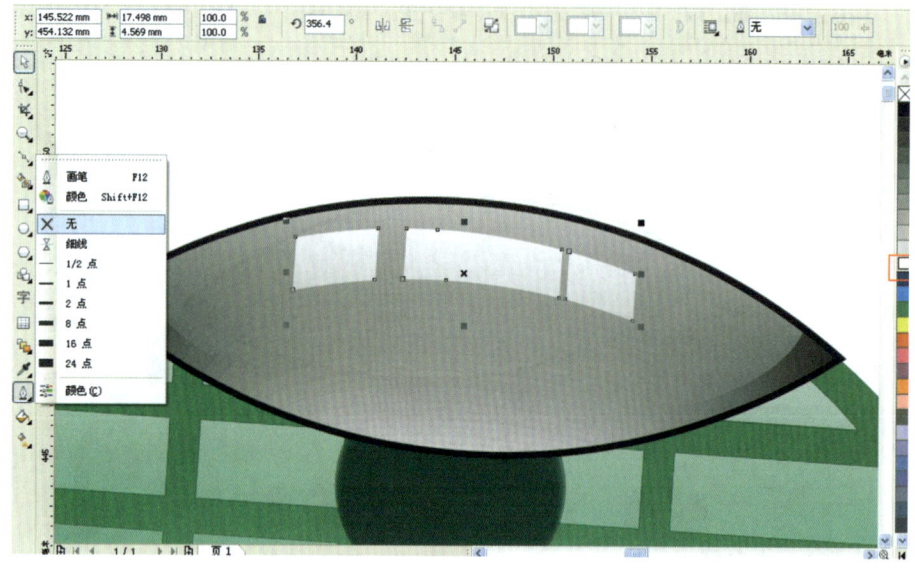

图3-30

30. 把上面刚刚绘制好的"水晶"椭圆图形——甲壳虫的"头部"放置在如图3-31所示的位置,并复制两个,然后进行旋转、缩小,制作成甲壳虫的眼睛。

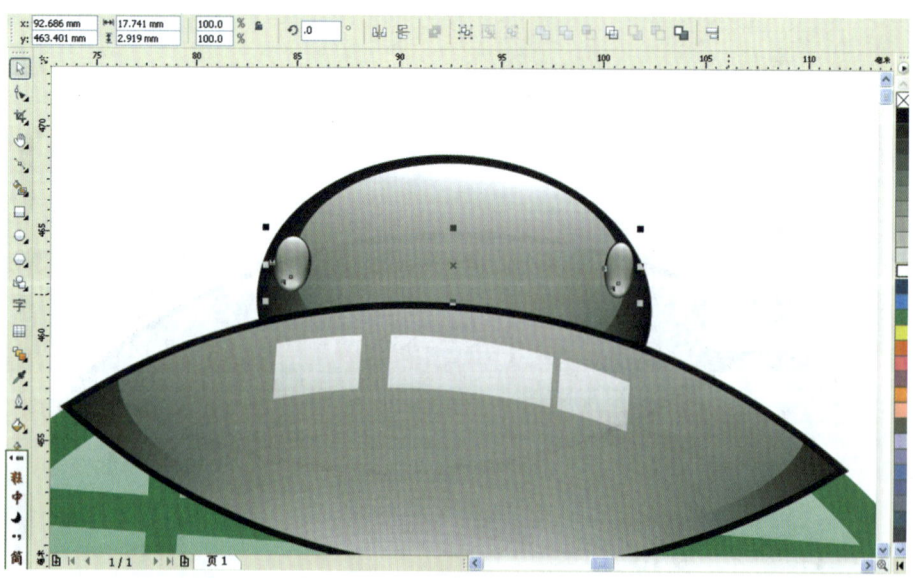

图3-31

31. 绘制甲壳虫的触角，仍然使用贝塞尔工具绘制曲线，然后使用形状工具进行编辑，如图3-32所示。

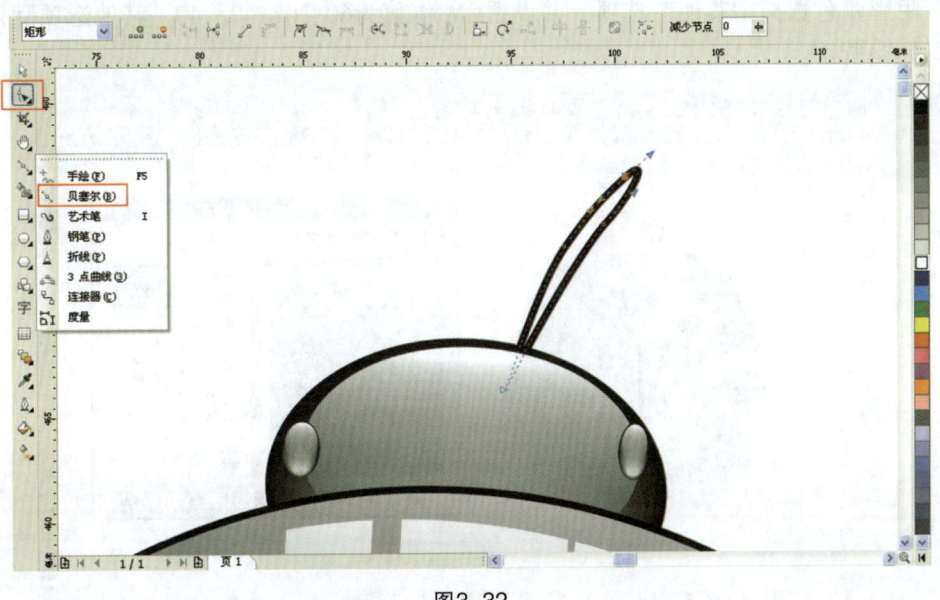

图3-32

32. 使用默认CMYK颜色调色板给甲壳虫的触角填上黑色，并用轮廓工具去除它的轮廓，再进行复制、旋转、拖动，放置在如图3-33所示位置。

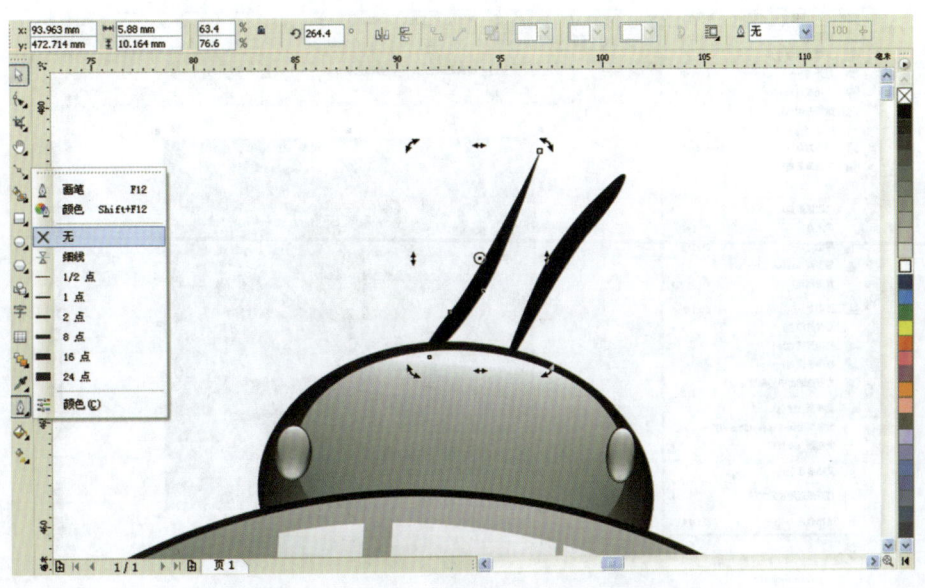

图3-33

33. 至此，水晶甲壳虫绘制完毕。为了增加甲壳虫的空间真实感，接下来先对它进行群组（Ctrl+G），然后打开交互式阴影工具 给它添加上阴影效果，调整阴影的不透明度为60，阴影颜色选择"其他"选项，并设置CMYK值为60、0、40、40，其他选项默认，效果如图3-34所示。

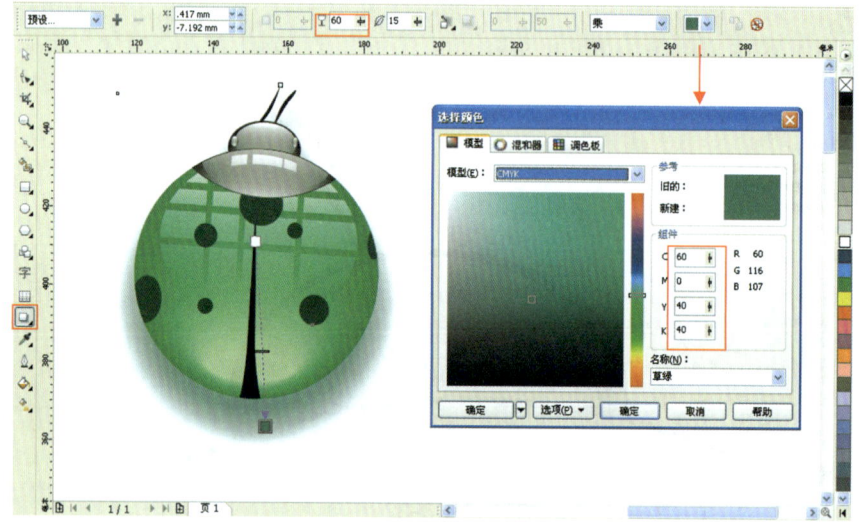

图3-34

34. 打开菜单命令"文件/导入"，导入一张位图作为甲壳虫的背景，如图3-35所示。

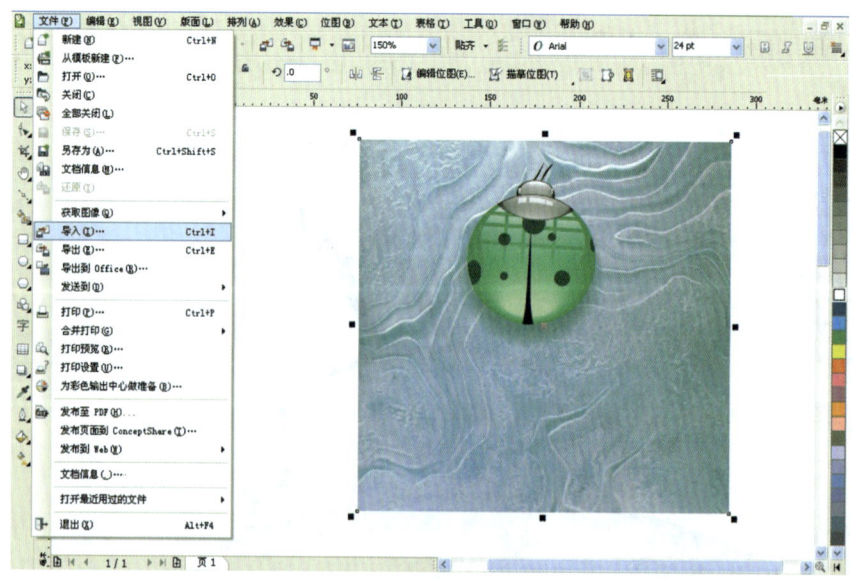

图3-35

35. 由于甲壳虫的颜色和背景颜色比较接近，为了增强甲壳虫和背景的冷暖及空间对比度，现在打开菜单命令"位图/图像调整实验室"对背景的颜色进行调整，如图3-36所示。

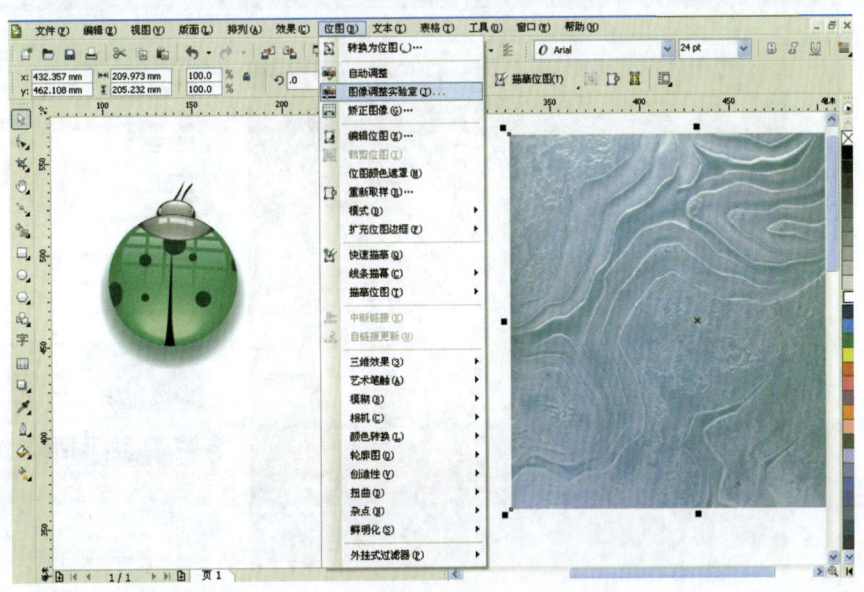

图3-36

耳旁风

CorelDRAW X4的"位图"菜单命令对位图的编辑能力（尤其是色彩方面）已经接近Photoshop的水平，所以充分利用该菜单内容可以大幅提高CorelDRAW X4的绘图效率和功能。

转换为位图：把矢量图转换成位图。

图像调整实验室：编辑位图的颜色色相、亮度、对比度等。

矫正图像：对位图进行旋转、剪裁等操作。

位图颜色遮罩：给位图设置颜色遮罩。

重新取样：对位图的大小、分辨率进行重新设置。

编辑位图：使用Corel PHOTO-PAIN X4对位图进行编辑。

快速描摹：对位图进行快速描摹而生成矢量图。

线条描摹：对位图进行描摹而生成矢量线图。

描摹位图：描摹位图而生成它的矢量图，分为线条图、徽标、详细徽标、剪贴画、低质量图像及高质量图像六种。

另外，"位图"菜单命令还包含三维效果、艺术笔触等滤镜功能。CorelDRAW X4甚至还可以加载外挂式滤镜。

36. 调整背景颜色的温度为2904，亮度为–9，对比度为–2，其他选项默认，如图3–37所示。

图3–37

37. 复制两个甲壳虫图形，并将它们放到背景上如图3–38所示位置，然后进行大小的缩小和角度旋转调整。

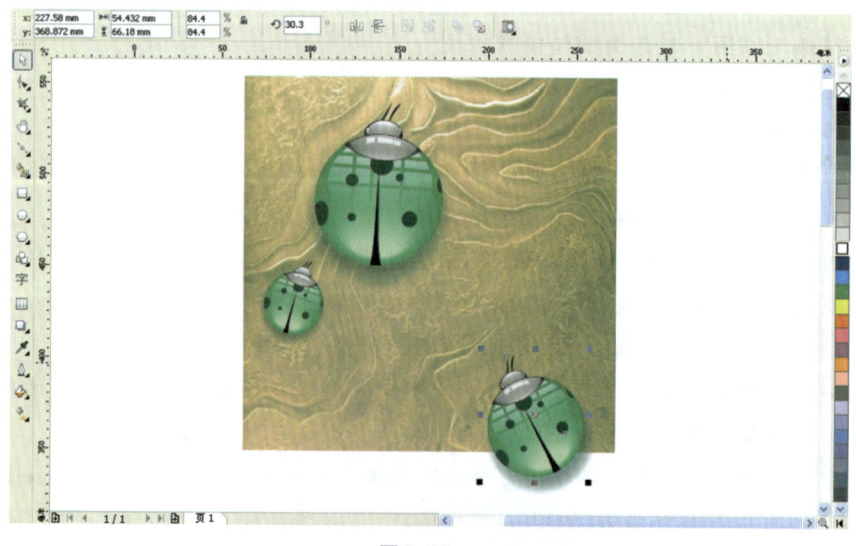

图3–38

38. 为了使整个画面的空间感更强，使用交互式阴影工具再给背景图形添加上阴影效果，所有选项默认，如图3-39所示。

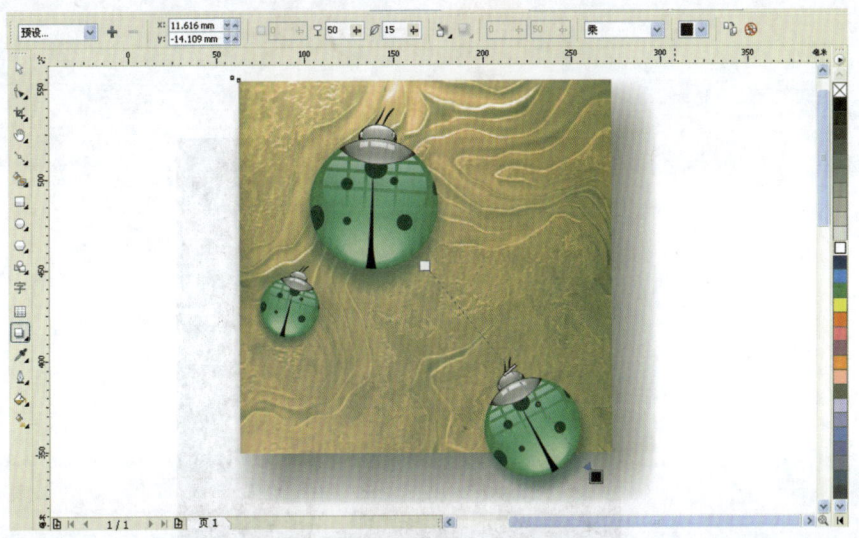

图3-39

39. 最后，作一次整体的调整。包括背景的颜色（再次使用菜单命令"位图/图像调整实验室"，根据自己的喜好作适当调整）、阴影角度及甲壳虫的阴影角度，使得画面更加合理、协调。至此，水晶甲壳虫全部制作完成，效果如图3-40所示。

图3-40

第四章 火柴火

在CorelDRAW里，火的表现是不太容易的，但通过本案例的学习，读者可以感到CorelDRAW X4对火的表现能力也是非常理想的，本教程的目的是通过对火表现的学习，将它应用到产品表现、广告招贴和艺术表现上去。

1. 绘制火柴。首先打开矩形工具 ▢ (快捷键为F6)，绘制大小为7 mm×134 mm的矩形，作为火柴杆的一个侧面，如图4-1所示。

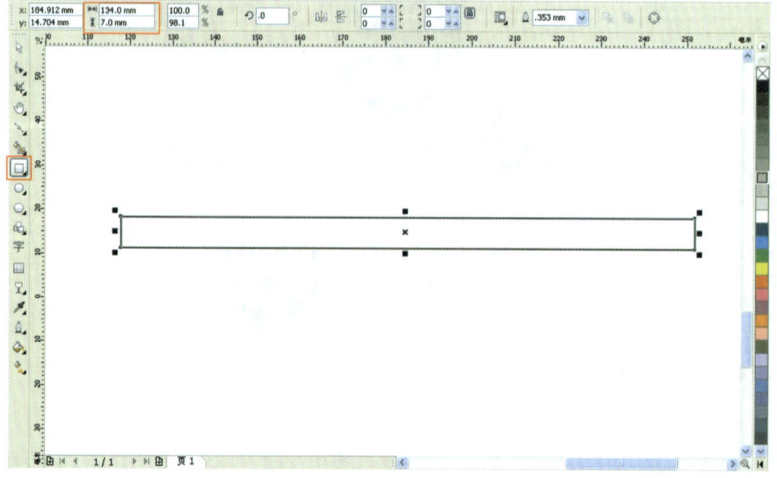

图4-1

2. 旋转该矩形，然后点击右键，弹出对话面板，点击"转换为曲线"命令，使矩形转换为可以任意变形编辑的"曲线"，如图4-2所示。

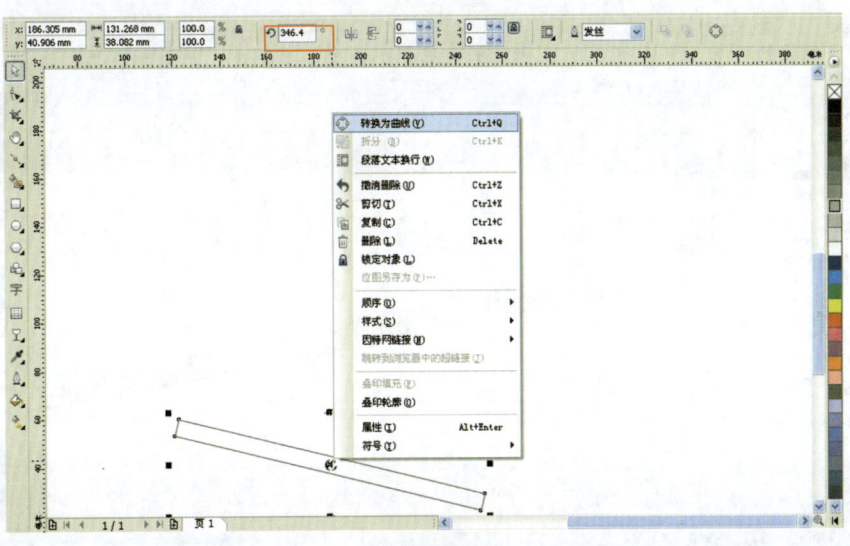

图4-2

> **耳旁风**
>
> 基本图形在转换为曲线之前，只能进行关于它基本属性方面的编辑，比如矩形、圆形、多边形等。

3. 点击交互式填充工具，给该矩形进行颜色填充，渐变色的CMYK值从左至右依次为0、0、20、0、0、20、60、20，如图4-3所示。

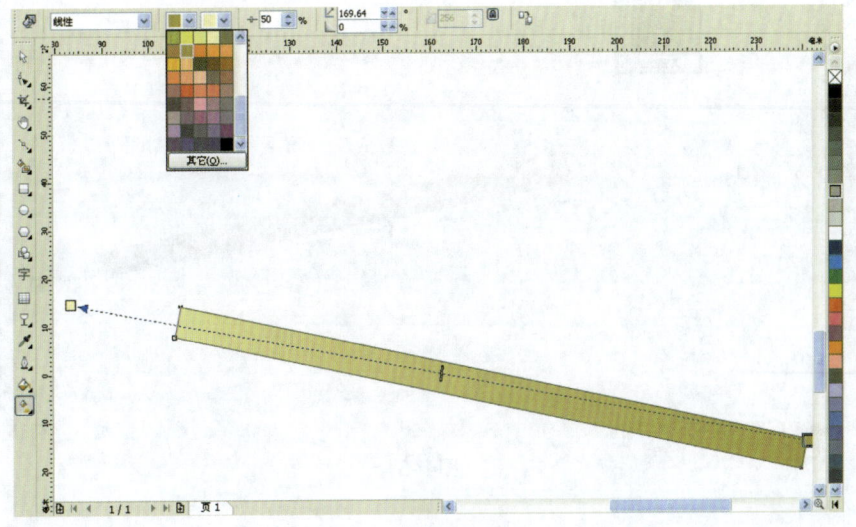

图4-3

4. 点击轮廓工具，点选其面板上的"无"去除矩形的轮廓，然后使用形状工具 进行编辑，效果如图4-4所示。

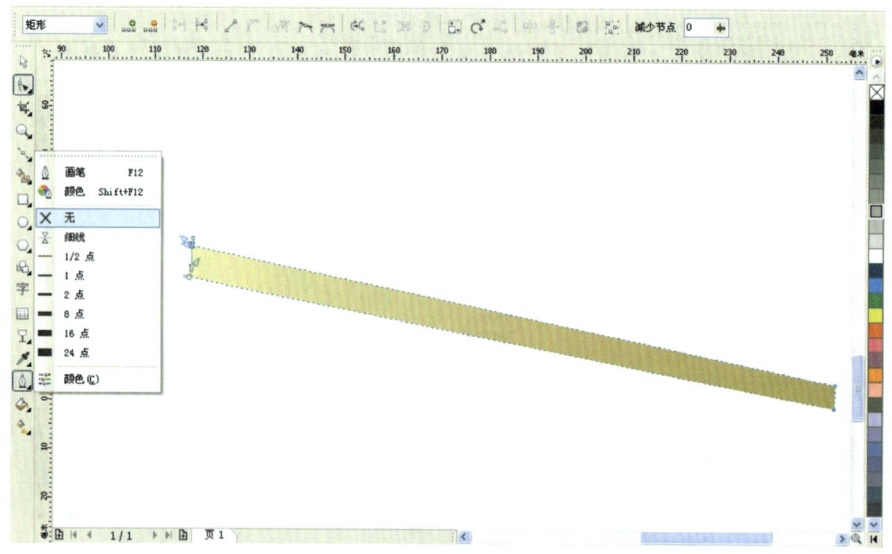

图4-4

5. 复制一个该图形，然后使用形状工具对复制的图形进行编辑，再使用交互式填充工具给它一个渐变色填充，渐变色的CMYK值从左至右依次为0、20、40、0，0、0、60、60、40，效果如图4-5所示。

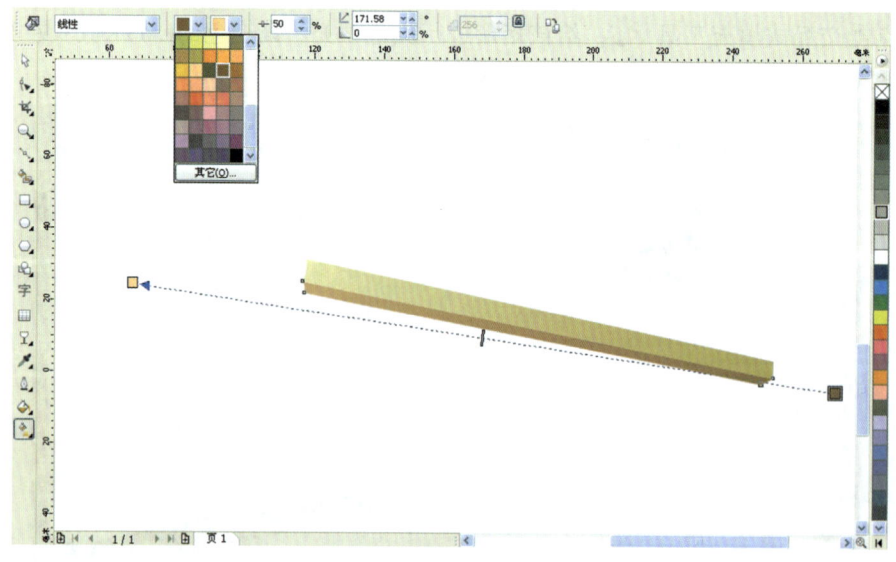

图4-5

6. 绘制火柴头，打开椭圆形工具 ⊙，绘制一个椭圆形，然后进行旋转，效果如图4-6所示。

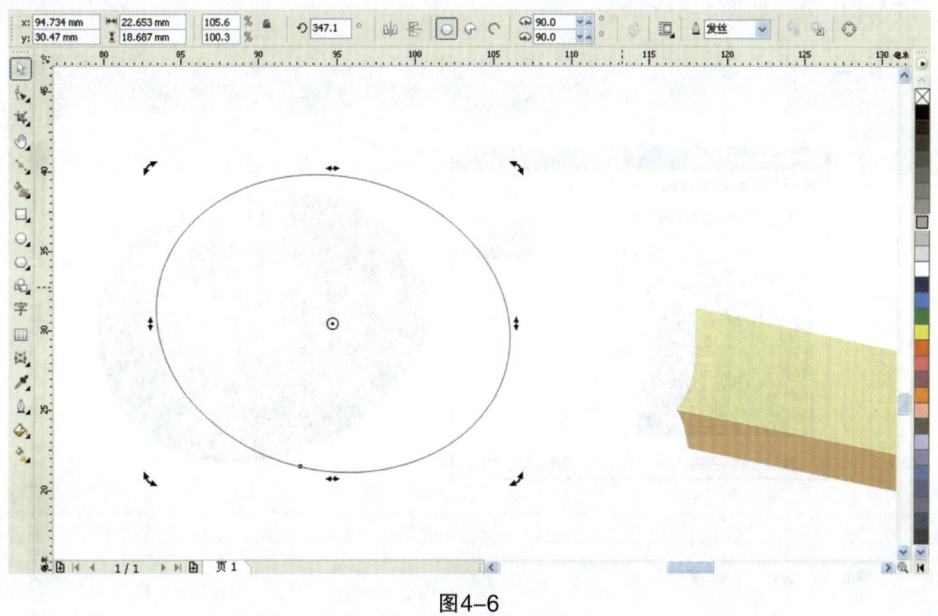

图4-6

7. 为了使火柴头的形状更加真实，接下来打开形状工具对其进行编辑，效果如图4-7所示。

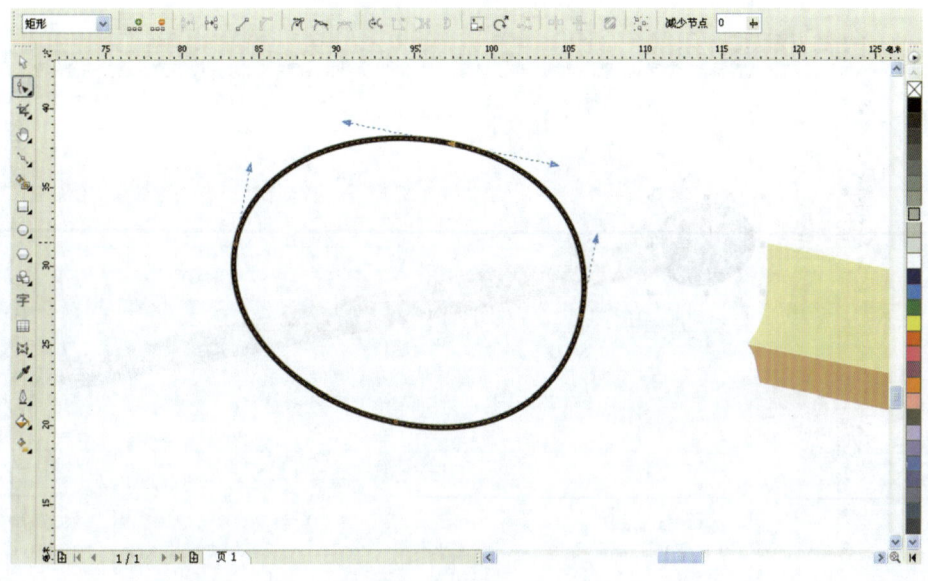

图4-7

8. 首先使用轮廓工具对其进行去除轮廓操作，然后打开交互式填充工具给它填上渐变色，渐变色CMYK值从左至右依次为28、37、65、0，71、89、89、43，46、78、89、4，7、11、13、0，如图4-8所示。

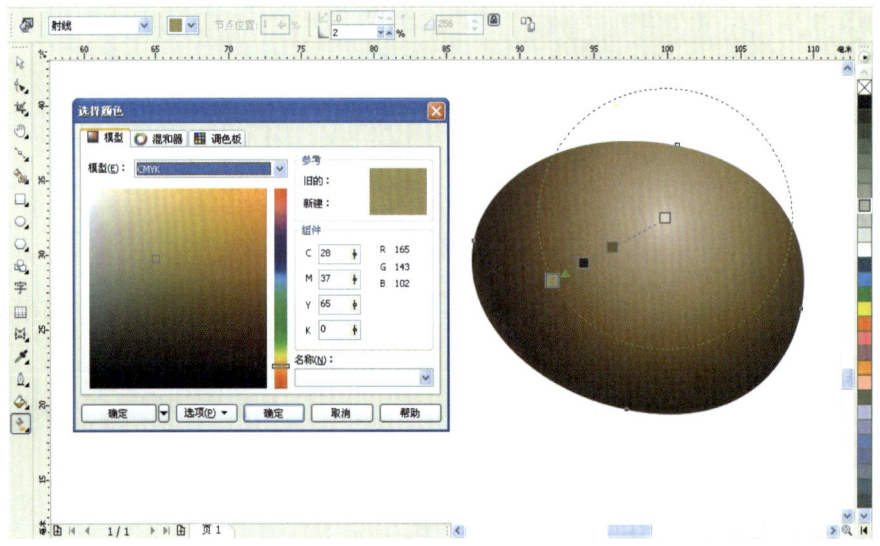

图4-8

9. 把火柴头放置在火柴杆左端适当的位置，并使用形状工具对火柴杆的左端作出调整编辑，效果如图4-9所示。

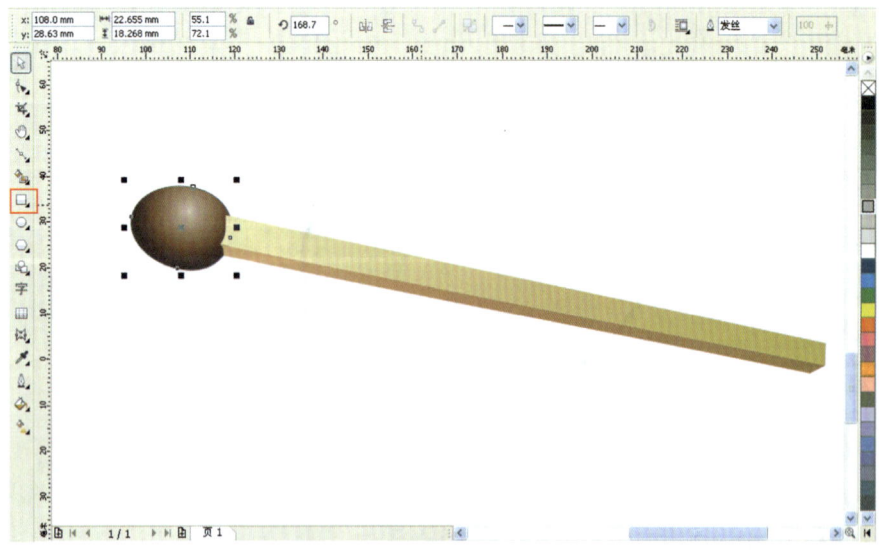

图4-9

10. 绘制火柴头上的火苗，为了增强火苗的显示效果，现在给它加上一个黑色背景。使用矩形工具绘制一个矩形，并填上黑色，如图4-10所示。

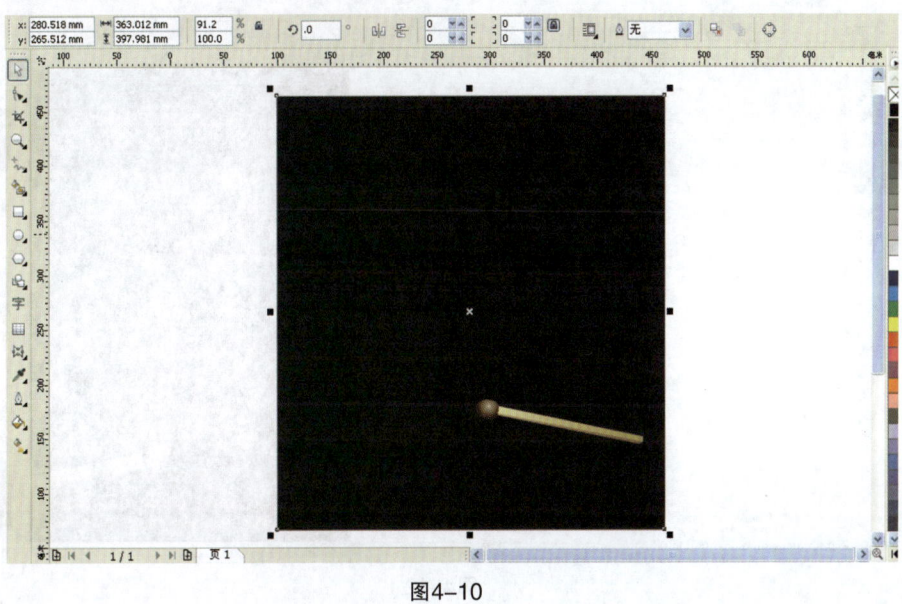

图4-10

11. 使用贝塞尔工具绘制火苗的轮廓图形，然后使用形状工具 对它进行编辑，效果如图4-11所示。

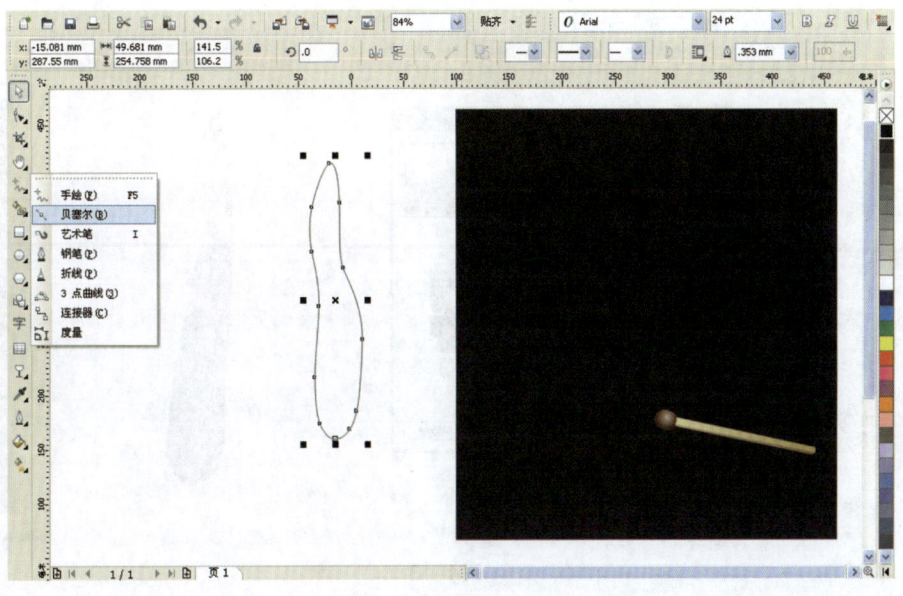

图4-11

12. 为了使火苗的形状更加真实，使用封套工具 对它进行形状上的编辑调整，效果如图4-12所示。

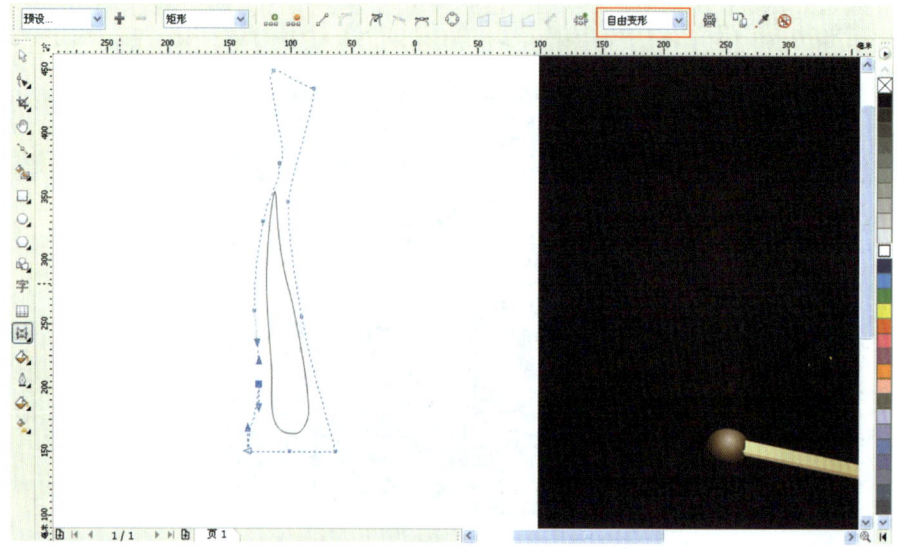

图4-12

13. 打开交互式填充工具为火苗轮廓图形填充渐变色彩。在弹出的"渐变填充"对话框内选择"自定义"，如图4-13所示。

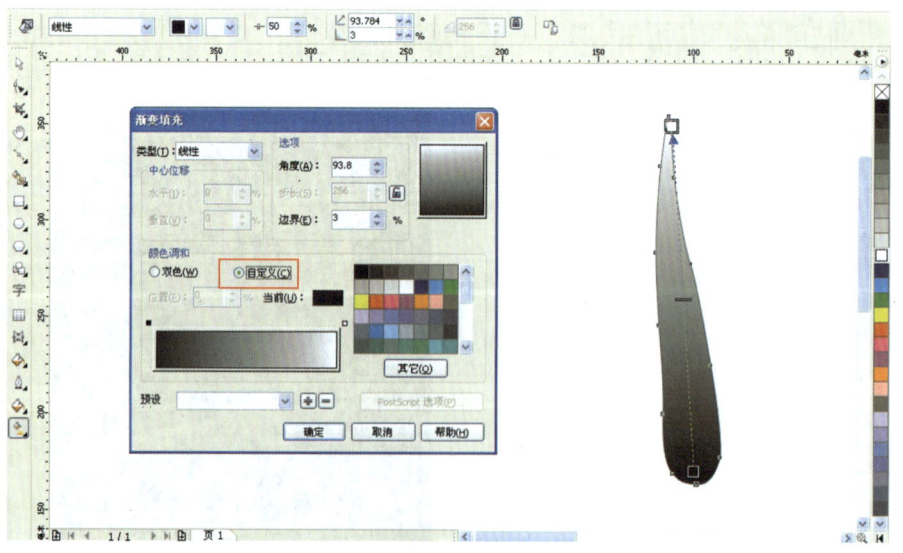

图4-13

14. 设置四个渐变色点，它们的CMYK值从左至右依次为100、0、0、0，0、0、0、0，0、0、0、100，0、0、60、100、0，如图4-14所示。

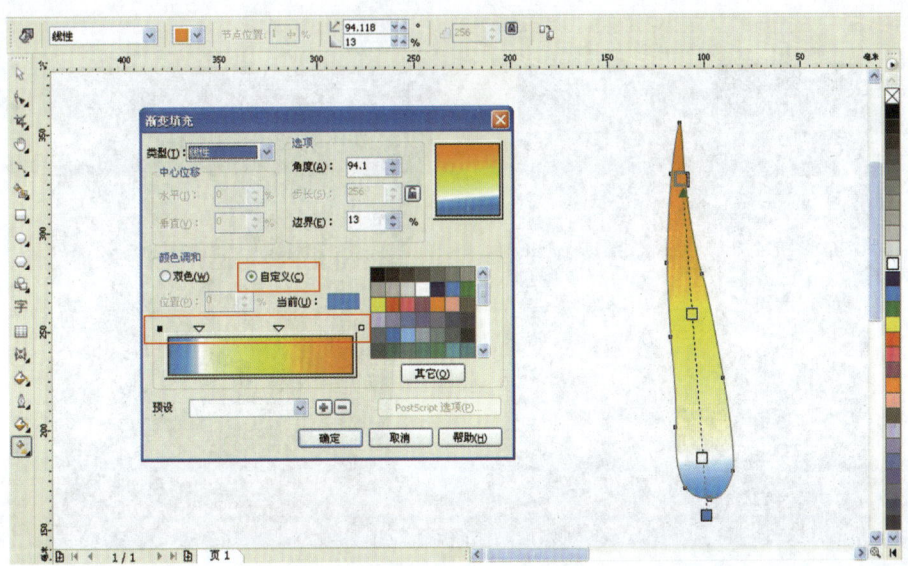

图4-14

15. 将火苗图形放置在黑色背景上，然后使用手绘工具 绘制一图形，并填充上白色，如图4-15所示。

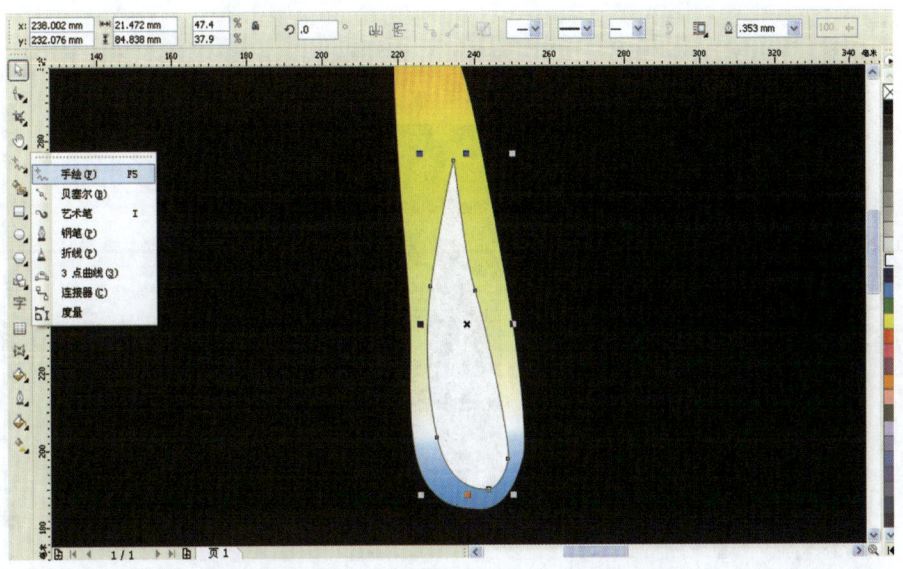

图4-15

16. 使用轮廓工具将该图形的轮廓去除，然后打开交互式透明工具 给它一个透明效果，开始透明度为88，如图4-16所示。

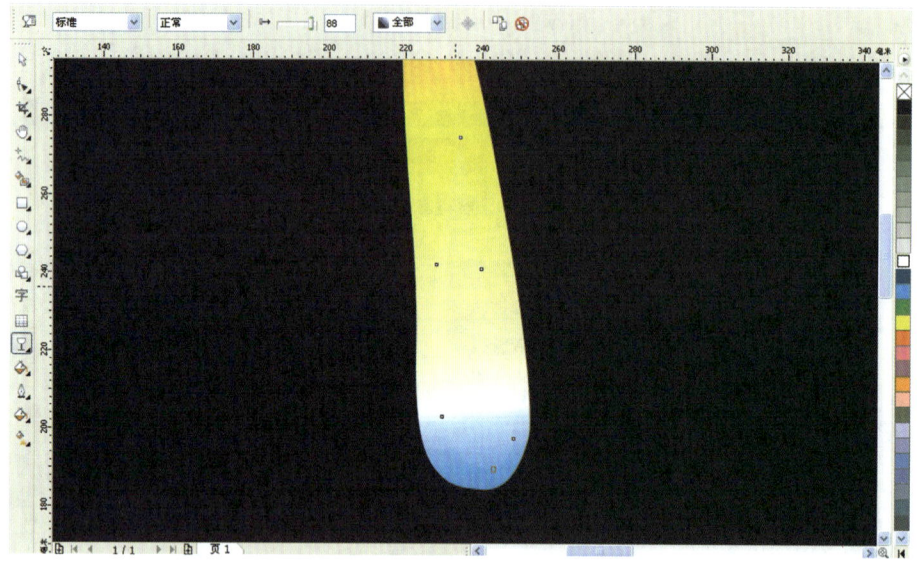

图4-16

17. 再次使用手绘工具绘制一个火苗图形，然后使用封套工具 对它的形状进行调整编辑，效果如图4-17所示。

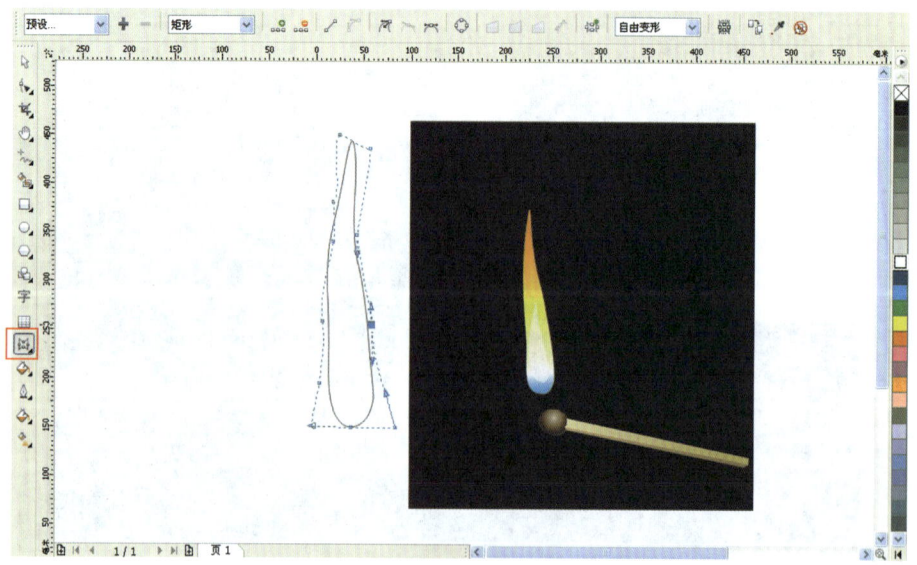

图4-17

18. 使用交互式填充工具给该图形填上渐变色，渐变色设置3个色彩点，它们的CMYK值分别为92、78、0、0，0、0、0、0，4、3、92、0，其他参数默认，如图4-18所示。

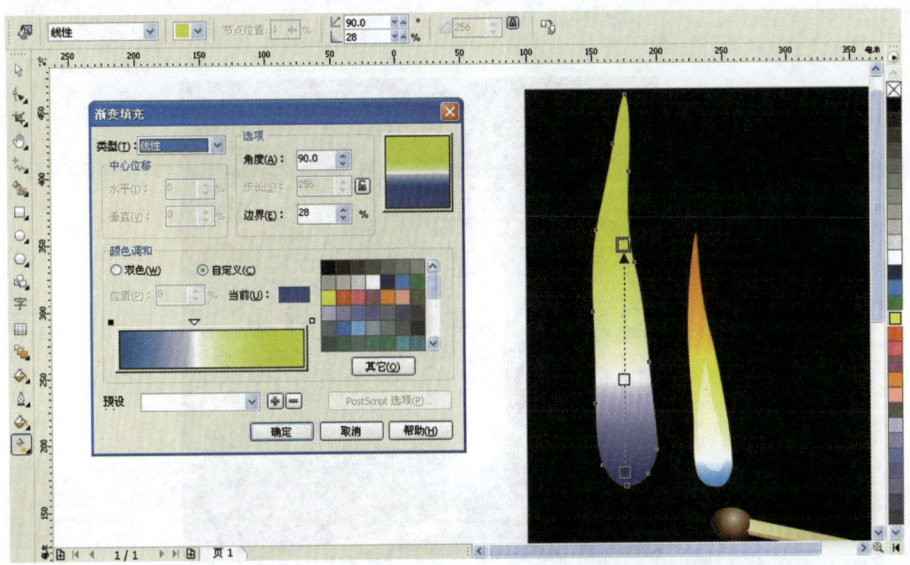

图4-18

19. 先用轮廓工具去除该图形的轮廓，然后使用交互式透明工具给它一个标准透明效果，透明度为100，如图4-19所示。

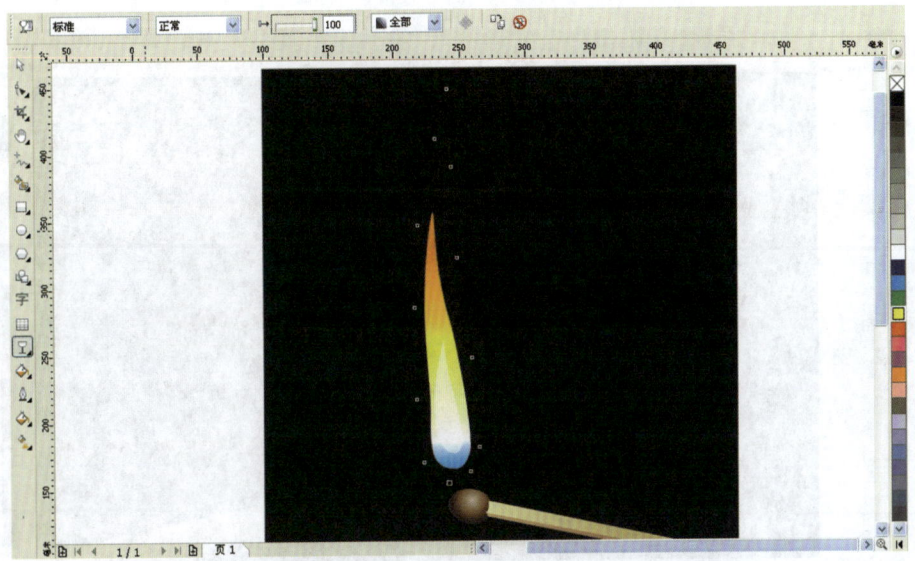

图4-19

20. 选择中间的火苗图形，打开交互式调和工具 对这两个渐变色的火苗图形进行调和，调和的步长值设置为30，其他选项默认，效果如图4-20所示。

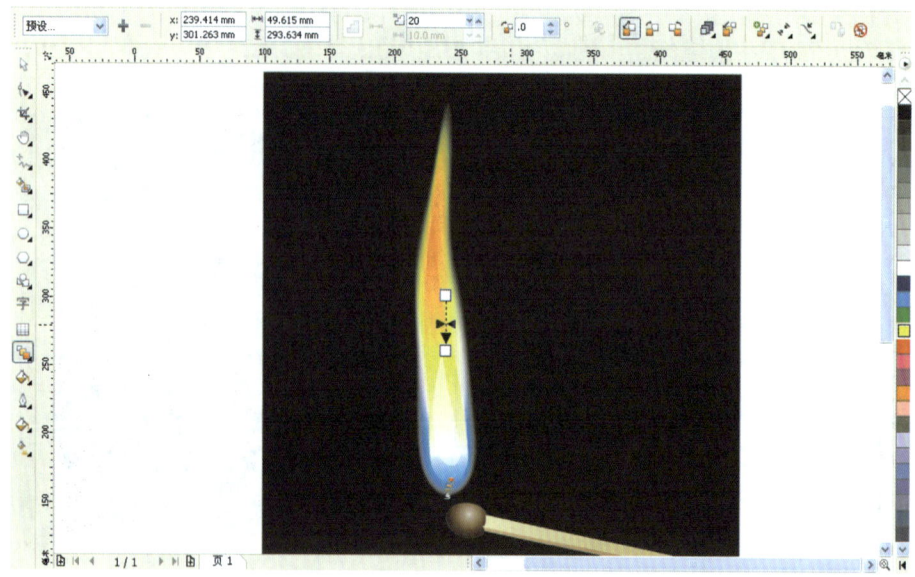

图4-20

21. 再次使用交互式调和工具对它和透明白色的小火苗图形进行调和，调和的步长设置为30，其他选项默认，效果如图4-21所示。

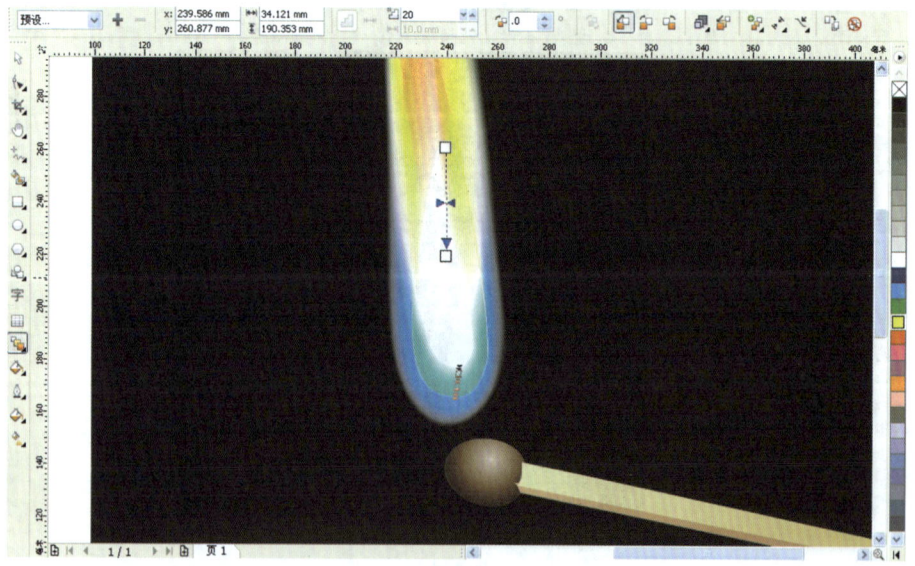

图4-21

22. 把火柴和火苗图形放置在合适的位置，然后打开矩形工具绘制一个矩形，位置紧贴黑色背景图形，大小如图4-22所示。

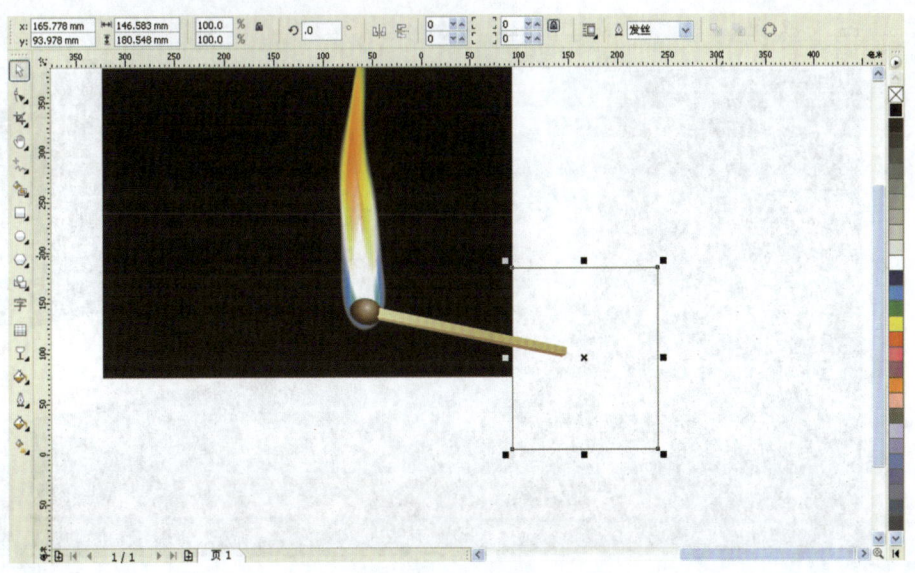

图4-22

23. 打开菜单命令"排列/造型/造型"，在弹出的对话面板上选择修剪，点击火柴图形，如图4-23所示。

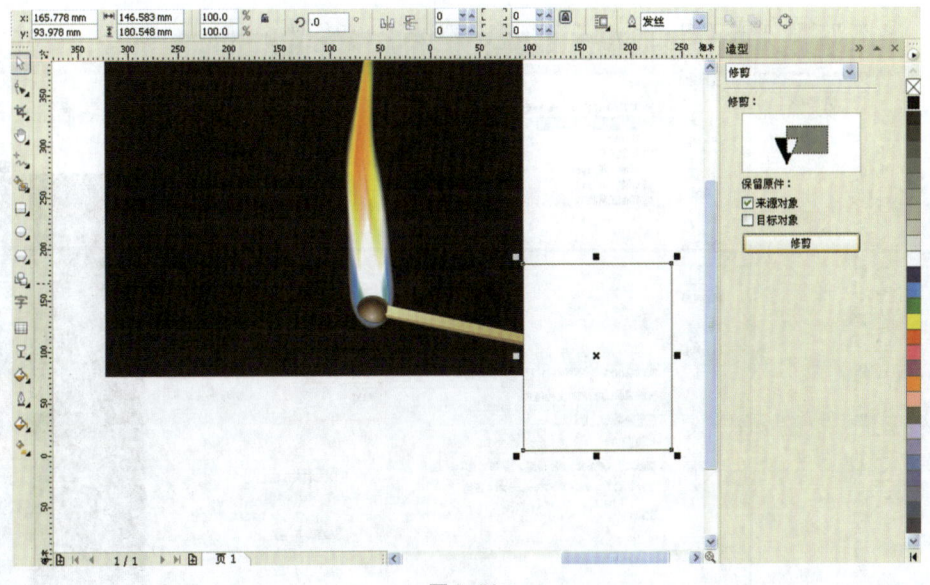

图4-23

24. 为了增加火柴头在燃烧时与火苗之间重叠的真实感，打开交互式透明工具，设置火柴头图形的透明度为36，其他选项默认，效果如图4-24所示。

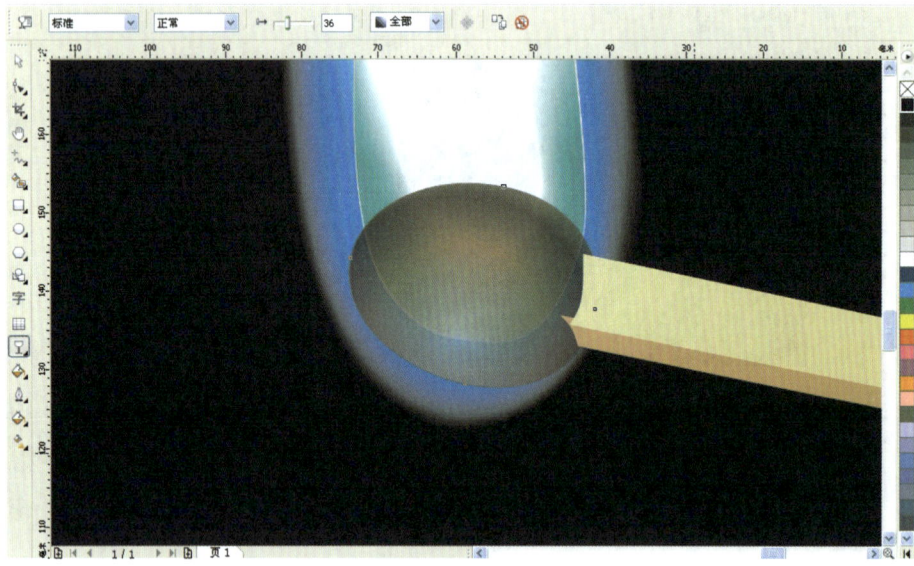

图4-24

25. 为了增强画面的空间感和故事感，现在打开菜单命令"文件/导入"，点击要导入的位图，选择"裁剪"选项，如图4-25所示。

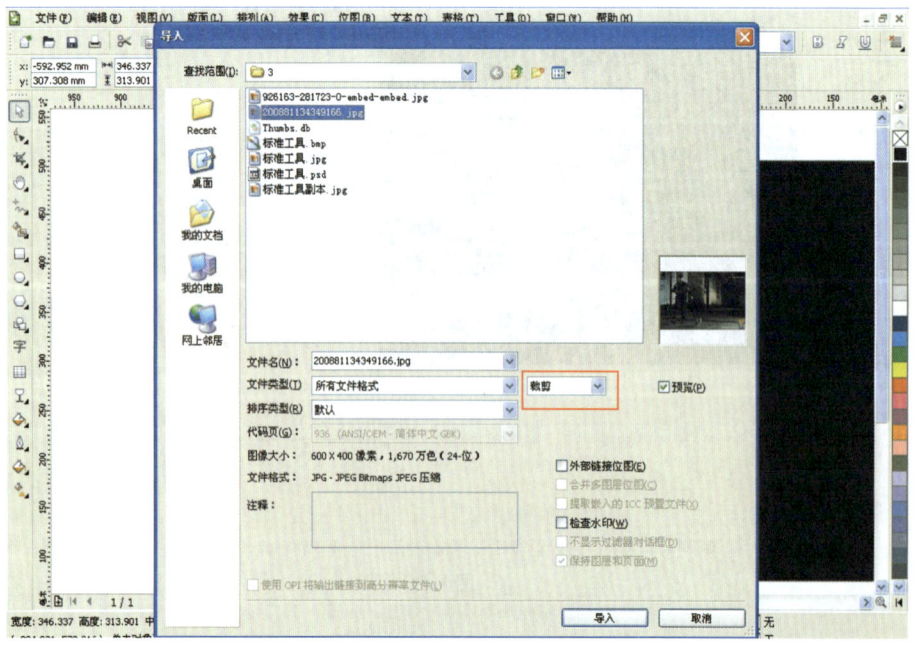

图4-25

26. 在"裁剪图像"的对话面板上设置"选择要裁剪的区域"选项，各项参数如图4-26所示，其他选项默认。

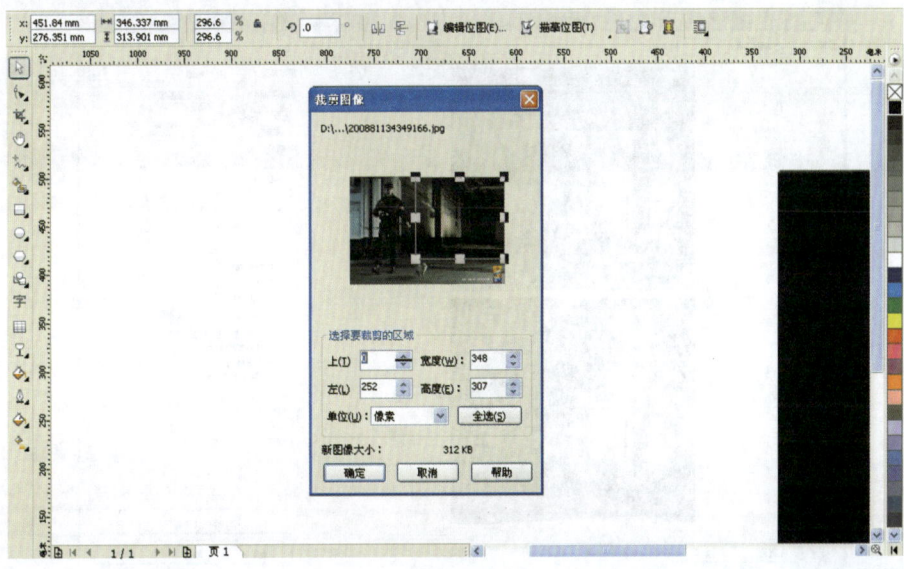

图4-26

27. 选择该位图，然后打开"位图/描摹位图/高质量图像"菜单命令，如图4-27所示。

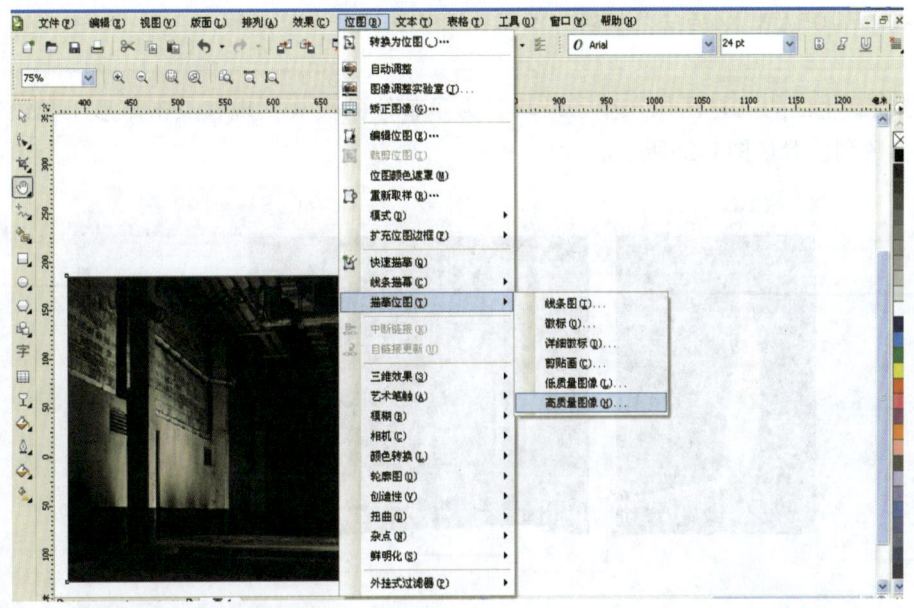

图4-27

28. 在它的弹出对话面板上，设置"选项"中的"平滑"为39，其他选项均为默认，点击"确定"，如图4-28所示。

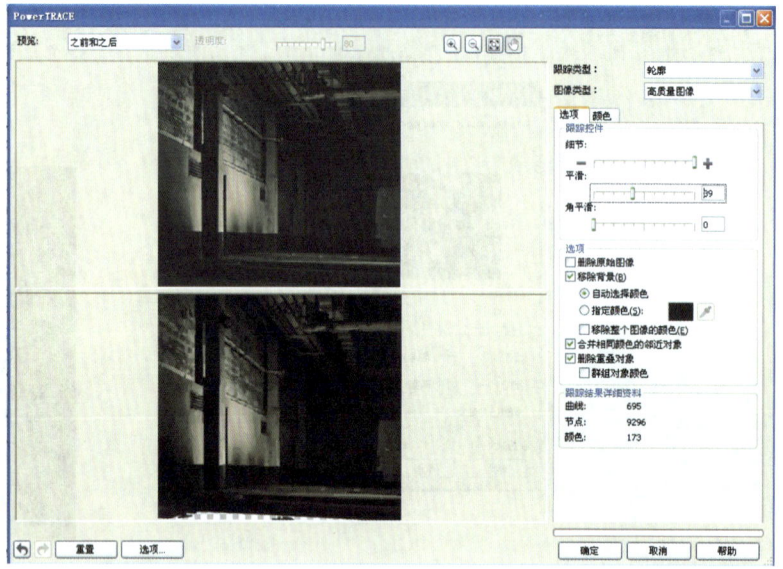

图4-28

> **耳旁风**
>
> CorelDRAW X4的"描摹位图"功能直接解决了使用位图的诸多问题，如位图在CorelDRAW X4的任意编辑，位图和适量图的混合使用等。

29. 描摹生成的矢量图像产生了裂块，为了整体的美观，现在点击矩形工具绘制一个矩形，参数和位置如图4-29所示。

图4-29

30. 打开"排列/造型/造型"菜单命令，在它弹出的对话面板上选择"修剪"，效果如图4-30所示。

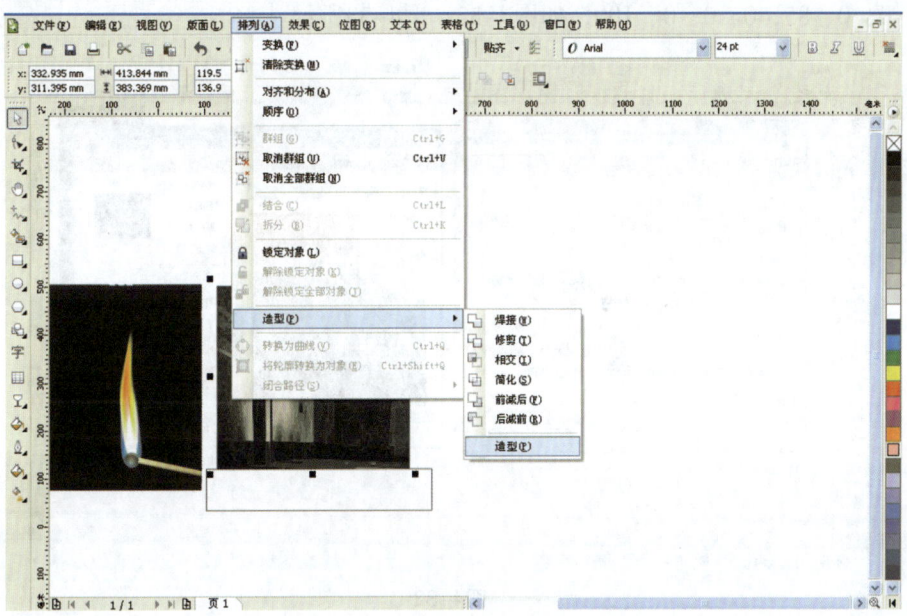

图4-30

31. 选择黑色背景图形，点击交互式透明工具，给它一个"射线"渐变透明效果，如图4-31所示。

图4-31

32. 在"交互式透明工具"弹出的"渐变透明度"对话面板上设置"颜色调和"为"自定义",它的渐变透明色彩点色彩CMYK值从左至右依次为0、0、0、0、0、0、0、10,0、0、0、85,0、0、0、100,如图4-32、图4-33所示。

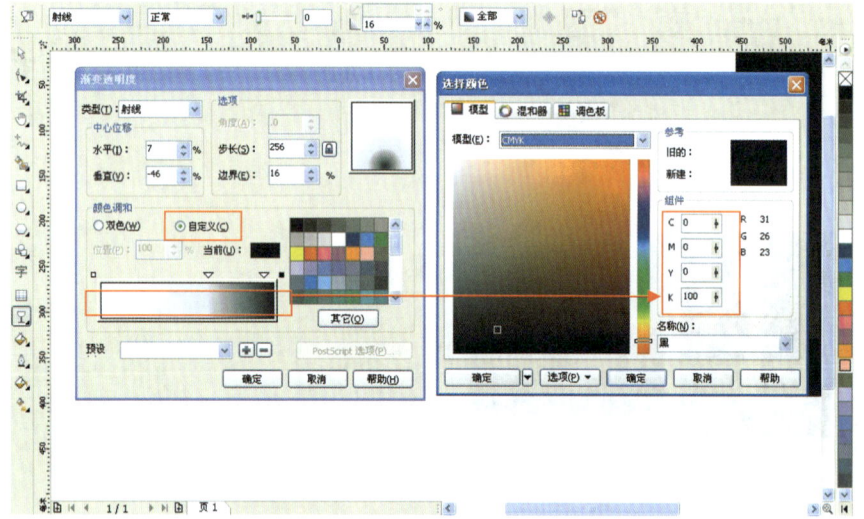

图4-32

图4-33

> 💡 **耳旁风**
>
> 掌握"排列/对齐和分布/对齐和分布"中各个选项的快捷键是提高我们绘图操作速度的一个因素,如:左对齐L、右对齐R、顶端对齐T、底端对齐B、水平居中对齐E、垂直居中对齐C。

33. 将描摹的矢量背景图放置在黑色的背景图后面，并打开菜单命令"排列/对齐和分布/对齐和分布"，在弹出的对话面板上选择"上"，使黑色背景图形和描摹背景图形顶部对齐，如图4-34所示。

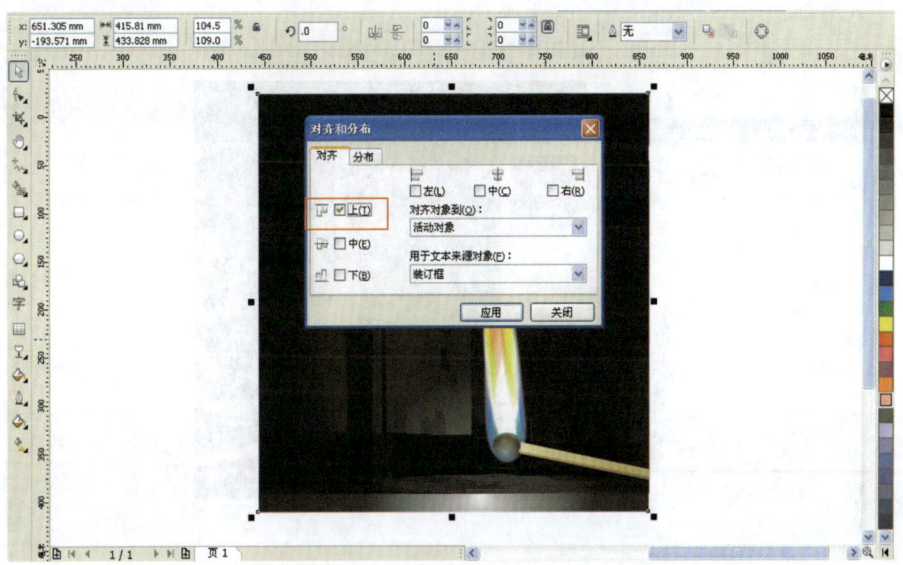

图4-34

34. 当前画面过于单调，为了增加画面的丰富性、画面构图的合理性，再使用矩形工具绘制两个矩形，参数和效果如图4-35所示，通过移动和旋转，将它们放置在适当的位置上。

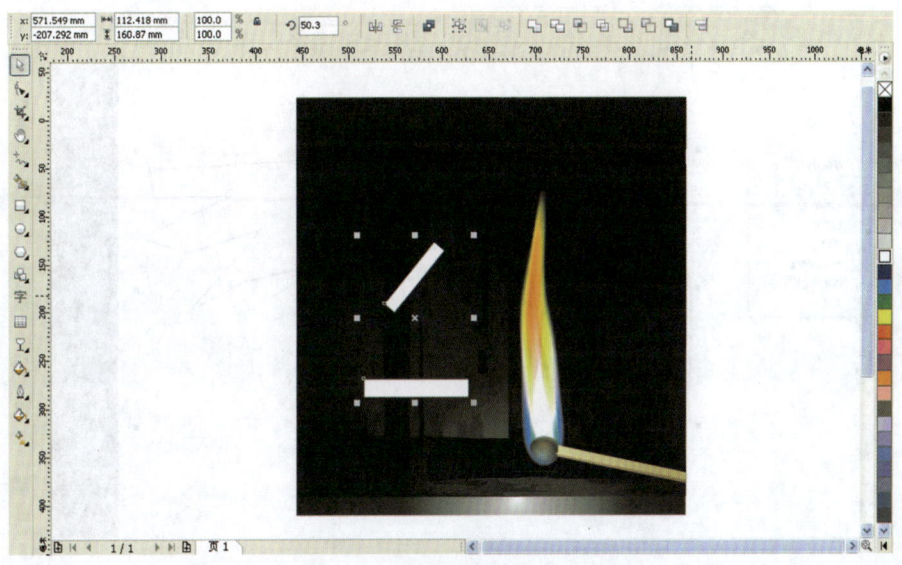

图4-35

35. 打开交互式填充工具，给两个矩形添加渐变填充效果，在"渐变填充"对话面板上的"颜色调和"选项上选择"自定义"，设置上下两个矩形的渐变色彩CMYK值从左至右依次为0、0、0、100、0、0、0、80，效果如图4-36所示。

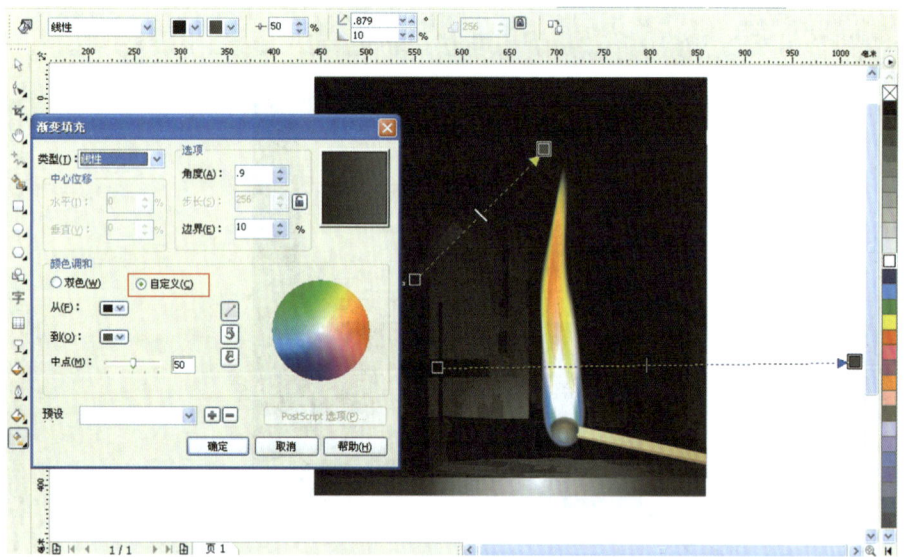

图4-36

36. 为了增加图画环境的寂静气氛，下面再添加一只手的图形。打开贝塞尔工具绘制图形，如图4-37所示。

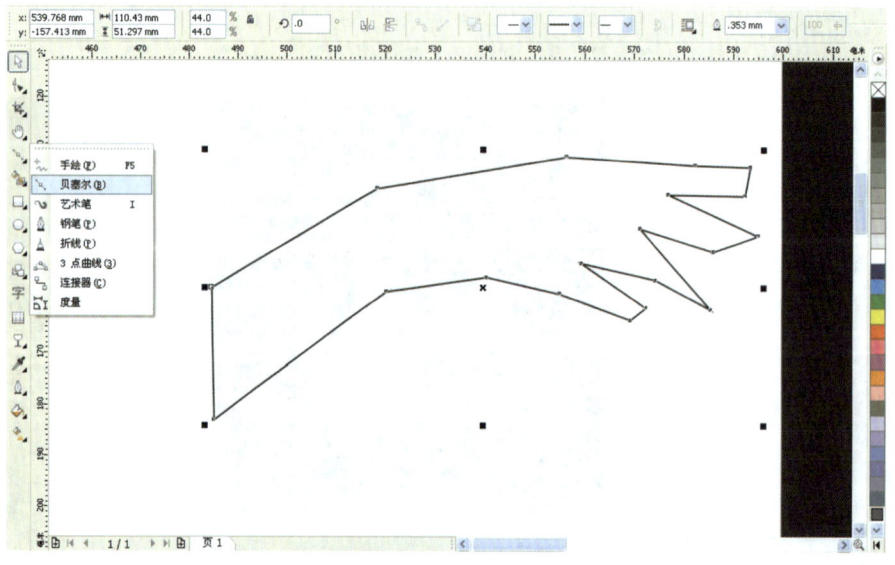

图4-37

37. 使用形状工具对该手的图形进行编辑，效果如图4-38所示。

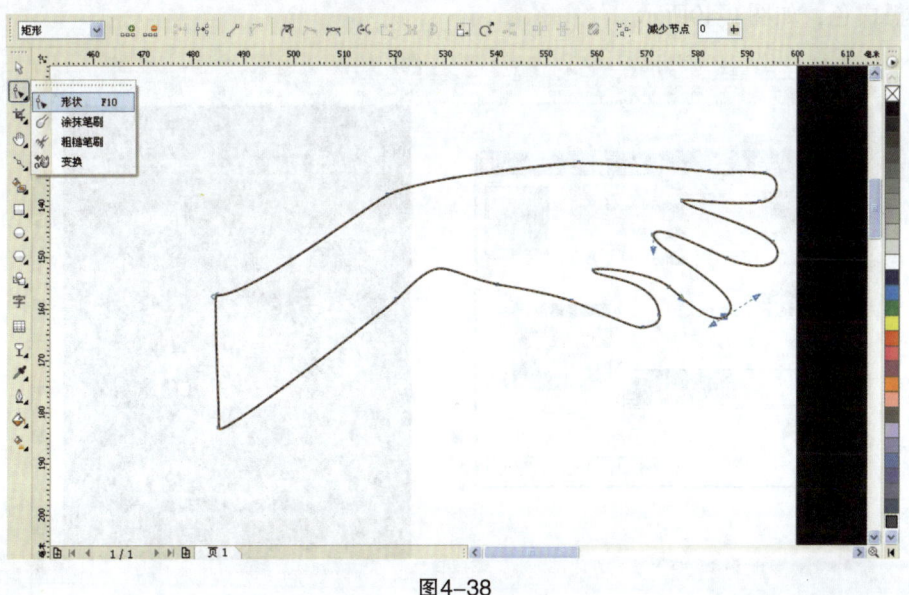

图4-38

38. 使用轮廓工具的"无"选项将手图形的轮廓去除，然后使用交互式填充工具给它一个渐变颜色填充，两种渐变颜色的CMYK值从左至右依次为96、98、39、9，29、100、98、0，并将该图形放置在如图4-39所示位置。

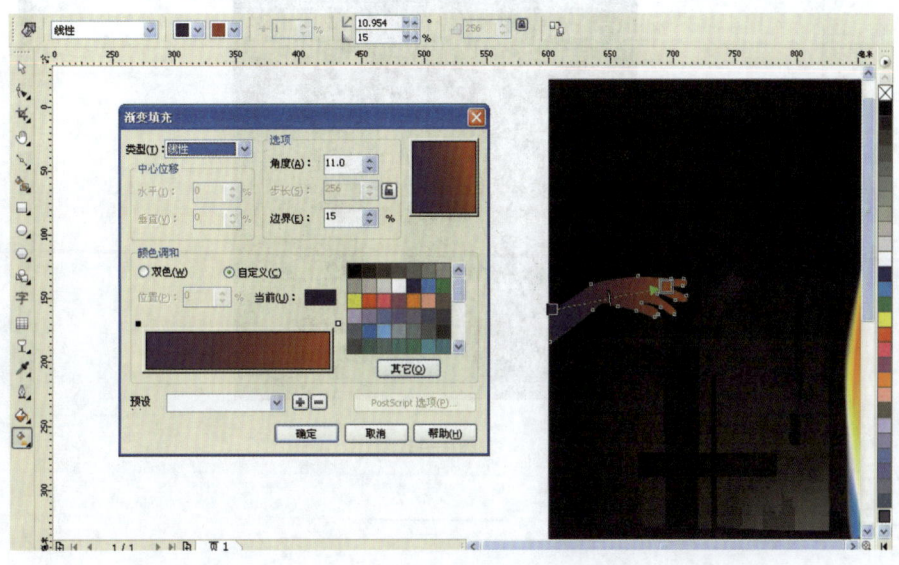

图4-39

39. 打开交互式透明工具给手图形再添加一个渐变透明效果，透明色彩点上的色彩为默认的黑白色，如图4-40所示。

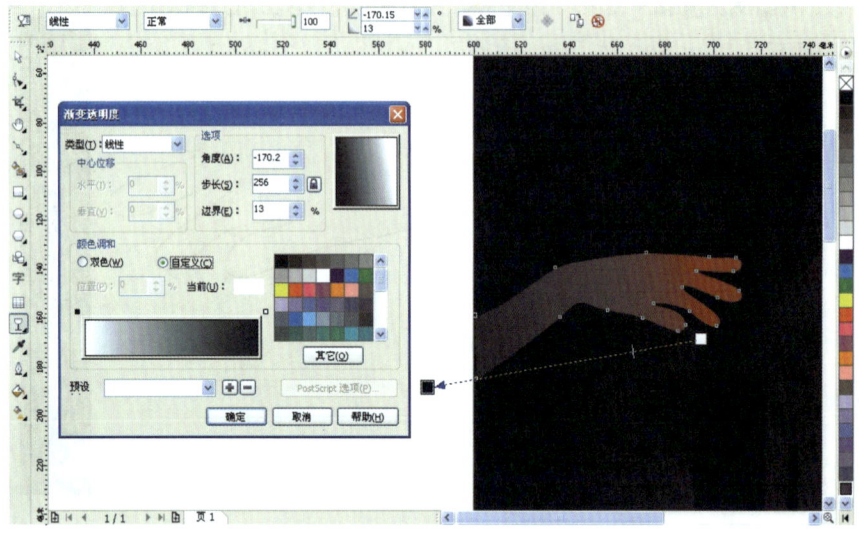

图4-40

40. 最终的效果如图4-41所示。

图4-41

CorelDRAW 设计幻想 I

第三部分　幻想征途

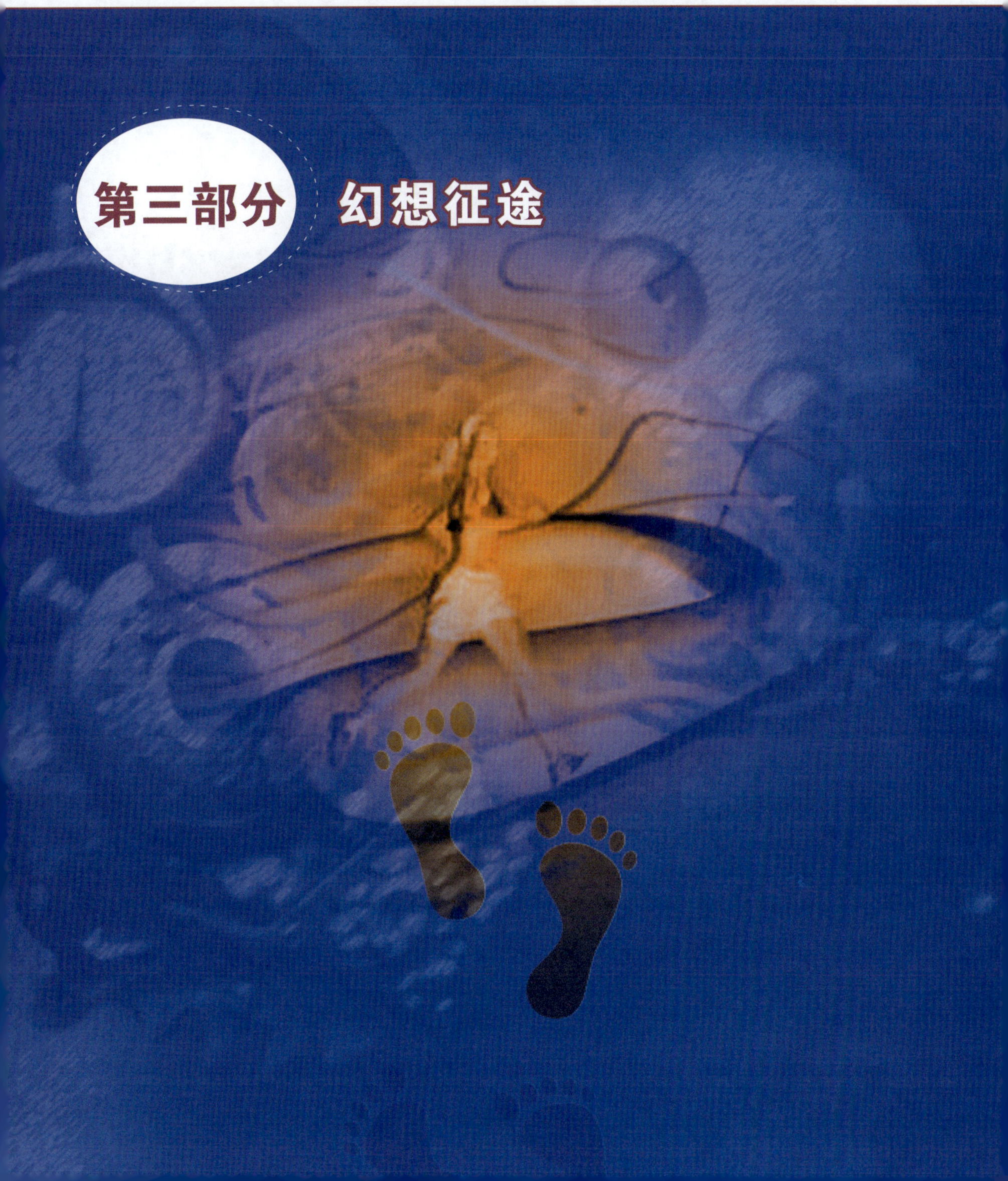

第五章　APPLE 牛仔裤招贴广告

本教程有两个学习要点：一、招贴的表现形式。本教程所做的招贴相对较简单，属于品牌推广类型的。二、牛仔布料材质的表现。用CorelDRAW X4表现布料材质也不容易，不过它有一定的技巧，通过对牛仔布料材质的学习，读者可以自己研究一下其他布质的表现方法，以在自己制作相关布料材质的设计作品时不再心有余而力不足。

1. 打开"贝塞尔"工具绘制牛仔裤的裤腿轮廓图形，轮廓的各个选项均为默认，如图5-1所示。

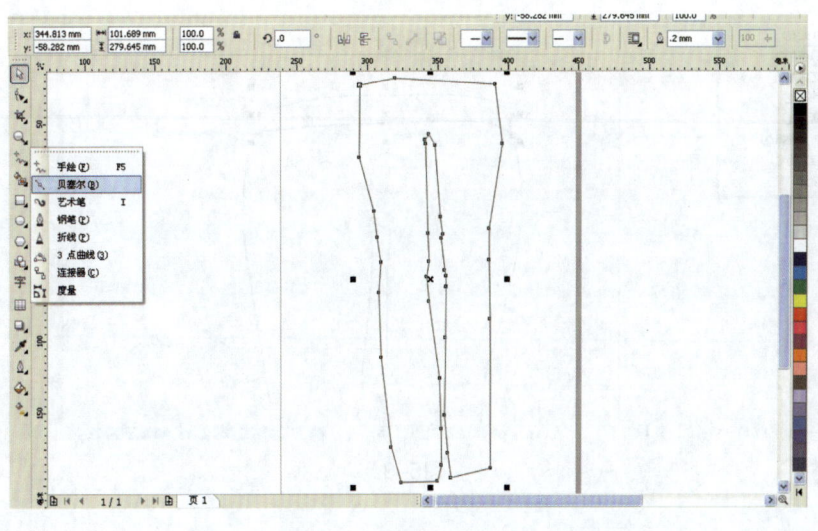

图5-1

2. 使用形状工具 进行编辑,效果如图5-2所示。

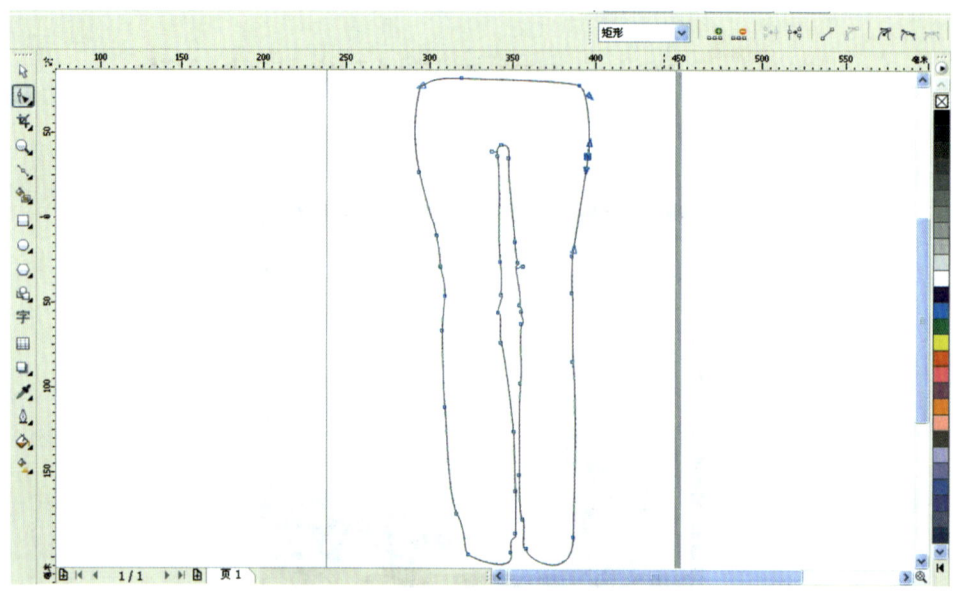

图5-2

3. 使用贝塞尔工具绘制牛仔裤腰图形,然后用形状工具进行修改编辑,效果如图5-3所示。

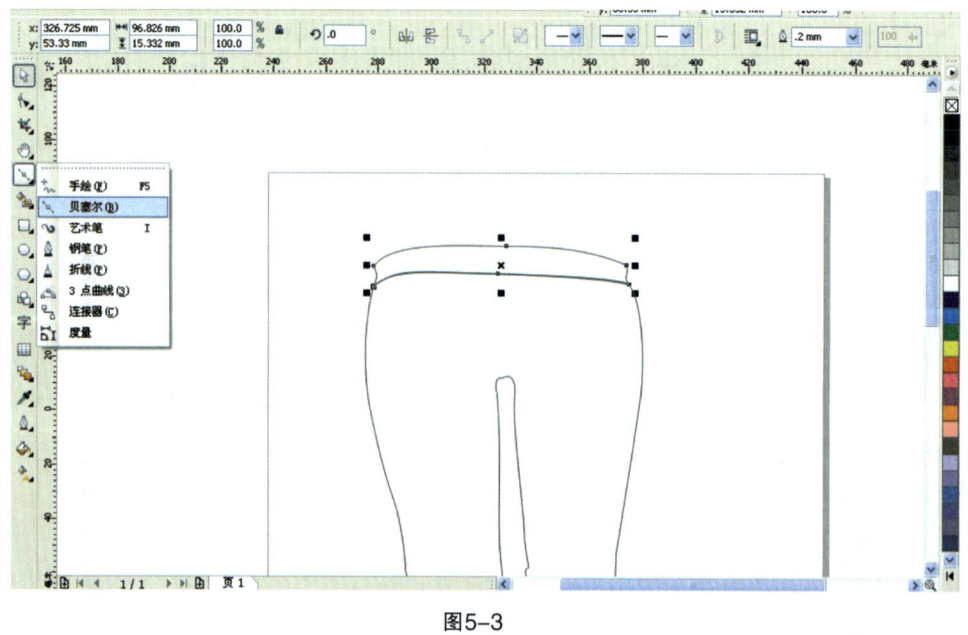

图5-3

4. 打开填充工具 ,选择"底纹",如图5-4所示。

图5-4

5. 给牛仔裤图形填充纹理，选择"底纹填充"的选项"样本9"，并选择"钢丝绒"纹理，底纹#：100，密度%：100，最短长度：10，最大长度：800，亮度±%：-15；背景：C 62、M 38、Y 10、K 0；第1色：C 58、M 27、Y 11、K 0；第2色：C 31、M 12、Y 14、K 0，如图5-5、图5-6所示。

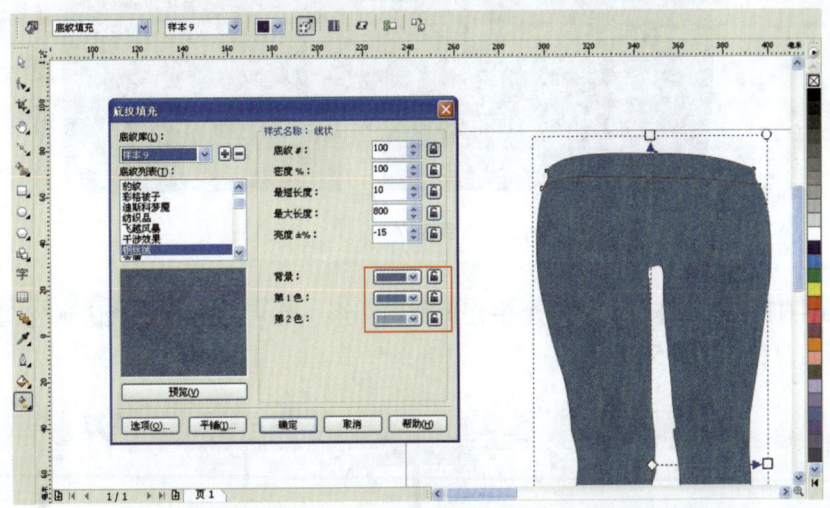

图5-5

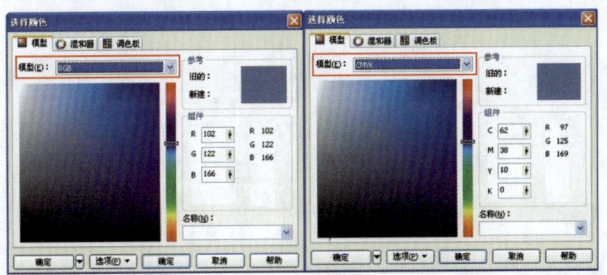

图5-6

耳旁风

点击图5-6"选择颜色"框里的"模型",可以调换颜色显示模式,如RGB、CMYK等。

6. 使用贝塞尔工具绘制牛仔裤的腰带布扣和股缝图形,然后使用形状工具进行编辑,再用填充工具填充上相同的牛仔布纹纹理,效果如图5-7所示。

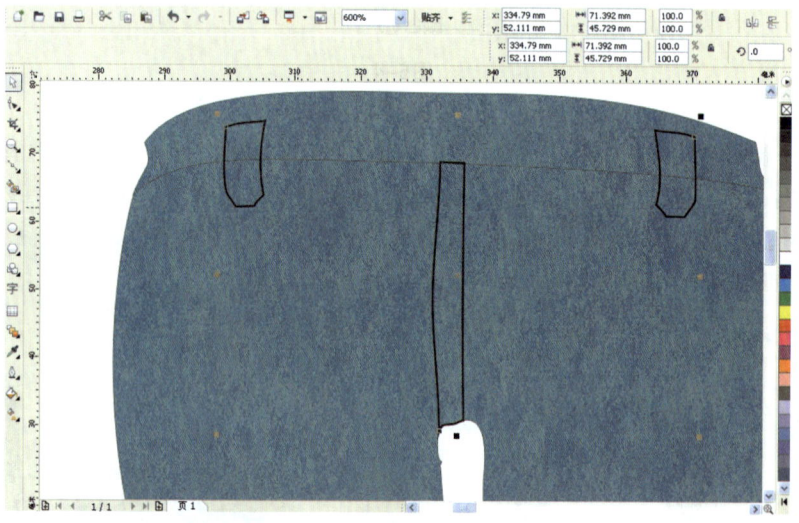

图5-7

7. 按Ctrl+C和Ctrl+V键,复制一个牛仔裤腿的图形,然后点击右侧默认颜色调板上的白色,给它填上白色,如图5-8所示。

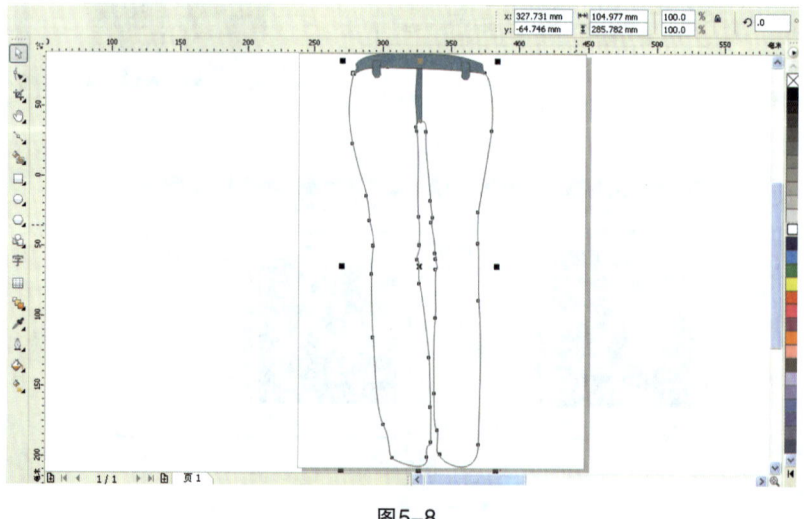

图5-8

8. 使用形状工具对其进行点的编辑，效果如图5-9所示。

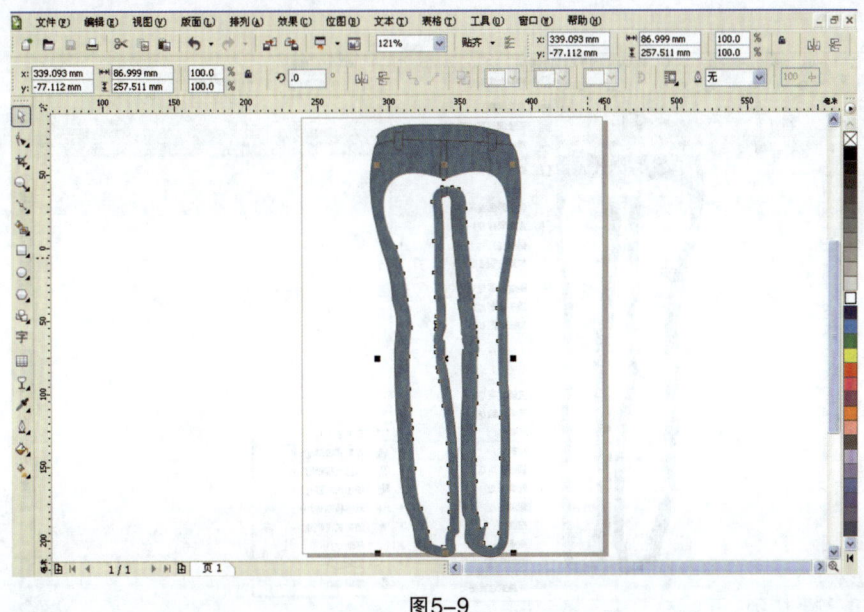

图5-9

9. 打开"位图/转换为位图"菜单命令，弹出它的对话面板，勾选"光滑处理"和"透明背景"选项，点击"确定"，其他选项默认，如图5-10所示。

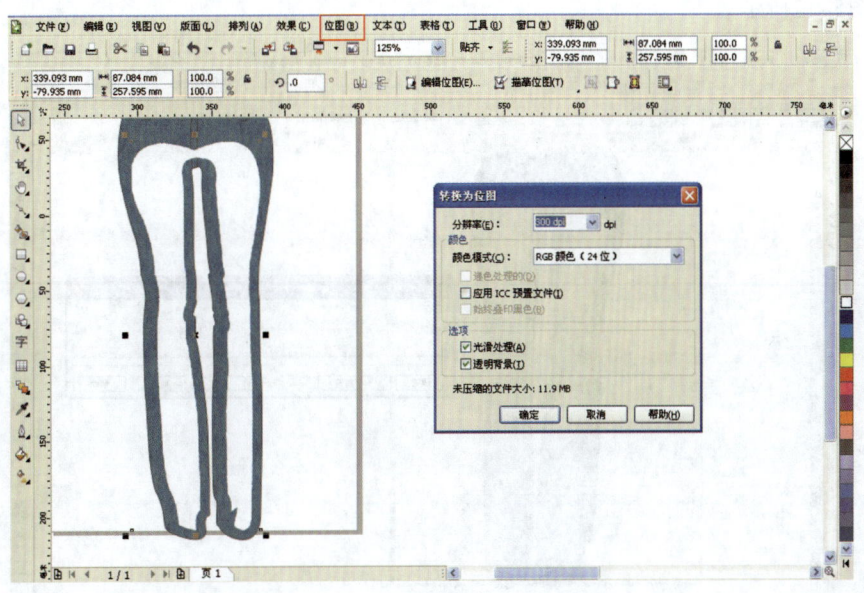

图5-10

10. 添加白色图形的模糊效果，点击菜单命令"位图/模糊/高斯式模糊"，如图5-11所示。

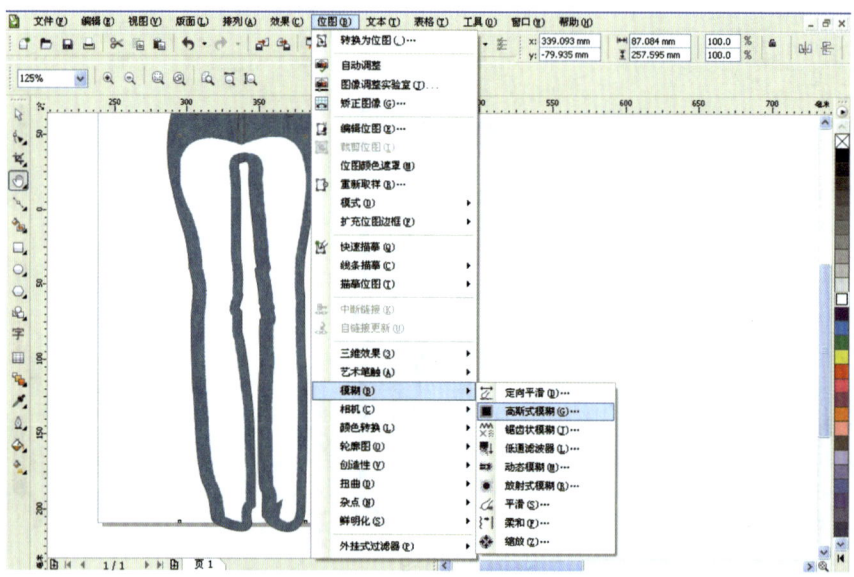

图5-11

11. 在弹出的"高斯式模糊"对话面板上设置模糊的半径为55像素，然后点击"确定"，如图5-12所示。

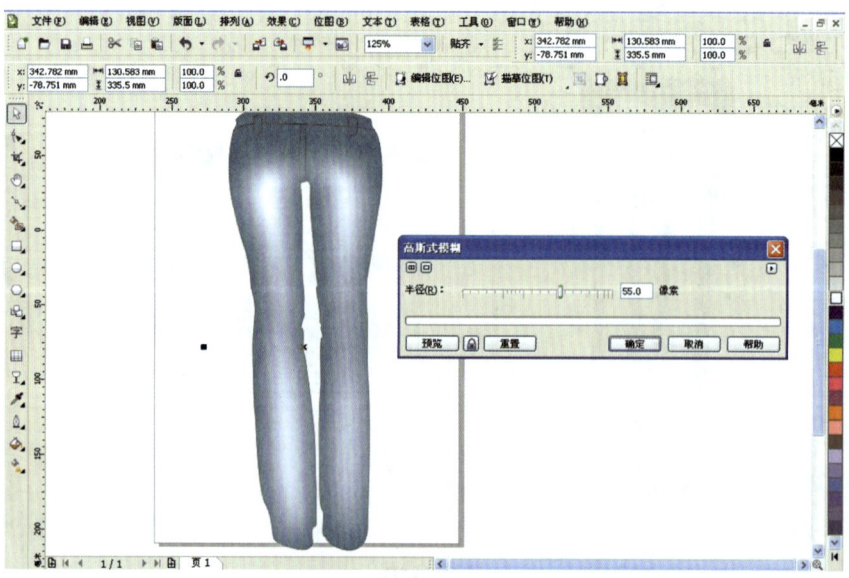

图5-12

12. 用交互式透明工具 给它一个渐变透明效果，渐变透明的透明点的色彩CMYK值从左至右依次为0、0、0、40，0、0、0、60，0、0、0、80，0、0、0、60，效果如图5-13所示。

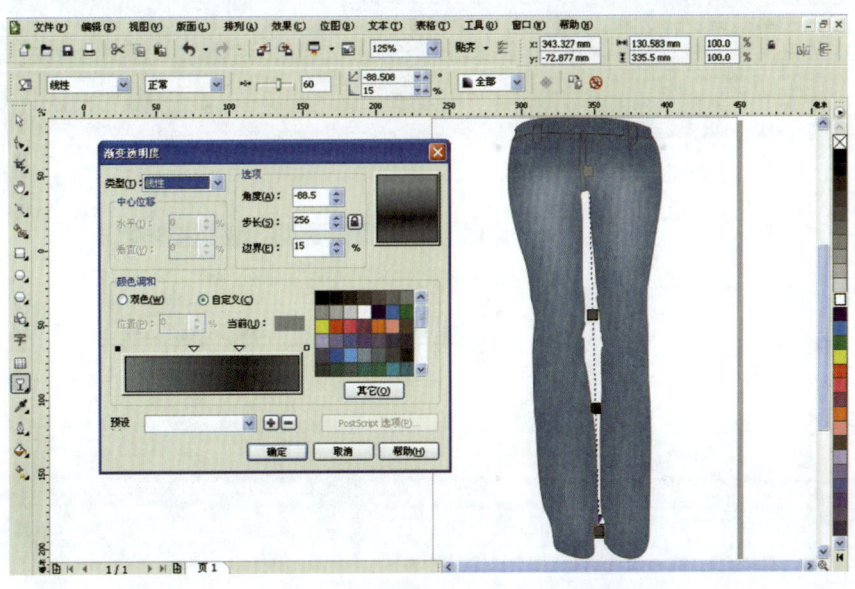

图5-13

13. 使用手绘工具 绘制牛仔裤腿下面较亮部分的图形，然后填充上白色，并用轮廓工具去除它们的轮廓，如图5-14所示。

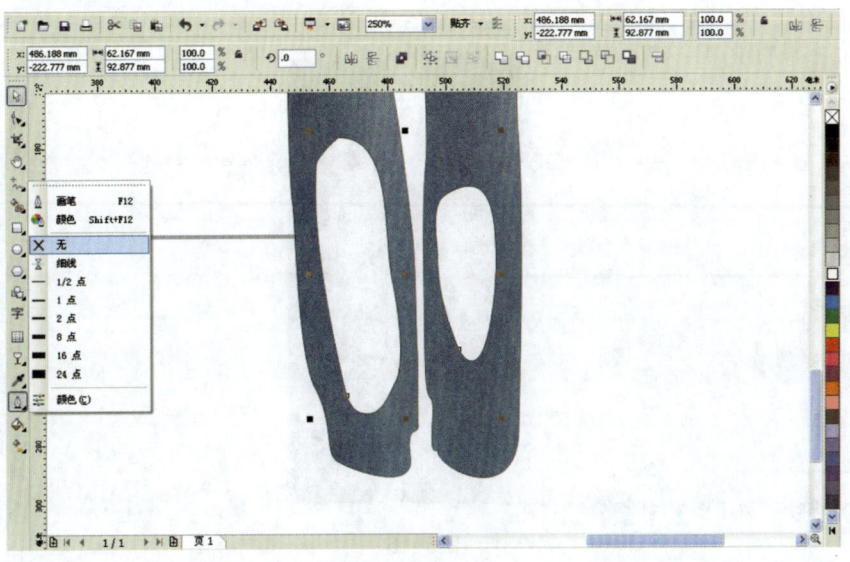

图5-14

14. 选中它们，点击"位图/转换为位图"菜单命令将其转换成位图，然后打开菜单命令"位图/模糊/高斯式模糊"给它们一个模糊效果，两个图形"高斯式模糊"效果的半径均为55像素，如图5-15所示。

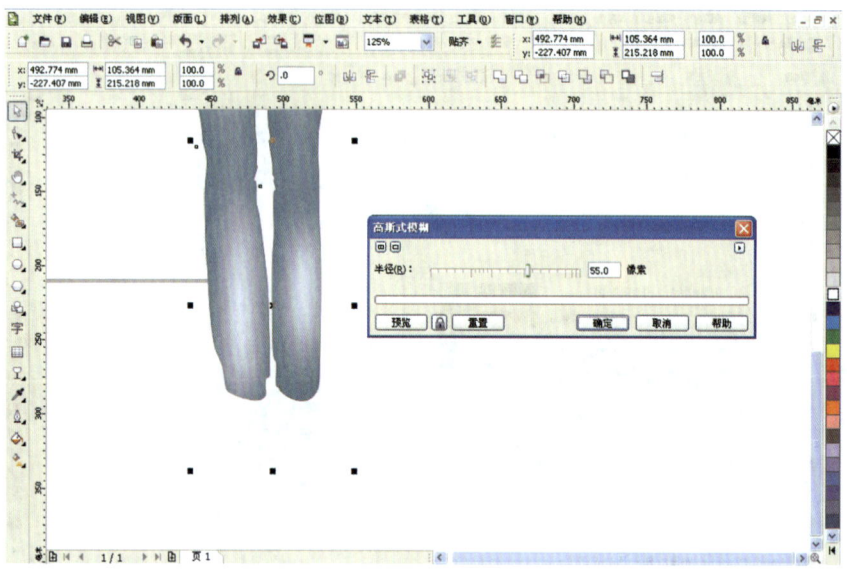

图5-15

15. 点击交互式透明工具给它们一个"标准"透明效果，"透明度"值为50，其他选项默认，如图5-16所示。

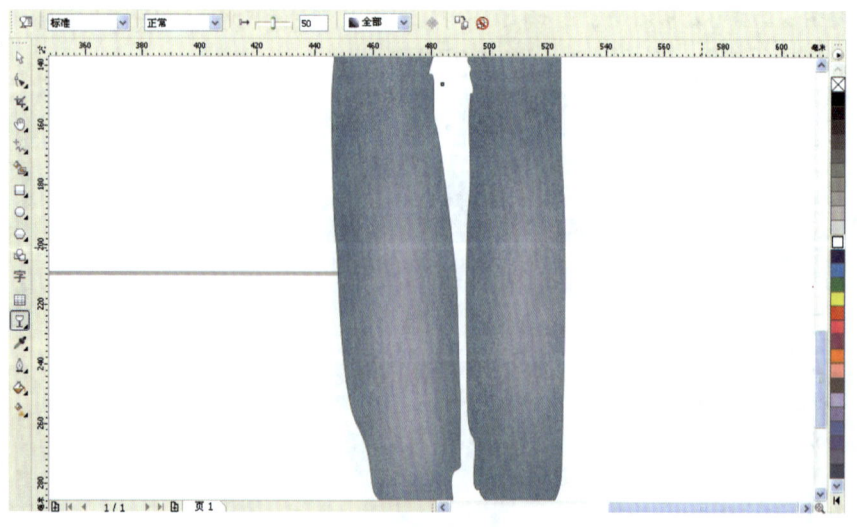

图5-16

16. 点击交互式阴影工具 ![icon] 给股缝图形添加阴影效果，阴影的所有选项均为默认，如图5-17所示。

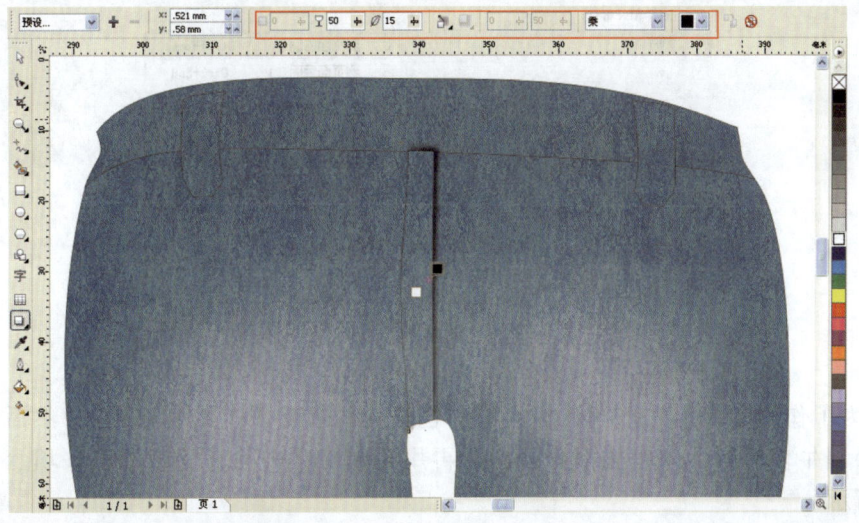

图5-17

17. 用交互式阴影工具添加阴影效果，阴影的参数默认，然后选择牛仔裤腰、腰带布扣图形，打开菜单命令"排列/顺序/到页面前面"，调整它们的位置，如图5-18、图5-19所示。

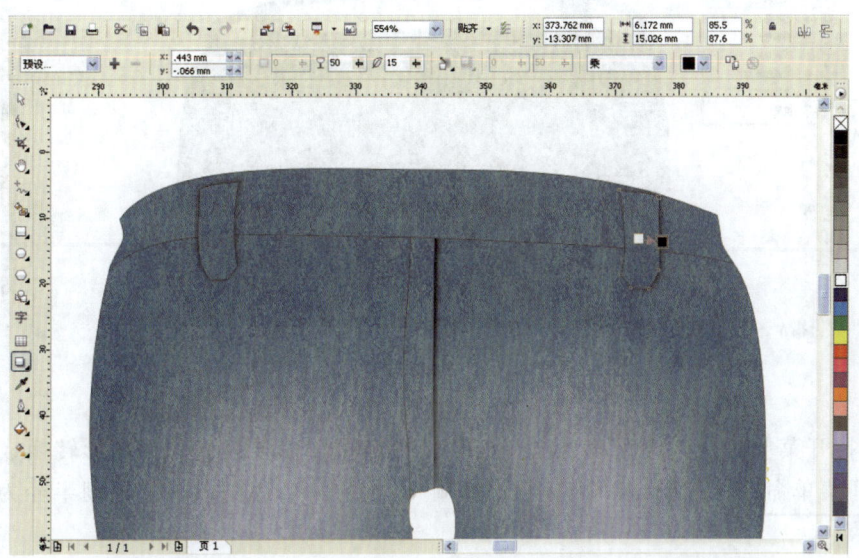

图5-18

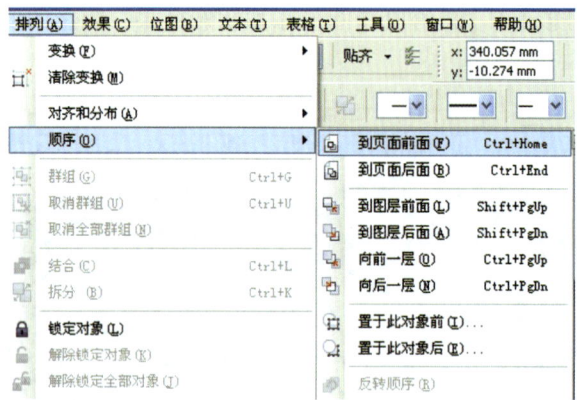

图5-19

18. 为了作图方便，先把裤腿上面的白色亮光图形隐藏（或者移走），然后使用贝塞尔工具绘制牛仔裤腰上的较亮部分图形，再用轮廓工具去除它的轮廓，并填上白色，如图5-20所示。

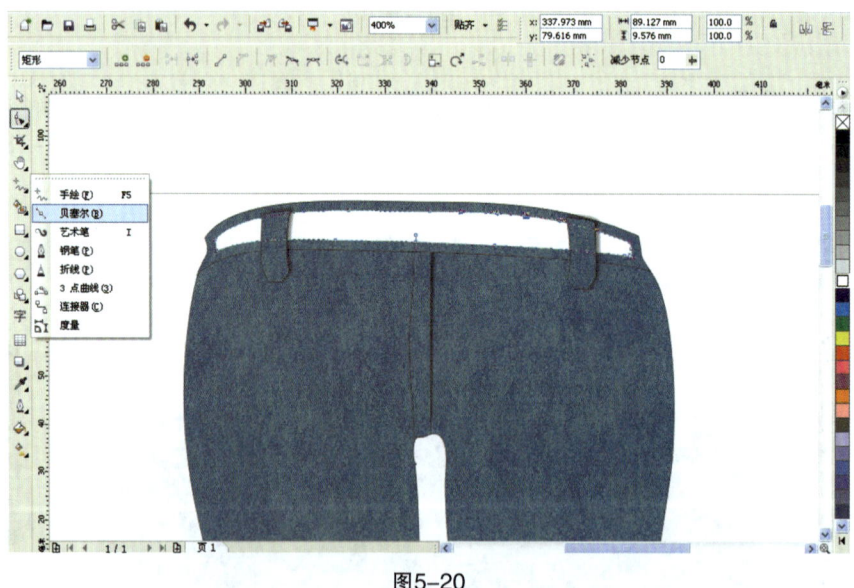

图5-20

19. 打开菜单命令"位图/转换为位图"，把该牛仔裤腰较亮部分图形转换成位图，然后再打开菜单命令"位图/模糊/高斯式模糊"，给它一个模糊效果，模糊半径为60，如图5-21所示。

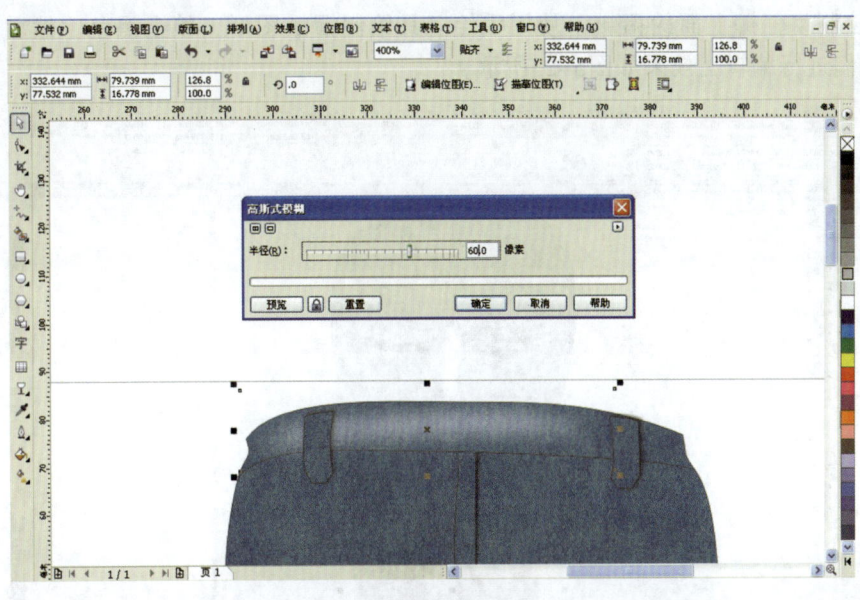

图5-21

20. 点击交互式透明工具给它一个渐变透明效果,在"渐变透明度"对话面板上,选择"自定义",设置透明色彩点的色彩CMYK值从左至右依次为0、0、0、100,0、0、0、40,0、0、0、90,0、0、0、10,0、0、0、100,如图5-22所示。

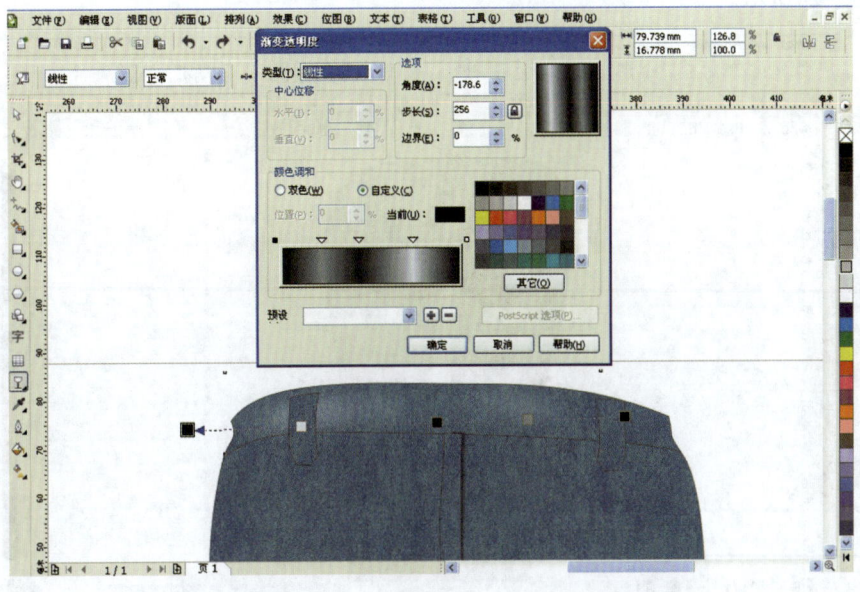

图5-22

21. 绘制牛仔裤上面的褶皱，使用手绘工具绘制褶皱图形，填上黑色，然后使用形状工具对它们进行编辑，效果如图5-23所示。

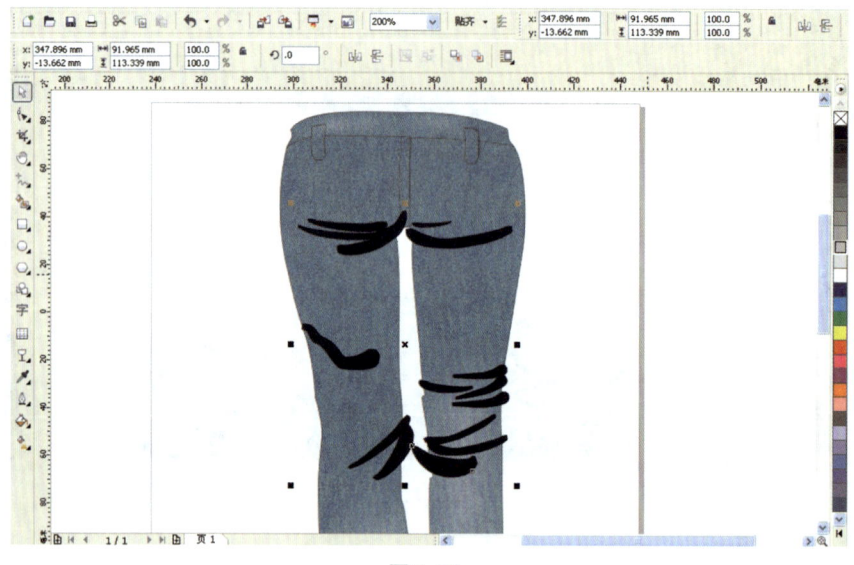

图5-23

22. 使用交互式阴影工具，给各个褶皱图形添加阴影效果，阴影的各个选项均为默认，如图5-24所示。

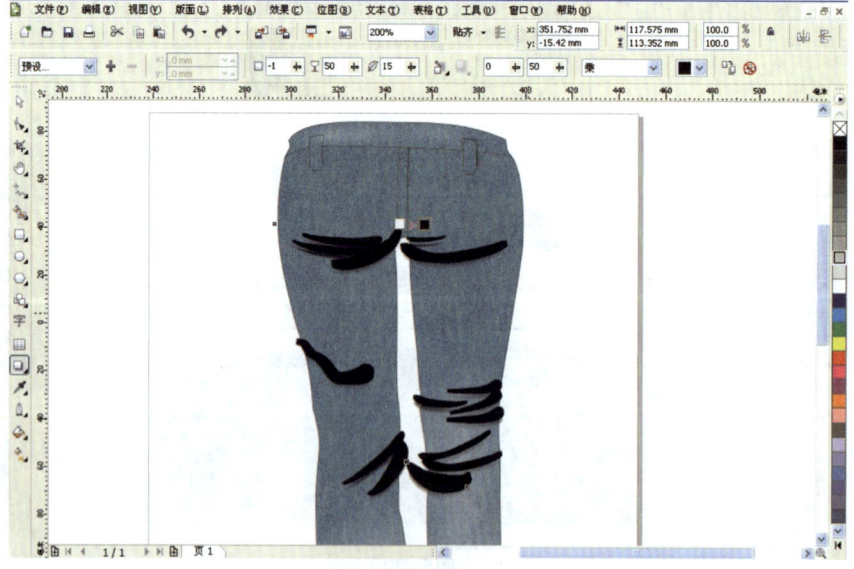

图5-24

23. 打开菜单命令"排列/拆分 阴影群组 于 图层",将褶皱图形与它们的阴影进行拆分,如图5-25所示。

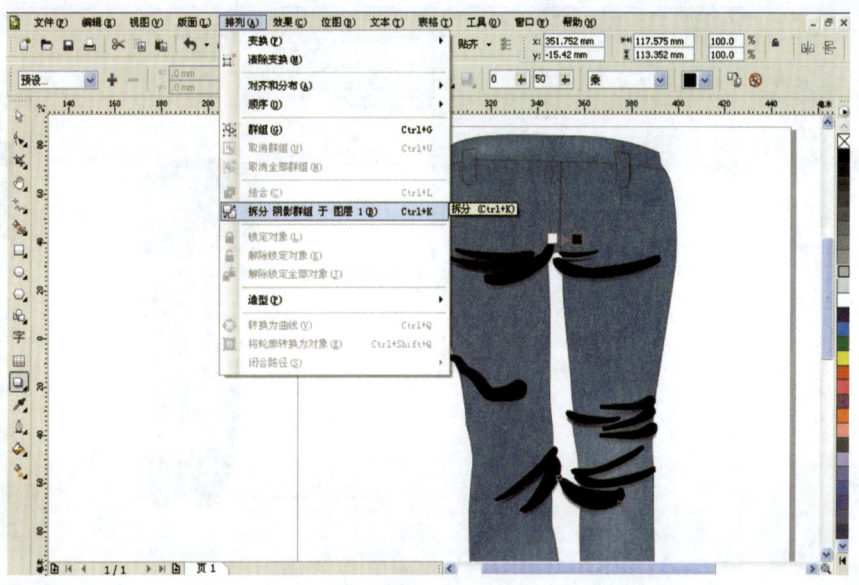

图5-25

24. 接下来先将所有阴影图形用"位图/转换为位图"菜单命令转换成位图,然后使用交互式透明工具给它们不同的"标准"透明度效果,其他选项默认,左侧阴影图形的透明度从上到下依次为51、35、51、80、51、51,右侧阴影图形的透明度从上到下依次为51、51、68、51、68、68、51、51、51,效果如图5-26所示。

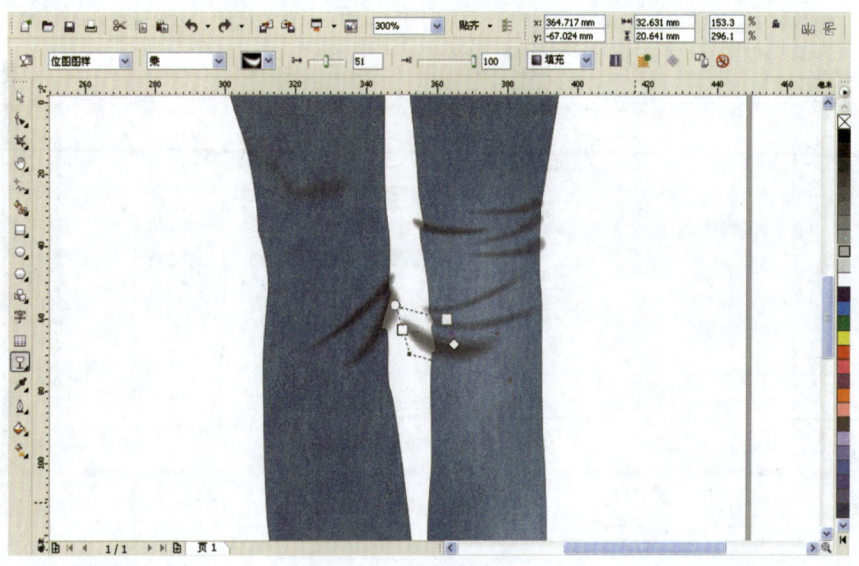

图5-26

25. 选中所有已经编辑好的褶皱阴影图形，打开菜单命令"效果/图框精确剪裁/放置在容器中"，将它们放置在牛仔裤腿图形内，如图5-27所示。

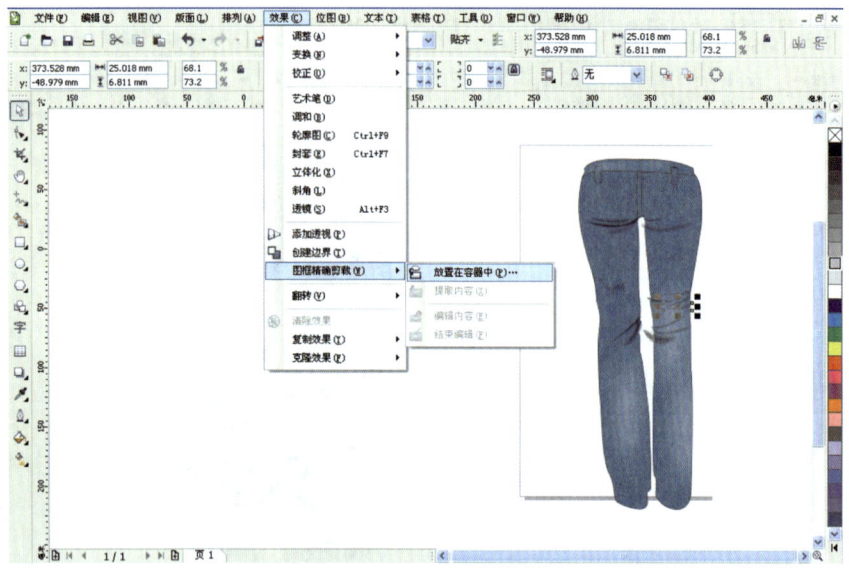

图5-27

26. 先打开菜单命令"效果/图框精确剪裁/编辑内容"，对褶皱阴影图形的位置进行调整，然后点击"效果/图框精确剪裁/结束编辑"菜单命令，结束编辑，如图5-28所示。

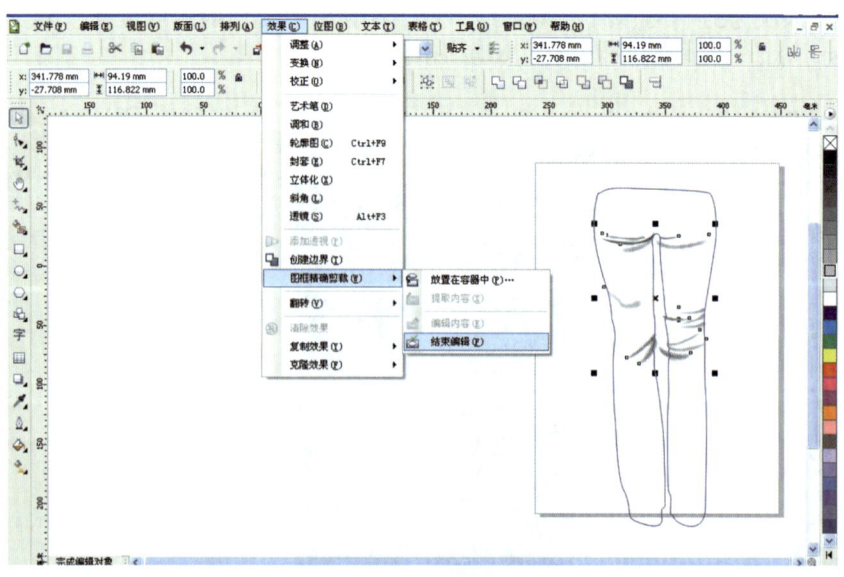

图5-28

27. 为了增加牛仔裤的空间真实感，接下来制作牛仔裤内侧的阴影暗面。先将牛仔裤腿上面白色光亮部分图形移开，以便绘制该阴影图形。使用手绘工具绘制阴影图形，填上黑色，并用形状工具编辑，如图5-29所示。

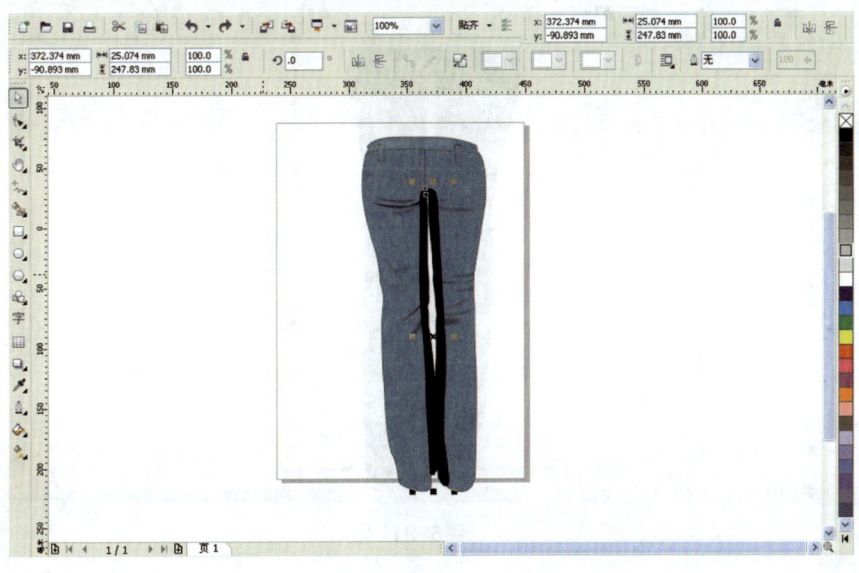

图5-29

28. 使用交互式阴影工具给它一个阴影效果，阴影所有选项默认，然后打开菜单命令"排列/拆分 阴影群组 于 图层"将阴影与它的母图形拆分，效果如图5-30所示。

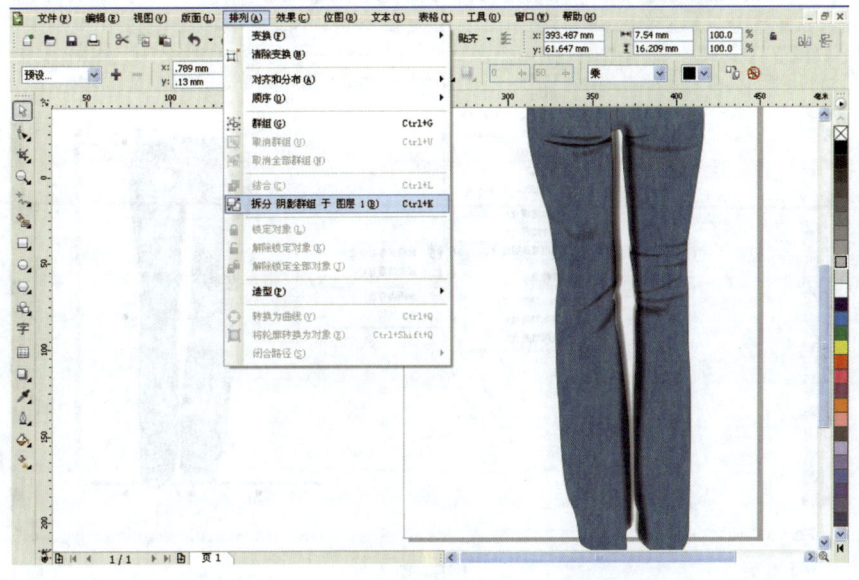

图5-30

29. 接下来使用菜单命令"位图/转换为位图"将它转成位图，然后再使用交互式透明工具给它一个透明效果，透明度设置为51，其他选项默认，如图5-31所示。

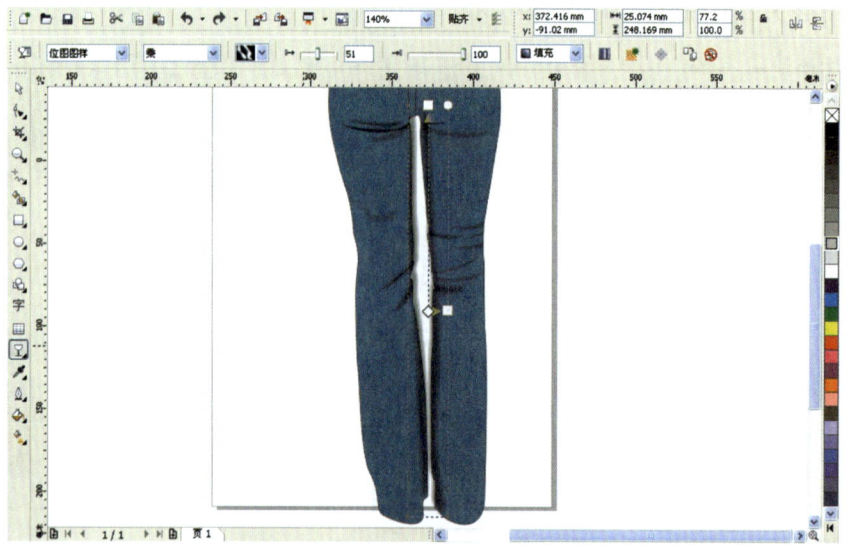

图5-31

30. 打开菜单命令"效果/图框精确剪裁/放置在容器中"将裤腿内侧阴影图形放置在牛仔裤腿图形内，然后进行编辑、调整，最后再将牛仔裤图上的较亮部分图形放置在原来的位置上，效果如图5-32所示。

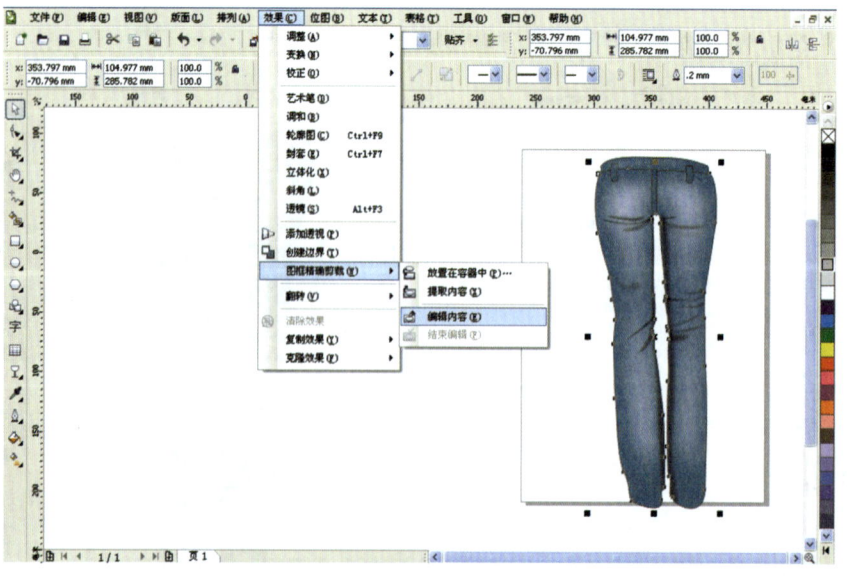

图5-32

31. 使用矩形工具 绘制一个画框，它的轮廓大小为12 mm，然后打开轮廓工具组中的"颜色"，给画框填上CMYK值为53、58、96、11的色彩，如图5-33所示。

图5-33

32. 接下来使用贝塞尔工具 绘制草地图形，然后使用形状工具对其进行编辑，如图5-34所示。

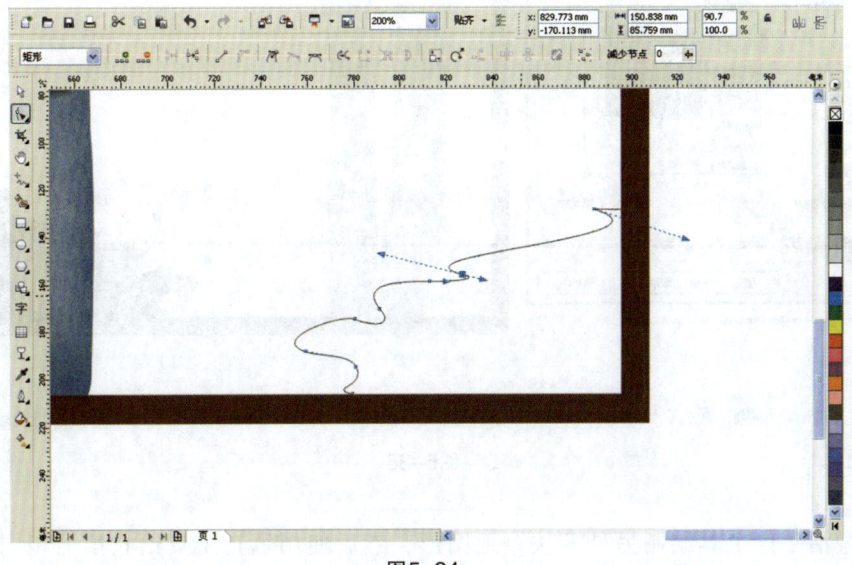

图5-34

33. 选中草地图形,点击填充工具组中的"图样"对它进行填充,如图5-35所示。

图5-35

34. 在弹出的"图样填充"对话面板上选择"位图"选项,并在位图样本中点击如图5-36所示的图样,所有选项参数默认。

图5-36

35. 激活手绘工具绘制另外两块草地图形,然后使用填充工具给它填上相同的位图图样,如图5-37所示。

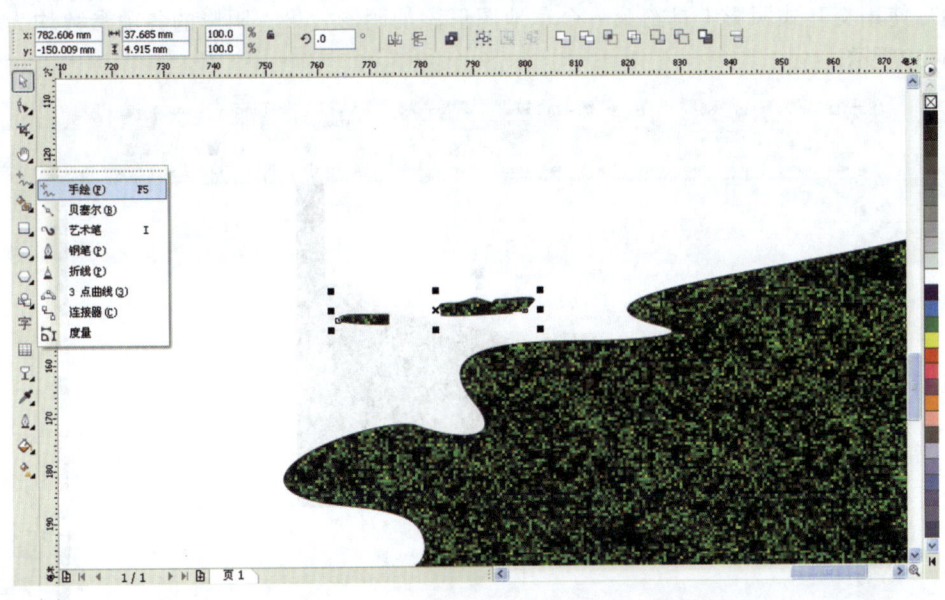

图5-37

36. 为了使草地图形产生空间距离感,再使用交互式透明工具给它们一个线性渐变透明效果,如图5-38所示,渐变透明的色彩点色彩分别是默认的黑色和白色。

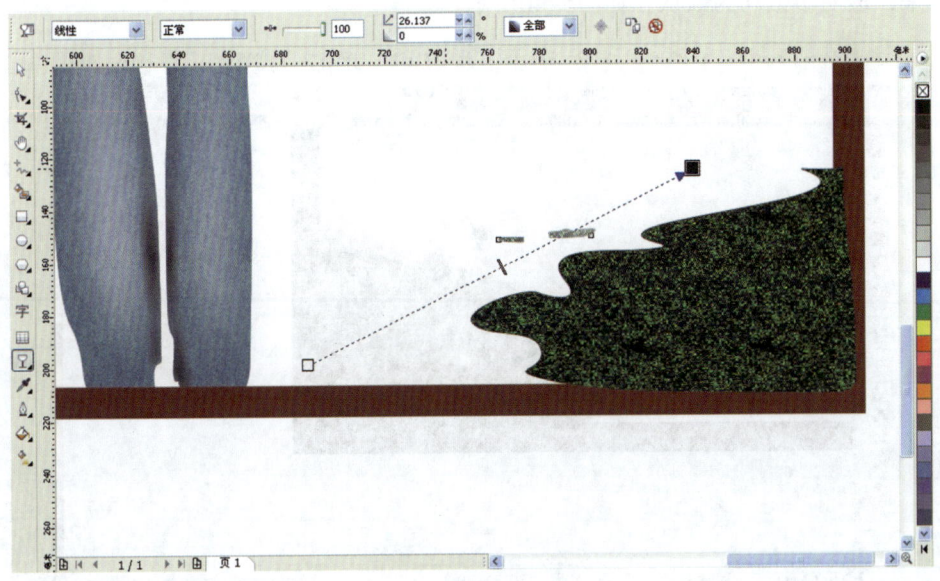

图5-38

37. 使用交互式阴影工具给第一个草地图形添加阴影效果，阴影的各项参数均为默认，如图5-39所示。

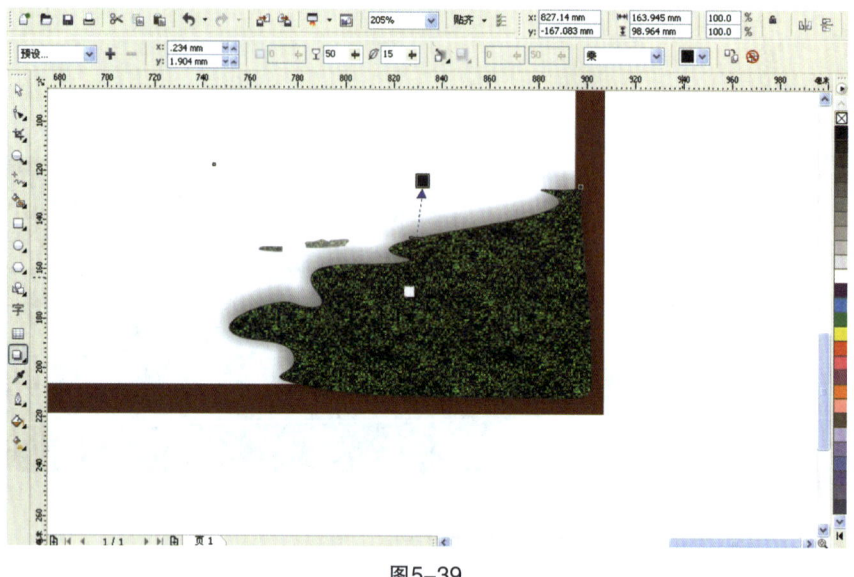

图5-39

38. 为了增加草地图形的空间距离感，现在再使用交互式透明工具给它一个渐变线性透明效果，透明参数均为默认，如图5-40所示。

图5-40

39. 草地的图形绘制完毕，接下来使用贝塞尔工具绘制足迹图形，并使用形状工具进行编辑，如图5-41所示，然后点击右侧默认CMYK调色板上的10%黑色进行颜色填充。

图5-41

40. 选中足迹图形，按Ctrl+D键进行复制，然后使用填充工具给它填上CMYK值为20、0、0、6的蓝灰色，并打开"排列/顺序/向后一层"菜单命令，调整好它的位置，如图5-42所示。

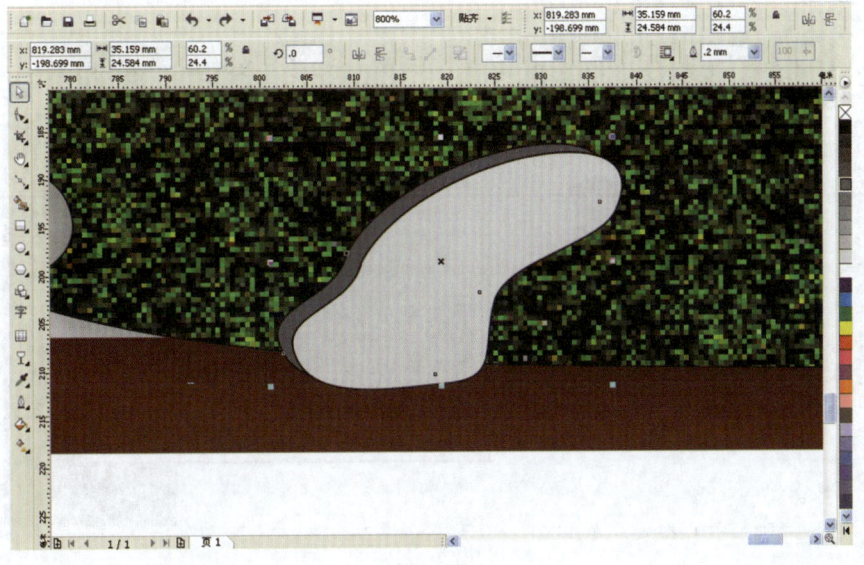

图5-42

41. 按Ctrl+D对足迹图形进行复制,然后再修改上面两个足迹蓝灰色阴侧面的CMYK数值为20、0、0、20,如图5-43所示。

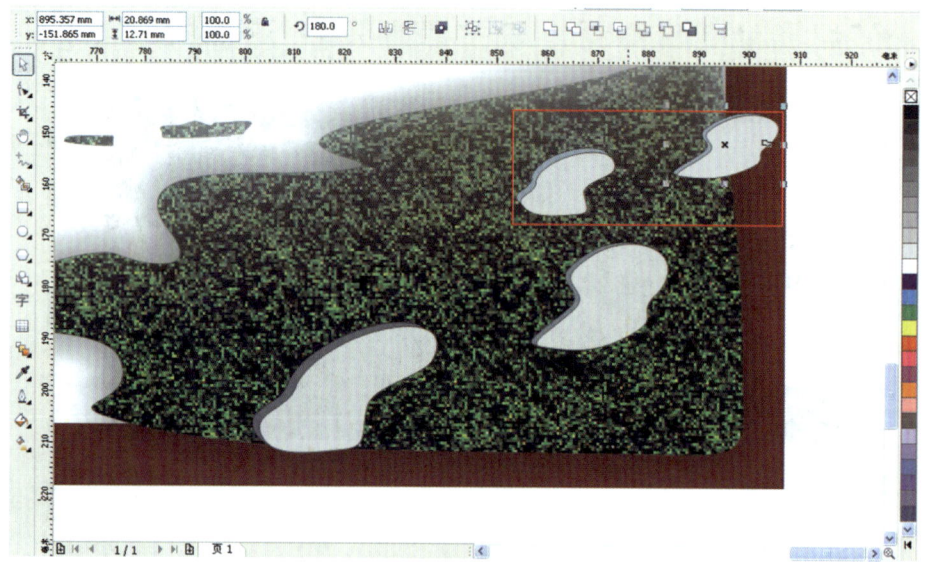

图5-43

42. 使用手绘工具绘制牛仔裤的品牌标志:APPLE,再用形状工具对它进行编辑,然后给它填充上色彩,色彩的CMYK值为40、0、100、0,如图5-44所示。

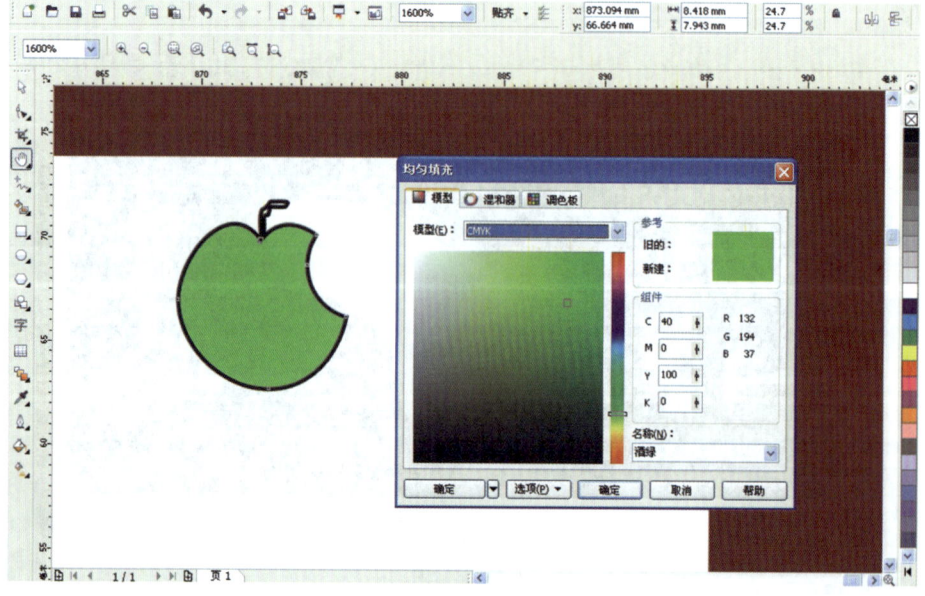

图5-44

43. 使用文本工具 字 输入牛仔裤的品牌名称："APPLE"，字体为黑体，大小为 6.488 pt，并使用填充工具给它填上CMYK值为0、100、100、0的红色，如图5-45所示。

图5-45

44. 再次激活文本工具，在如图5-46所示的位置上输入牛仔裤的广告词："miss you"，它的色彩为默认的黑色，字体为"华文行楷"，大小为24 pt。

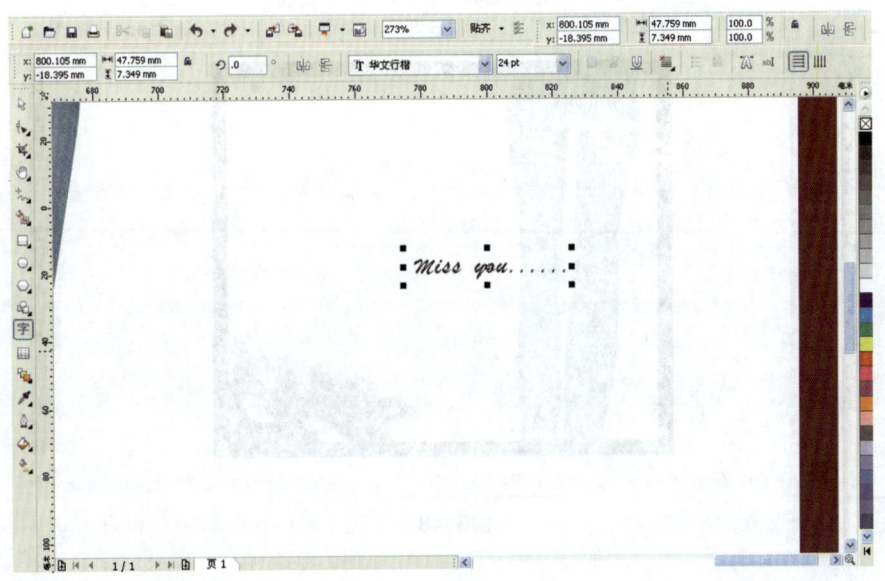

图5-46

45. 选择画框图形，然后打开菜单命令"排列/顺序/到页面前面"，使其放置在所有图层的最前面，如图5-47所示。

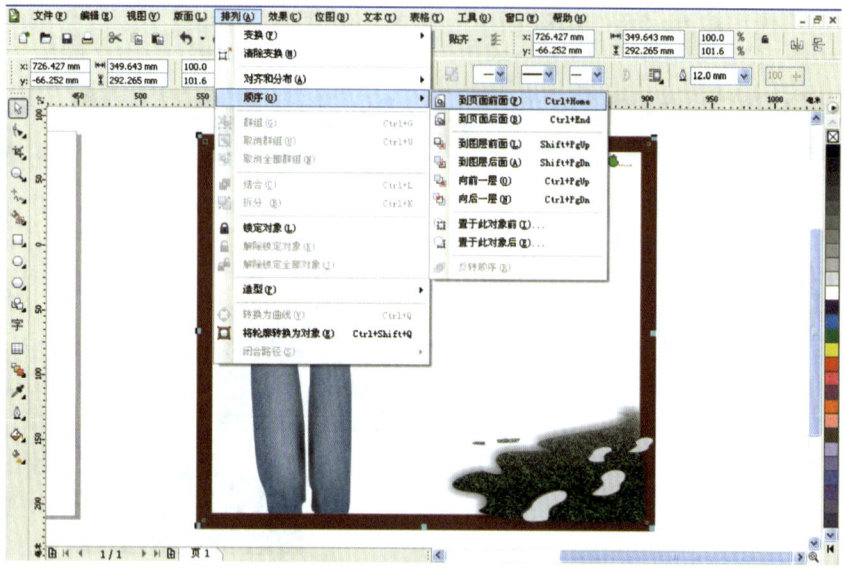

图5-47

46. 至此，APPLE牛仔裤的招贴广告绘制完毕，最终效果如图5-48所示。

图5-48

第六章 太空水杯

太空水杯的材质一般是高光或亚光的不锈钢、玻璃、抛光塑料、合成树脂等，在用CorelDRAW X4表现这类产品时，特别要注意它们的高光和反光以及环境折射，尤其是折射和高光的表现事关该类材质表现的成与败。

1. 首先打开手绘工具 (快捷键为F5) 绘制太空水杯的杯主体图形，具体参数如图6-1所示。

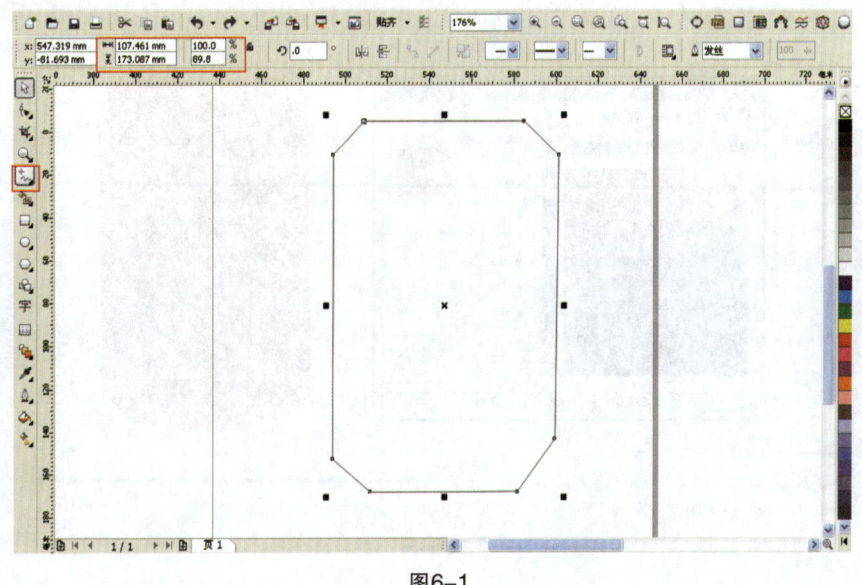

图6-1

第三部分 幻想征途 105

2. 使用形状工具 对太空水杯的杯主体图形进行编辑，选择形状工具属性选项中的"使节点成为尖突"编辑图形的节点，效果如图6-2所示。

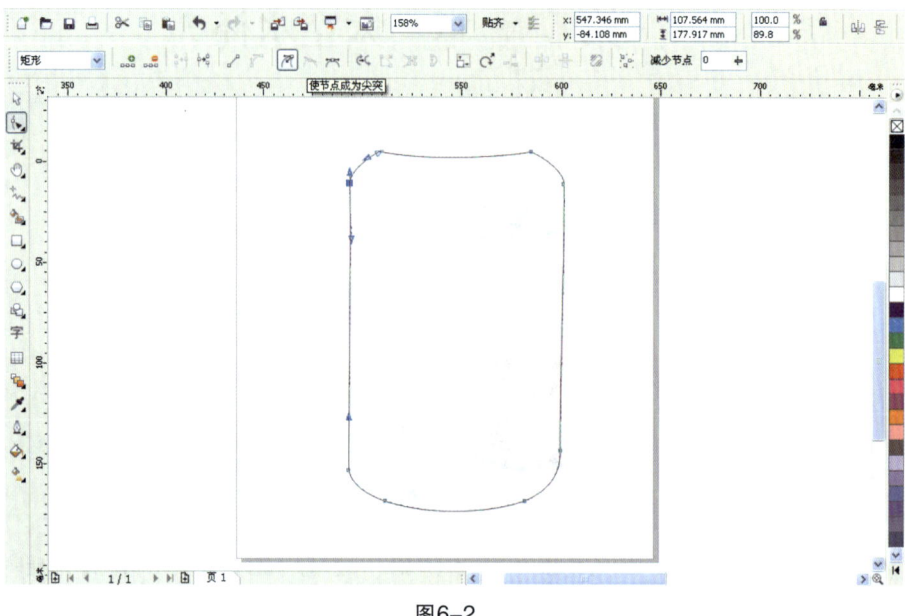

图6-2

3. 打开填充工具 给杯体图形填充上CMYK值为0、100、100、0的红色，效果如图6-3所示。

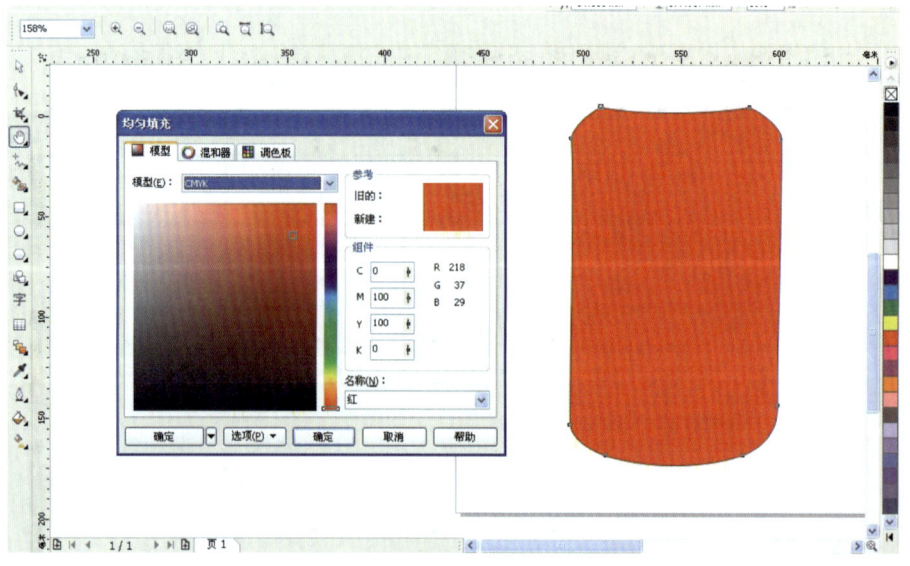

图6-3

4. 按Ctrl+C和Ctrl+V键，复制该图形，再使用轮廓工具 去除它的轮廓，然后使用交互式填充工具 给该图形一个线性渐变色彩填充，渐变色彩点的色彩CMYK值从左至右分别为：12、10、29、0、4、17、26、0，如图6-4所示。

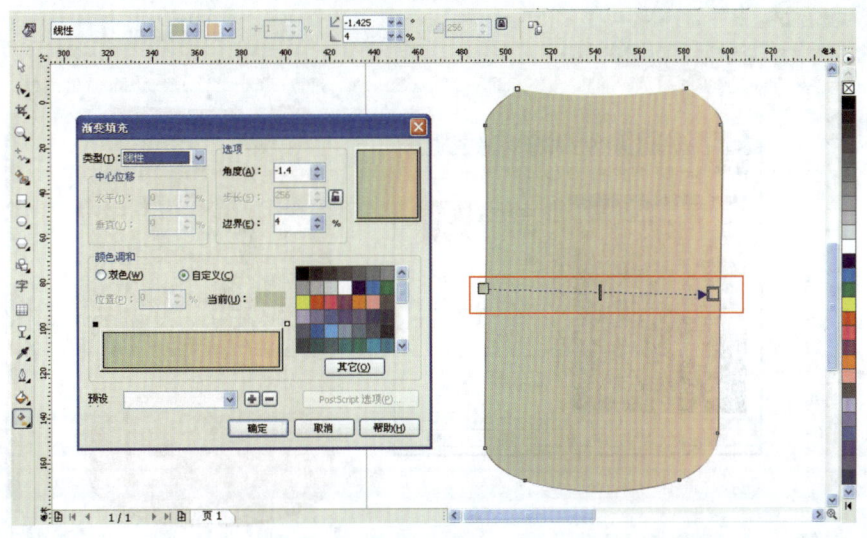

图6-4

5. 打开交互式透明工具 给复制图形一个线性渐变透明效果，透明色彩点的色彩CMYK值从左至右依次为：0、0、0、0、0、0、0、50、0、0、0、80、0、0、0、100、0、0、0、100、0、0、0、80、0、0、0、0、0、0、0，如图6-5所示。

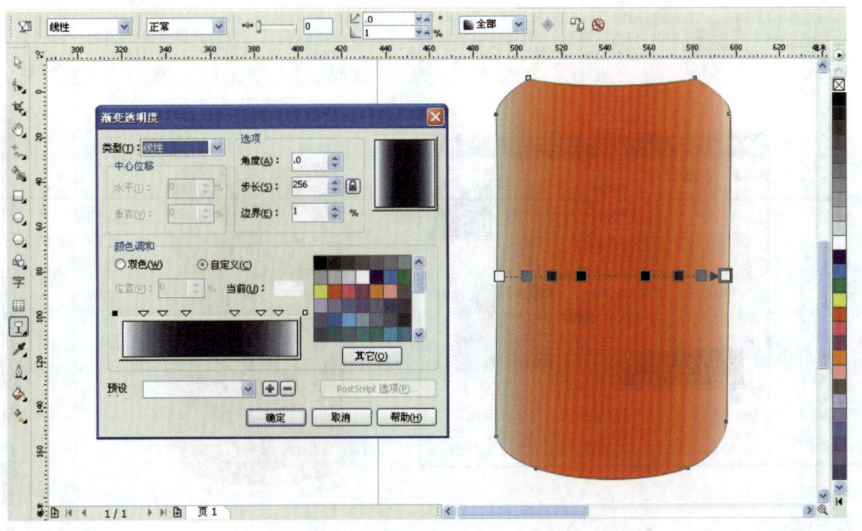

图6-5

6. 复制一个上一步编辑过的图形，使用挑选工具 对它进行拉伸挤压到适当的位置，然后去除渐变透明效果，再使用填充工具给它填上CMYK值为5、47、64、0的颜色，如图6-6所示。

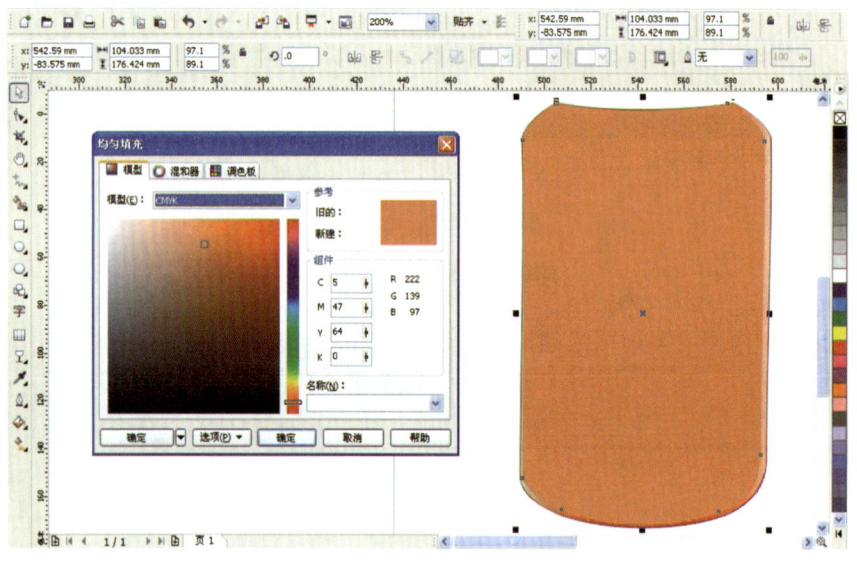

图6-6

7. 打开交互式透明工具给该图形一个从上至下的渐变透明效果，其中渐变透明色彩点的色彩CMYK值从上至下依次为0、0、0、10，0、0、0、80，0、0、0、100，0、0、0、100，如图6-7所示。

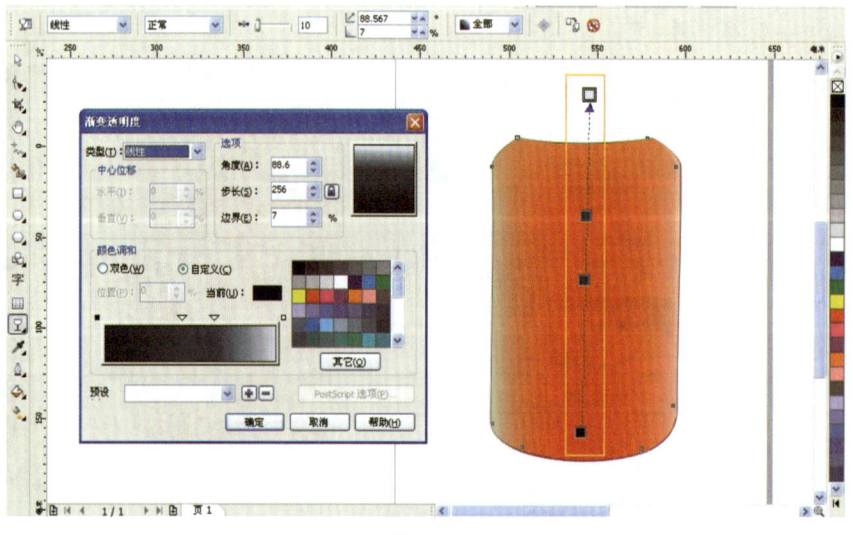

图6-7

8. 使用手绘工具绘制瓶底轮廓图形,再用形状工具对其进行编辑,然后打开轮廓工具去除该图形的轮廓,并用填充工具给它填上CMYK值为65、92、93、28的色彩,如图6-8所示。

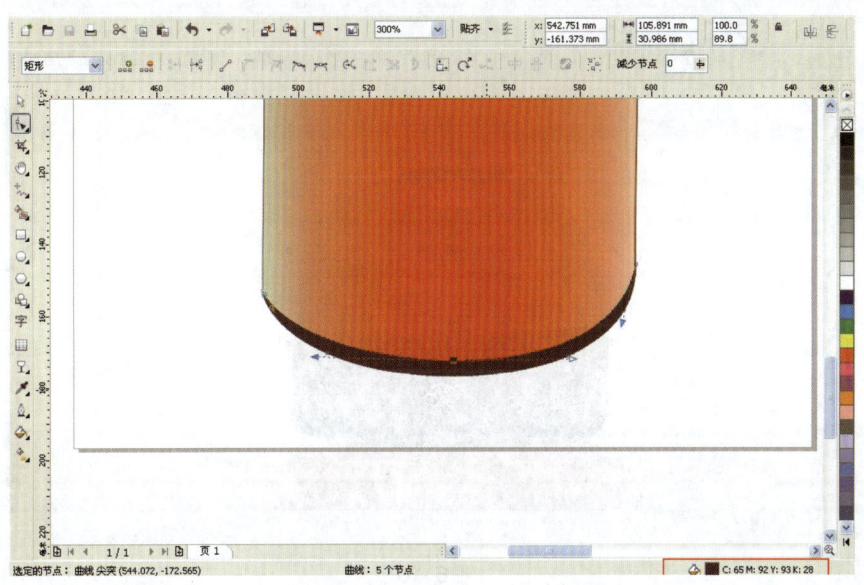

图6-8

9. 瓶体的基本图形完成之后,接下来绘制瓶盖图形,先用手绘工具绘制瓶盖的下半部黑色部分,再用形状工具对其进行编辑,并填上100%黑色,如图6-9所示。

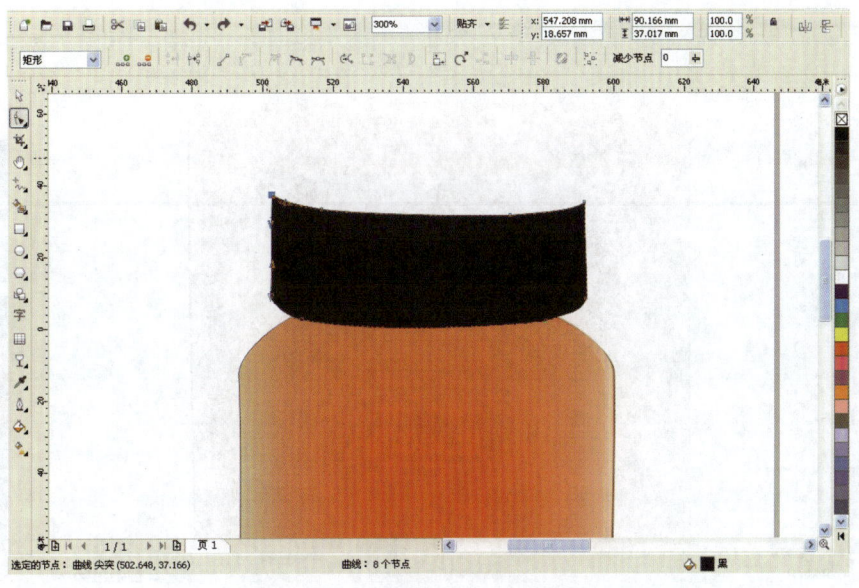

图6-9

10. 同样使用手绘工具和形状工具绘制和编辑出瓶盖的上半部灰色部分的图形，填充的色彩为20%的黑色，如图6-10所示。

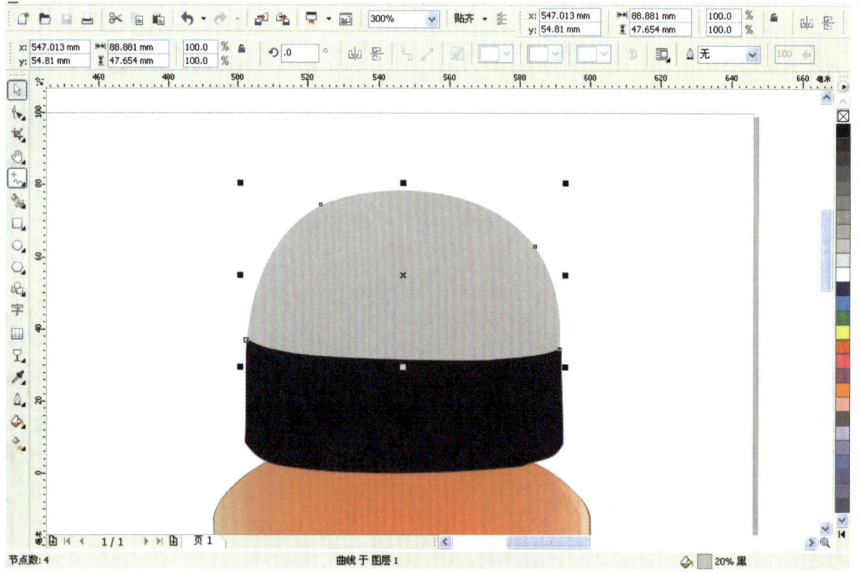

图6-10

11. 现在使用贝塞尔工具绘制瓶主体上的折射效果图形，并用形状工具进行编辑，如图6-11所示，然后用轮廓工具中的"无"选项去除它的轮廓，再打开填充工具给它填上CMYK值为13、99、95、0的色彩。

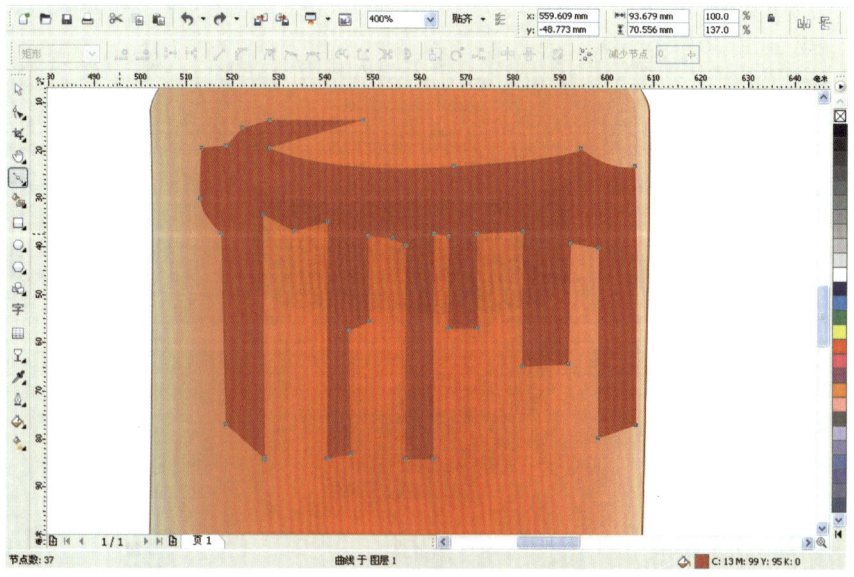

图6-11

12. 打开交互式透明工具给该图形一个渐变透明效果，渐变透明色彩点的色彩CMYK值从左至右依次为0、0、0、100，0、0、0、60，0、0、0、53，0、0、0、40，0、0、0、100，如图6-12所示。

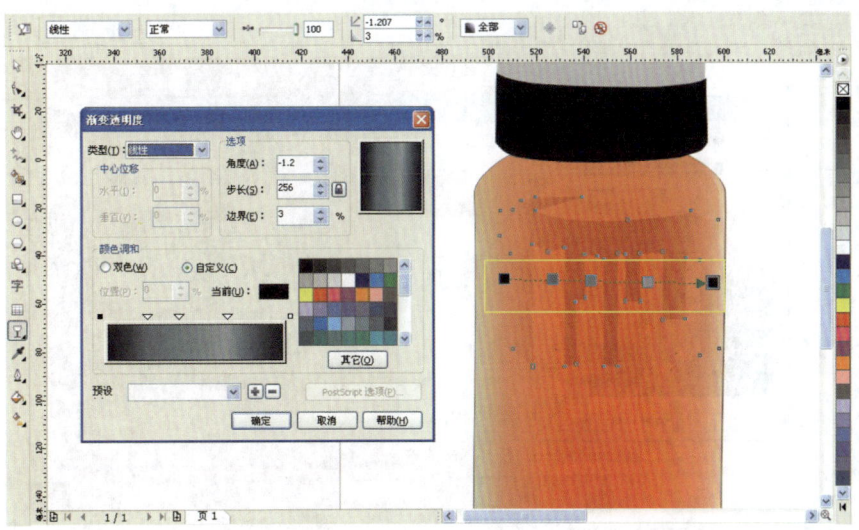

图6-12

13. 在太空水杯主体上继续绘制折射梅花图形。使用手绘工具绘制如图6-13所示图形，并用形状工具进行编辑。

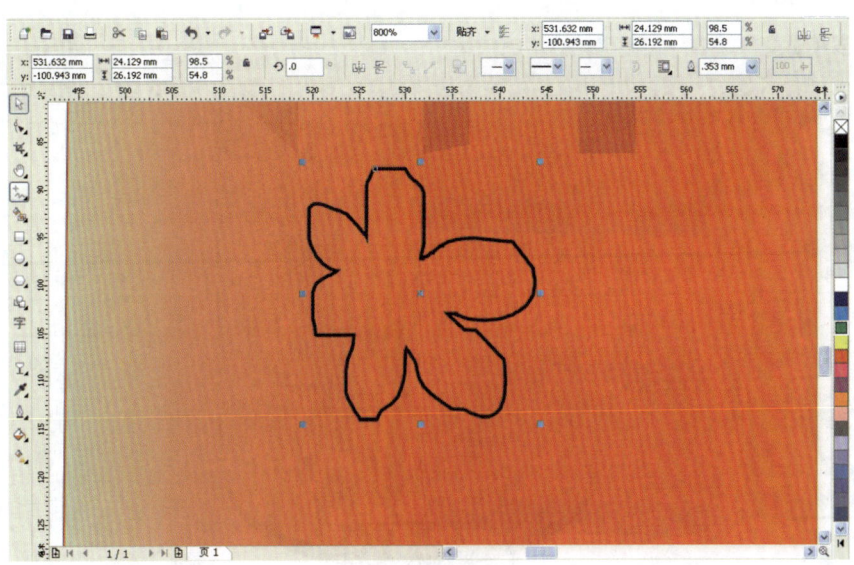

图6-13

14. 使用填充工具给该图形填上CMYK值为16、91、81、0的红色,并用轮廓工具中的"无"选项去除它的轮廓,如图6-14所示。

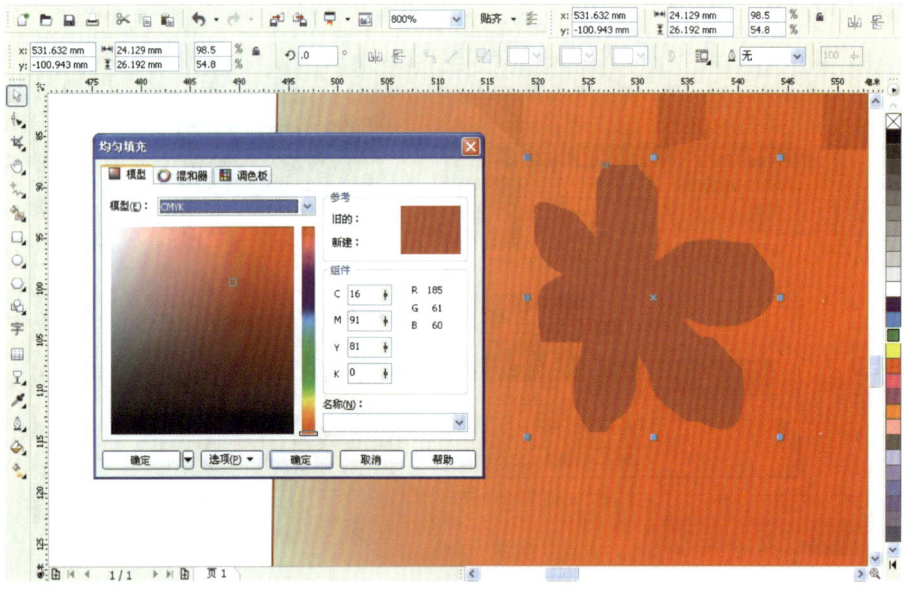

图6-14

15. 选中该图形,按Ctrl+D键复制四个,然后使用形状工具对它们的大小和形状进行编辑,效果如图6-15所示。

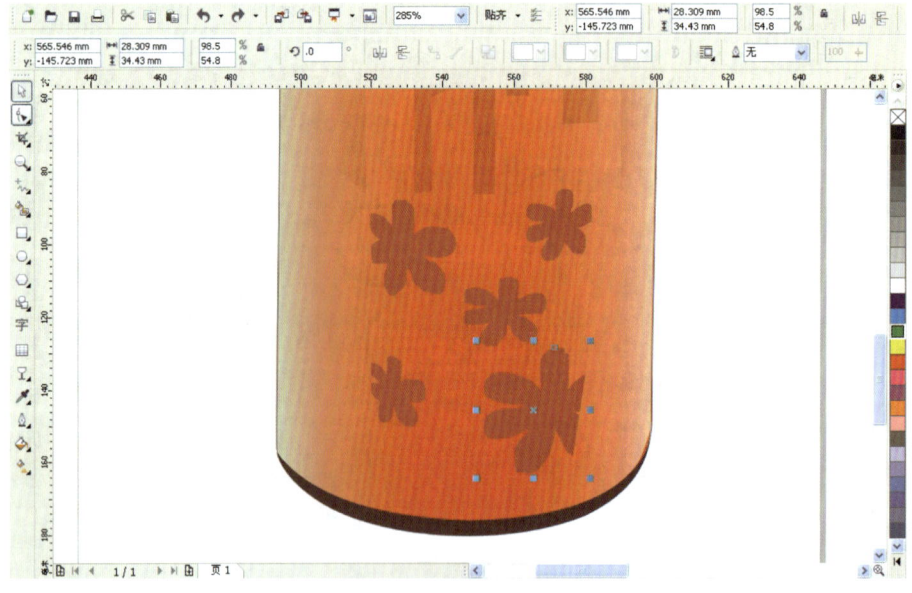

图6-15

16. 选中所有梅花折射图形,打开菜单命令"排列/结合",把它们结合成为一个整体,如图6-16所示。

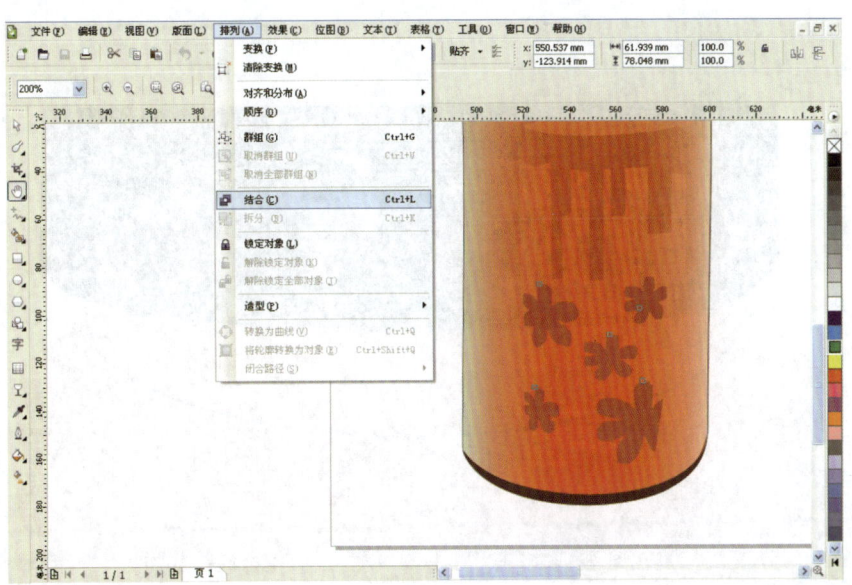

图6-16

> **耳旁风**
>
> 多个图形一次性添加整体渐变透明效果时,不能使用"群组"命令,只能使用"组合"命令。

17. 打开交互式透明工具给它一个渐变透明色彩点色彩CMYK值从左至右分别为0、0、0、100,0、0、0、0,0、0、0、100的渐变透明效果,如图6-17所示。

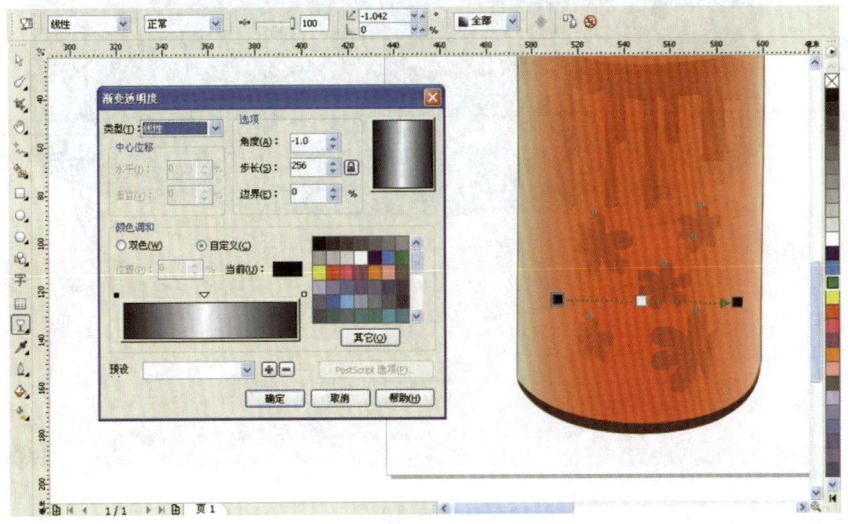

图6-17

18. 使用手绘工具绘制杯盖在杯颈上的投影图形，然后再使用形状工具对其进行编辑，效果如图6-18所示。

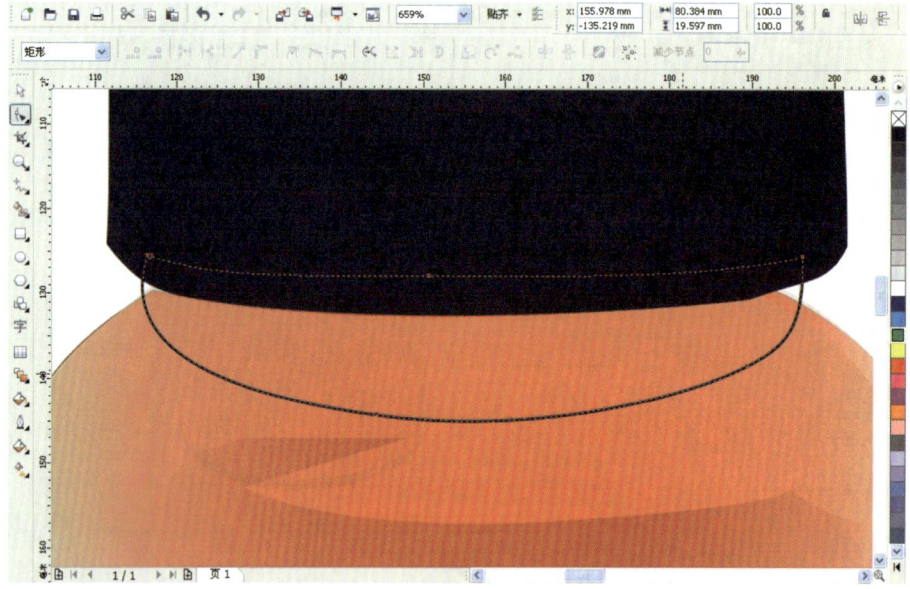

图6-18

19. 选中上一步绘制的投影图形，按Ctrl+C和Ctrl+V键，复制一个图形，然后仍然使用形状工具对其进行编辑，如图6-19所示。

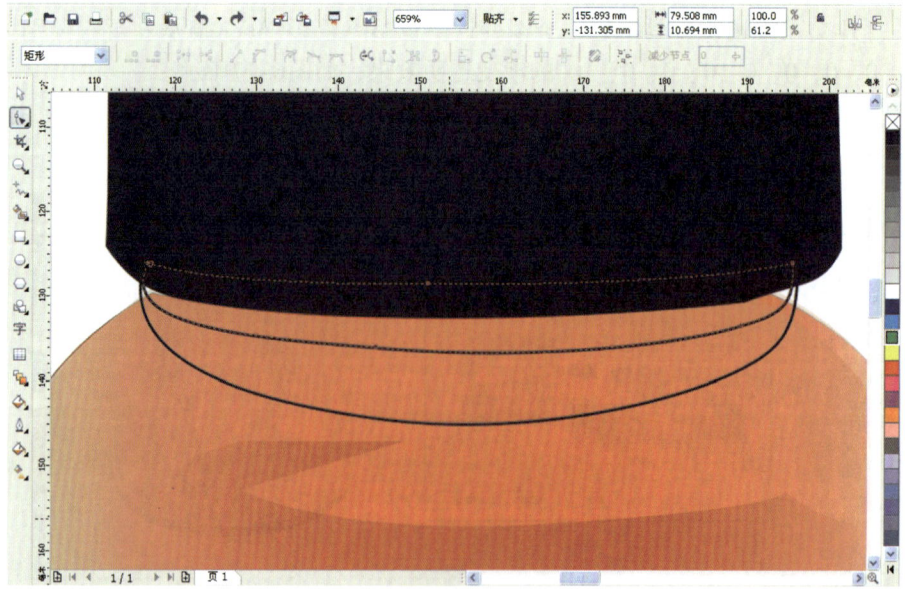

图6-19

20. 先使用轮廓工具去除所选图形的轮廓，然后打开填充工具，设置颜色CMYK值为0、97、94、0，将其填充到如图6-20所示的图形上。

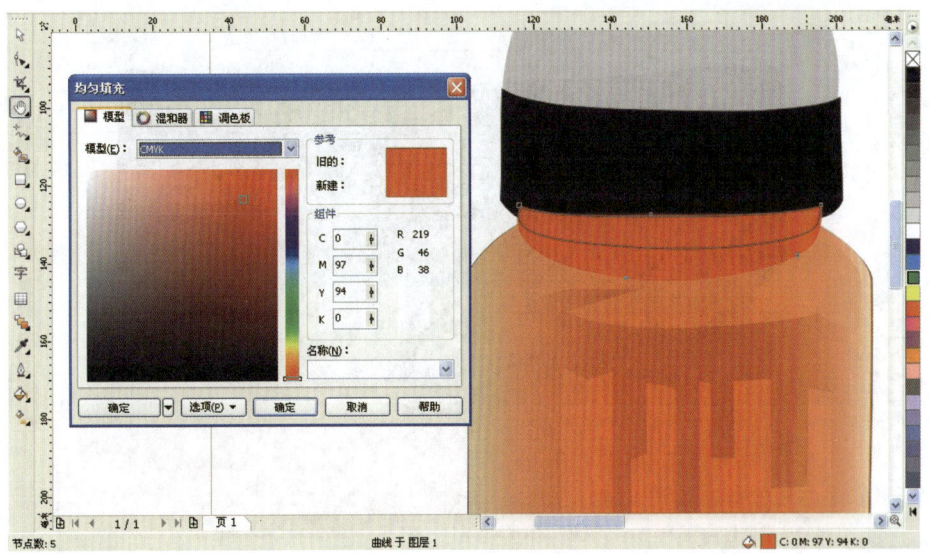

图6-20

21. 同样使用轮廓工具去除所选择图形的轮廓，使用填充工具给它填充上CMYK值为48、96、96、7的色彩，如图6-21所示。

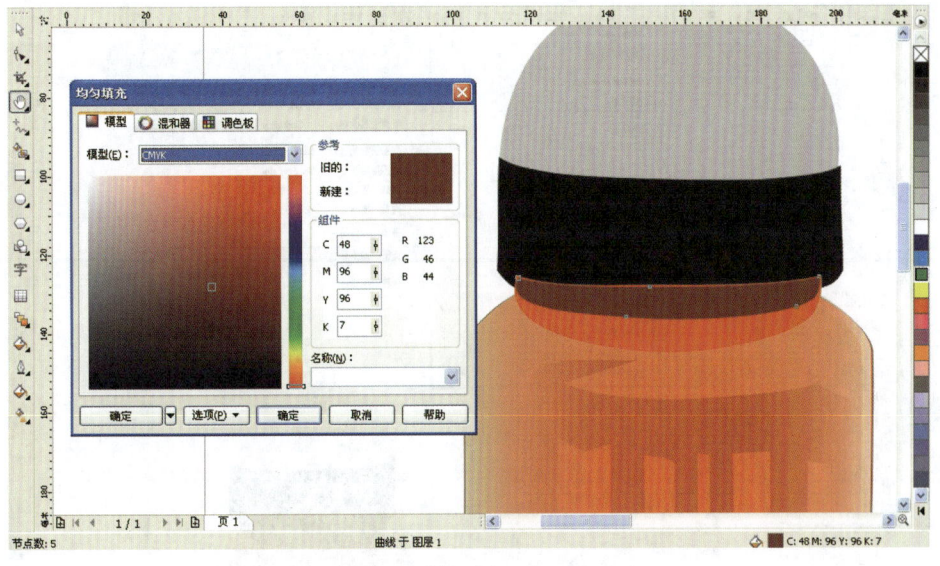

图6-21

22. 打开交互式调和工具 ![icon] 对刚刚绘制的两个杯盖投影图形进行调和，调和的具体参数如图6-22所示。

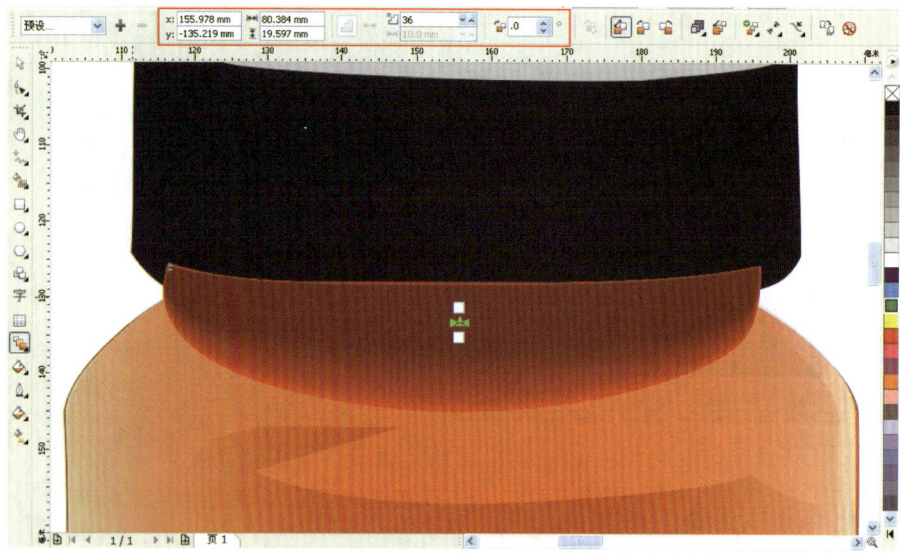

图6-22

23. 选中调和好的图形，打开"排列/顺序/置于此对象后"菜单命令，点击黑色杯盖部分，使其放置在黑色杯盖部分的下方，如图6-23所示。

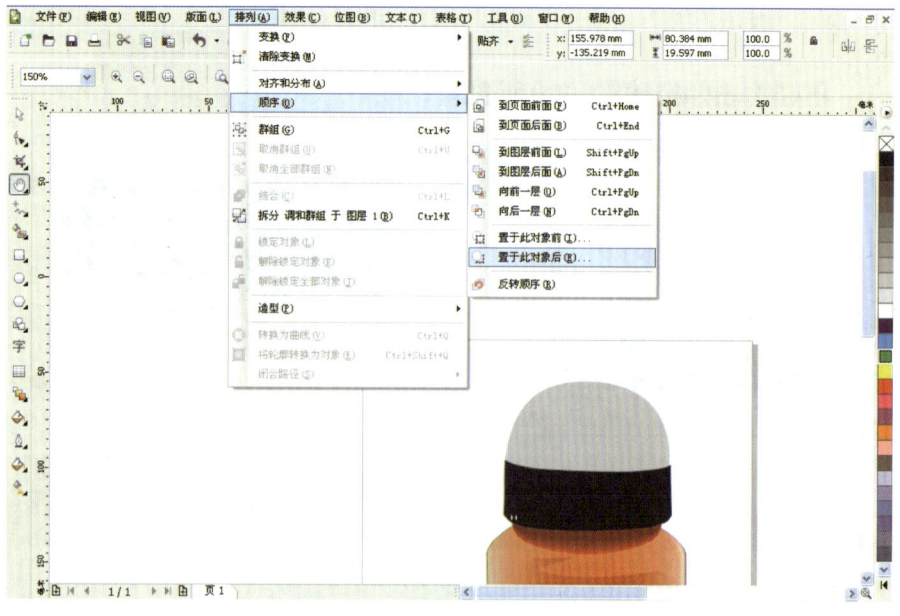

图6-23

24. 打开菜单命令"位图/转换为位图"将杯盖投影图形转换成位图,然后给它一个交互式渐变透明效果,选取"渐变透明度"对话面板上"颜色调和"选项中的"双色",其他选项默认,如图6-24所示。

图6-24

25. 现在绘制杯体上面的高光图形。打开手绘工具,设置它的"手绘光滑"为0,其他选项默认,然后绘制图形,如图6-25所示。

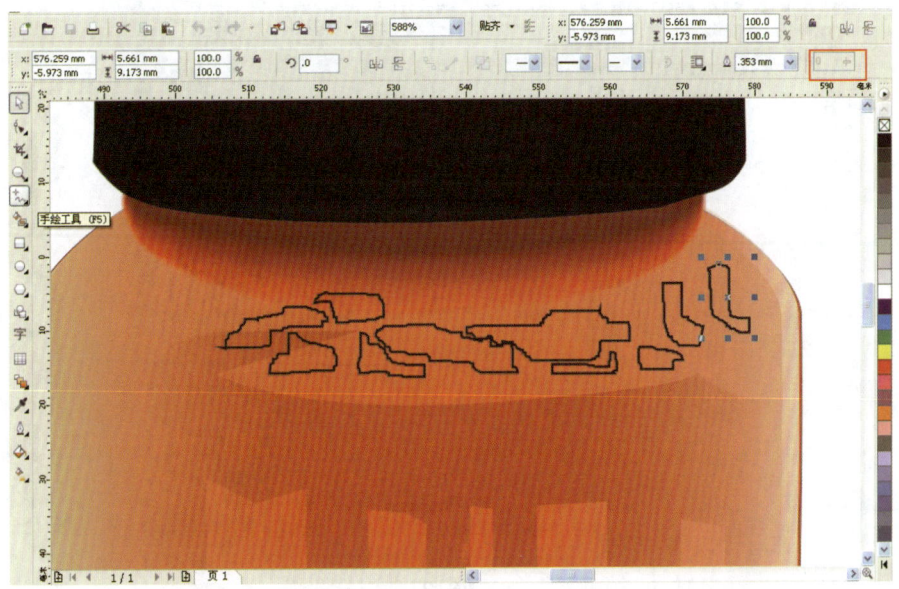

图6-25

26. 选择轮廓工具中的"无"选项去除高光图形的轮廓，然后给它填充上白色，如图6-26所示。

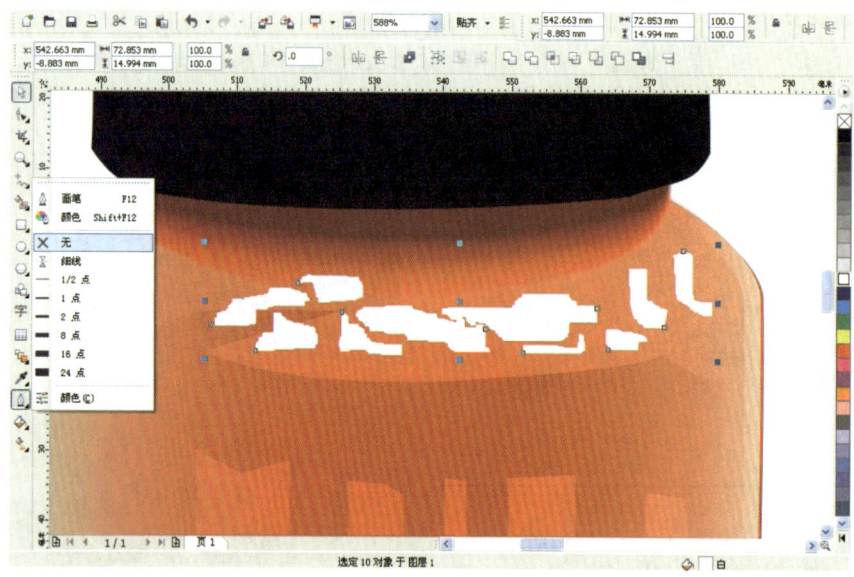

图6-26

27. 选中所有杯体高光图形，打开菜单命令"排列/结合"（快捷键为Ctrl+L），将所有高光图形进行结合，如图6-27所示。

图6-27

28. 打开"位图/转换为位图"菜单命令，把高光图形转成位图，然后打开"位图/模糊/高斯式模糊"菜单命令对其进行模糊，如图6-28所示。

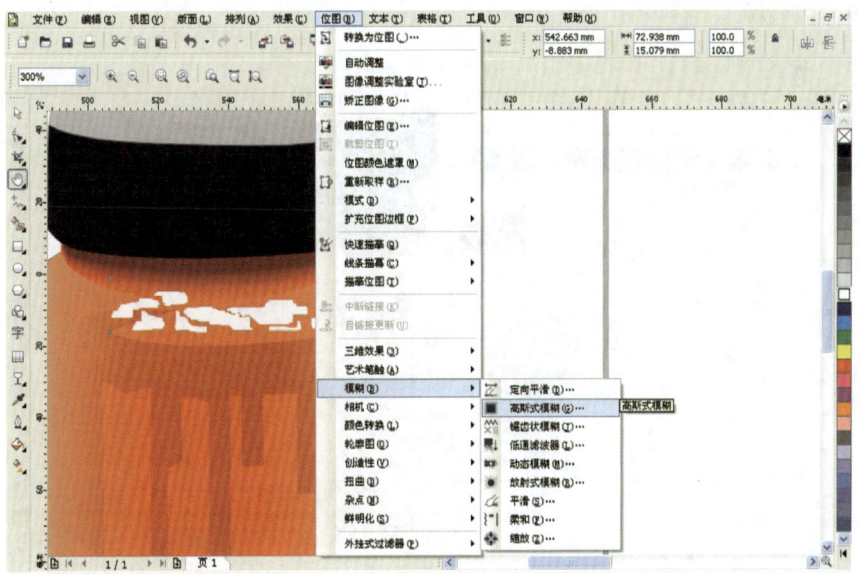

图6-28

29. 在弹出的"高斯式模糊"对话面板上设置"高斯式模糊"的半径为6.0像素，点击确定，如图6-29所示。

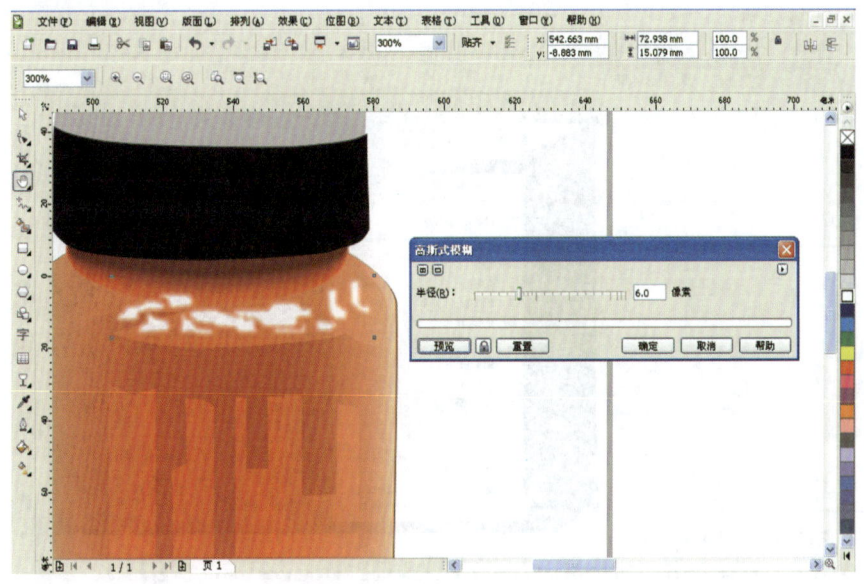

图6-29

30. 打开交互式透明工具给杯体高光图形一个渐变透明效果，设置"渐变透明度"中的角度为–110.4，步长为256，边界为38%，"颜色调和"为"双色"，其他选项选择默认，效果如图6-30所示。

图6-30

31. 现在绘制杯盖黑色部分的高光图形。使用矩形工具绘制一个矩形，然后选中该矩形，点击鼠标右键，选择"转换为曲线"，将矩形转换成曲线，如图6-31所示。

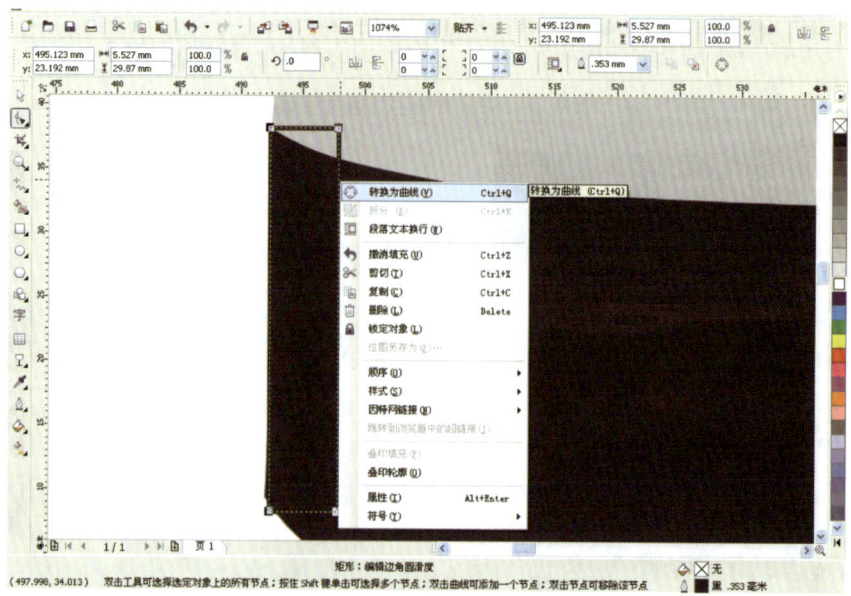

图6-31

32. 使用形状工具对该图形进行编辑，然后打开填充工具给它填上CMYK值为0、0、0、10的灰色，最后使用轮廓工具将它的轮廓去除，如图6-32所示。

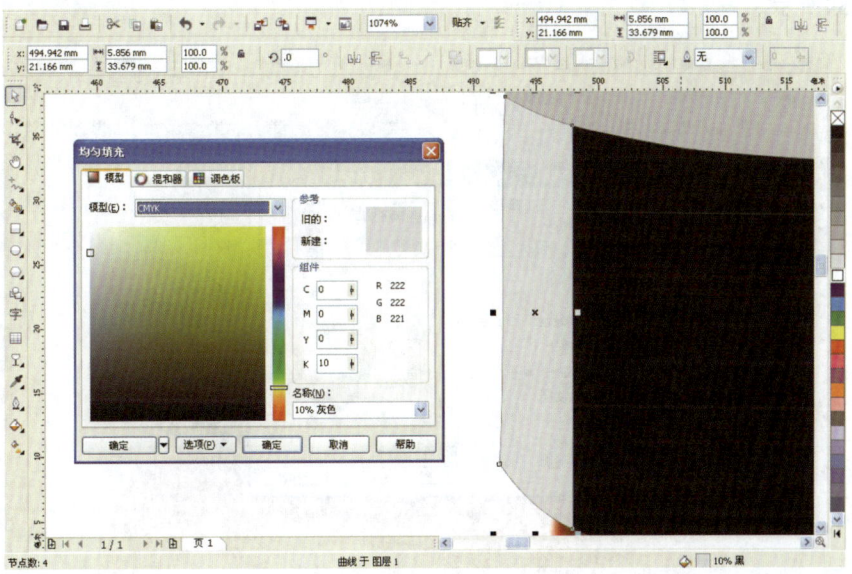

图6-32

33. 使用交互式透明工具给该杯盖高光图形一个线性渐变透明效果，设置"渐变透明度"的角度为-2.1，步长为256，设置"颜色调和"为"双色"，边界为8%，其他选项默认，如图6-33所示。

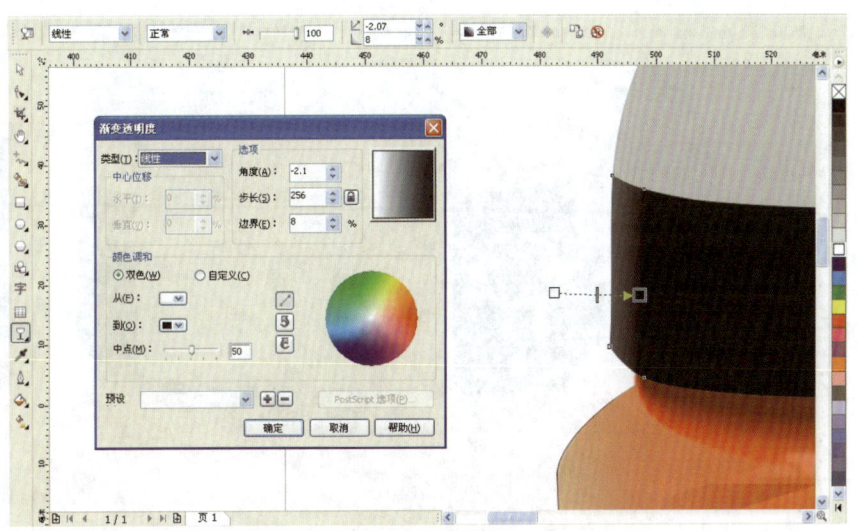

图6-33

34. 按Ctrl+D键复制该高光图形，并用形状工具对其进行编辑，再用交互式调和工具对它的渐变透明效果进行调整，设置角度为180，步长为256，边界为10，其他选项默认，效果如图6-34所示。

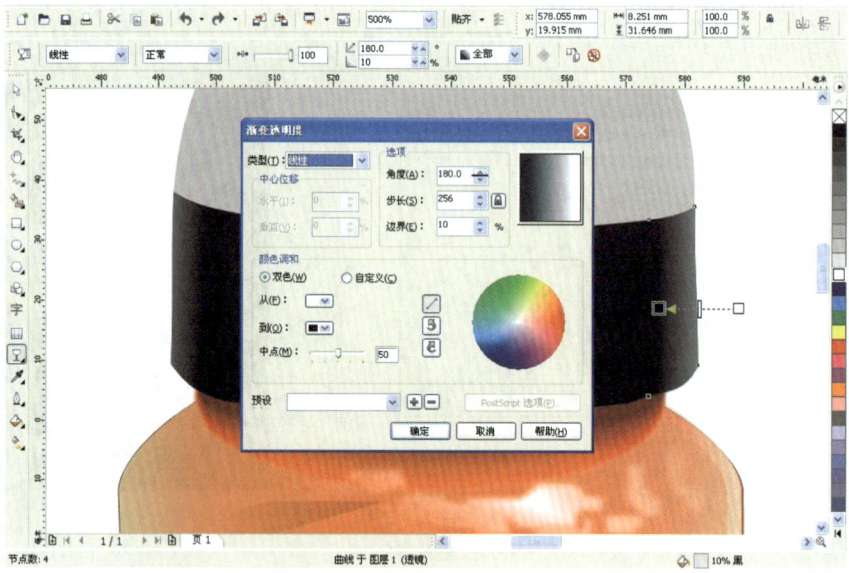

图6-34

35. 使用如同第32步的方法绘制杯盖中间部分的高光图形，并用填充工具给它填上20%的黑色，效果如图6-35所示。

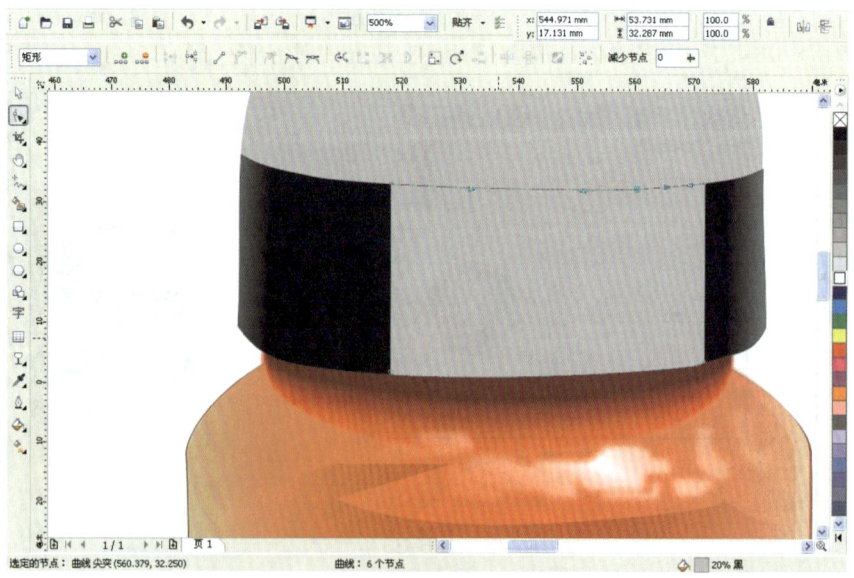

图6-35

36. 打开交互式透明工具，给中间的杯盖高光图形一个渐变透明效果，设置"渐变透明度"的角度为–174.3，步长为256，边界为13%，其他选项默认，如图6–36所示。

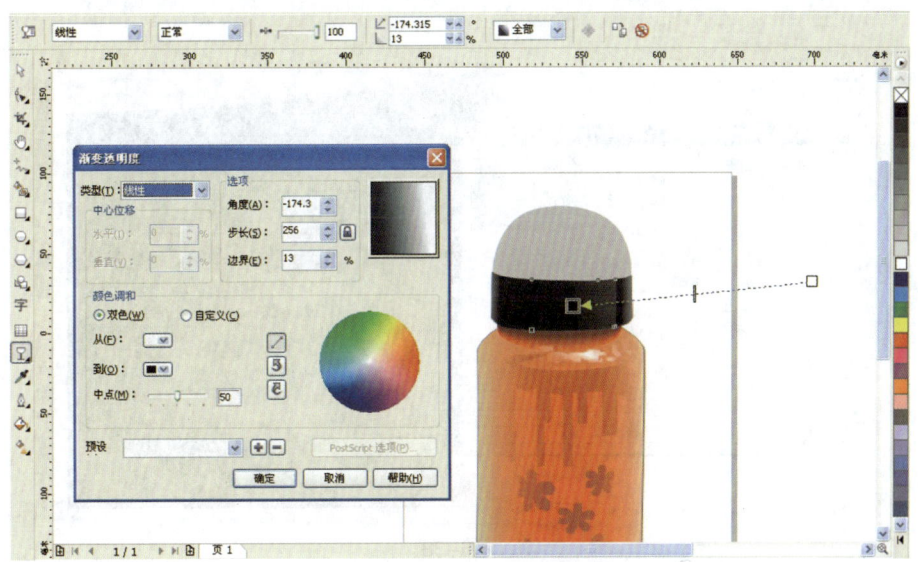

图6–36

37. 再次复制（快捷键为"Ctrl+D"）杯盖高光图形，并用形状工具对其进行编辑，然后填上10%的黑色，如图6–37所示。

图6–37

38. 同样打开交互式透明工具给该杯盖高光图形一个渐变透明效果，设置"渐变透明度"的角度为-2.8，步长为256，边界为9%，其他选项默认，如图6-38所示。

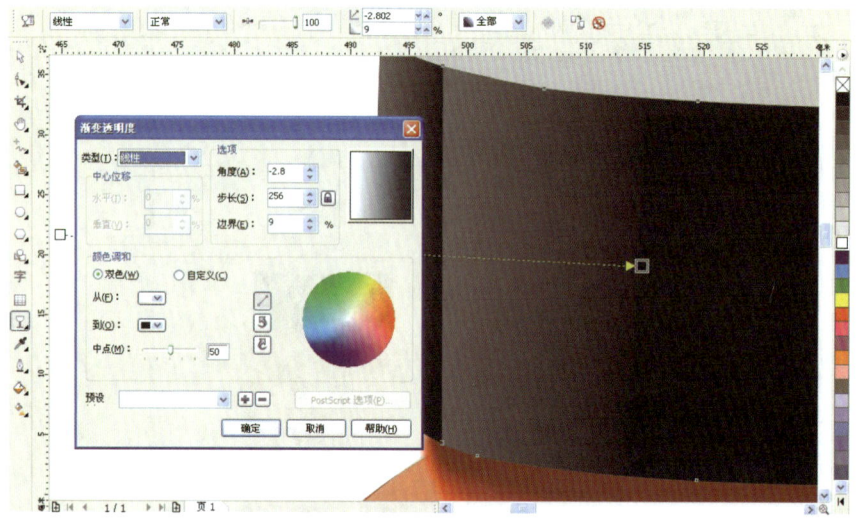

图6-38

39. 调整杯盖上部分的效果。使用手绘工具绘制一个如图6-39所示图形，并用轮廓工具去除它的轮廓，然后用填充工具或者右侧的默认CMYK调色板给它填上CMYK值为2、3、2、0的灰色。

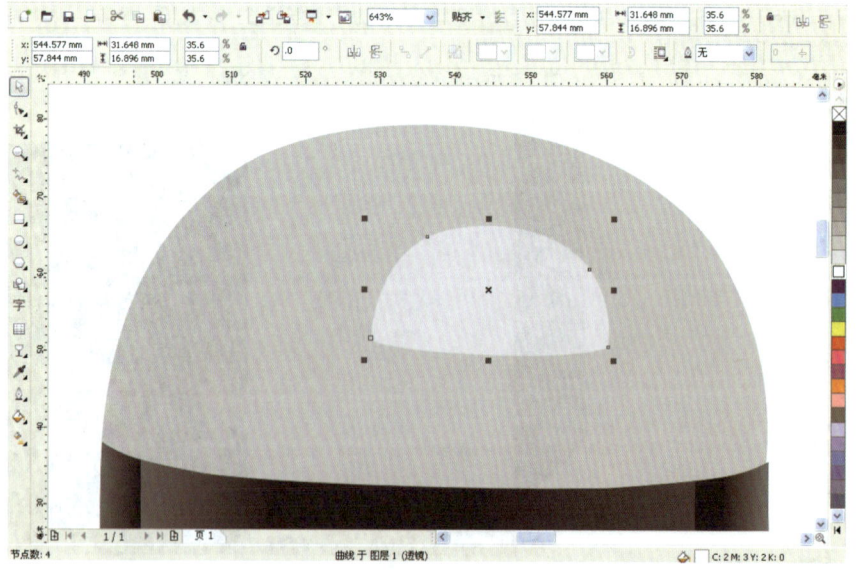

图6-39

40. 打开交互式调和工具 ，将两个灰色的杯盖图形进行调和，设置它的步长为36，其他选项默认，效果如图6-40所示。

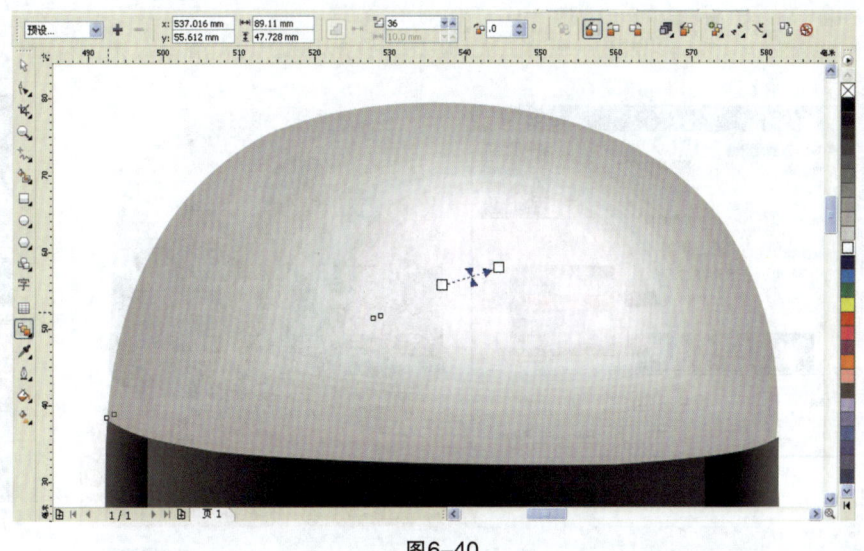

图6-40

41. 因为灰色杯盖部分是磨砂半透明材质，所以接下来绘制杯盖里面朦胧的结构图形，使用手绘工具，将其"手绘平滑"设置为100，其他选项默认，然后绘制出图形，如图6-41所示。

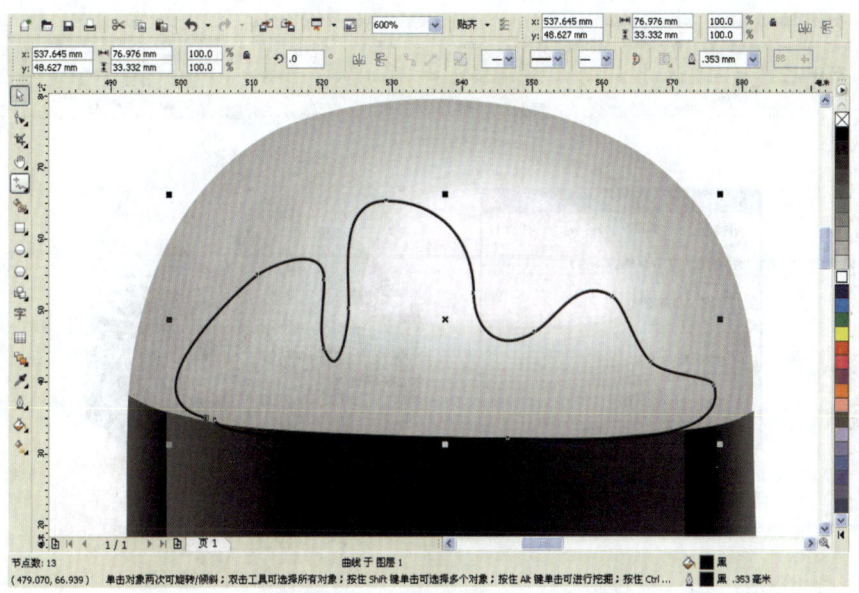

图6-41

42. 先用轮廓工具去除该图形的轮廓，然后打开交互式填充工具给它填充渐变色彩：黑色和CMYK值为100、100、0、0的紫色，如图6-42所示。

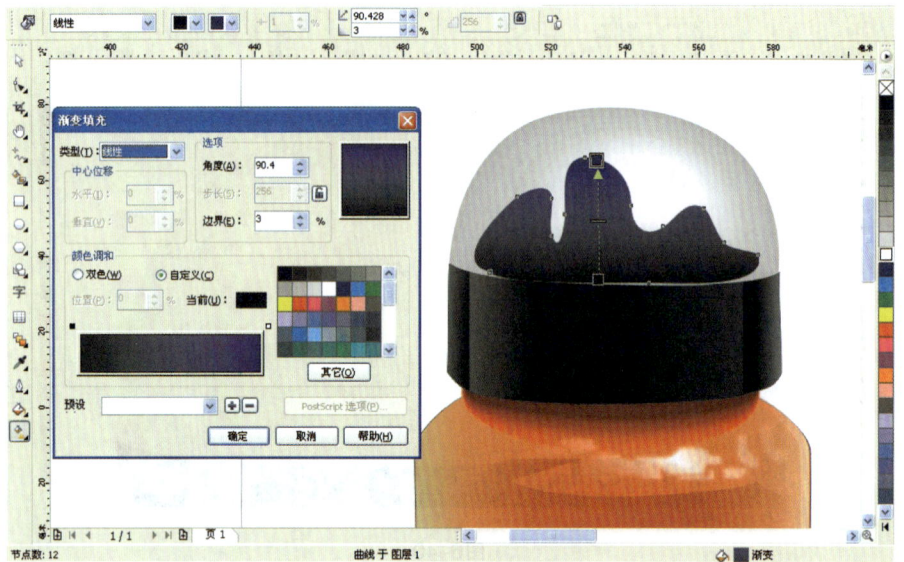

图6-42

43. 选中该图形，打开菜单命令"位图/转换为位图"，弹出"转换为位图"的对话面板，勾选"选项"中的"透明背景"，其他选项均为默认，如图6-43所示。

图6-43

44. 打开"位图/模糊/高斯式模糊"菜单命令,给该图形一个模糊效果,设置"高斯式模糊"的半径为46像素,效果如图6-44所示。

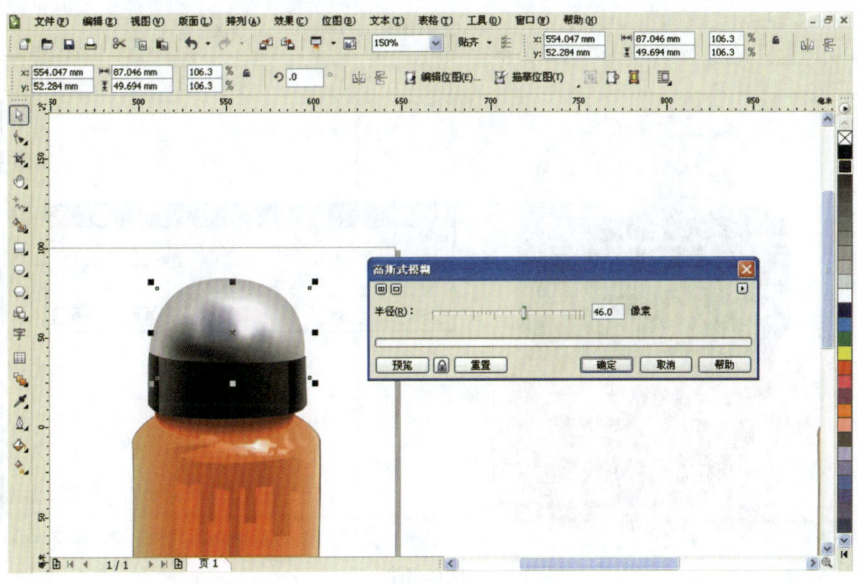

图6-44

45. 使用钢笔工具 绘制杯盖的白色结构部分,然后使用轮廓工具去除它的轮廓,再给它填上白色,并使用形状工具编辑成图形,如图6-45所示。

图6-45

46. 先打开"位图/转换为位图"菜单命令，将该图形转换成位图，然后打开"位图/模糊/高斯式模糊"菜单命令给它一个半径为6像素的模糊效果，如图6-46所示。

图6-46

47. 使用贝塞尔工具绘制如图6-47所示的图形，并用形状工具进行编辑，然后给它填上白色。

图6-47

48. 同样打开"位图/转换为位图"菜单命令，将该图形转换成位图，然后打开"位图/模糊/高斯式模糊"菜单命令给它一个半径为10像素的模糊效果，如图6-48所示。

图6-48

49. 使用交互式透明工具给该图形一个渐变透明效果，在弹出的"渐变透明度"对话面板上，选取类型为"线性"，设置角度为-179.2，步长为256，边界为20，颜色调和为"双色"，如图6-49所示。

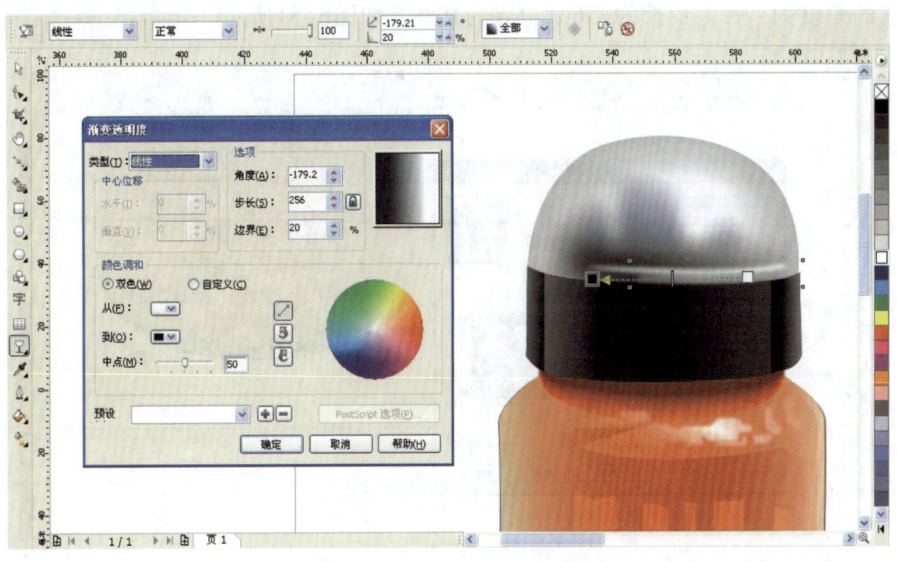

图6-49

50. 下面给杯底添加效果。使用贝塞尔工具绘制一条曲线，设置它的宽度为0.706 mm，填充颜色的CMYK值为24、4、1、0，如图6-50所示。

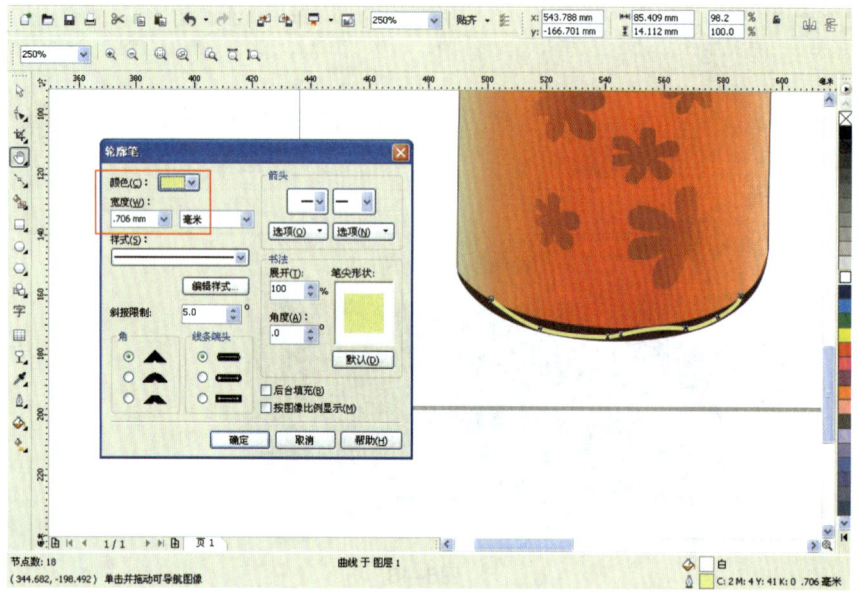

图6-50

51. 使用交互式透明工具给该曲线一个渐变透明效果，渐变透明色彩点的色彩CMYK值从左至右依次为0、0、0、80，0、0、0、10，0、0、0、70，0、0、0、10，0、0、0、100，并设置它的角度为-7.1，步长为256，边界为19%，如图6-51所示。

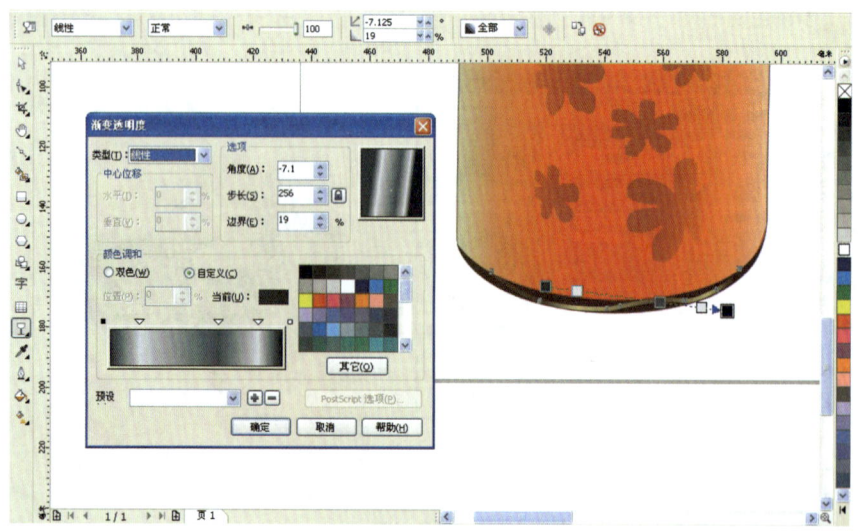

图6-51

52. 下面绘制太空水杯的投影。使用贝塞尔工具绘制如图6-52所示图形，去除它的轮廓，然后使用填充工具给它填上30%的黑色，效果如图6-52所示。

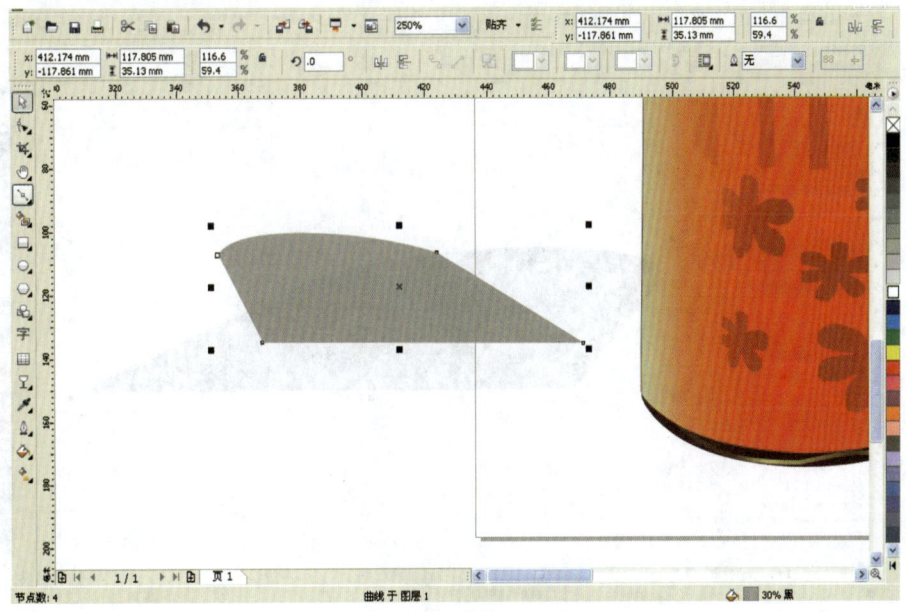

图6-52

53. 使用交互式透明工具给该图形添加透明效果，选取交互式透明属性栏上的"标准"和"正常"选项，设置它的透明度为88，如图6-53所示。

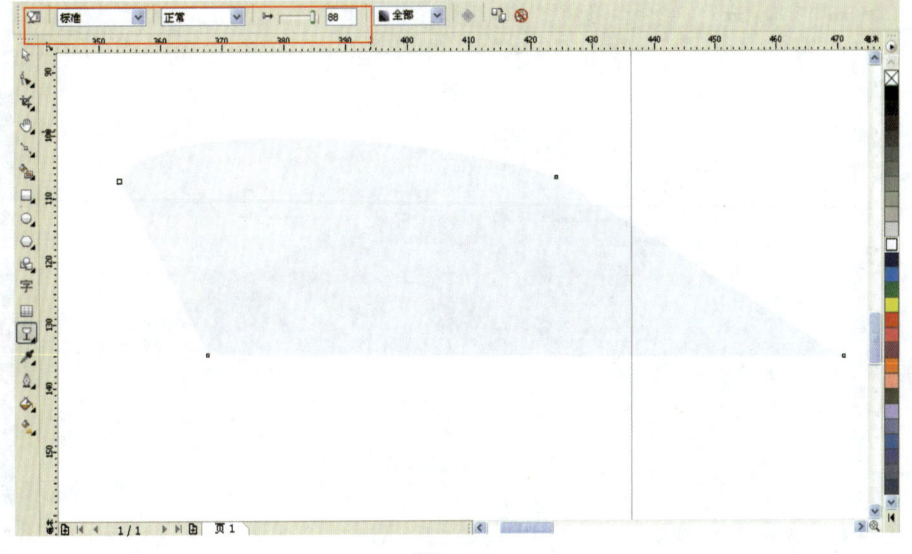

图6-53

54. 按Ctrl+D键复制一个该图形，使用形状工具对其进行编辑，然后给它填上CMYK值为100、100、0、0的蓝色，如图6-54所示。

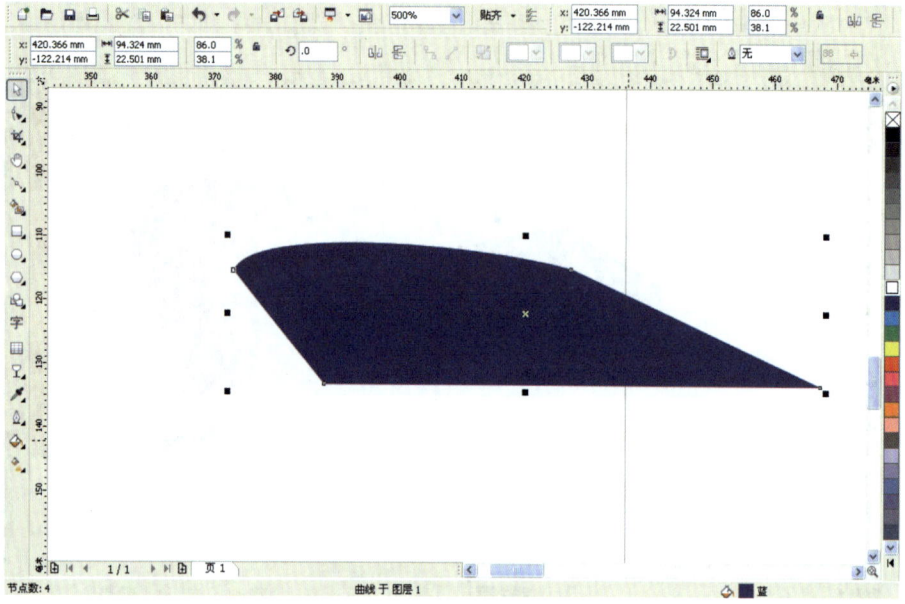

图6-54

55. 同样使用交互式透明工具给该图形添加透明效果，选取交互式透明属性栏上的"标准"和"正常"选项，设置它的透明度为88，如图6-55所示。

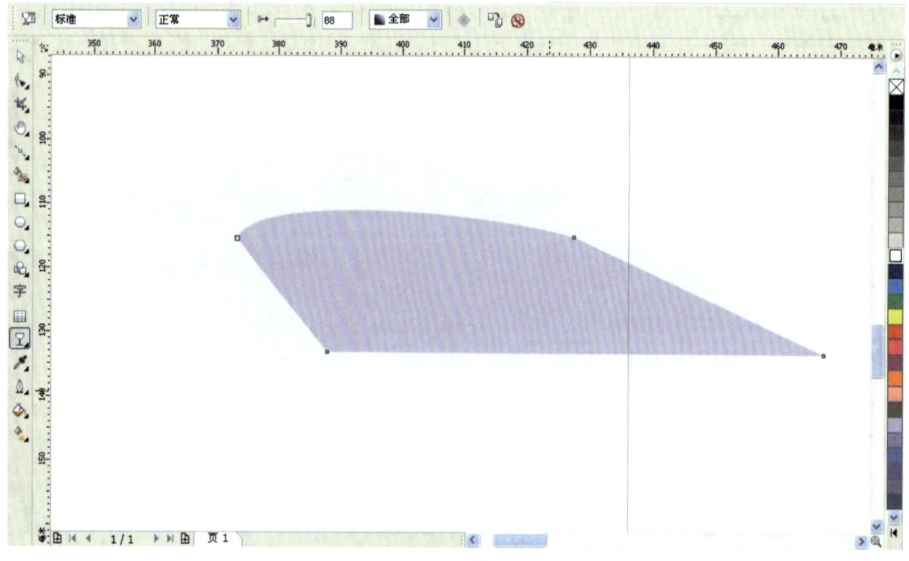

图6-55

56. 打开交互式调和工具给两个阴影图形进行调和操作，设置交互式调和工具属性栏上的步长为36，其他选项均为默认，然后把阴影图形放置在太空水杯的后面，至此太空水杯基本完成，效果如图6-56所示。

图6-56

57. 为了增强画面的丰富性，最后在水杯的一边添加一些咖啡滴液和水珠、水面。使用贝塞尔工具绘制水面图形，点击轮廓工具中的"无"去除它的轮廓，然后给它填充上10%的黑色，如图6-57所示。

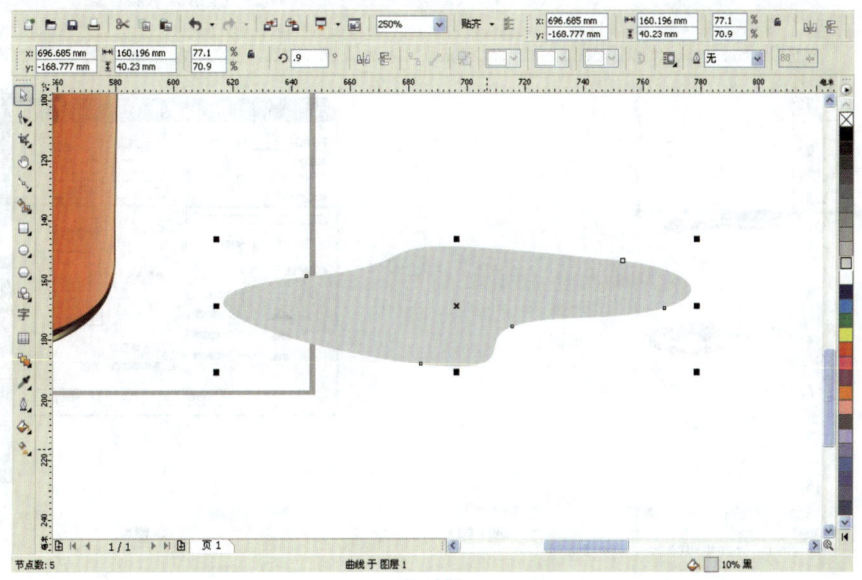

图6-57

58. 用与上一步骤同样的方法绘制两个咖啡滴液的基本图形，使用形状工具编辑后，给它填充上CMYK值为35、86、93、1的色彩，如图6-58所示。

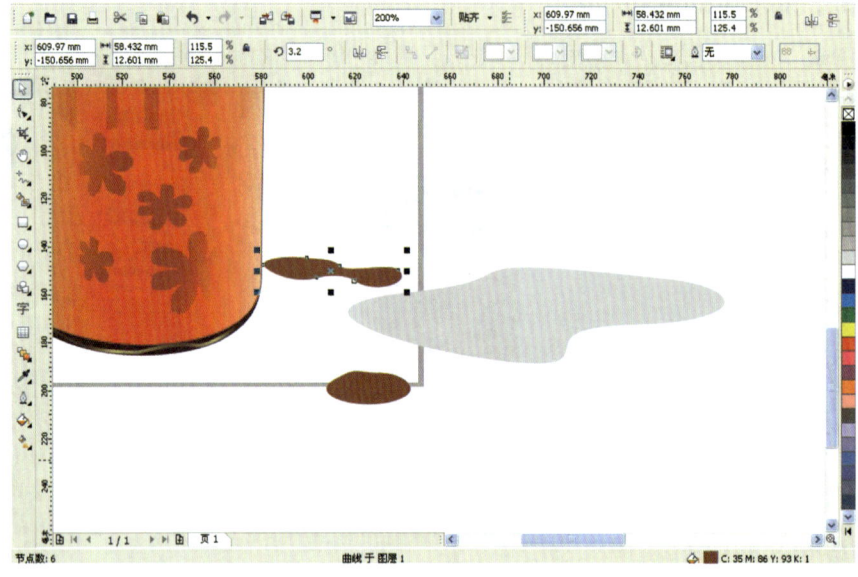

图6-58

59. 绘制它们的高光图形。使用贝塞尔工具绘制如图6-59所示曲线并用形状工具进行编辑，再设置三条曲线的宽度从上至下依次为1、1.6、2，全部填充上白色。

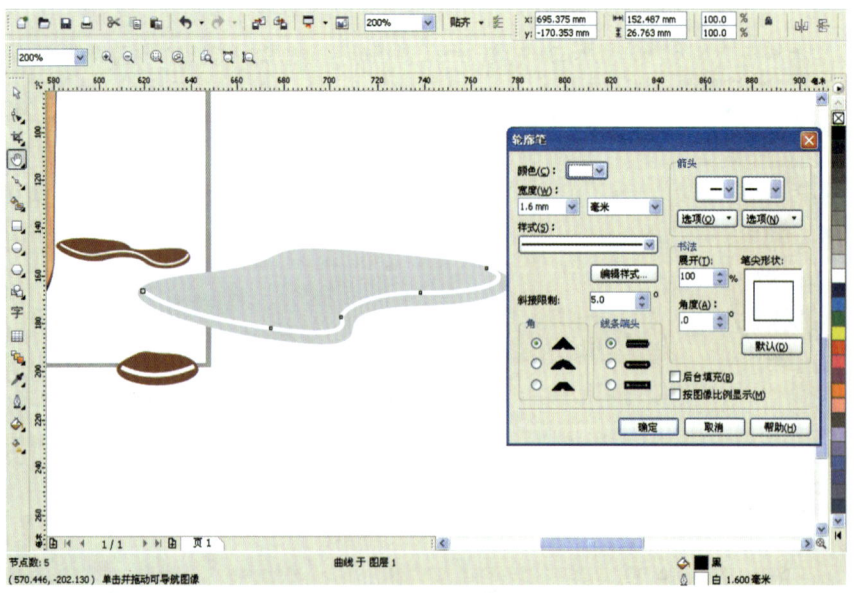

图6-59

60. 打开菜单命令"位图/转换为位图",将三条曲线全部转成位图,然后打开"位图/模糊/高斯式模糊"对其进行模糊,模糊的半径设置为16像素,效果如图6-60所示。

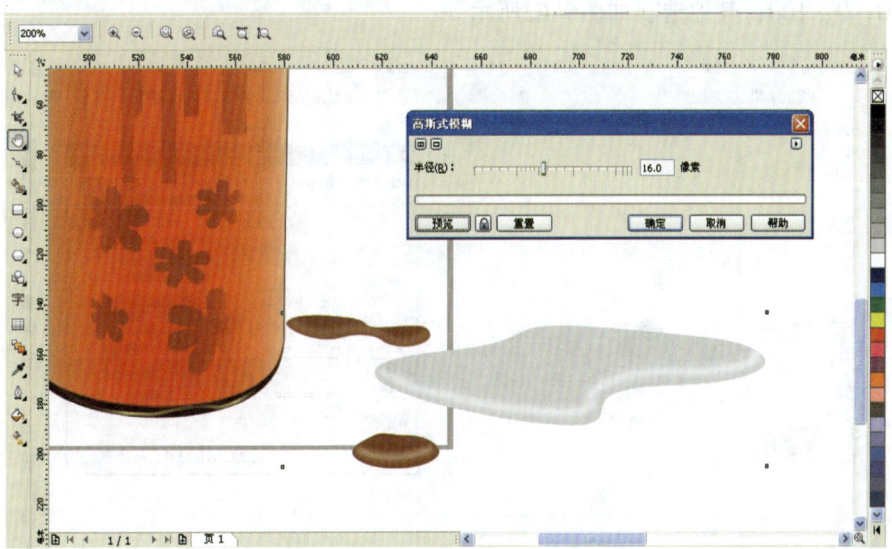

图6-60

61. 同样使用贝塞尔工具绘制如图6-61所示水面的反光曲线,并用形状工具进行编辑,设置它的宽度为1mm,再填充上白色。

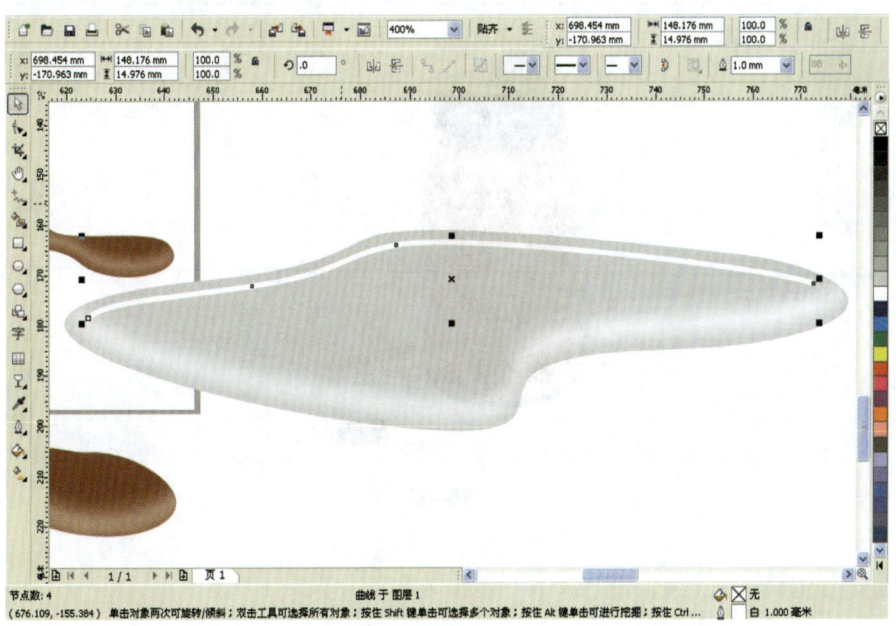

图6-61

62. 使用交互式透明工具给水面反光曲线一个线性渐变透明效果，渐变透明色彩点的色彩CMYK值从左至右依次为0、0、0、100，0、0、0、20，0、0、0、0，0、0、0、10，0、0、0、100，其他选项如图6-62所示。

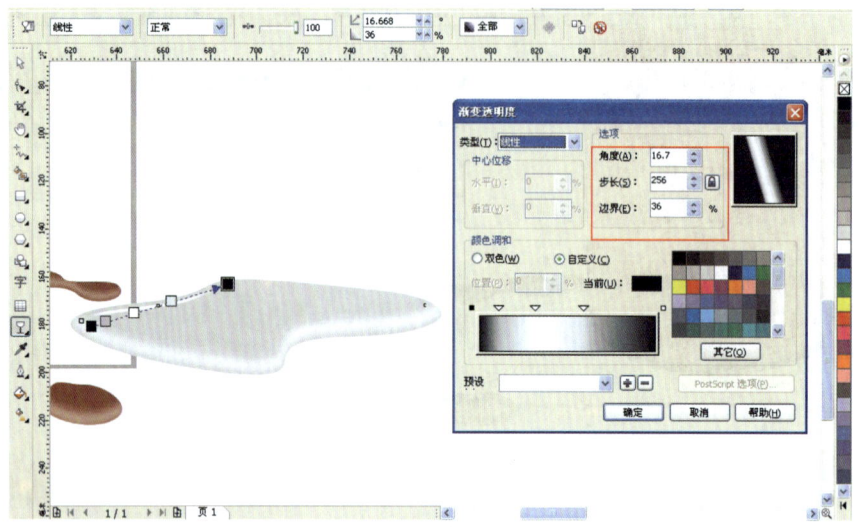

图6-62

63. 至此，整个教程全部完成，最终效果如图6-63所示。

图6-63

第七章 人像

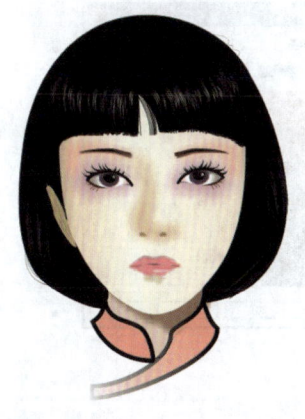

对于CorelDRAW X4来说，用它绘制人像并不是太难的事情，但一定要注意人像性别和年龄的区别，本案例是年轻女性，所以面部表现除了眼睛外其他都比较虚，而头发的表现也是一个重点和难点。希望读者在不同类型人物的表现上手法要灵活多变。

1. 打开手绘工具 ![] (快捷键为F5) 绘制"端庄女孩"的脸部轮廓图形，然后使用形状工具进行编辑（注意几种点的模式之间的变化关系和它们的特点），编辑的效果如图7-1所示。

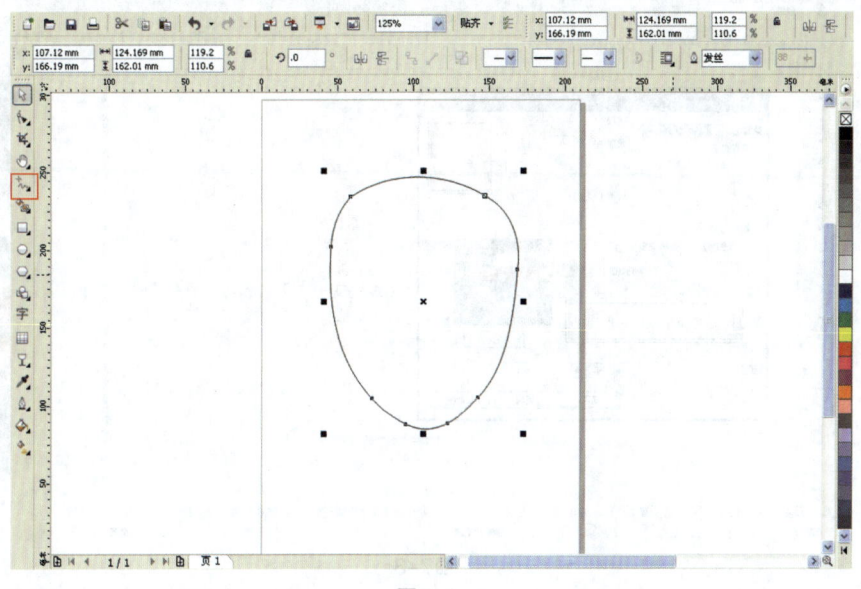

图7-1

第三部分 幻想征途 137

2. 因为女孩的肤色较白，所以它的轮廓线不能采用黑色。点击轮廓工具中的"轮廓色"工具，设置女孩脸部轮廓线颜色的CMYK值为42、99、98、4，如图7-2所示。

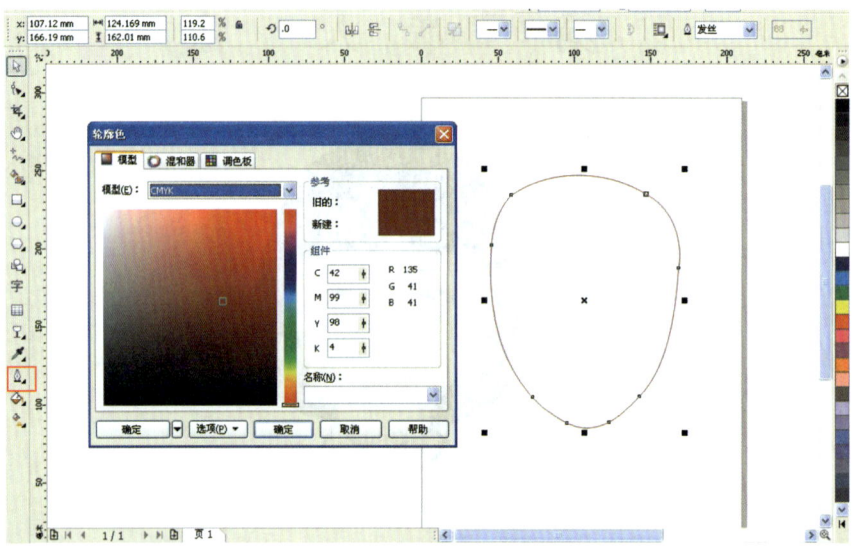

图7-2

3. 打开交互式填充工具 给脸部轮廓图形添加渐变色效果，渐变色的CMYK值从左至右依次为21、30、45、0，2、8、12、0，2、2、5、0，2、6、9、0，23、31、47、0，如图7-3所示。

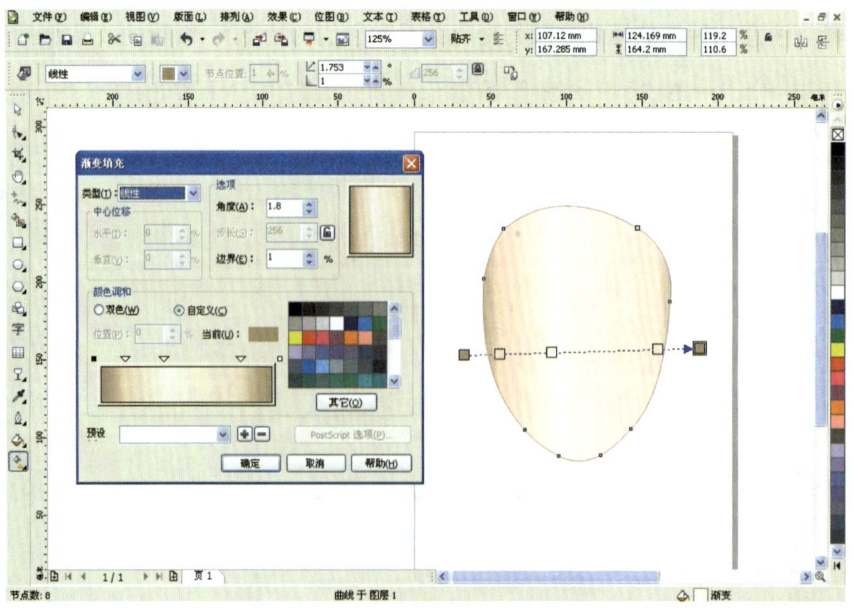

图7-3

4. 使用贝塞尔工具 绘制女孩的头发轮廓图形，然后用形状工具进行编辑，效果如图7-4所示。

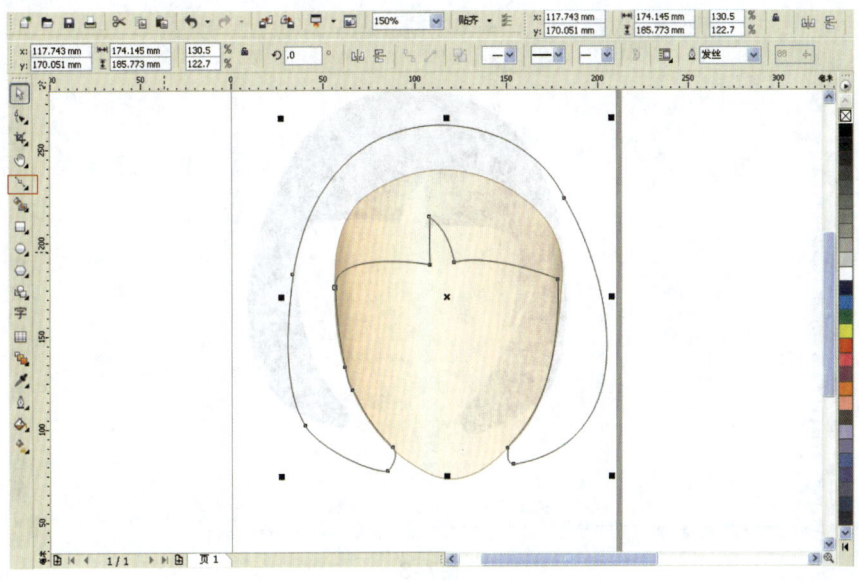

图7-4

5. 选中女孩头发轮廓图形，用形状工具编辑出耳朵形状，然后点击右侧的默认CMYK调色板上的黑色，给它填充黑色，如图7-5所示。

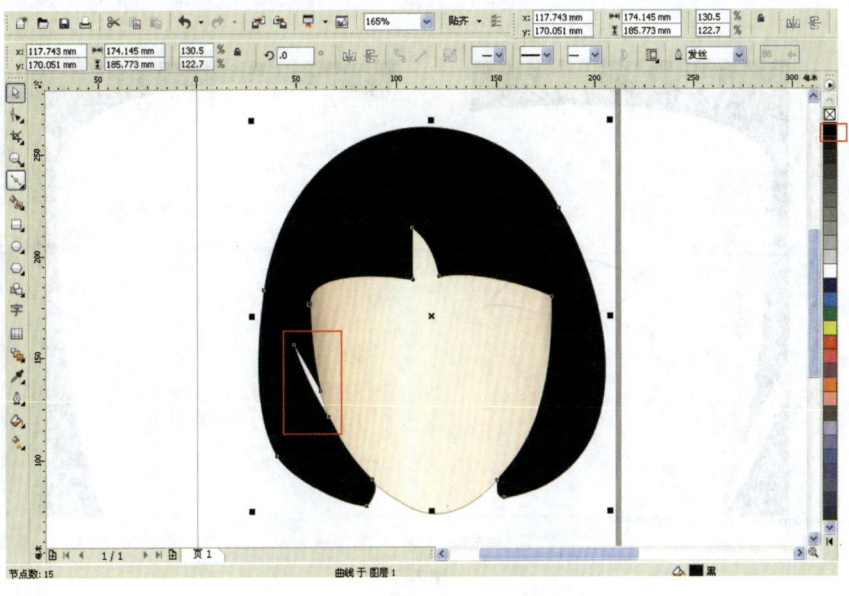

图7-5

6. 女孩的肖像基本上是正面的、左右对称的，为了提高绘图的效率和对脸部五官的位置准确把握，所以使用鼠标拖曳几条辅助线，如图7-6所示。

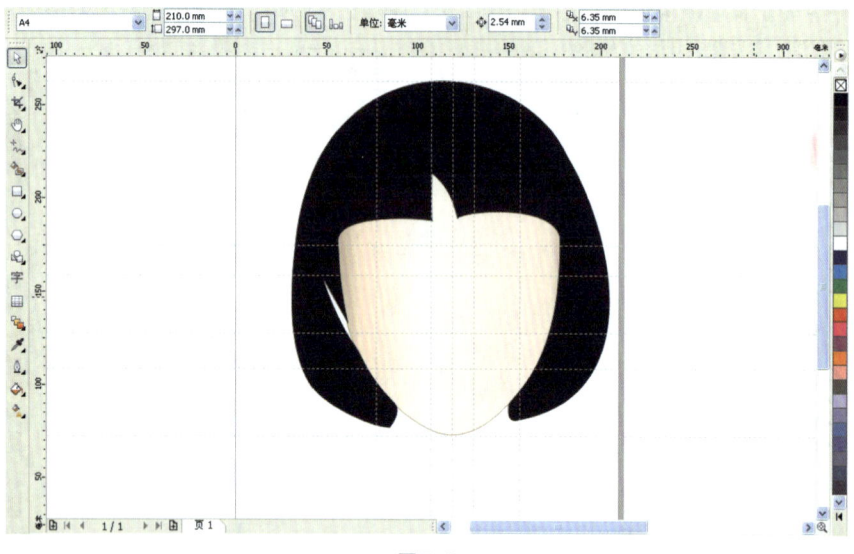

图7-6

7. 先绘制眼睛。使用贝塞尔工具绘制眼睛的轮廓图形，并用形状工具进行修改，然后点击右侧的默认CMYK调色板上的白色，给它填上白色，如图7-7所示。

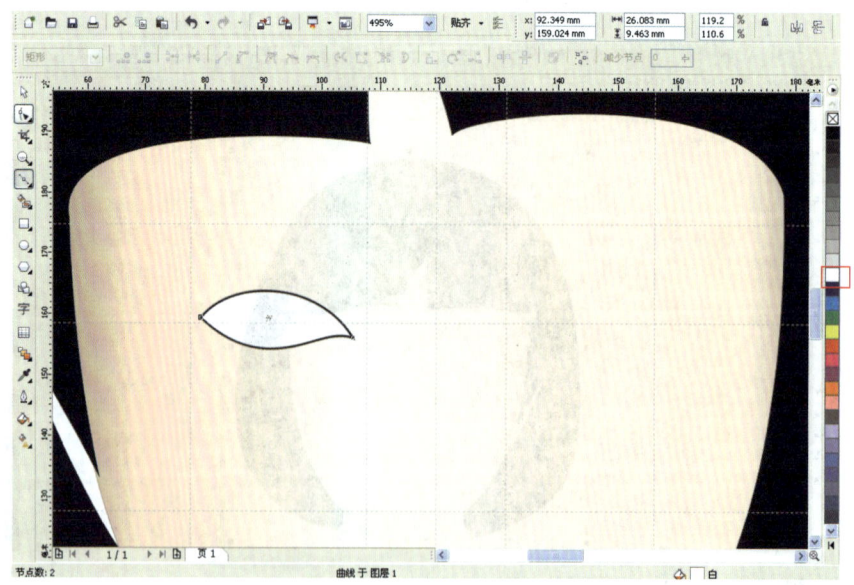

图7-7

8. 用鼠标左键移动眼睛轮廓图形，到适当的位置点击右键（左键不能松），复制，然后点击其属性栏上的"水平镜像"按钮，进行镜像，如图7-8所示。

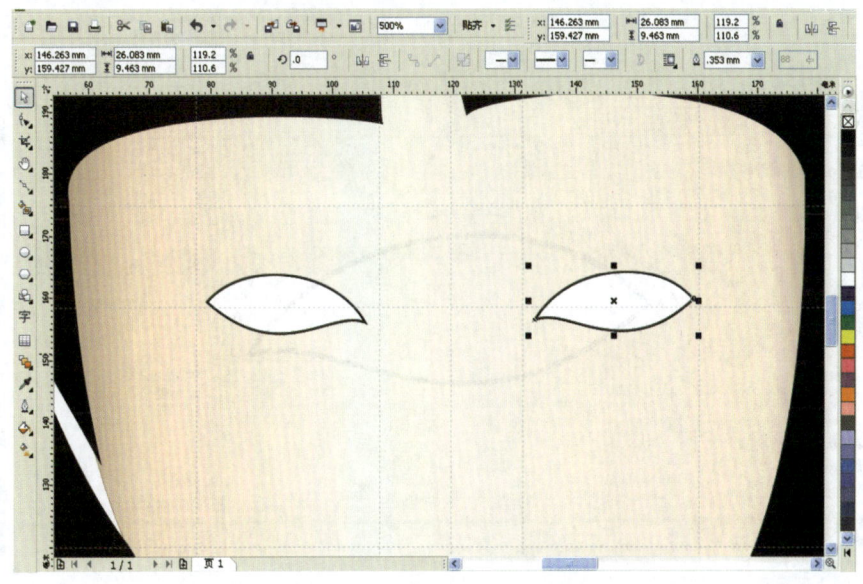

图7-8

9. 根据参考辅助线，使用贝塞尔工具初步绘制好五官的准确位置直线，然后按Delete键删除辅助线，如图7-9所示。

图7-9

10. 使用手绘工具 绘制眼睛的上眼眶图形,然后再用形状工具编辑它的形状,效果如图7-10所示。

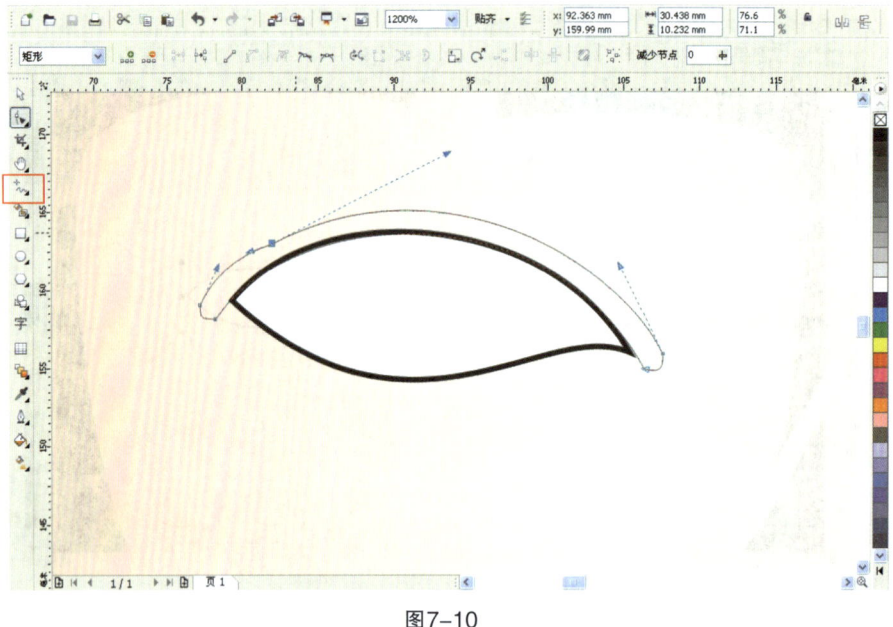

图7-10

11. 打开填充工具 给该图形填上CMYK值为0、0、0、100的黑色,效果如图7-11所示。

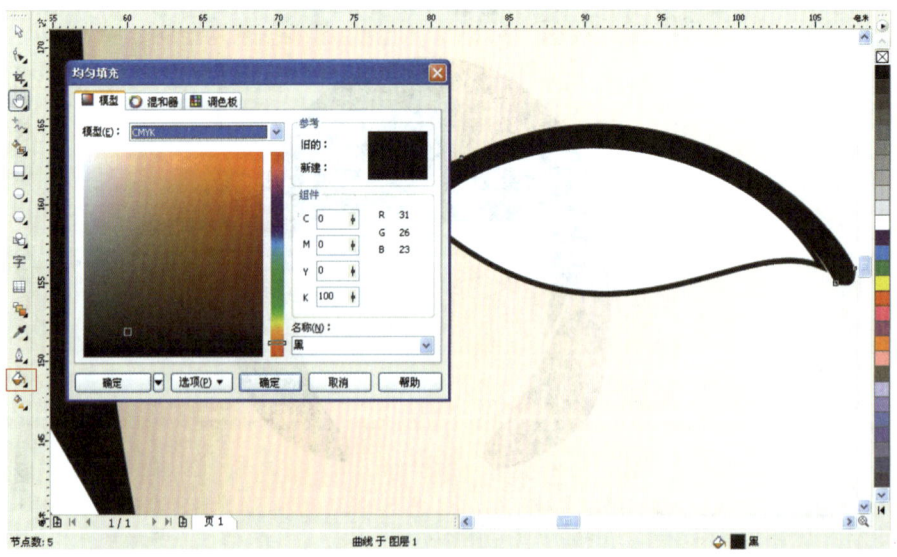

图7-11

12. 使用手绘工具绘制眼球图形，并用形状工具进行编辑（注意曲线几种点模式之间的互换），如图7-12所示。

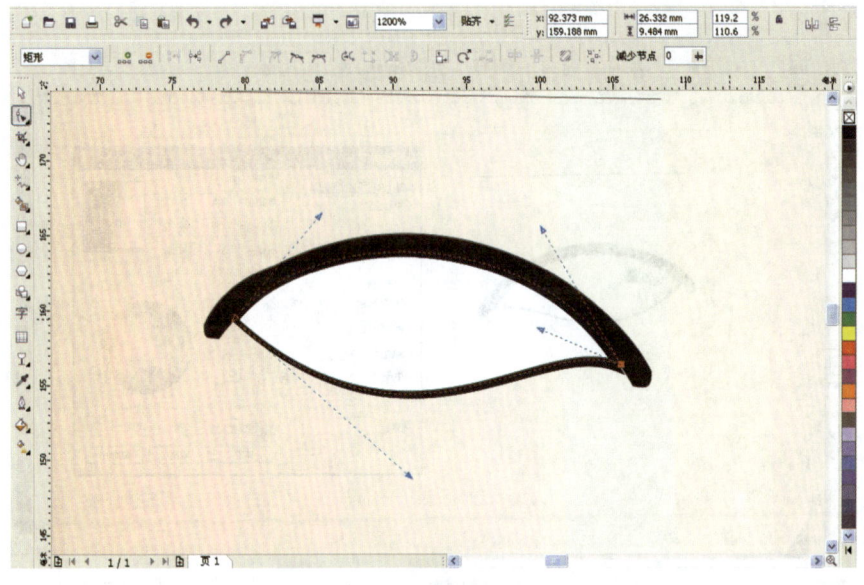

图7-12

13. 使用轮廓工具去除它的轮廓，然后打开填充工具填上CMYK值为69、71、78、22的色彩，如图7-13所示。

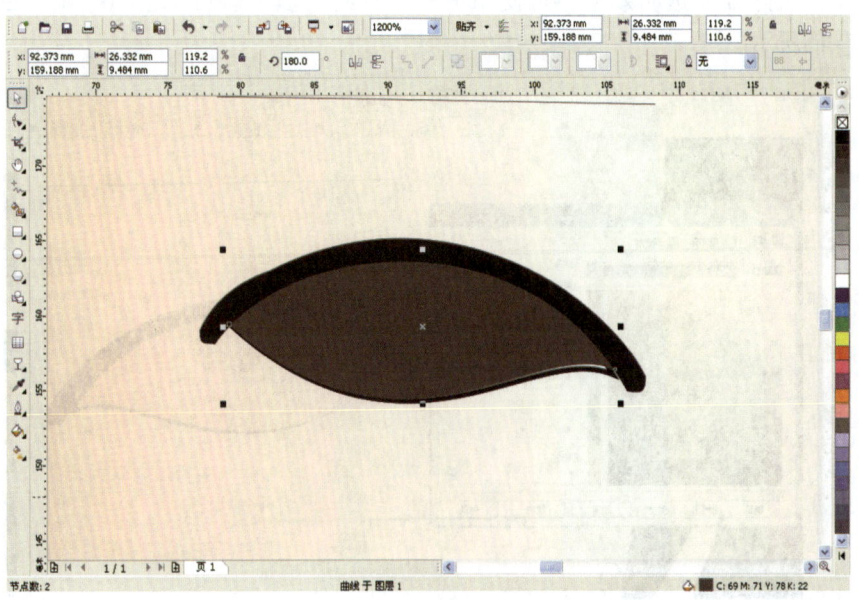

图7-13

14. 打开交互式透明工具 给该图形一个渐变透明效果，在"渐变透明度"面板上选择颜色调和的双色，设置选项的角度为9.6，步长为255，边界为34%，其他选项默认，如图7-14所示。

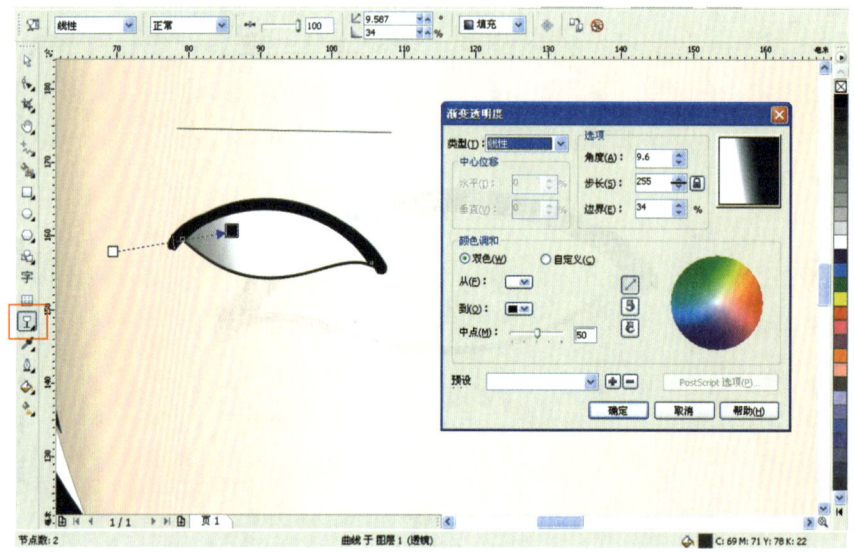

图7-14

15. 按Ctrl+C和Ctrl+V键复制一个眼球图形，然后点击交互式透明属性栏上"透明度类型"的"无"去除渐变透明效果，再使用填充工具给它填上CMYK值为0、40、20、0的色彩，如图7-15所示。

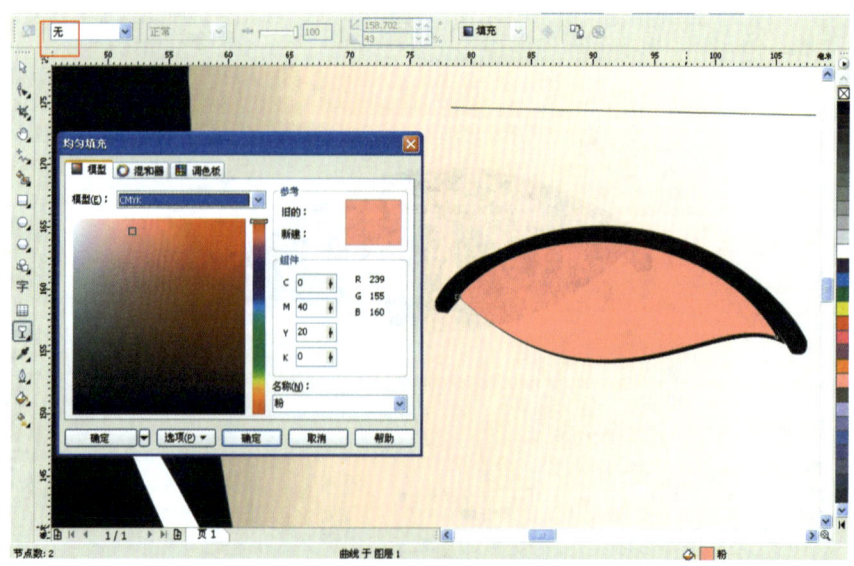

图7-15

16. 打开交互式透明工具给该图形一个渐变透明效果，设置"渐变透明度"面板的类型为线性，颜色调和为双色，角度为158.7，步长为255，边界为43%，其他选项默认，如图7-16所示。

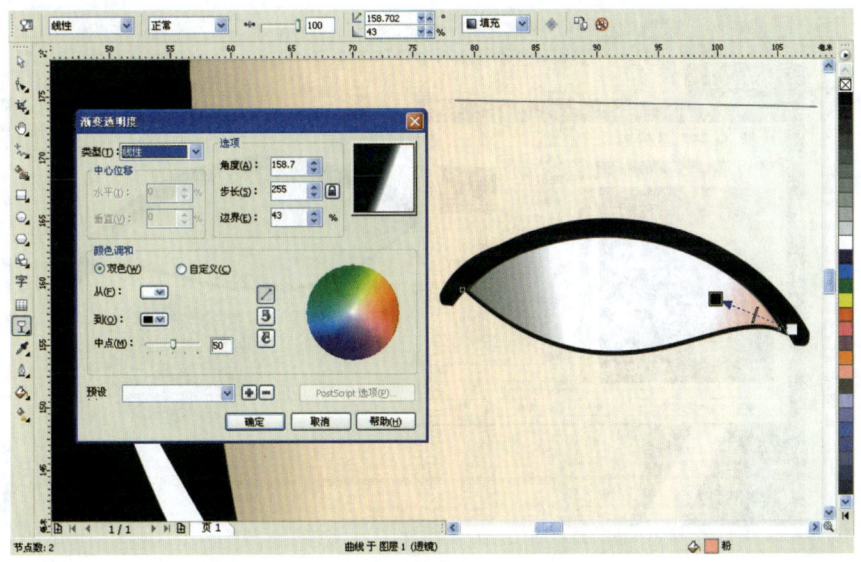

图7-16

17. 使用贝塞尔工具绘制眼睛瞳孔图形，并用形状工具进行编辑，效果如图7-17所示（图形颜色可以任意填充）。

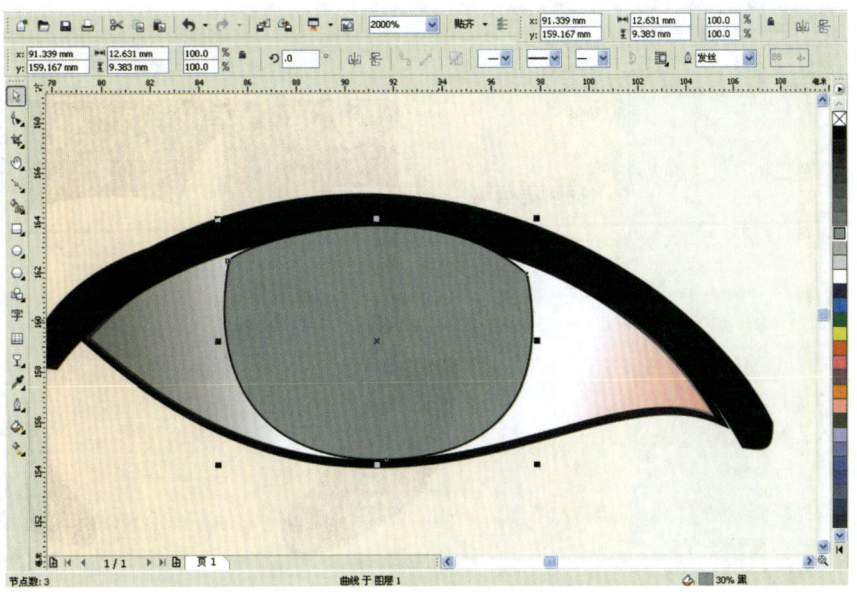

图7-17

18. 使用交互式阴影工具 给眼珠瞳孔图形添加一个阴影，阴影的透明度设置为100，"透明度操作"设置为"乘"，阴影颜色的CMYK值为79、93、30、4，其他选项默认，如图7-18所示。

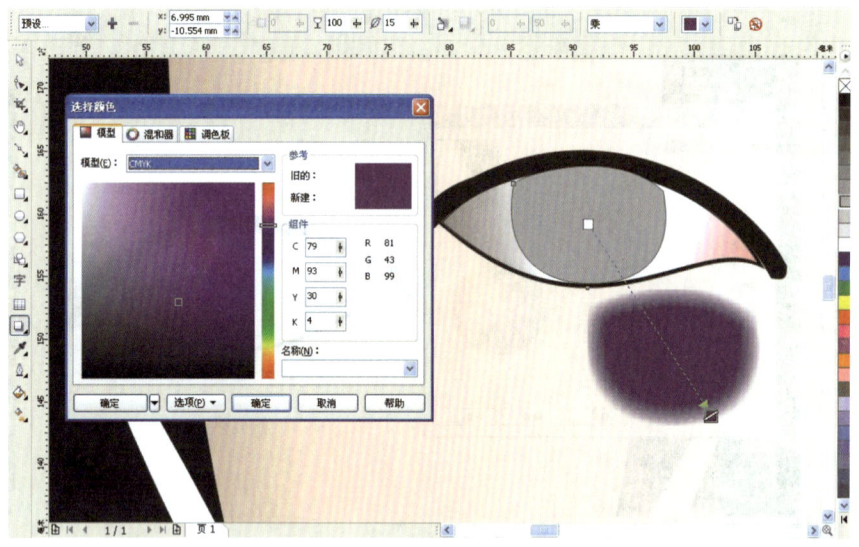

图7-18

19. 打开菜单命令"排列/拆分 阴影群组 于 图层"将眼珠瞳孔图形和它的阴影进行拆分，效果如图7-19所示。

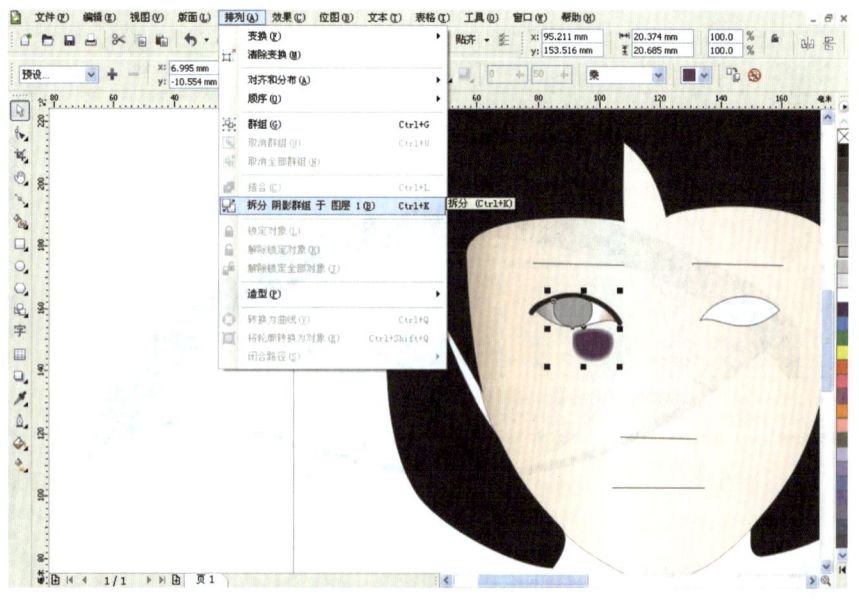

图7-19

20. 使用贝塞尔工具绘制黑色瞳孔图形，并用形状工具进行修改，然后给它填充黑色、去除轮廓，如图7-20所示。

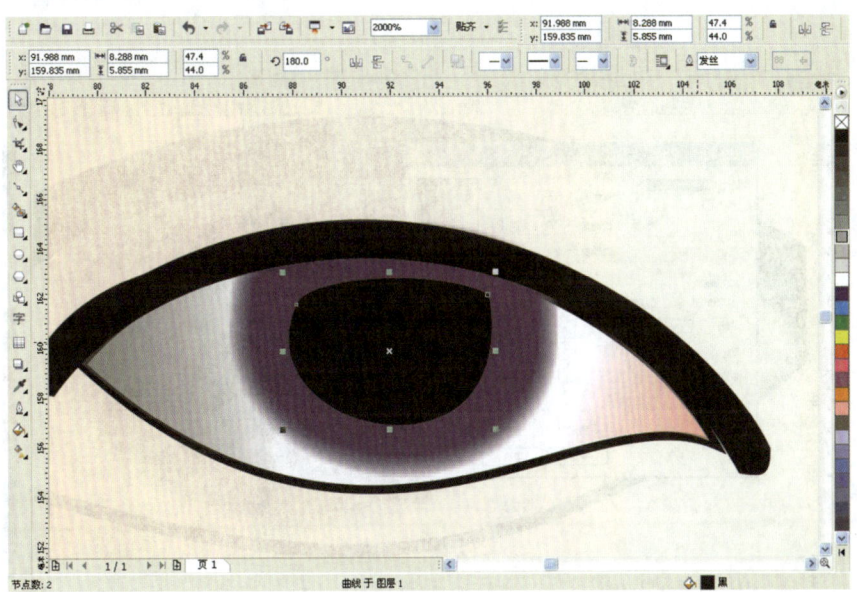

图7-20

21. 给眼珠瞳孔添加高光效果。打开手绘工具绘制高光图形，然后用形状工具进行编辑，使用轮廓工具去除它的轮廓，再填充上白色，如图7-21所示。

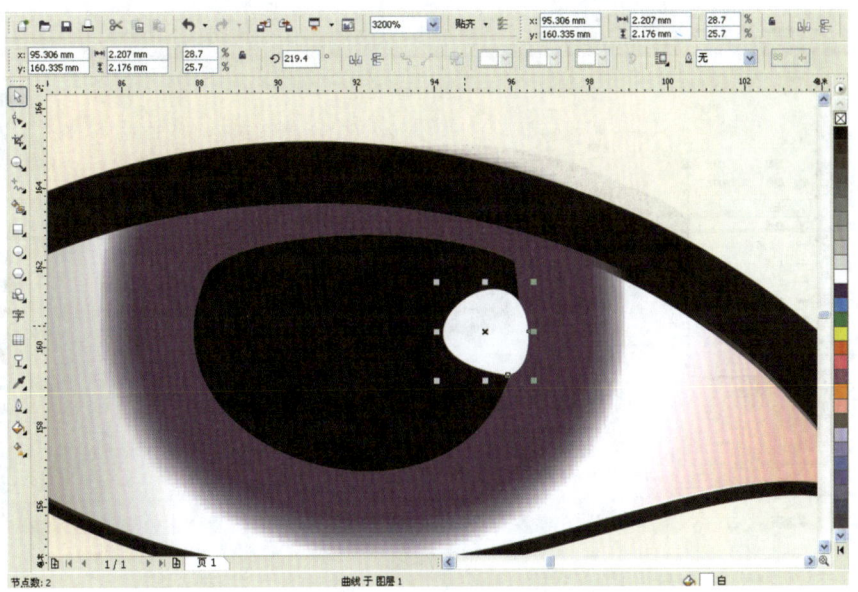

图7-21

22. 使用交互式透明工具给眼珠瞳孔高光图形添加渐变透明效果，设置"渐变透明度"面板上的类型为线性，角度为3.0，步长为255，边界为6%，其他选项默认，效果如图7-22所示。

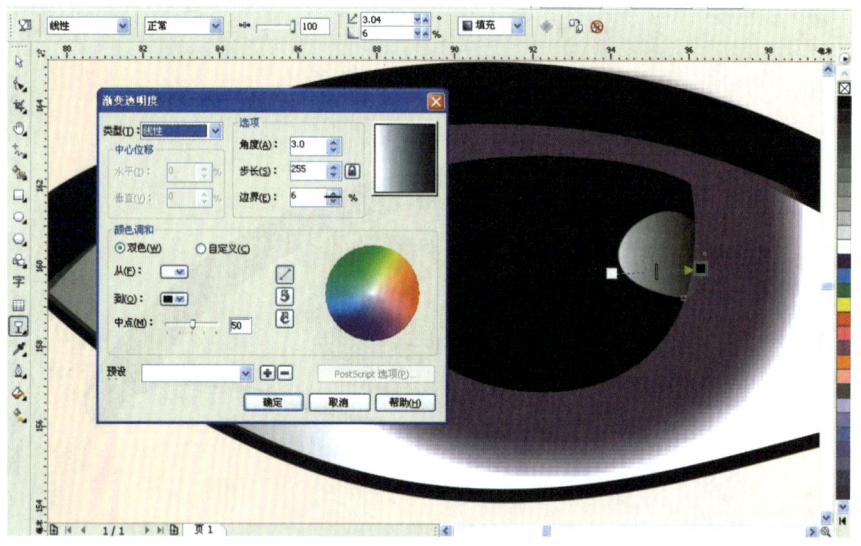

图7-22

23. 女孩的下眼眶目前有些生硬，主要是因为有一个黑色的轮廓，所以现在打开轮廓工具，选择"无"去除第一个眼框图形的轮廓，如图7-23所示。

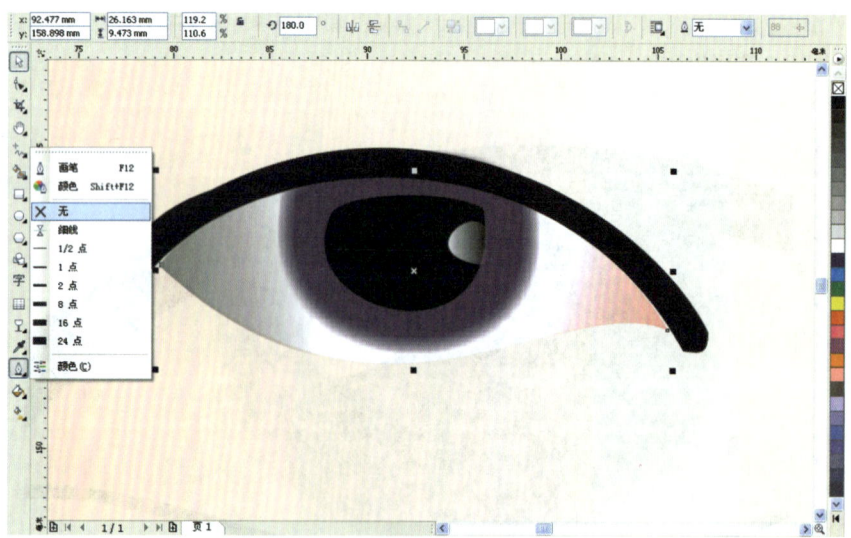

图7-23

24. 使用手绘工具绘制眼睑的图形，并用形状工具将曲线点的模式改成"使节点成为尖突"进行修改，如图7-24所示。

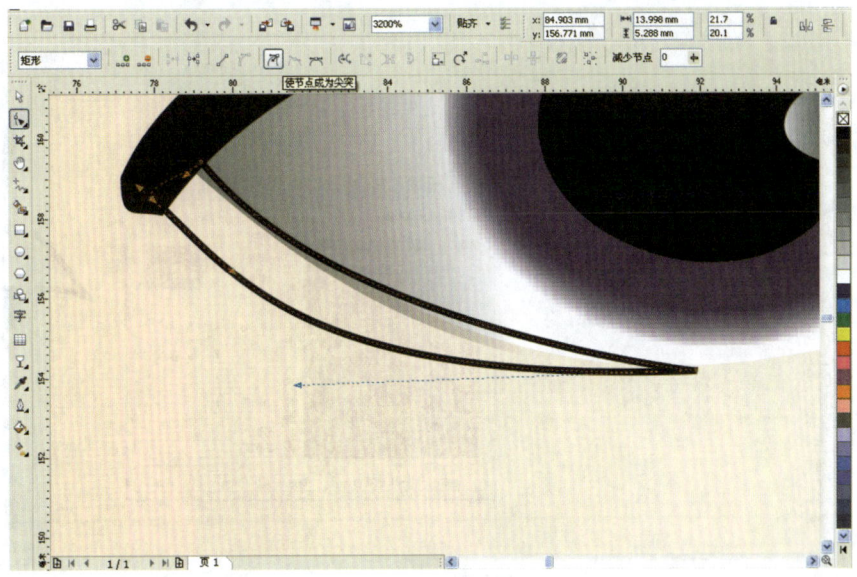

图7-24

25. 使用轮廓工具去除该眼睑图形的轮廓，然后使用填充工具给它填上CMYK值为60、95、96、20的色彩，如图7-25所示。

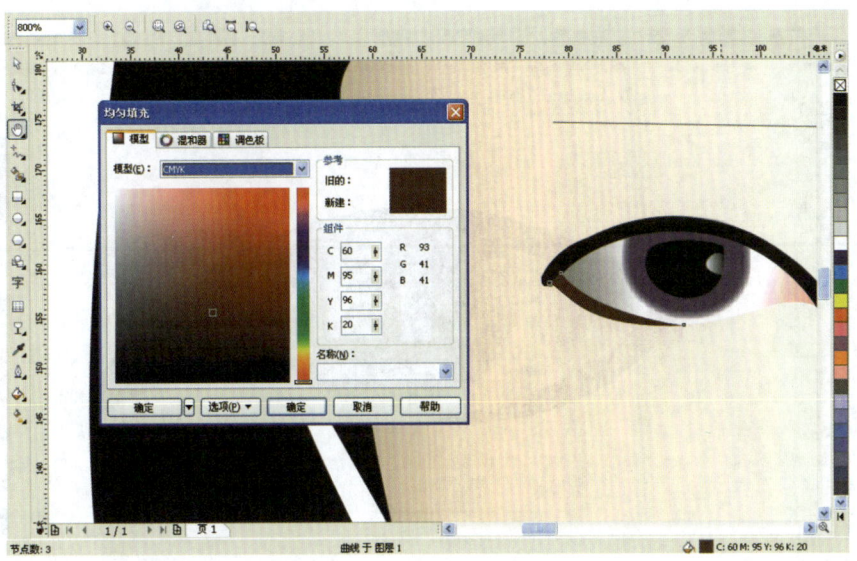

图7-25

26. 用与上一步骤同样的方法绘制另外一个眼睑图形，并用填充工具填上CMYK值为40、40、0、20的昏暗蓝，如图7-26所示。

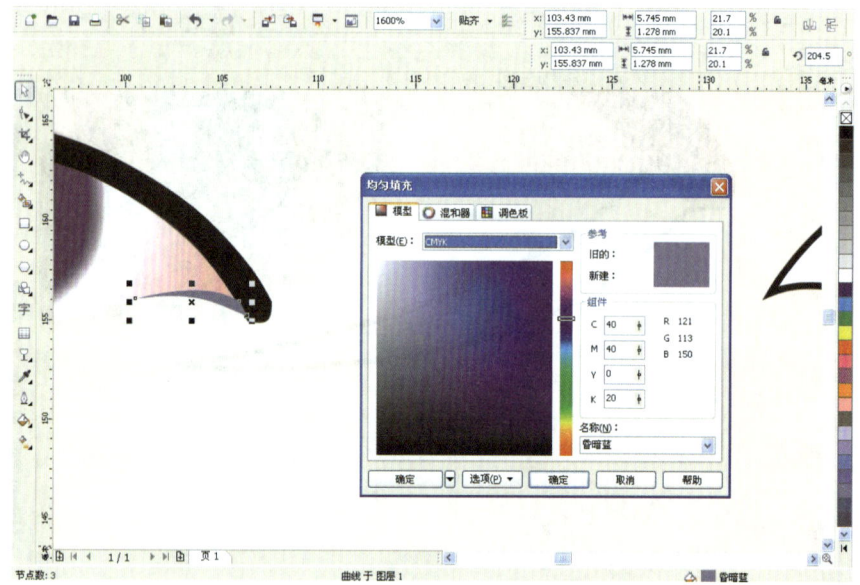

图7-26

27. 现在绘制眼球上的阴影图形。打开贝塞尔工具绘制曲线，并用形状工具进行编辑，效果如图7-27所示。

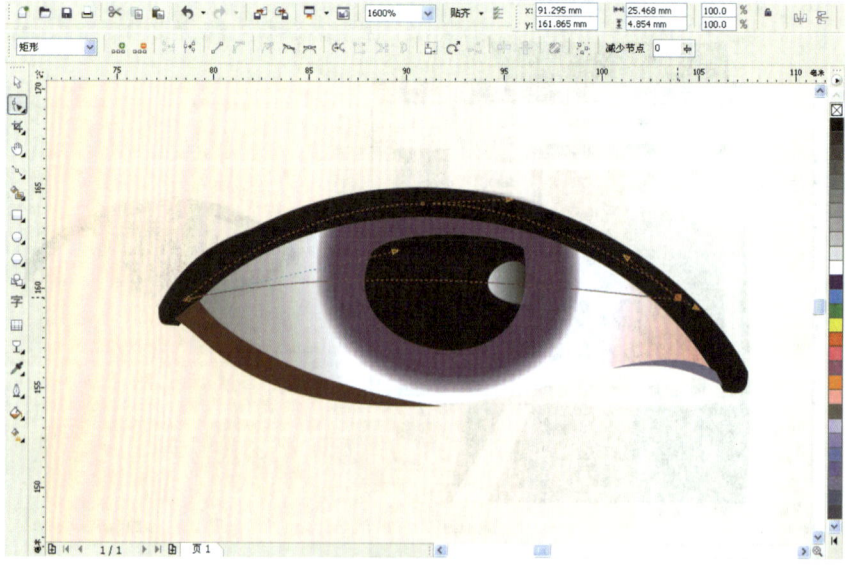

图7-27

28. 打开交互式阴影工具 给该图形一个阴影效果，设置透明度为50，羽化值为15，阴影的"透明度操作"的类型为"乘"，阴影颜色的CMYK值为0、0、0、100（即黑色），效果如图7-28所示。

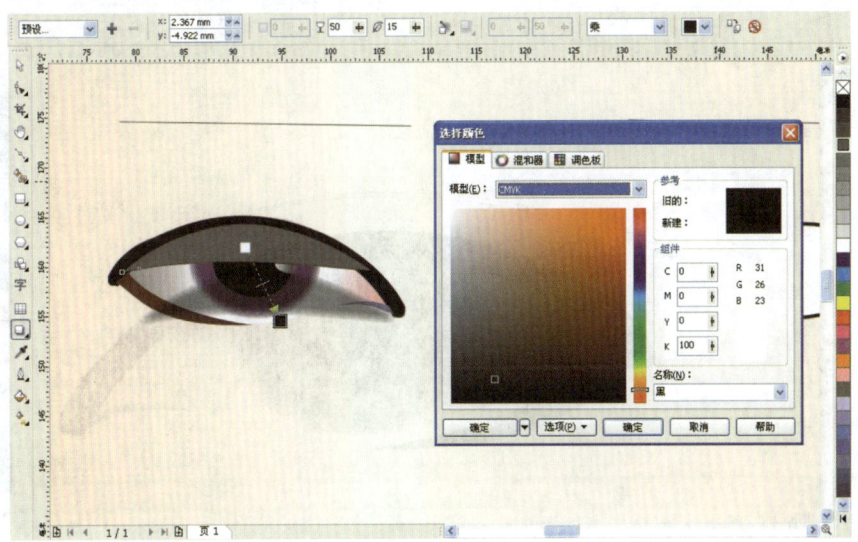

图7-28

29. 打开菜单命令"排列/拆分 阴影群组 于 图层"，将阴影与图形拆分，并把阴影放置在合适的位置，如图7-29所示。

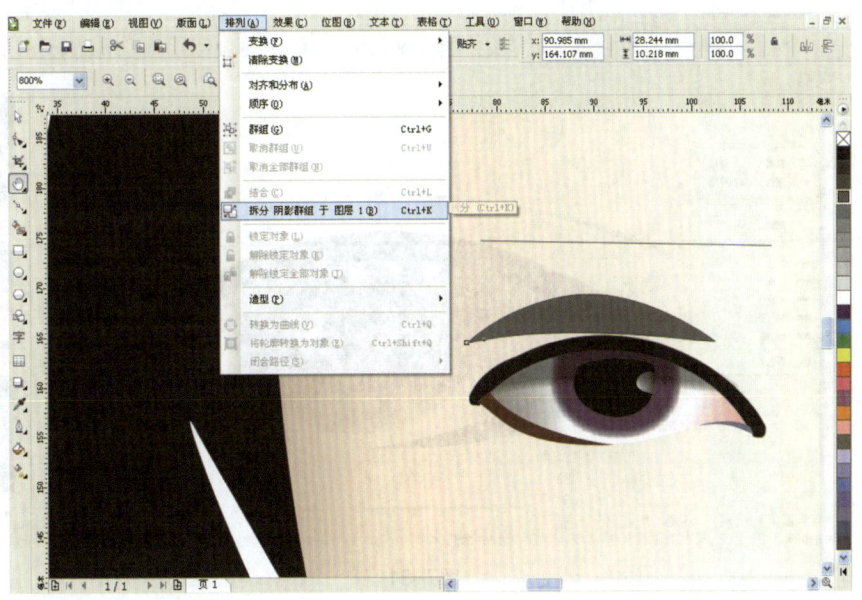

图7-29

30. 使用贝塞尔工具绘制双眼皮的缝隙迹线，再用形状工具对曲线的点进行编辑，最终效果如图7-30所示。

图7-30

31. 打开轮廓工具，选择"无"去除双眼皮的缝隙迹线图形的轮廓，并用填充工具给该图形填上50%的黑色，如图7-31所示。

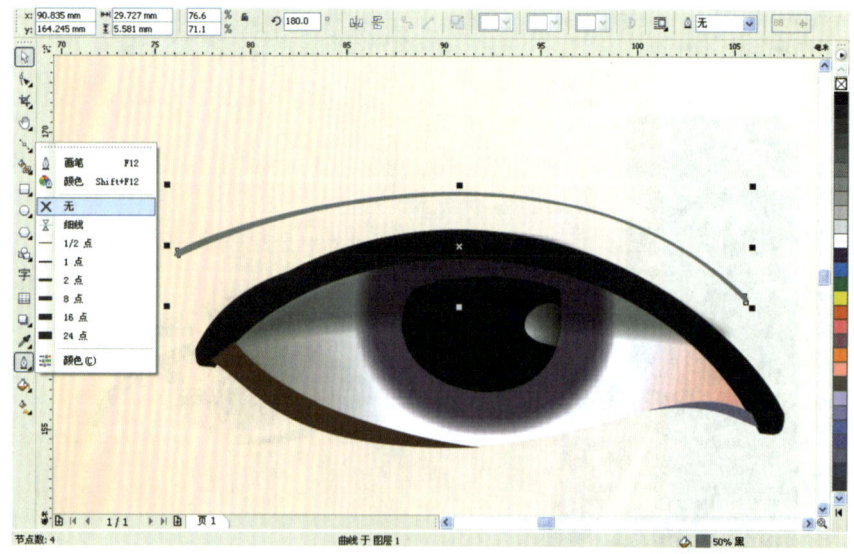

图7-31

32. 接下来绘制眼睫毛图形。使用贝塞尔工具绘制眼睫毛的轮廓图形，然后使用形状工具进行修改，如图7-32所示。

图7-32

33. 打开轮廓工具去除眼睫毛图形的轮廓，然后点击右侧默认CMYK调色板的黑色给它填充色彩，效果如图7-33所示。

图7-33

34. 选中刚刚绘制好的眼睫毛图形，按Ctrl+D键进行图形的复制，然后使用形状工具进行各自的编辑，最终效果如图7-34所示。

图7-34

35. 现在绘制眼睑上的睫毛图形。使用手绘工具绘制眼睑睫毛的轮廓曲线，然后再用形状工具进行编辑，效果如图7-35所示。

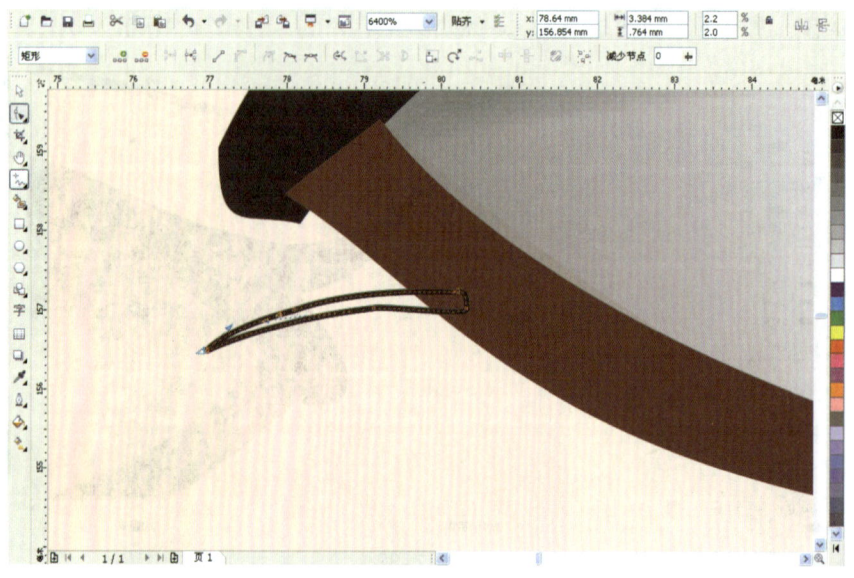

图7-35

36. 先用轮廓工具去除眼睑睫毛图形的轮廓，再打开填充工具给它填上CMYK值为56、96、96、14的颜色，效果如图7-36所示。

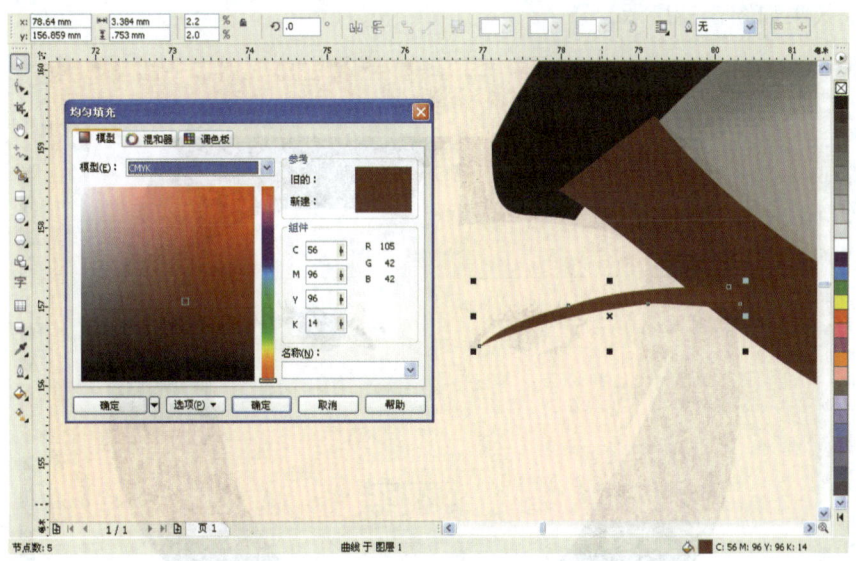

图7-36

37. 选中刚刚绘制好的眼睑睫毛图形，按Ctrl+D键进行图形的复制，然后使用形状工具对每个复制图形进行编辑，最终效果如图7-37所示。

图7-37

38. 至此，眼睛图形基本完成。因为人的眼睛基本上是对称的，所以女孩的另外一只眼睛可以直接复制，然后点击属性面板上的"水平镜像"功能按钮，使复制的眼睛与原图镜像相同，效果如图7-38所示。

图7-38

39. 人的左右眼睛虽然基本对称，但毕竟不是绝对左右对称，所以再使用形状工具进行局部的形状调整及睫毛的增减，如图7-39所示。

图7-39

40. 眼睛的图形已基本绘制完毕，现在绘制鼻子的图形。打开手绘工具绘制鼻子的大体轮廓图形，并用形状工具进行修改，如图7-40所示。

图7-40

41. 随意给鼻子图形填充一个色彩，然后打开交互式阴影工具对其添加阴影效果，如图7-41所示，阴影的CMYK值为5、15、23、0，阴影的透明度设置为80，其他选项默认。

图7-41

42. 打开菜单命令"排列/拆分 阴影群组 于 图层",将鼻子图形与它的阴影进行拆分,然后将鼻子图形删除,如图7-42所示。

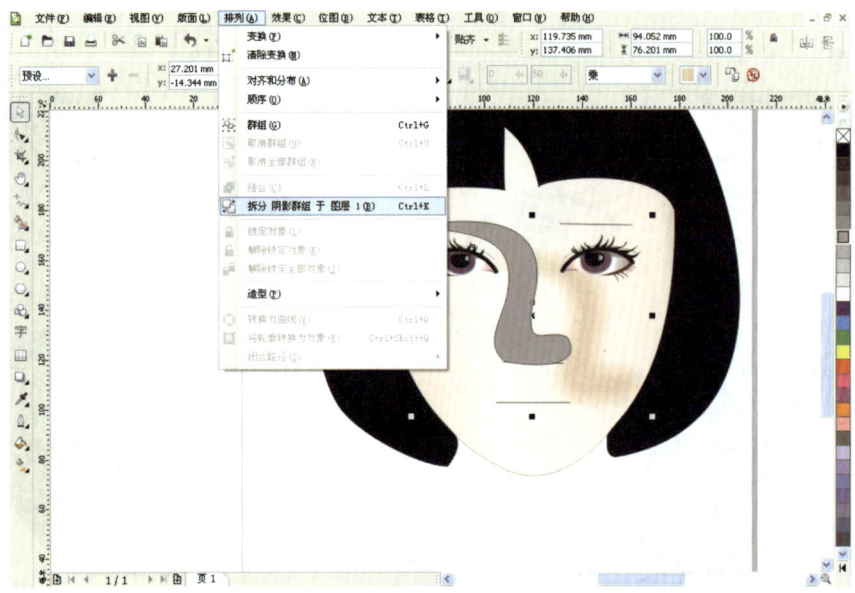

图7-42

43. 现在给鼻子阴影图形添加一个渐变透明效果。打开交互式透明工具,设置它的类型为线性,角度为139.8,步长为255,边界为32%,其他选项默认,如图7-43所示。

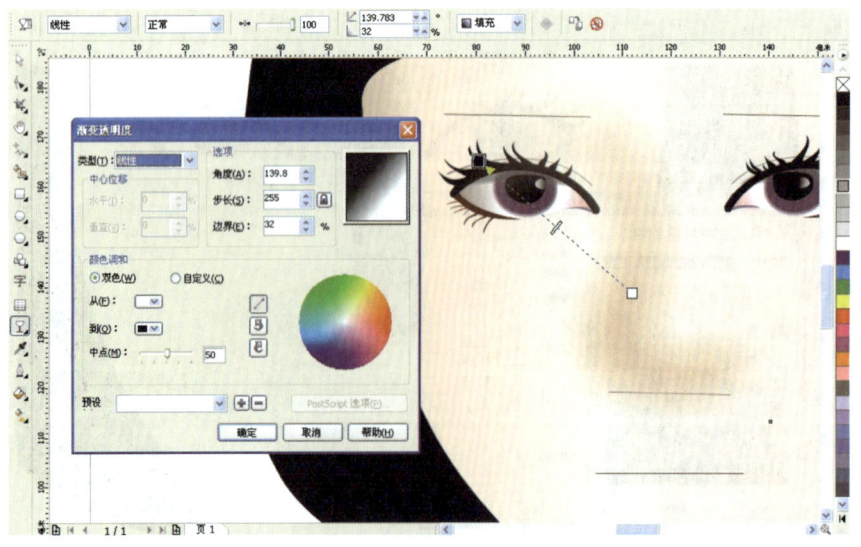

图7-43

44. 打开贝塞尔工具绘制一个鼻孔图形，然后使用形状工具对其进行编辑，将该曲线上的点的模式改成"使节点成为尖突"，修改的效果如图7-44所示。

图7-44

45. 使用交互式阴影工具 给鼻孔图形添加一个阴影，设置阴影色彩的CMYK值为16、40、47、0，如图7-45所示。

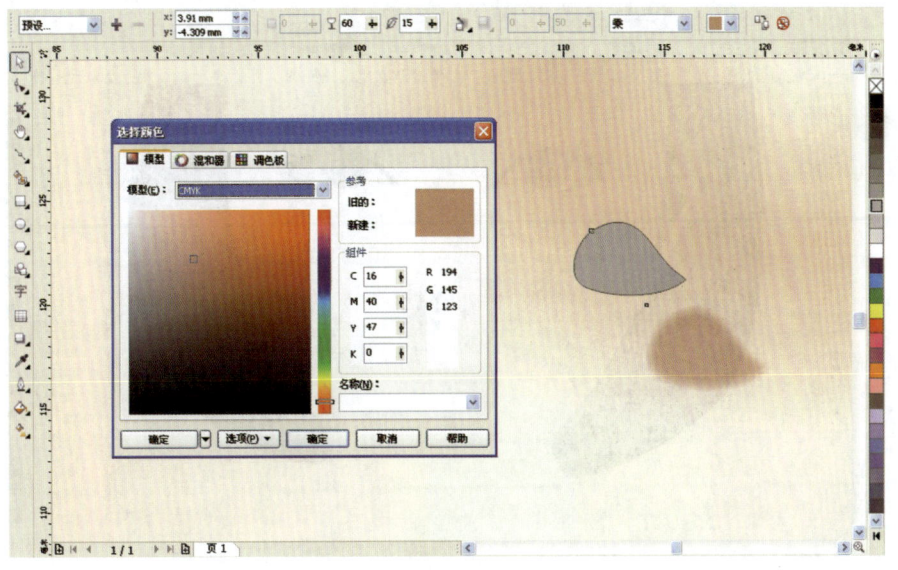

图7-45

46. 选中阴影，打开"排列/拆分 阴影群组 于 图层"菜单命令，将阴影和鼻孔图形拆分，并删除鼻孔图形，如图7-46所示。

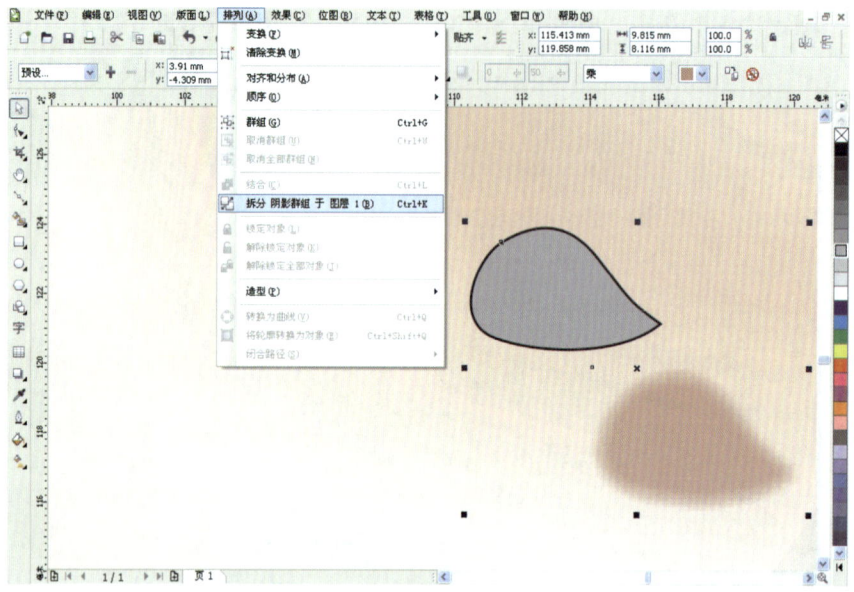

图7-46

47. 选中鼻孔阴影图形，按Ctrl+D键复制，然后点击属性栏上的"水平镜像"按钮将复制的阴影图形进行水平镜像，并将其放置在合适的位置，如图7-47所示。

图7-47

48. 现在绘制嘴巴图形。打开贝塞尔工具绘制曲线，然后使用形状工具进行修改，如图7-48所示。

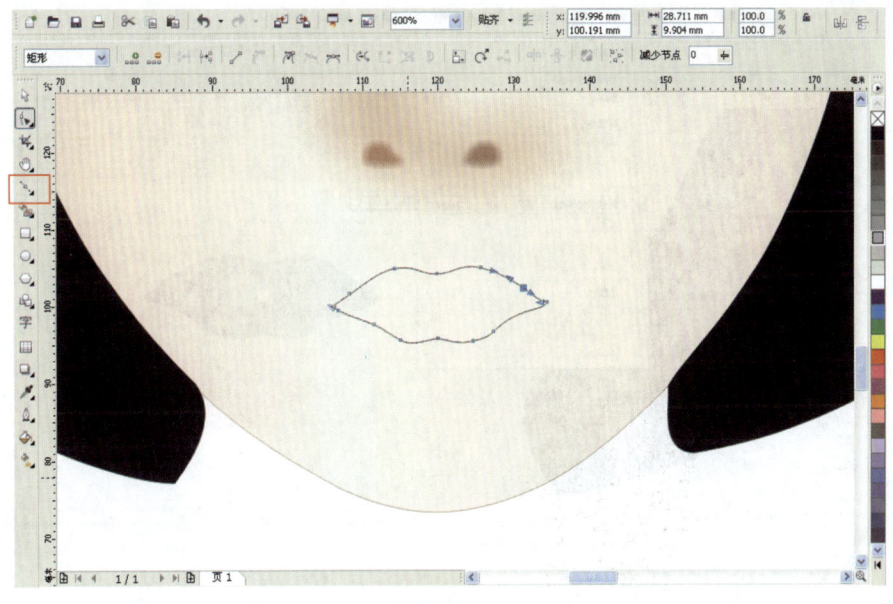

图7-48

49. 使用交互式阴影工具给嘴巴图形添加一个阴影效果，设置阴影的透明度为100，阴影的颜色CMYK值为0、49、0、0，如图7-49所示。

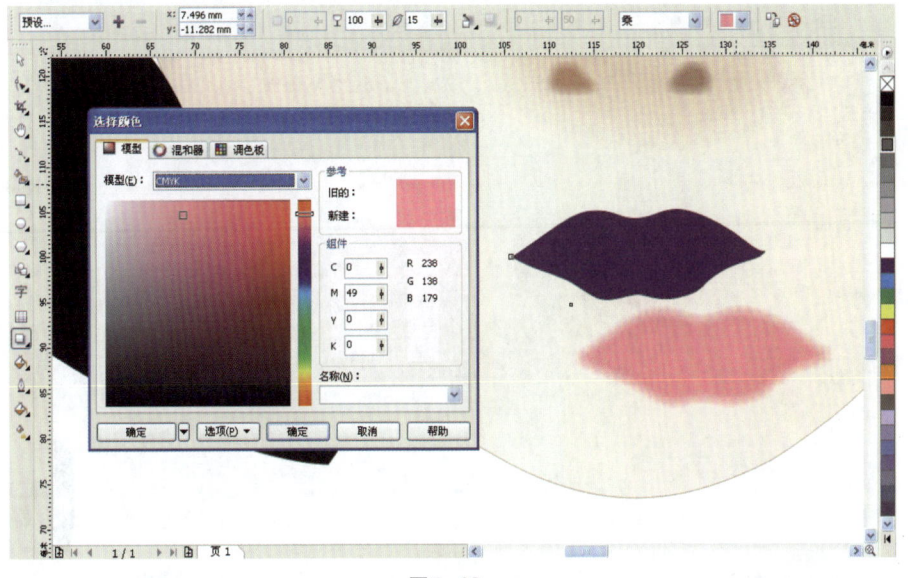

图7-49

50. 同样打开菜单命令"排列/拆分 阴影群组 于 图层"将嘴巴图形与它的阴影进行拆分,如图7-50所示。

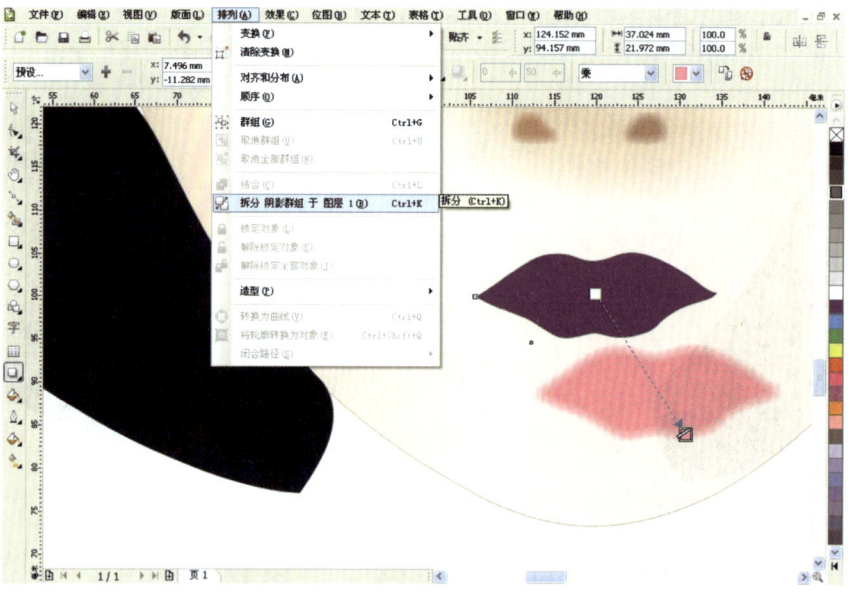

图7-50

51. 使用手绘工具绘制口缝图形,然后用形状工具将口缝图形点的模式改成"使节点成为尖突",并编辑它,如图7-51所示。

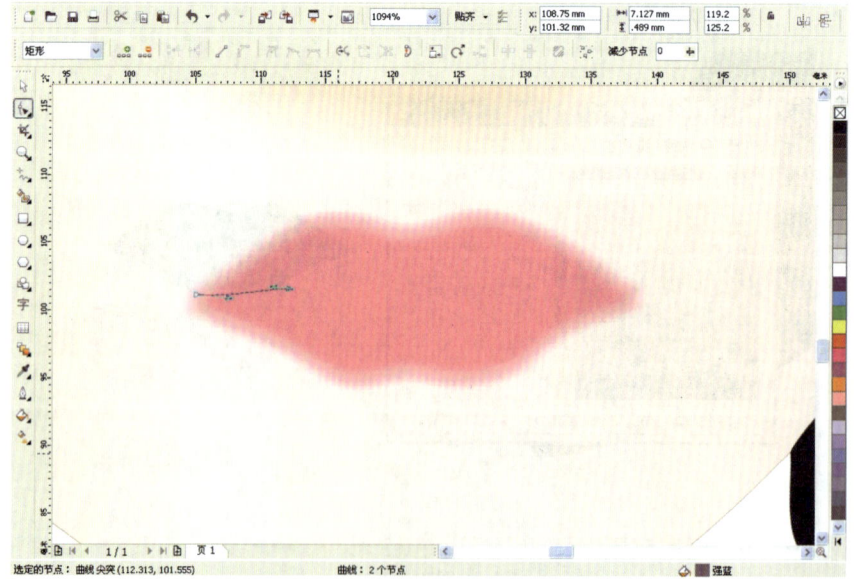

图7-51

52. 选中该口缝图形，按Ctrl+D键进行图形的复制，将复制的图形用形状工具再编辑，如图7-52所示。

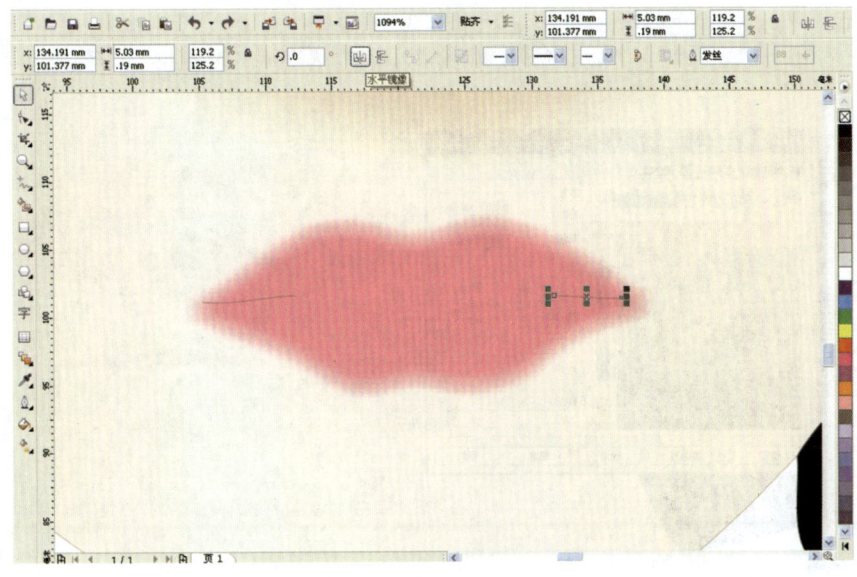

图7-52

53. 使用手绘工具绘制中间的口缝图形，然后仍旧使用形状工具对其进行修改，效果如图7-53所示。

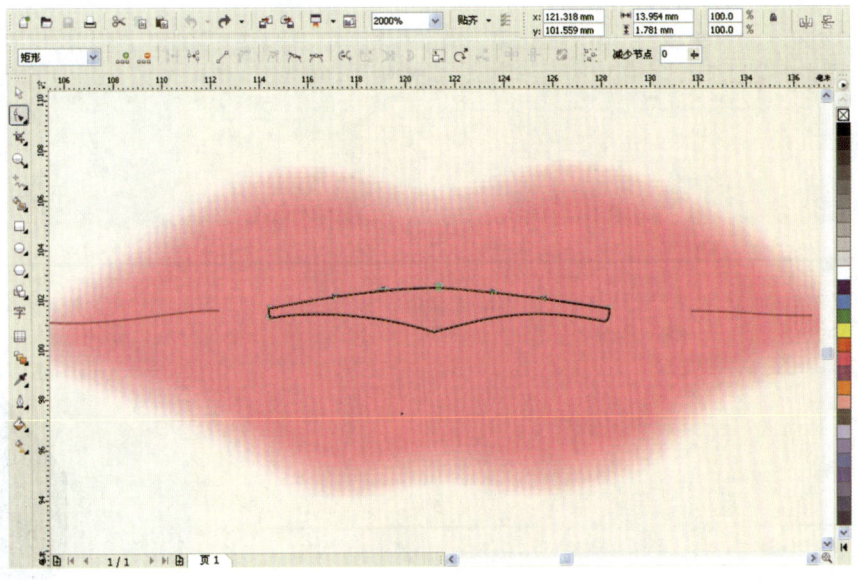

图7-53

54. 给中间口缝图形随意填充一种颜色，然后打开交互式阴影工具给它一个阴影效果，阴影的CMYK参数为13、52、13、0，效果如图7-54所示。

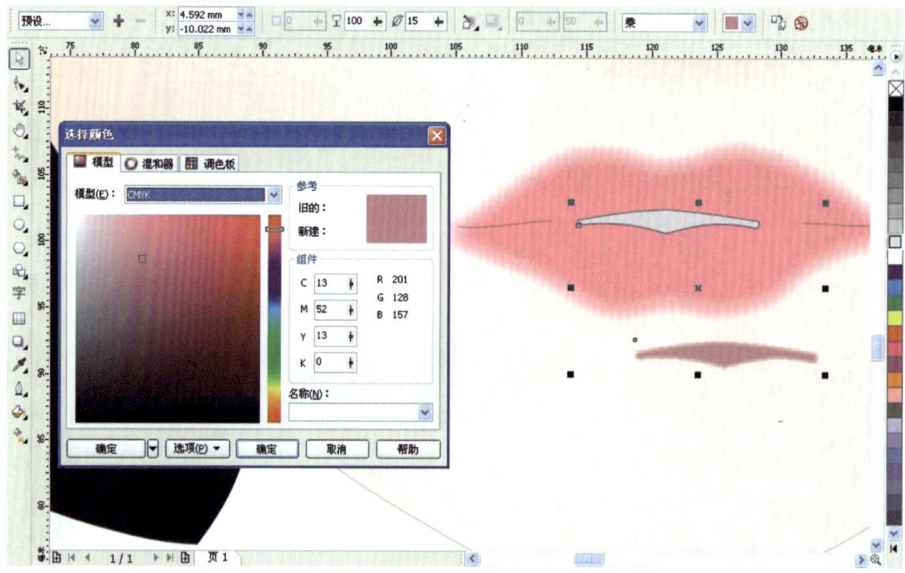

图7-54

55. 打开菜单命令"排列/拆分 阴影群组 于 图层"将中间口缝图形与它的阴影进行拆分，然后将阴影放置在合适的位置，如图7-55所示。

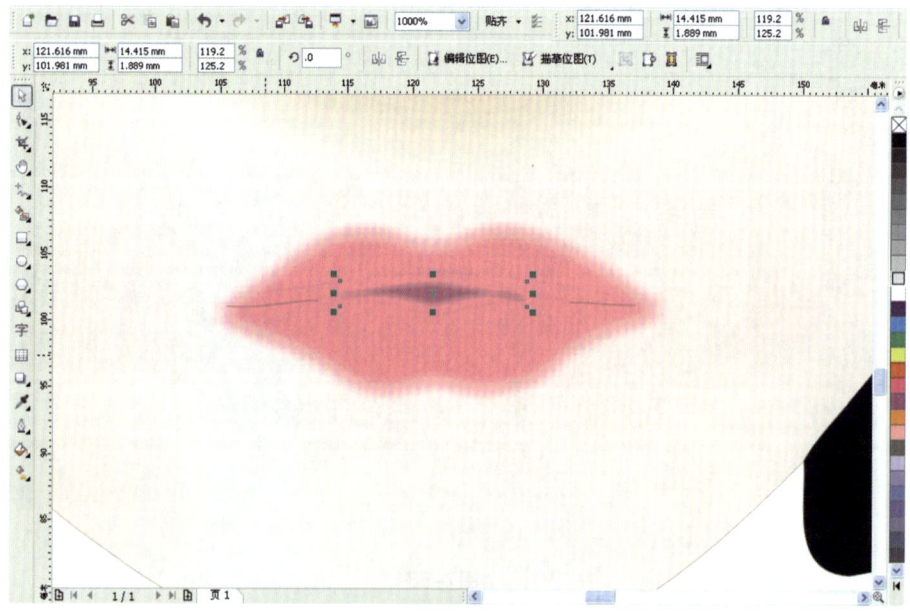

图7-55

56. 使用贝塞尔工具绘制嘴唇上的"明暗交界线",并用形状工具进行修改,效果如图7-56所示。

图7-56

57. 点击交互式阴影工具给"明暗交界线"图形一个阴影效果,设置阴影的透明度为100,阴影色彩CMYK值为9、21、7、0,然后打开菜单命令"排列/拆分 阴影群组 于 图层"将该阴影与图形进行拆分,并删除该图形,如图7-57所示。

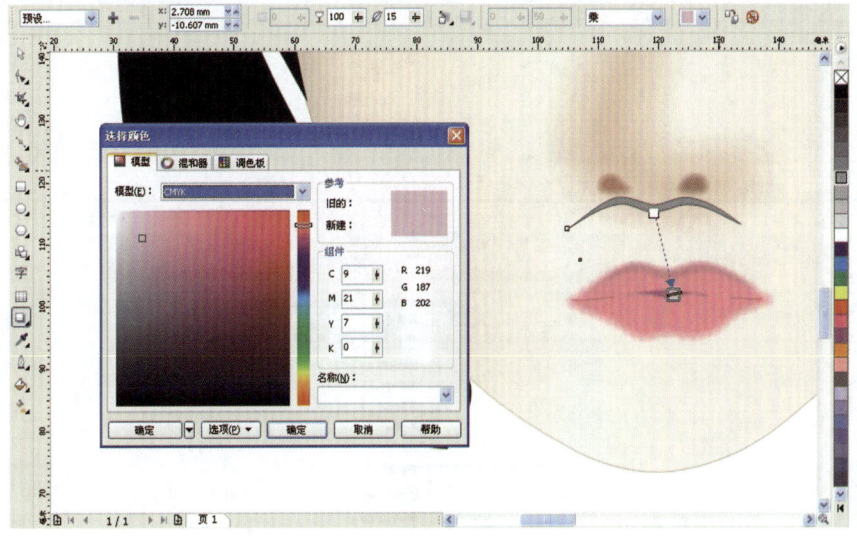

图7-57

58. 点击艺术笔工具 ，并在属性栏上的"预设笔触列表"内选择合适的笔触，绘制嘴唇上的高光突袭功能图形，如图7-58所示。

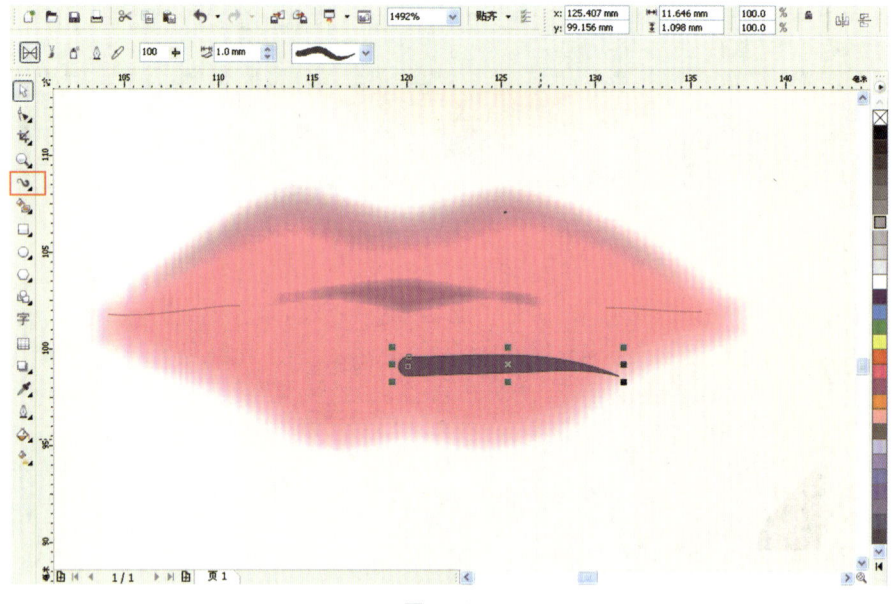

图7-58

59. 右键点击嘴唇高光图形，在弹出的菜单中选取"拆分 艺术笔 群组 于 图层"（快捷键Ctrl+K）对其进行拆分，如图7-59所示。

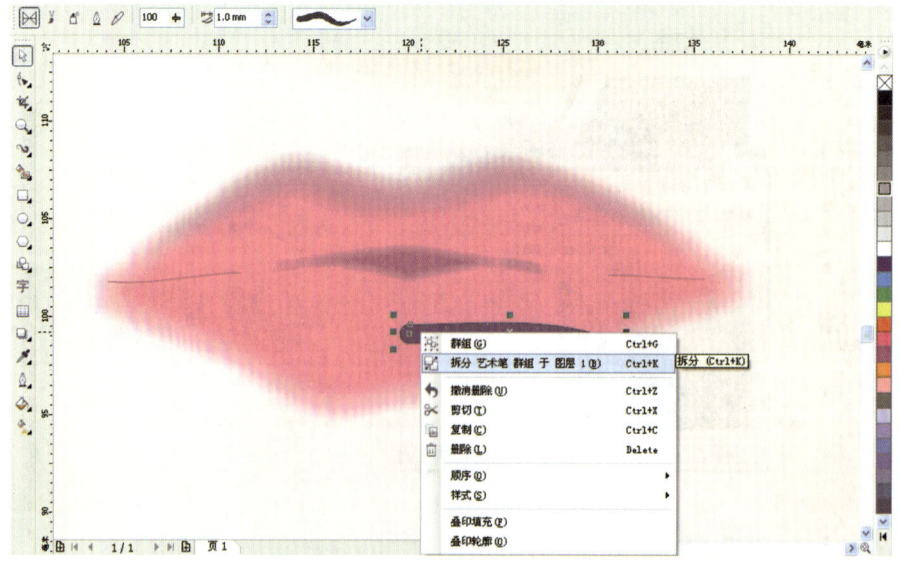

图7-59

60. 选中该高光图形，点击轮廓工具上的"无"去除它的轮廓，然后给它填上白色，如图7-60所示。

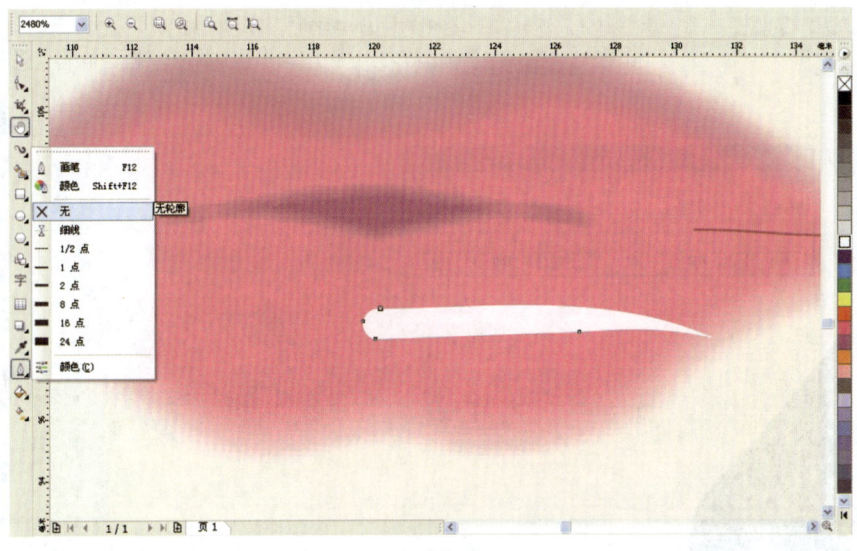

图7-60

61. 打开菜单命令"位图/转换为位图"将该高光图形转成位图，在"转换为位图"对话面板上勾选"光滑处理"和"透明背景"，如图7-61所示。

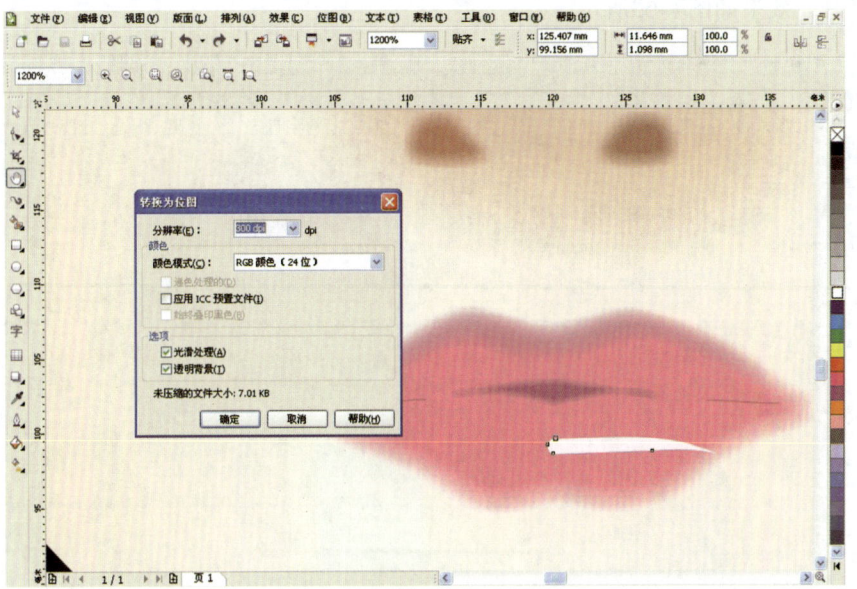

图7-61

62. 打开菜单命令"位图/模糊/高斯式模糊"将嘴唇高光图形进行模糊处理，设置"高斯式模糊"的半径为6.0像素，效果如图7-62所示。

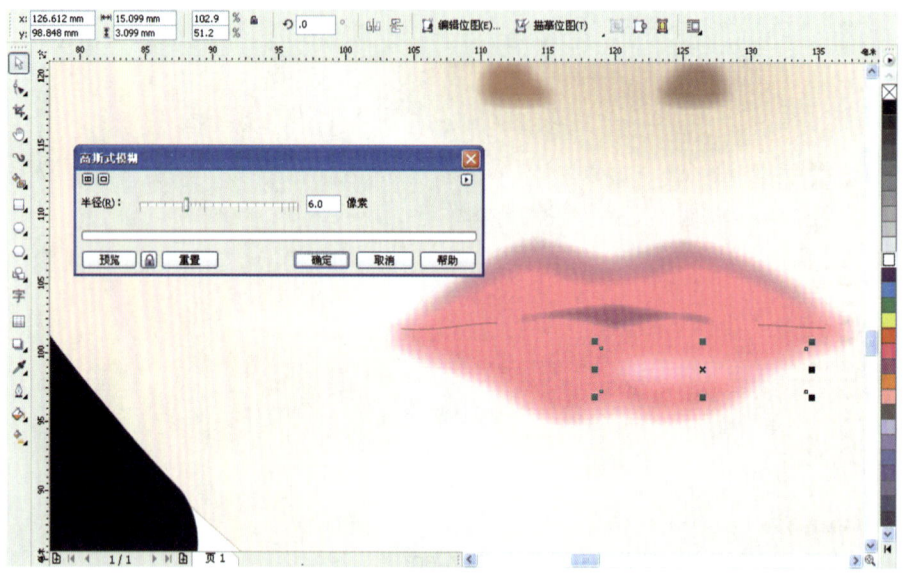

图7-62

63. 接下来绘制嘴巴下面的结构暗面。打开手绘工具绘制曲线，然后使用形状工具对它进行修改，效果如图7-63所示。

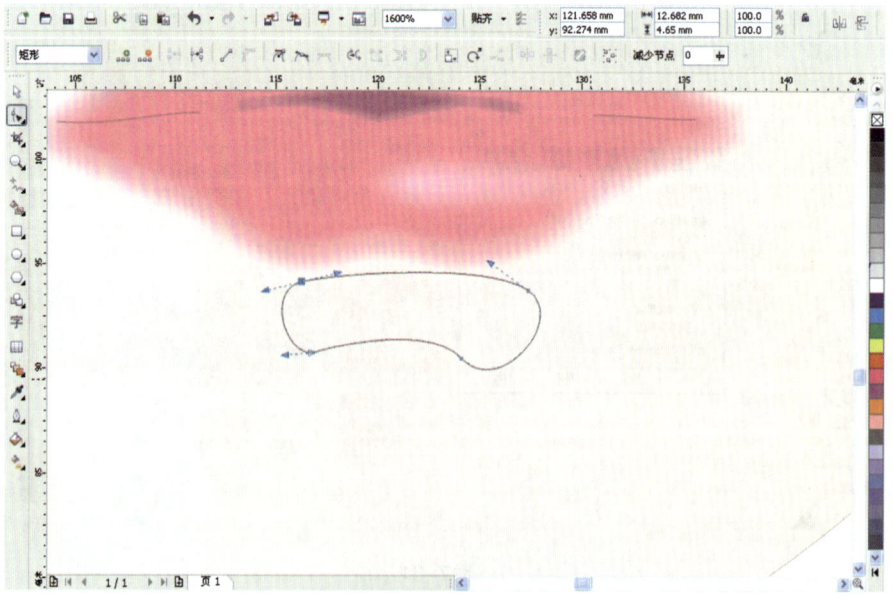

图7-63

64. 随意给该图填上一个颜色，然后使用交互式阴影工具给它一个阴影，设置阴影的CMYK值为7、8、19、0，如图7-64所示。

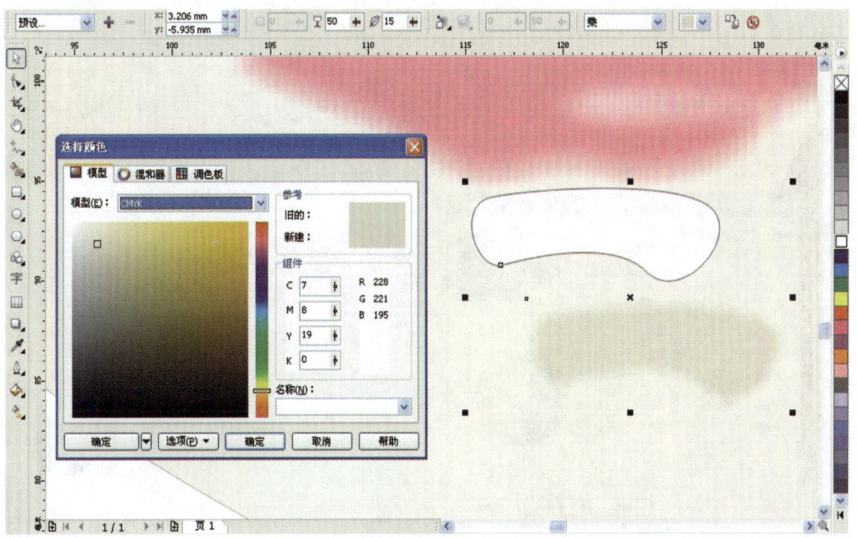

图7-64

65. 打开菜单命令"排列/拆分 阴影群组 于 图层"将该阴影与它的图形进行拆分，如图7-65所示。

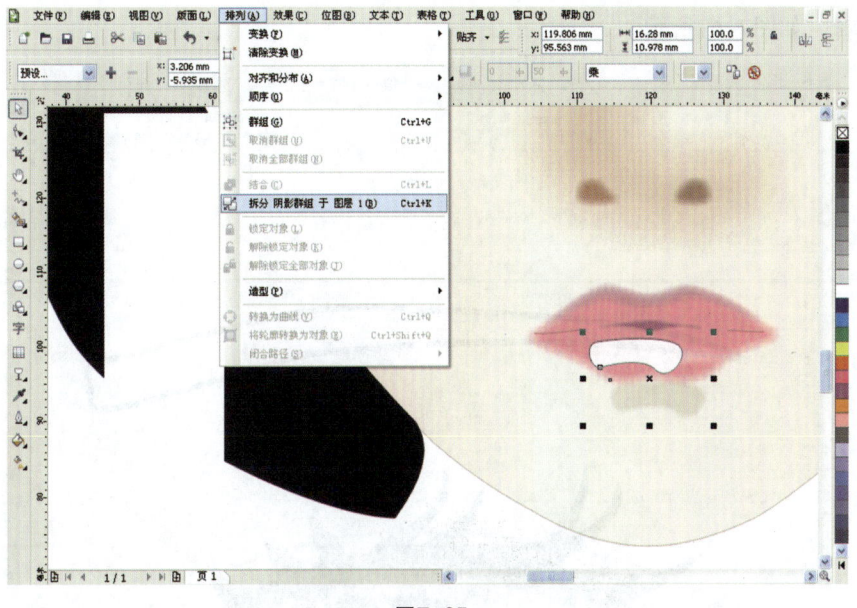

图7-65

66. 打开交互式透明工具给嘴巴下面的结构暗面图形一个线性渐变透明效果，在"渐变透明度"面板上设置角度为-27.2，步长为255，边界为12%，其他选项默认，如图7-66所示。

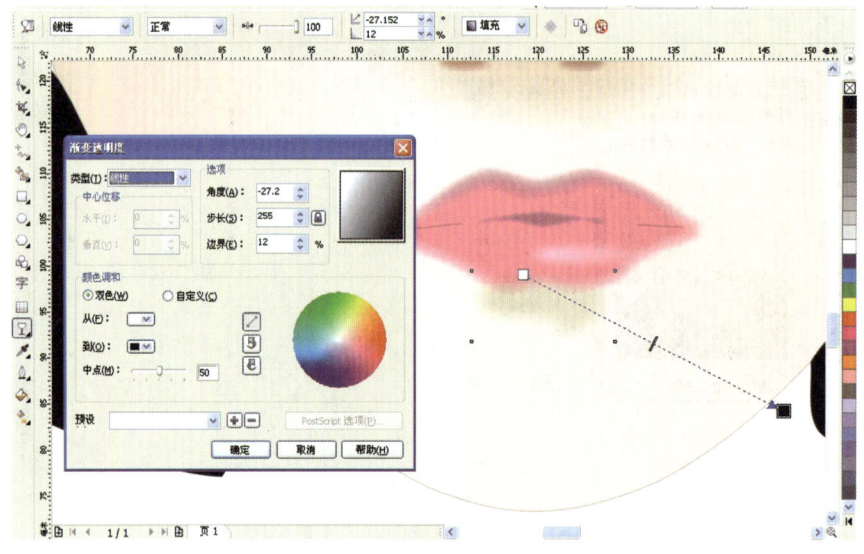

图7-66

67. 现在绘制眉毛图形。打开手绘工具绘制眉毛图形曲线，然后使用形状工具对该图形进行编辑，如图7-67所示。

图7-67

68. 先用轮廓工具将该图的轮廓删除，再使用填充工具给眉毛图形填充一个CMYK值为56、96、96、14的色彩，如图7-68所示。

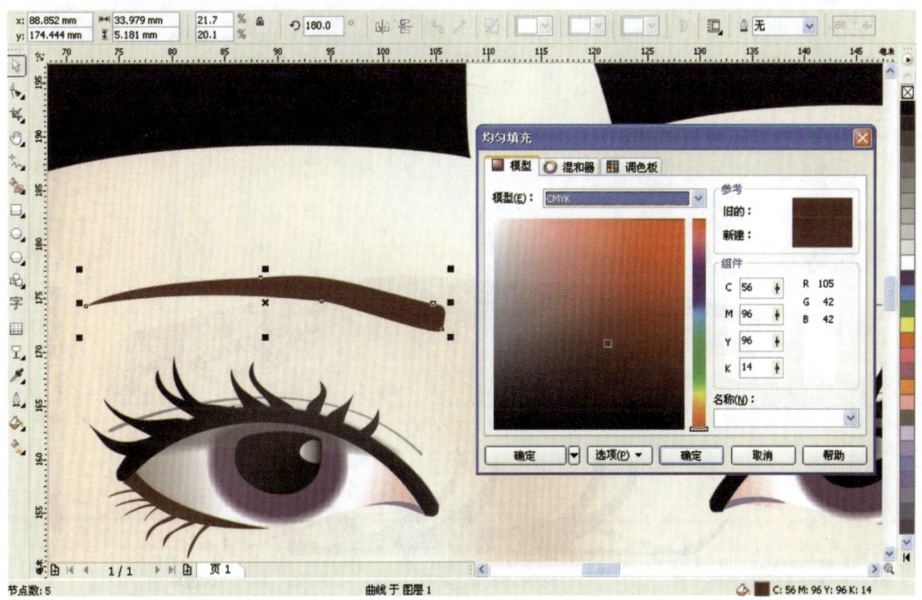

图7-68

69. 打开交互式阴影工具给眉毛图形添加阴影效果，并设置阴影的透明度为66，羽化值为20，阴影的色彩CMYK值为59、96、95、18，其他选项默认，如图7-69所示。

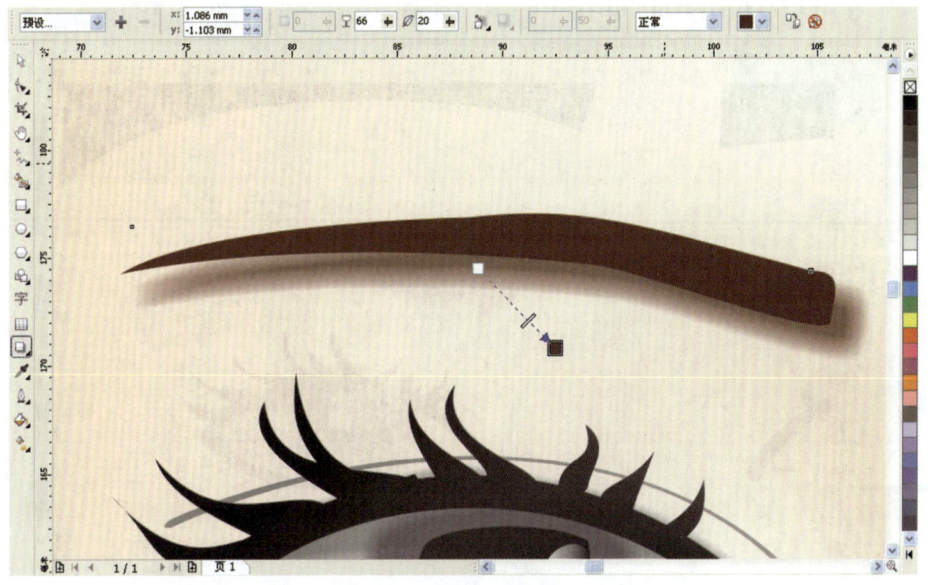

图7-69

70. 仍然使用手绘工具绘制眉毛的暗色部分图形，然后使用形状工具再进行修改，并给它填上黑色，如图7-70所示。

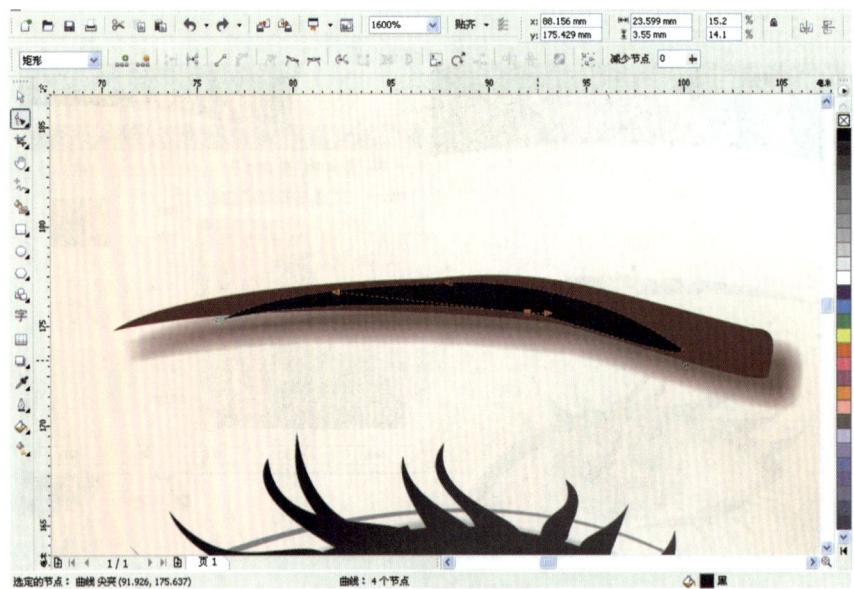

图7-70

71. 选中绘制好的眉毛图形，按Ctrl+D进行复制，然后点击属性栏上的"水平镜像"按钮镜像复制的眉毛图形，对其进行位置的调整，效果如图7-71所示。

图7-71

72. 接下来开始给女孩进行"化妆"。打开手绘工具绘制曲线，并用形状工具进行编辑，如图7-72所示。

图7-72

73. 给该图形随便填上一种颜色，然后打开交互式阴影工具，给眉毛图形添加一个阴影效果，阴影颜色CMYK值为0、14、7、0，阴影的透明度为88，羽化值为36，其他参数默认，效果如图7-73所示。

图7-73

74. 打开菜单命令"排列/拆分 阴影群组 于 图层"将该图与它的阴影进行拆分，如图7-74所示。

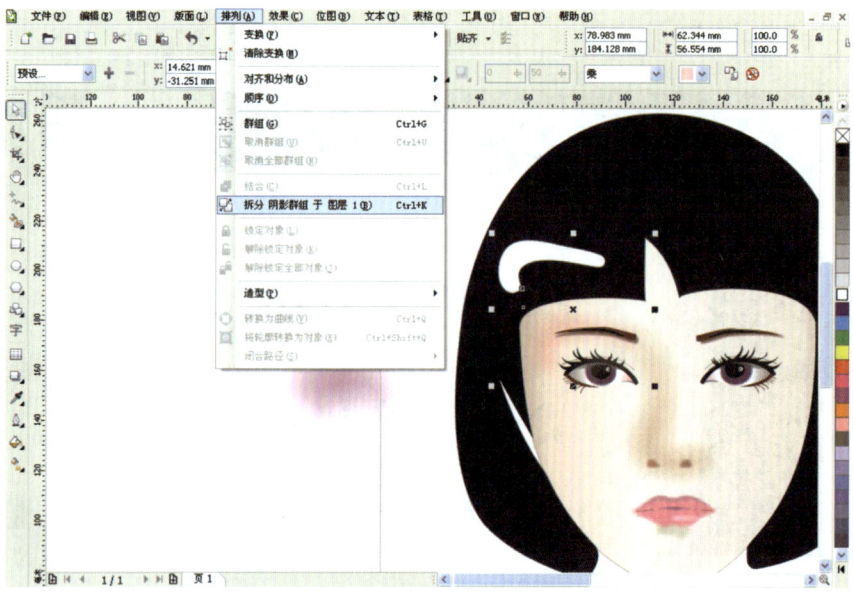

图7-74

75. 以同样的办法绘制如图7-75所示图形，并填上任意颜色，然后用交互式阴影工具给它一个阴影效果，阴影的CMYK值为7、30、0、7，透明度为100，羽化度为68。

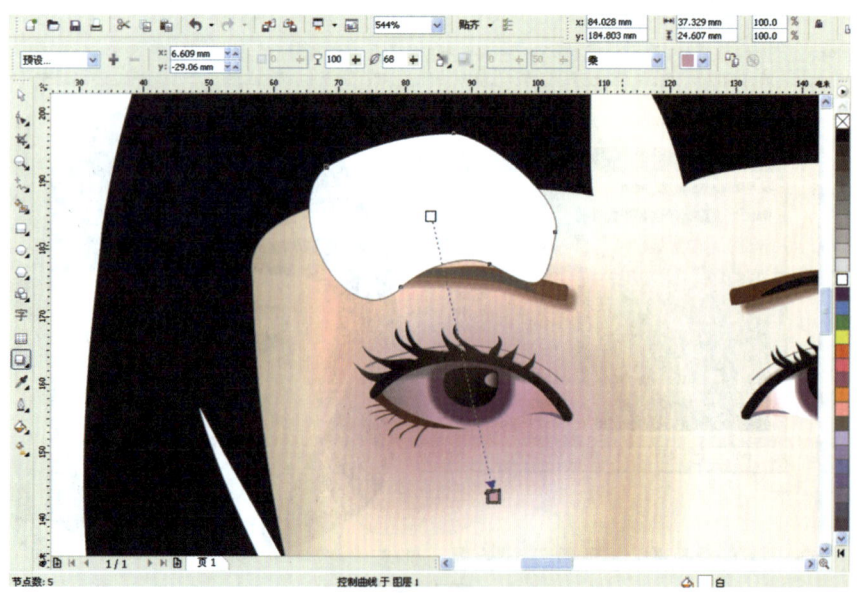

图7-75

76. 打开菜单命令"排列/顺序/向后一层"将两个刚绘制的"化妆"图形放置在眼睛的下面,效果如图7-76所示。

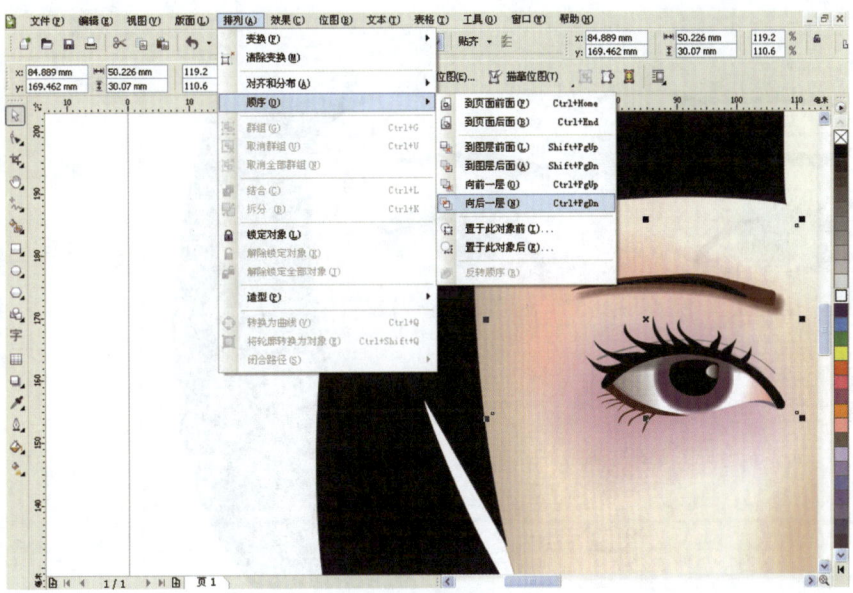

图7-76

77. 按Ctrl+D键复制刚刚绘制好的"化妆图形",然后点击属性栏上的"水平镜像"按钮,调整它的位置,效果如图7-77所示。

图7-77

78. 为了增强脸面的立体效果，现在绘制右侧脸面的暗面图形。使用手绘工具绘制曲线，并用形状工具进行修改，如图7-78所示。

图7-78

79. 使用交互式阴影工具给该图一个阴影效果，阴影的色彩CMYK值为4、9、10、0，阴影的透明度为100，羽化度为22，其他选项为默认，如图7-79所示。

图7-79

80. 接下来使用手绘工具绘制耳朵图形，并用形状工具进行编辑，然后使用轮廓工具去除它的轮廓，再用填充工具给它填上CMYK值为13、26、44、0的色彩，效果如图7-80所示。

图7-80

81. 打开手绘工具绘制耳朵的内部结构轮廓曲线，然后打开形状工具，对曲线的点进行编辑，效果如图7-81所示。

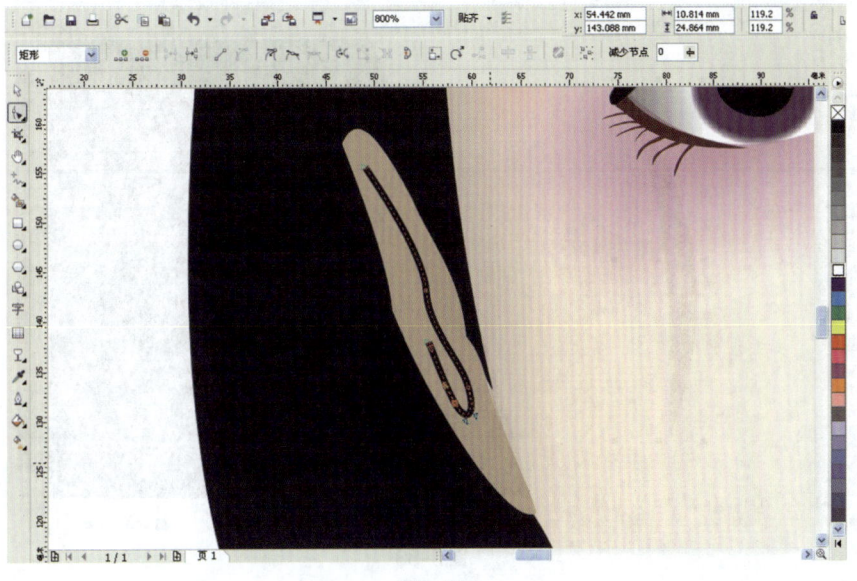

图7-81

82. 为了增加耳朵图形的虚实空间感，现在使用交互式透明工具给耳朵结构轮廓曲线一个线性渐变透明效果，渐变透明的角度为101.1，步长为256，边界为0，其他选项为默认，如图7-82所示。

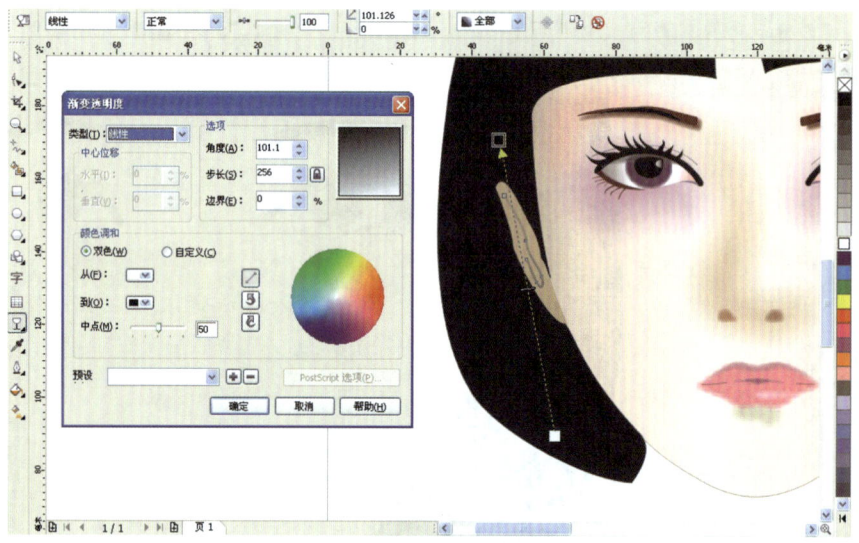

图7-82

83. 接下来绘制头发高光图形。打开手绘工具绘制如图7-83所示图形，再用形状工具进行修改，然后给它填上黑色。

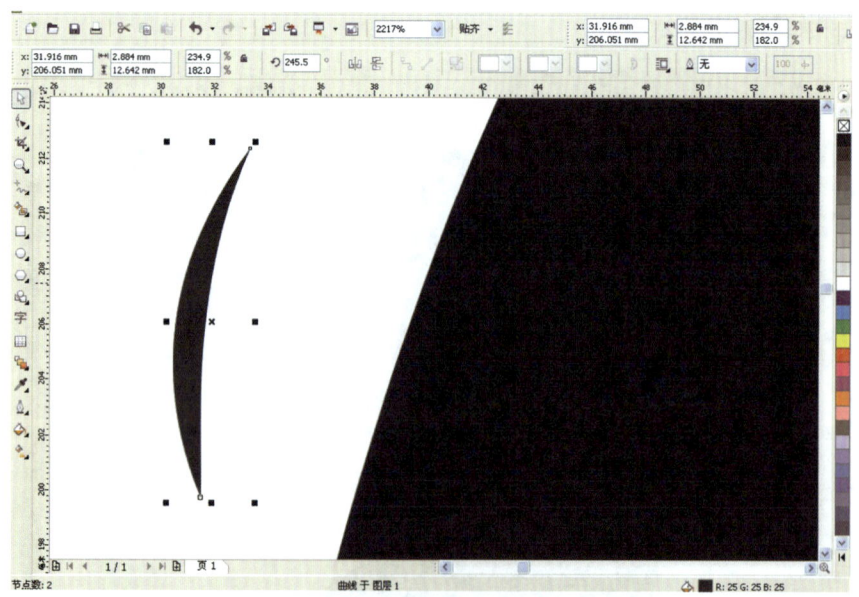

图7-83

84. 选中刚刚绘制的高光图形，按Ctrl+D进行复制，然后缩小，并给它填上10%的黑色，如图7-84所示。

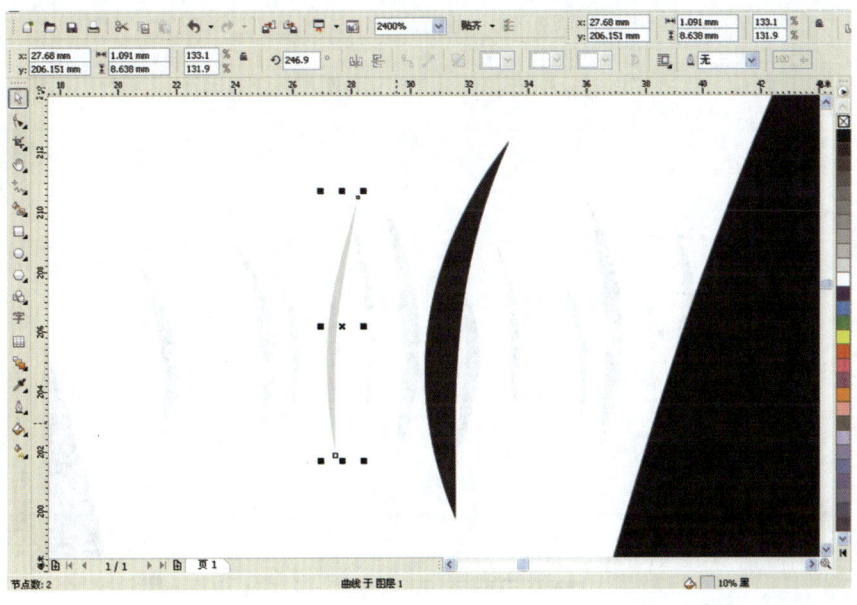

图7-84

85. 再复制一个高光图形，用挑选工具进行缩放、旋转，用形状工具进行修改，并填上30%的黑色，如图7-85所示。

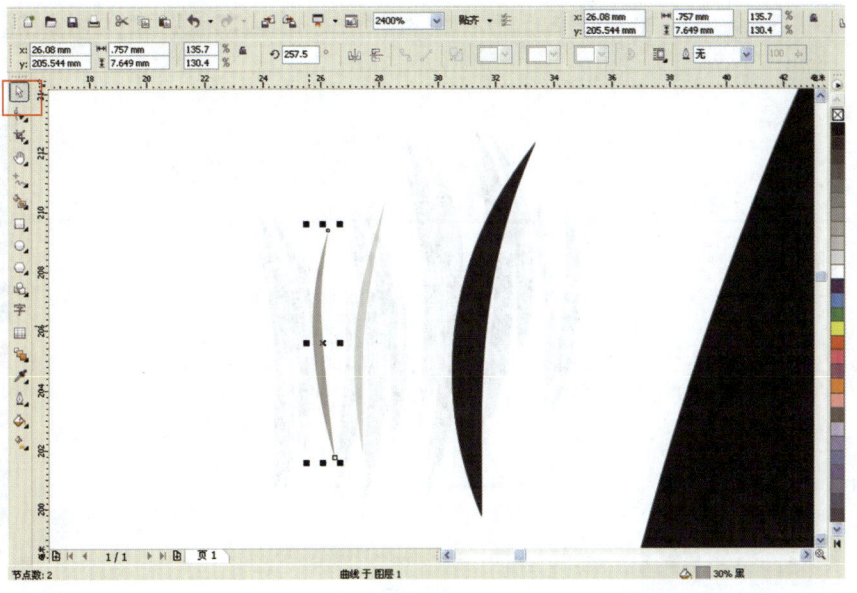

图7-85

86. 再分别复制三个高光图形，并用形状工具进行编辑、用挑选工具进行缩放和旋转，如图7-86所示。

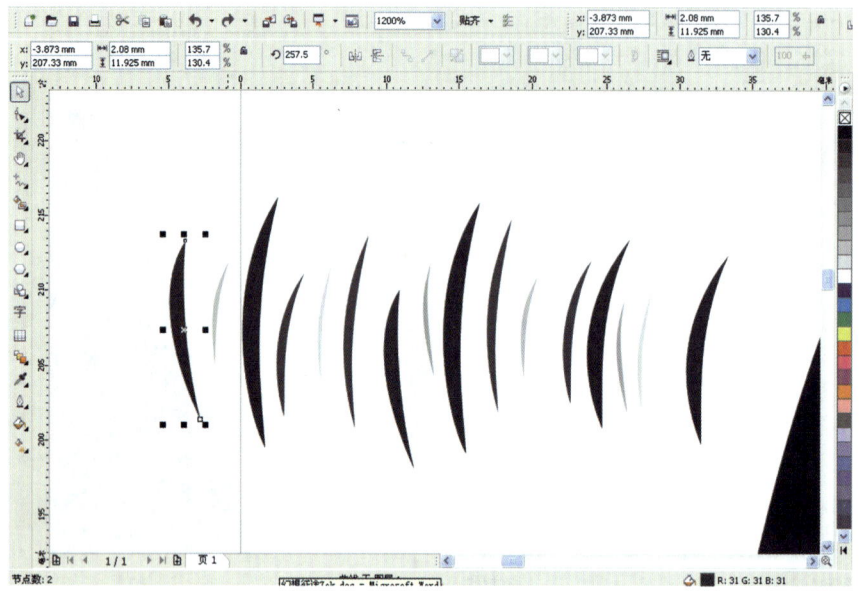

图7-86

87. 现在将这些"高光"图形进行分组叠加放置，色彩上从亮到暗向后排序，效果如图7-87所示。

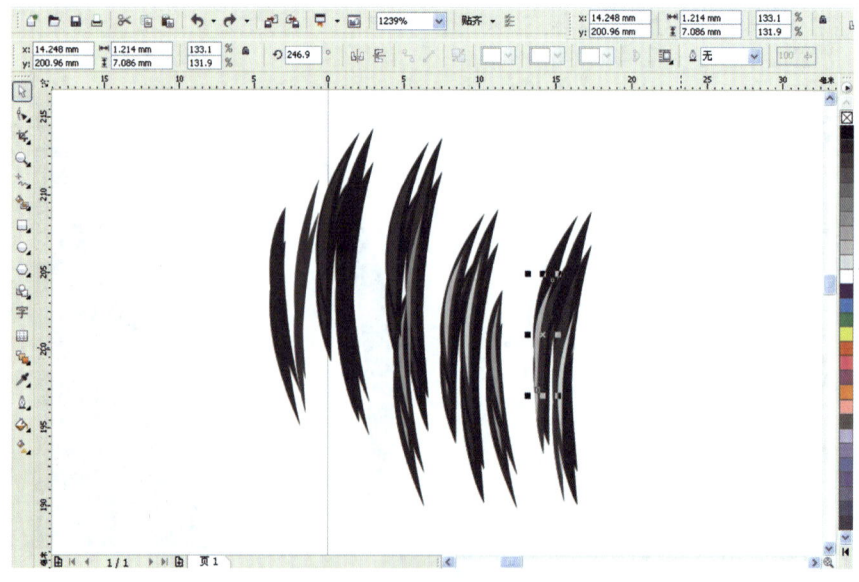

图7-87

88. 将绘制好的成组的头发高光图形放置在如图7-88所示位置，然后用挑选工具对它们的大小、方向进行调整。

图7-88

89. 在耳朵左下方再放置几组高光图形，注意不要太亮，因为这个地方只是反光造成的亮光，如图7-89所示。

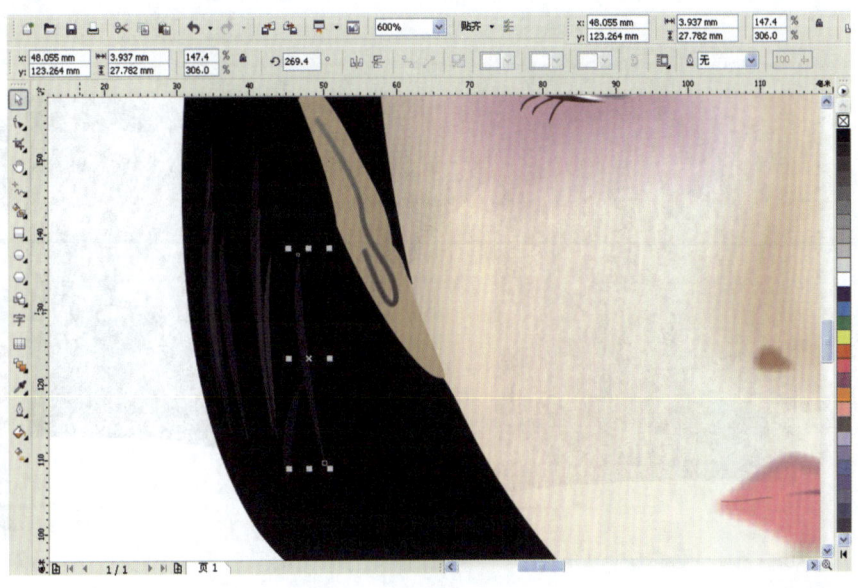

图7-89

90. 以同样的方法在头发的右下侧部位放置几束头发"高光"图形,并用挑选工具、形状工具进行编辑,效果如图7-90所示。

图7-90

91. 使用手绘工具在头发的"刘海"处添加几根发丝,以增加头发的真实度,如图7-91所示。

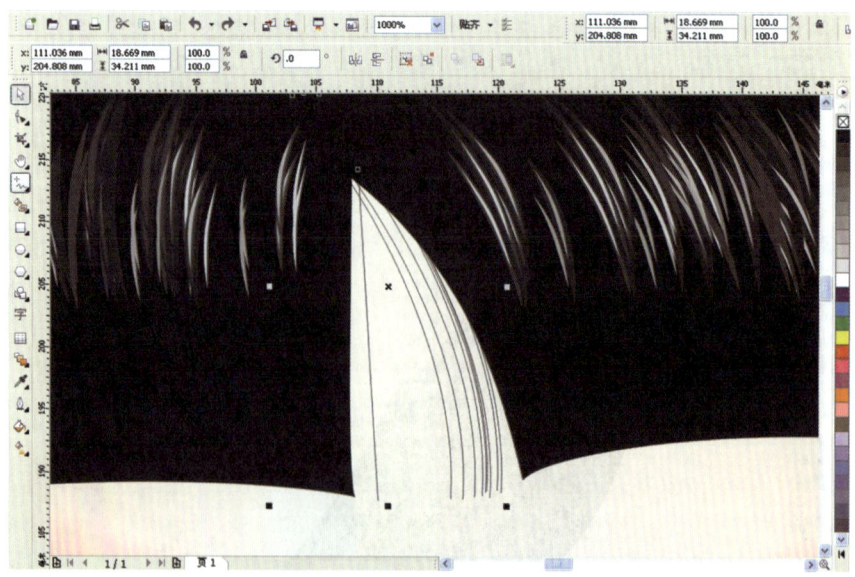

图7-91

92. 使用工具 给"刘海"添加粗糙效果,以降低"刘海"的僵硬感和不真实感。打开粗糙笔刷工具并在它的属性栏上设置如图7-92所示的参数。

图7-92

93. 再使用手绘工具绘制两根发丝,并放置在如图7-93所示的位置上,以增强头发的质感和空间感。

图7-93

94. 同样，在头发的右上角用手绘工具再绘制一根头发，并用形状工具进行编辑，效果如图7-94所示。

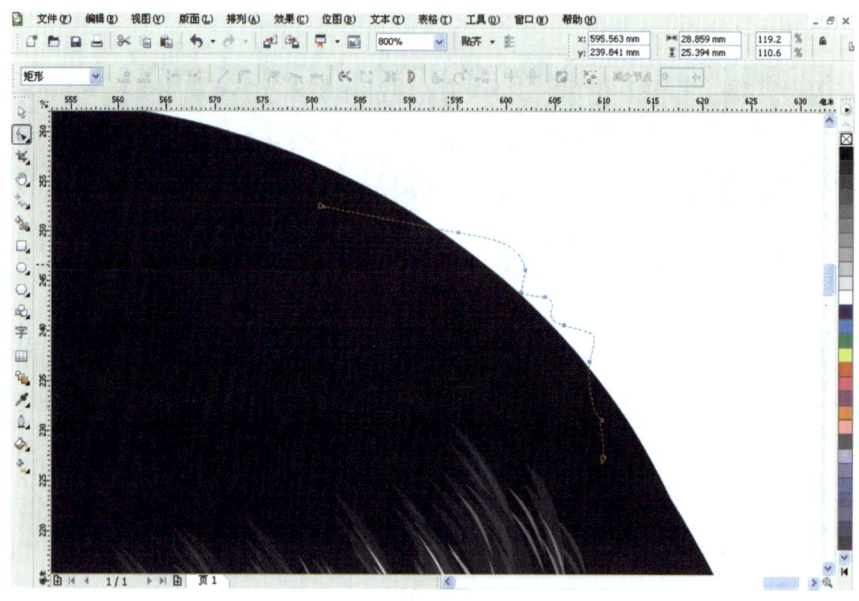

图7-94

95. 因为单独散开的头发是很虚的，所以再用交互式透明工具给它一个线性渐变透明效果，设置它的透明中心点为100，透明角度为142.762，步长为256，边界为0，如图7-95所示。

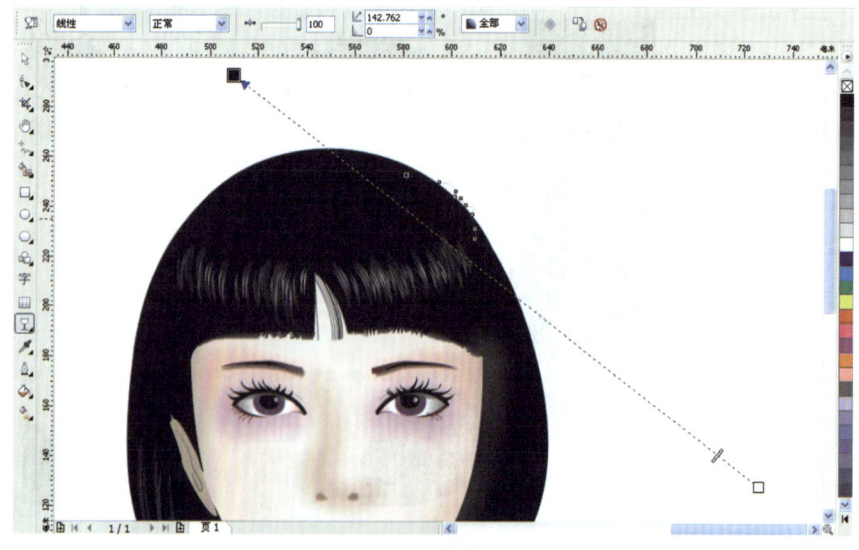

图7-95

96. 使用绘图工具绘制女孩的脖子图形。然后用形状工具进行修改，再使用填充工具给它填上CMYK值为5、13、13、0的色彩，如图7-96所示。

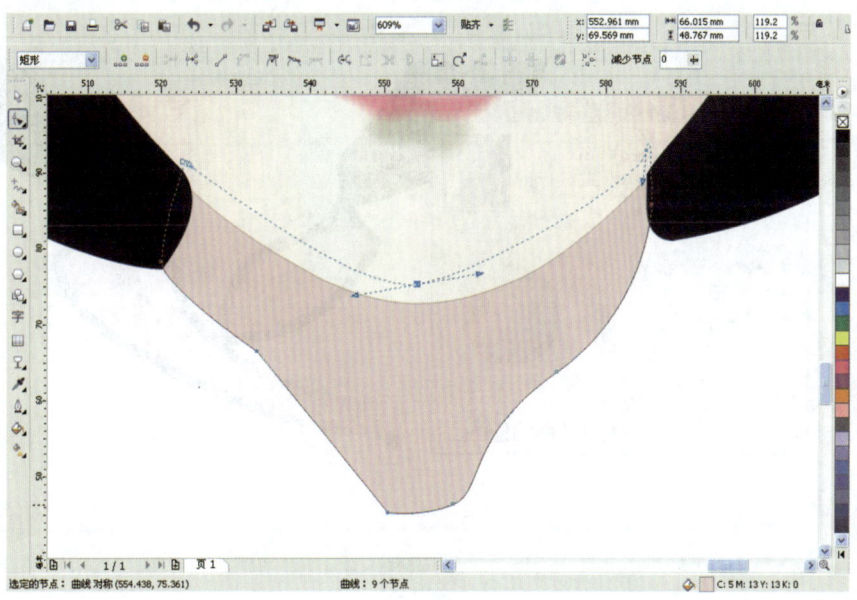

图7-96

97. 仍然使用手绘工具绘制衣领图形，将它的轮廓宽度设置为2.882 mm，填充色彩CMYK值为0、40、20、0，如图7-97所示。

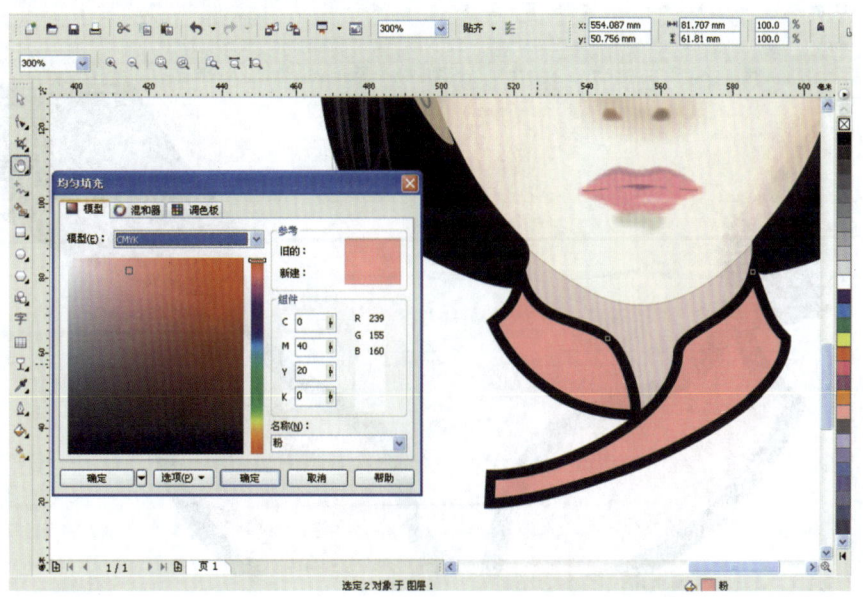

图7-97

98. 为了降低衣领的空间前置效果，所以用交互式透明工具给它一个渐变透明效果，设置渐变透明的角度为-154.4，步长为256，边界为31，其他参数默认，如图7-98所示。

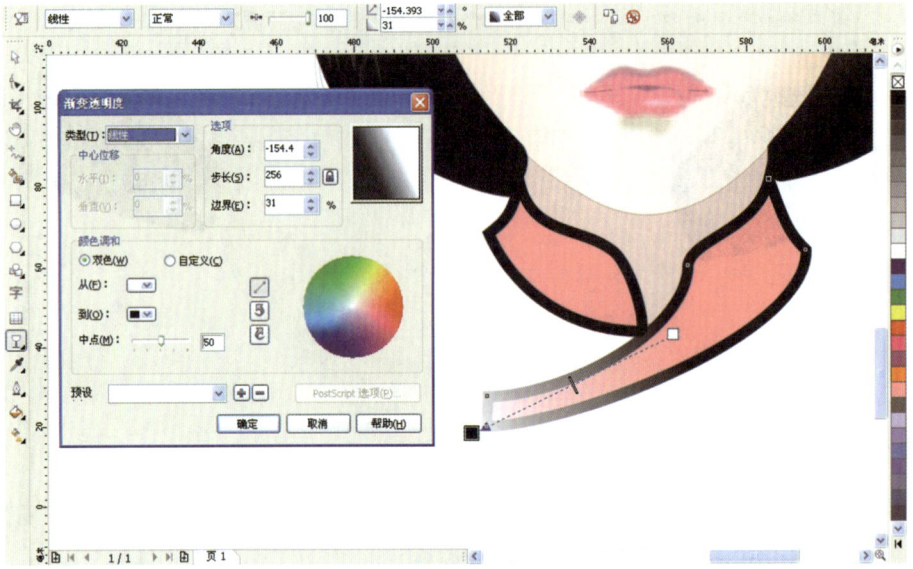

图7-98

99. 在女孩的脖子上添加下巴的阴影。打开手绘工具绘制阴影图形，使用形状工具进行编辑，如图7-99所示。

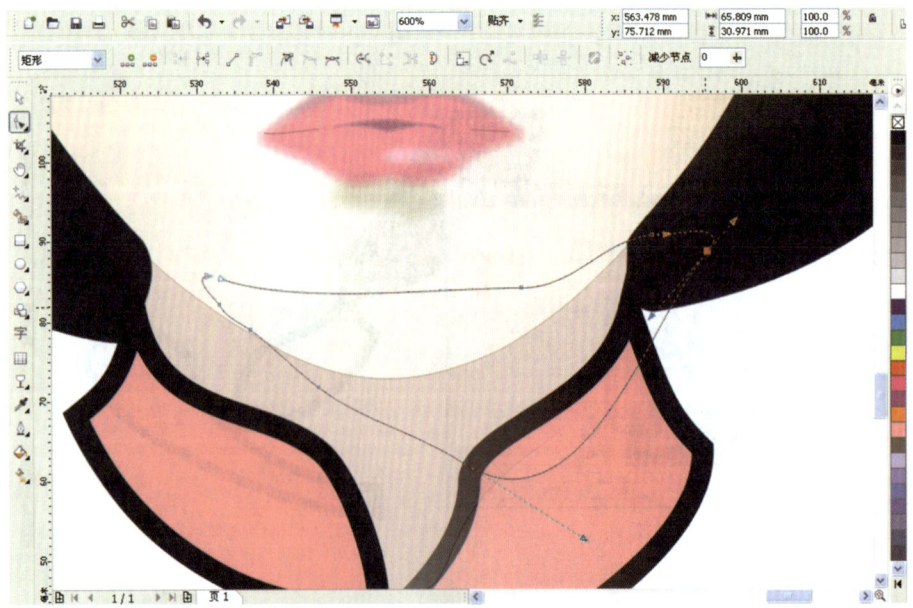

图7-99

100. 使用交互式阴影工具给该图形一个阴影效果，阴影的透明度为100，其他选项默认，阴影的色彩CMYK值为49、86、97、7，并把它放置在如图7-100所示的位置上。

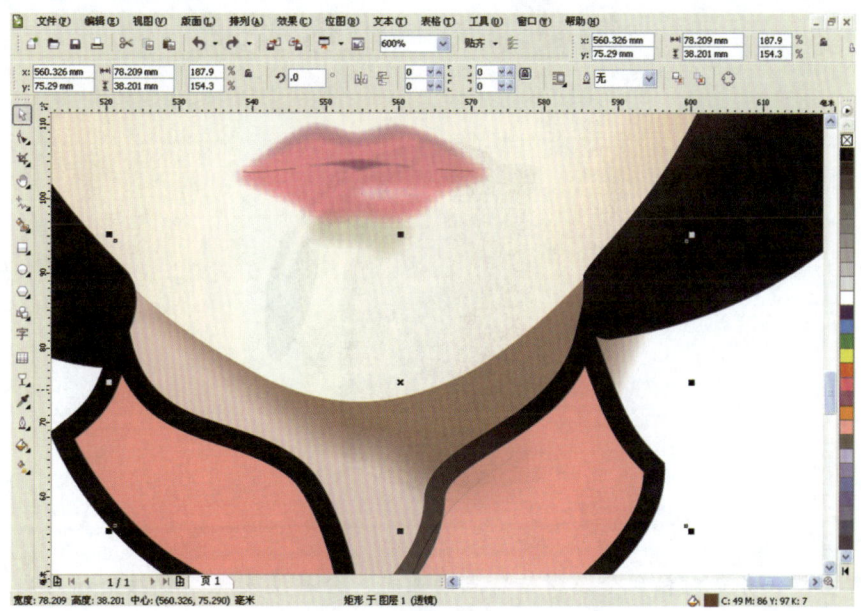

图7-100

101. 至此，"端庄女孩"全部绘制完毕，如图7-101所示。

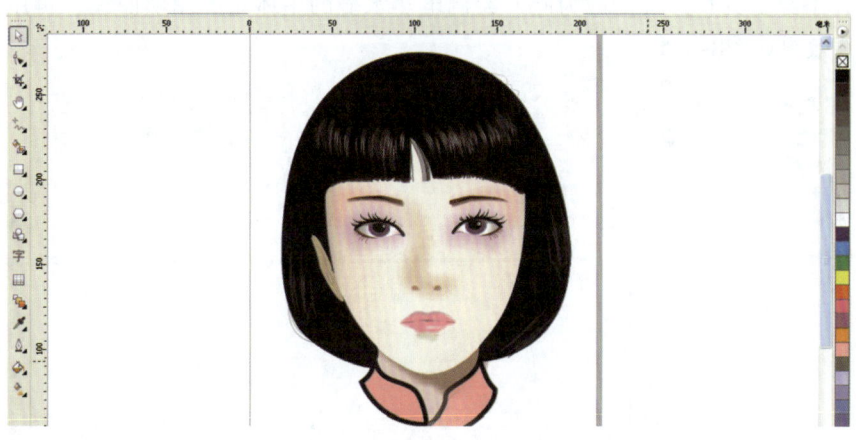

图7-101

第八章 电热水壶

本教程主要任务是对拉丝金属材质特点的亚光、金属纹表现。拉丝金属的高光不能太强,而它的金属纹表现一个是可以用CorelDRAW X4制作出来,但本案例采用了导入位图的办法,别有一番情趣与意味。

1. 打开手绘工具 (快捷键为F5)绘制电热水壶的主体轮廓图形曲线,再用形状工具进行修改,效果如图8-1所示。

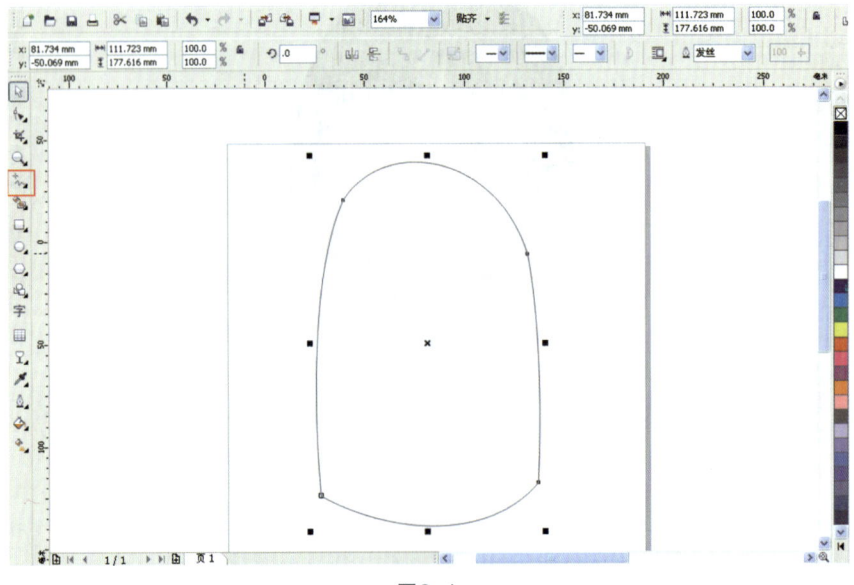

图8-1

2. 现在给热水壶的主体部分添加材质效果。打开菜单命令"文件/导入",导入一张拉丝金属的位图图片,并用挑选工具进行334.9度旋转,如图8-2所示。

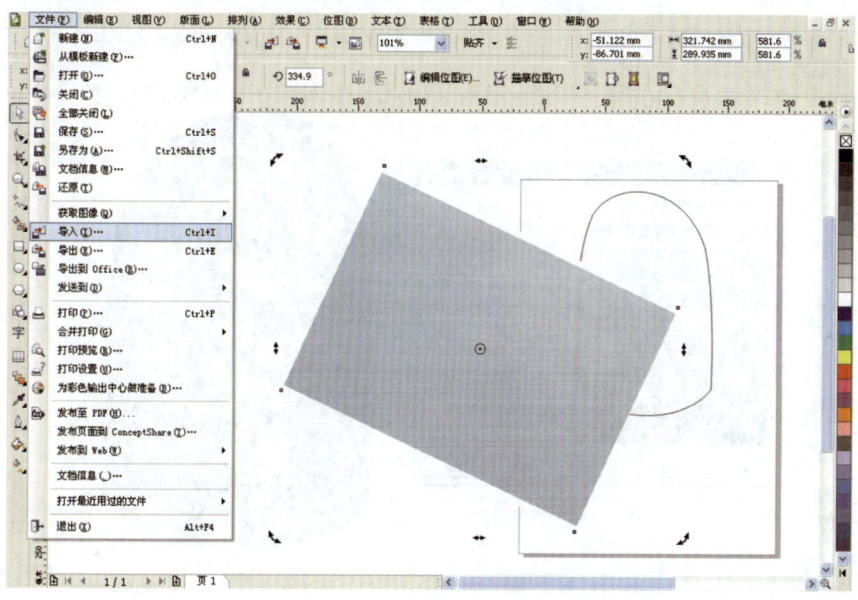

图8-2

3. 选中拉丝金属位图图片,打开菜单命令"图框精确剪裁/放置在容器中",然后点击热水壶的主体图形,将材质图形放置在它的轮廓里面,效果如图8-3所示。

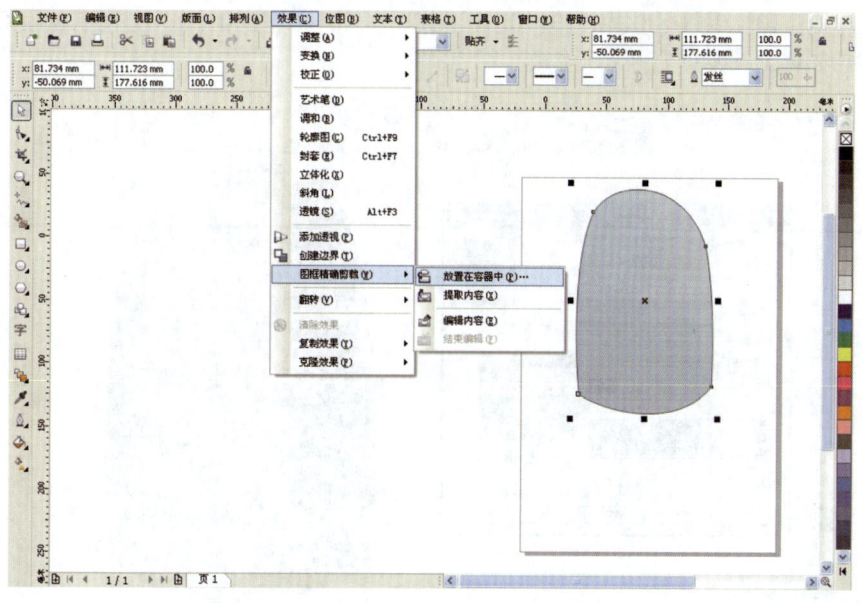

图8-3

4. 按Ctrl+C和Ctrl+V键复制一个热水壶图形，然后使用填充工具给它填上CMYK值为57、44、43、3的色彩，如图8-4所示。

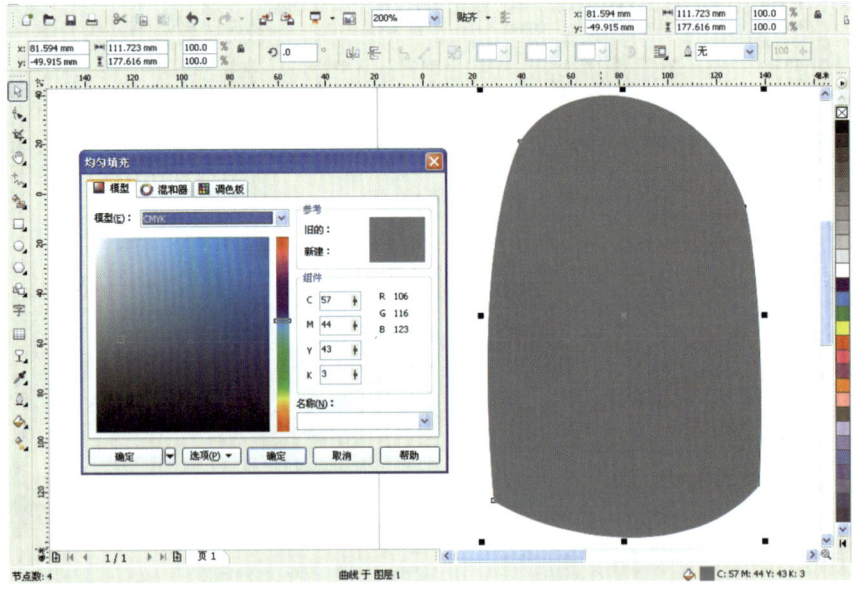

图8-4

5. 打开交互式透明工具给它一个线性渐变透明效果，"渐变透明度"的角度为-0.4，步长为256，边界为4%；渐变透明色彩点的色彩CMYK值从左至右依次为0、0、0、100，0、0、0、10，0、0、0、0，0、0、0、90，0、0、0、100，0、0、0、80，0、0、0、30，其他选项默认，效果如图8-5所示。

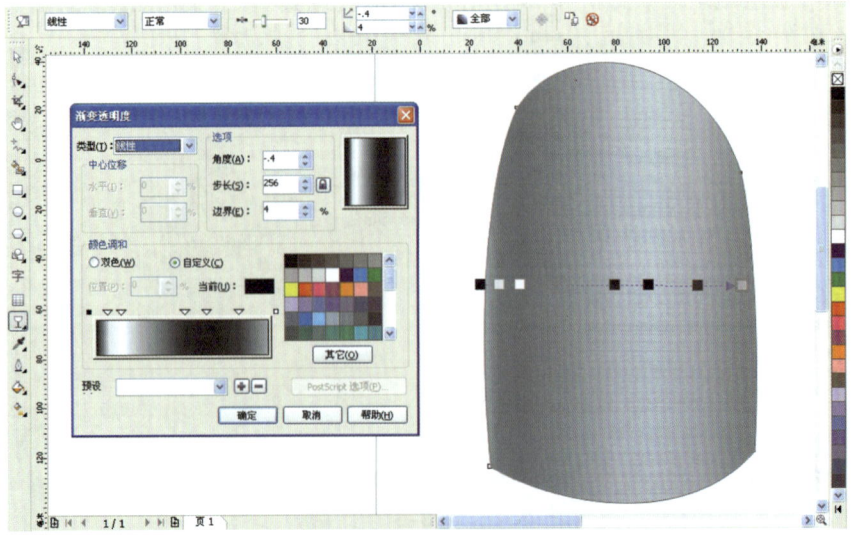

图8-5

6. 打开手绘工具绘制电热水壶的底座轮廓图形，并用形状工具进行编辑，效果如图8-6所示。

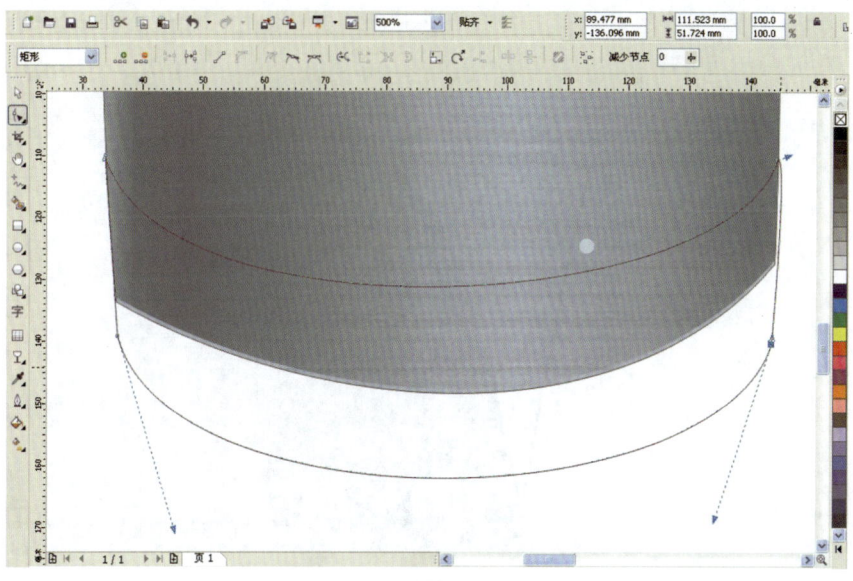

图8-6

7. 使用交互式填充工具给热水瓶底座图形填上线性渐变色彩，渐变色的CMYK值从左至右依次为90、77、65、46，88、62、58、17，91、82、64、51，84、72、71、81，89、77、67、57，80、65、64、31，73、59、59、14，80、66、64、30，89、76、68、56，设置"渐变填充"的角度为-0.9，步长为256，边界为1%，如图8-7所示。

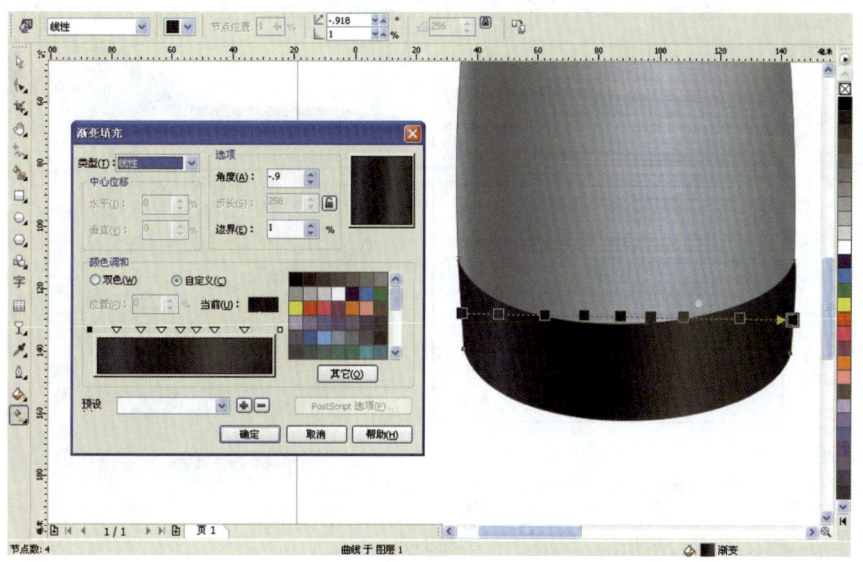

图8-7

8. 使用手绘工具绘制壶嘴轮廓图形，然后再用形状工具对其进行编辑，效果如图8-8所示。

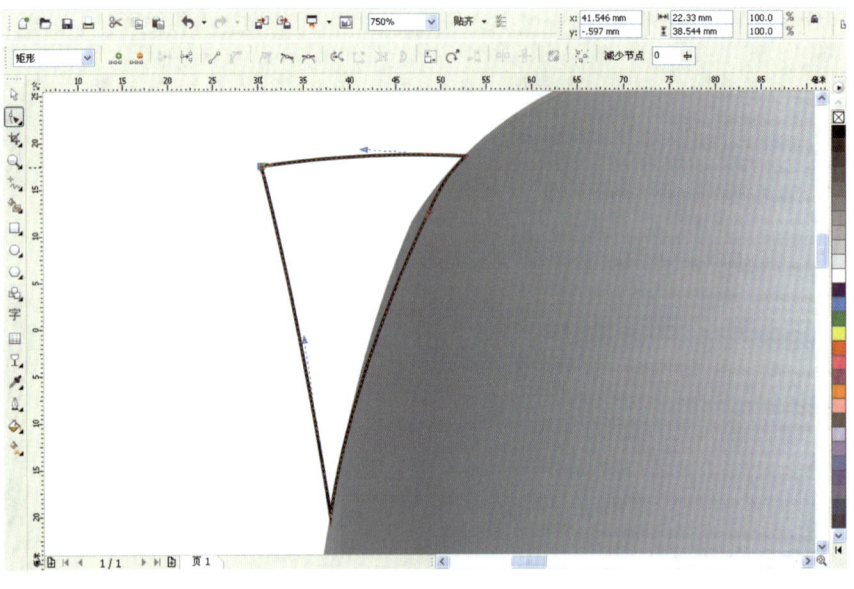

图8-8

9. 使用交互式填充工具给壶嘴图形填上一个线性渐变色，在"渐变填充"对话面板上设置它的角度为155.1，步长为256，边界为39%，渐变色的CMYK值从左至右依次为77、55、53、7、74、49、45、4、70、54、53、7，如图8-9所示。

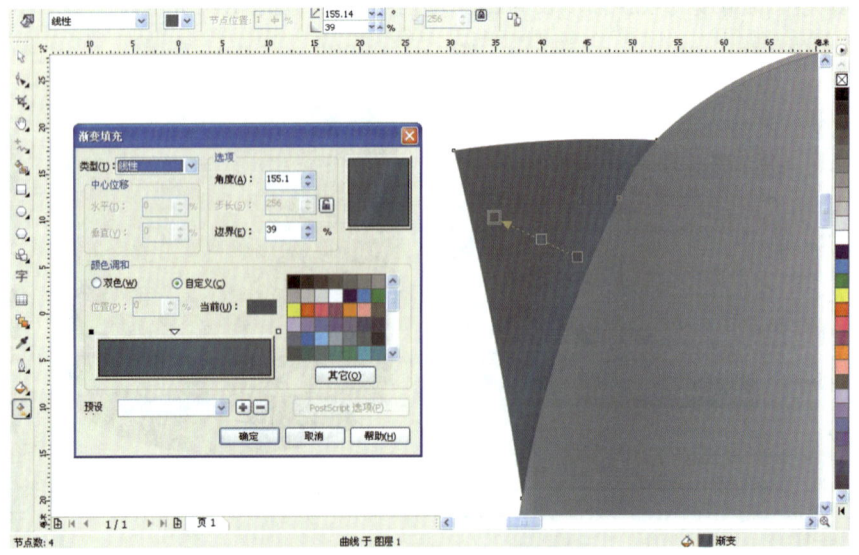

图8-9

10. 使用手绘工具绘制壶嘴的"嘴口"图形，用形状工具编辑后，然后打开交互式填充工具给它一个线性渐变填充，设置它的角度为171.5，步长为256，边界为6%；渐变色的CMYK值从左至右依次为60、49、49、5、60、49、49、5、13、10、10、0、6、5、5、0，效果如图8-10所示。

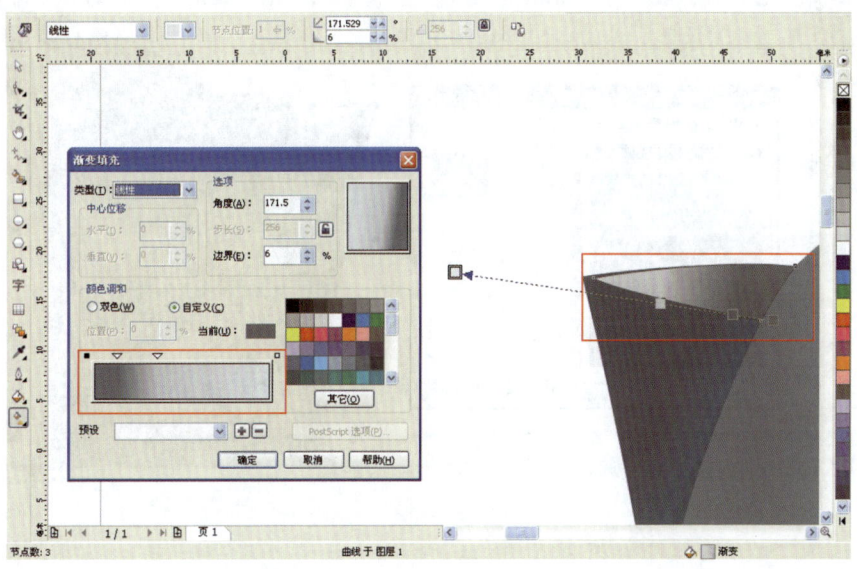

图8-10

11. 使用手绘工具绘制壶嘴"嘴口"的"顶边面"图形。然后打开轮廓工具中的"颜色"，给该图形曲线填充一个CMYK值为74、60、60、16的色彩，如图8-11所示。

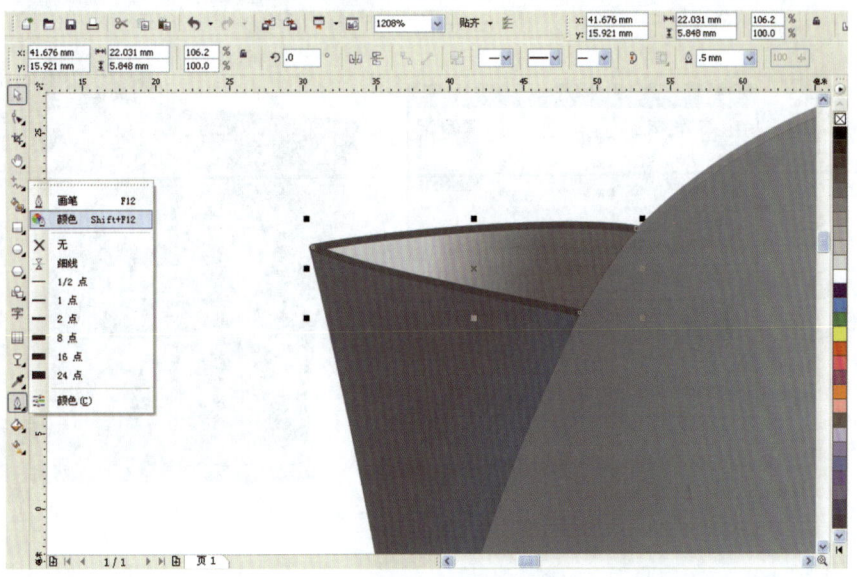

图8-11

12. 使用贝塞尔工具绘制一条曲线,以添加壶嘴的反光效果,如图8-12所示,然后打开轮廓工具中的"色彩",设置色彩的CMYK值为50、29、32、0,如图8-12所示。

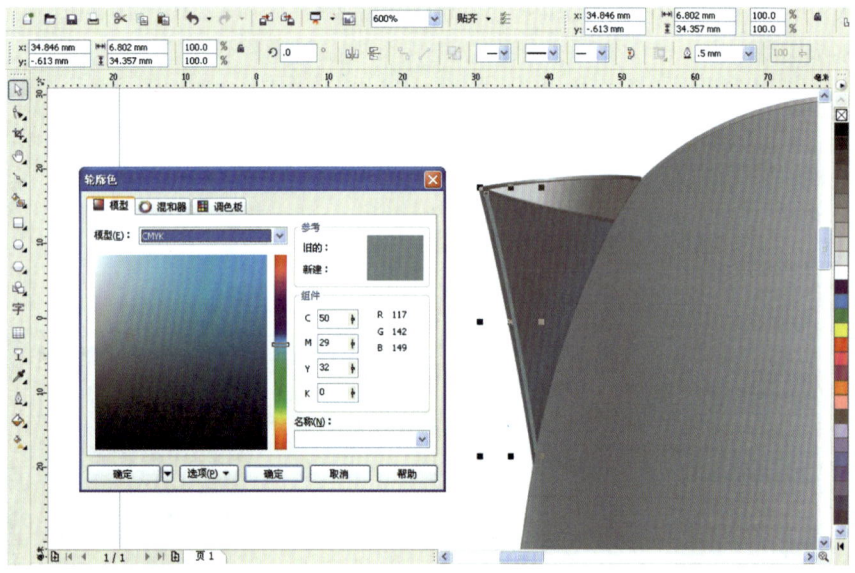

图8-12

13. 现在再给它填添加一个线性渐变透明效果。打开交互式透明工具,设置"渐变透明度"的角度为-77.7,步长为256,边界为6%,透明渐变色彩点的色彩为黑白两色,其他选项默认,效果如图8-13所示。

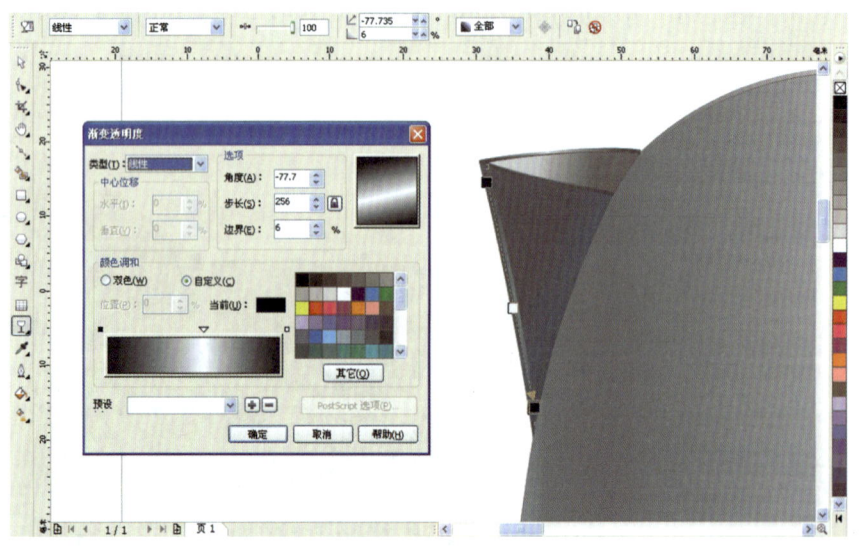

图8-13

14. 使用贝塞尔工具绘制壶盖图形。然后使用形状工具对该图形曲线进行修改，编辑效果如图8-14所示。

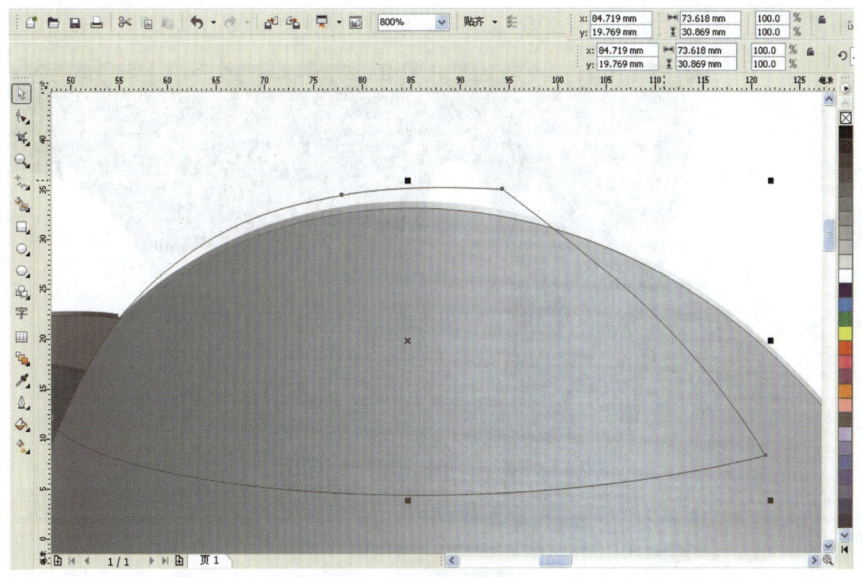

图8-14

15. 绘制壶盖上的高光图形。打开椭圆形工具绘制两个椭圆，并用挑选工具进行位置的移动和角度的调整，效果如图8-15所示。

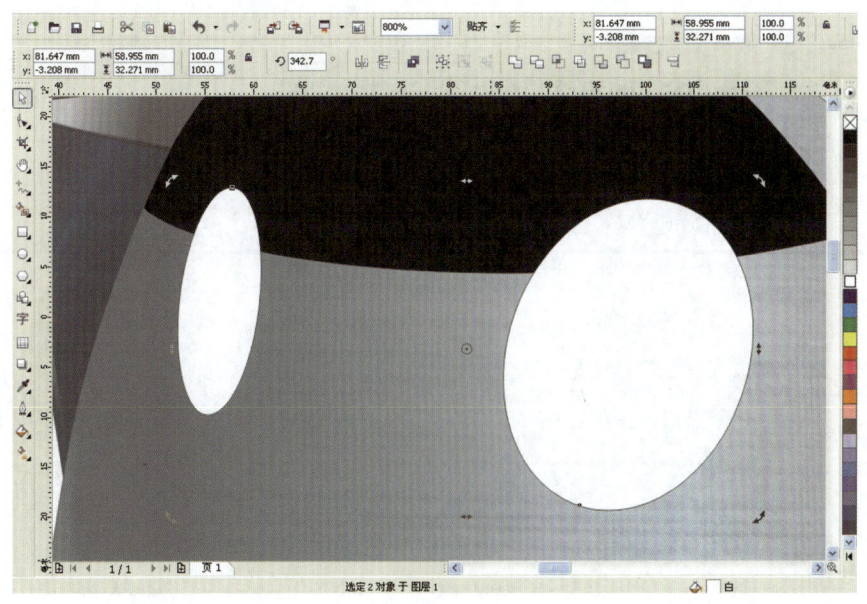

图8-15

16. 使用交互式阴影工具给左侧椭圆一个白色的阴影效果，设置阴影的透明度为100，"阴影羽化"为100，阴影模式为"正常"，如图8-16所示。

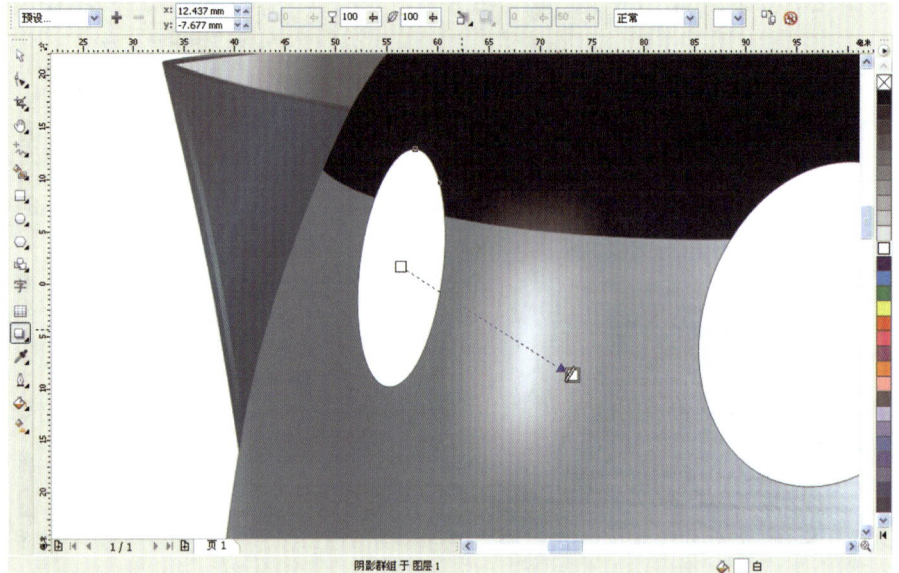

图8-16

17. 同样使用交互式阴影工具给右侧大的椭圆一个白色阴影效果，并设置阴影的透明度为100，"阴影羽化"为56，如图8-17所示。

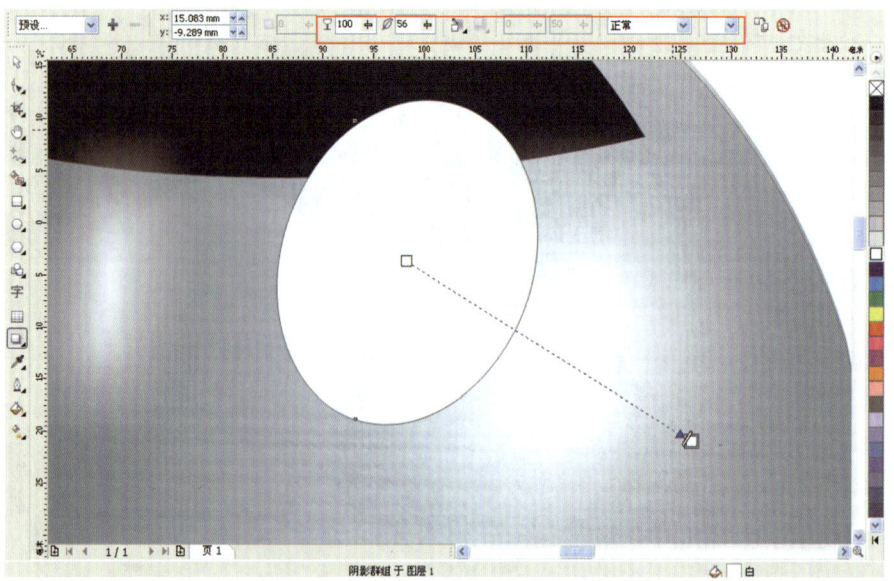

图8-17

18. 打开菜单命令"排列/拆分 阴影群组 于 图层",将两个椭圆形和它的阴影进行拆分,如图8-18所示。

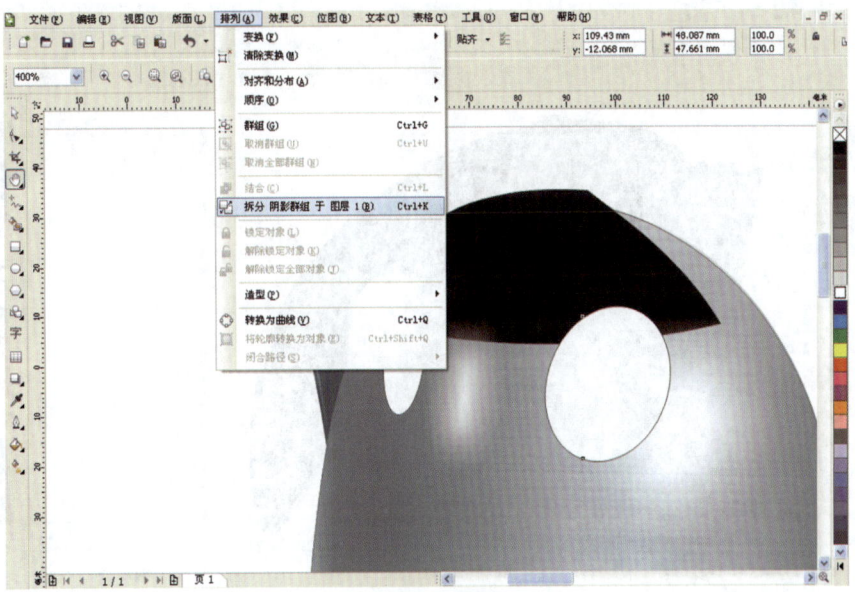

图8-18

19. 选中两个白色椭圆阴影,然后打开"效果/图框精确剪裁/放置在容器中"菜单命令,将它们放置在黑色的壶盖图形内,如图8-19所示。

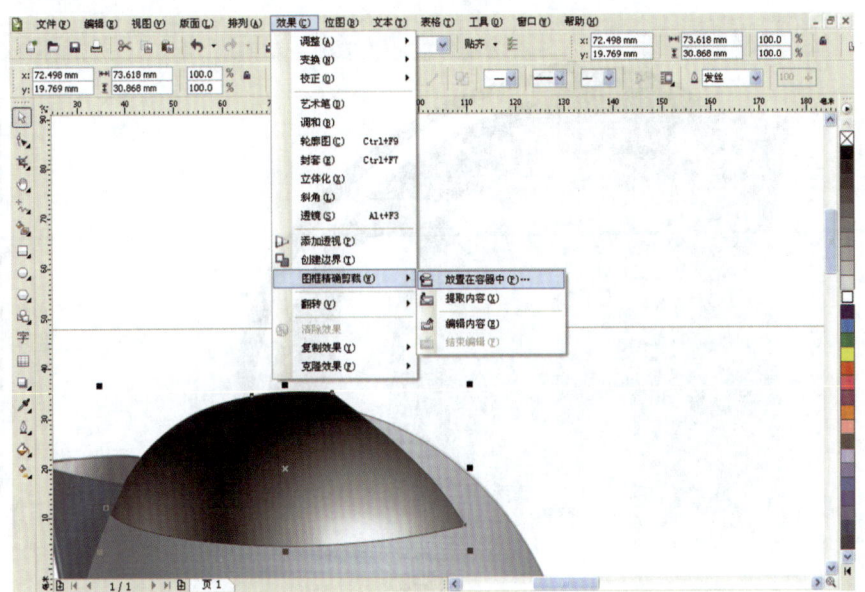

图8-19

20. 现在绘制电热水壶的把手。打开手绘工具绘制如图8-20所示图形曲线，用形状工具编辑后，给它填上黑色。

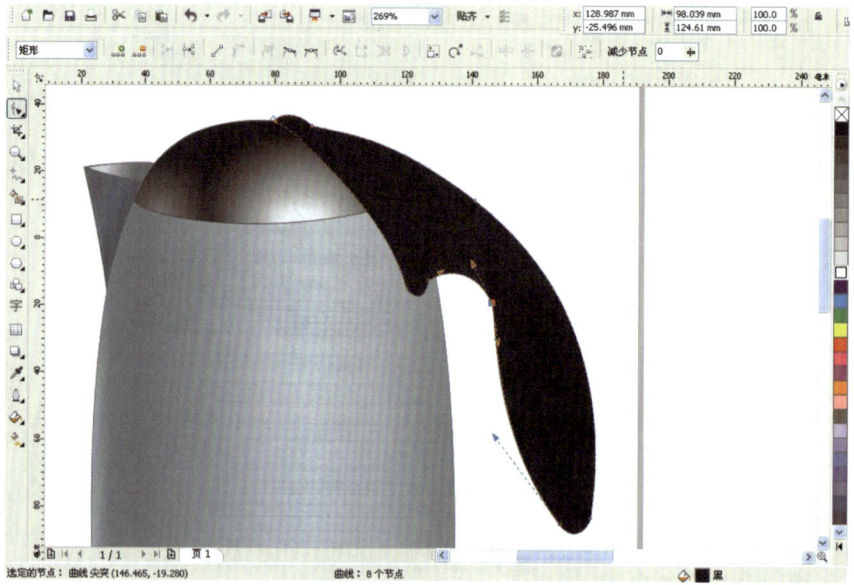

图8-20

21. 在壶把图形上添加高光效果。使用贝塞尔工具绘制如图8-21所示曲线图形并编辑，然后给它填上白色，再用轮廓工具去除它的轮廓。

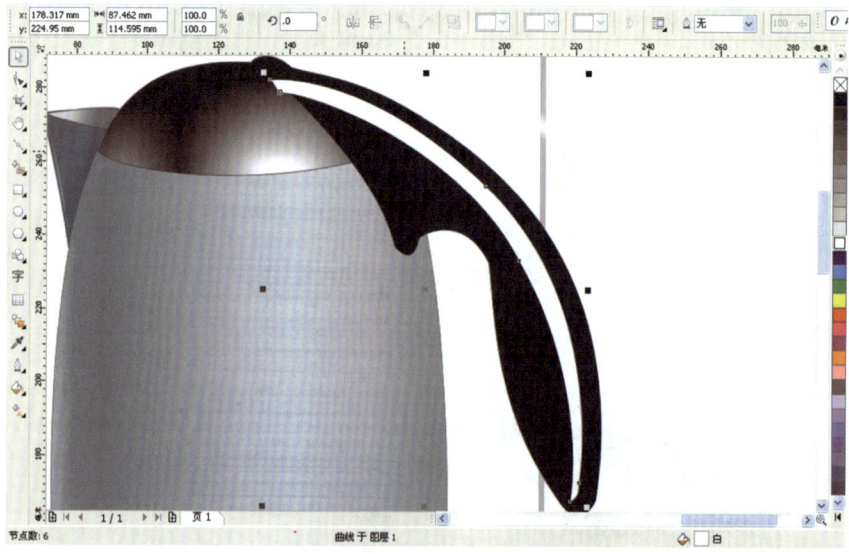

图8-21

22. 打开菜单命令"位图/转换为位图"将该图形转换成位图,设置分辨率为300 dpi,颜色模式为CMYK,如图8-22所示。

图8-22

23. 打开菜单命令"位图/模糊/高斯式模糊"给高光图形一个模糊效果,在"高斯式模糊"对话面板上设置模糊半径为8.0像素,效果如图8-23所示。

图8-23

24. 使用贝塞尔工具绘制壶把的正面一侧的面图形,用轮廓工具去除它的轮廓后,再给它填充上CMYK值为74、56、56、33的蓝灰色,如图8-24所示。

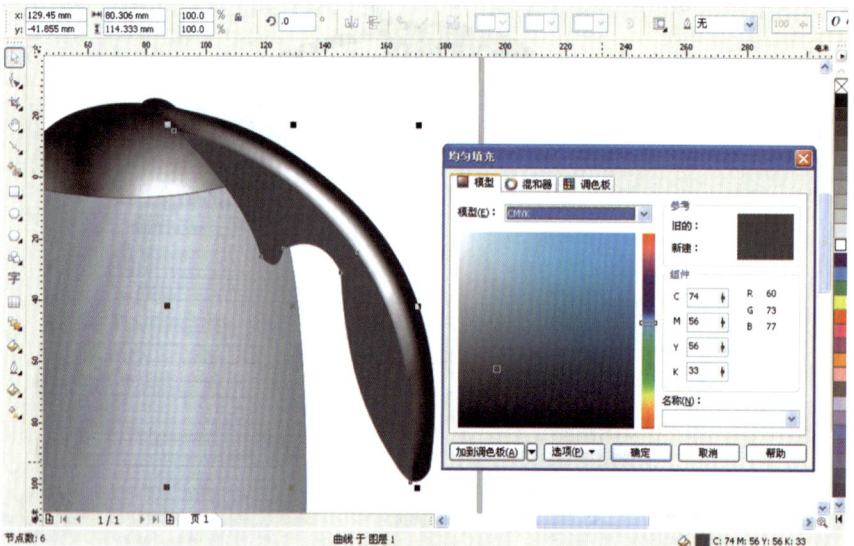

图8-24

25. 打开菜单命令"位图/转换为位图"将该图形转换成位图,在"转换为位图"的对话面板上注意勾选"透明背景"与"光滑处理"选项,如图8-25所示。

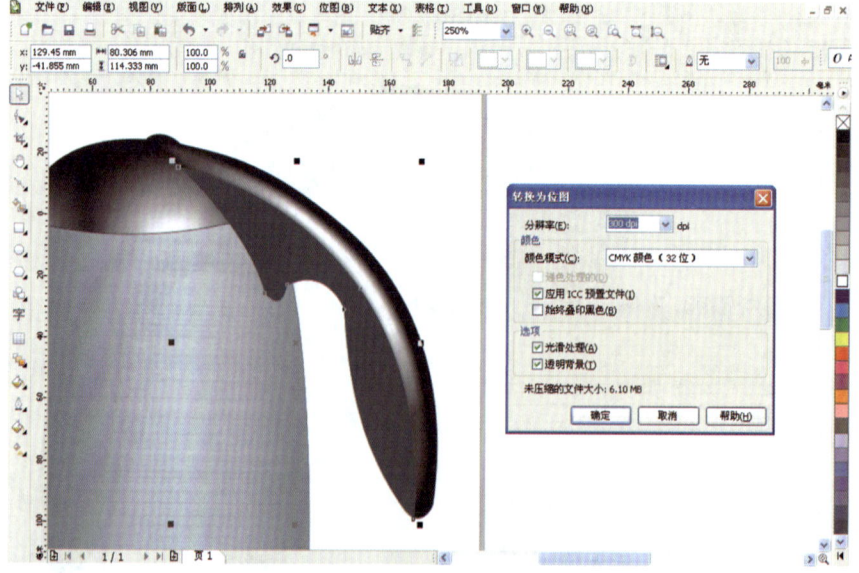

图8-25

26. 打开 "位图/模糊/高斯式模糊" 菜单命令给该图形添加模糊效果，在 "高斯式模糊" 对话面板上设置模糊半径为10.0像素，如图8-26所示。

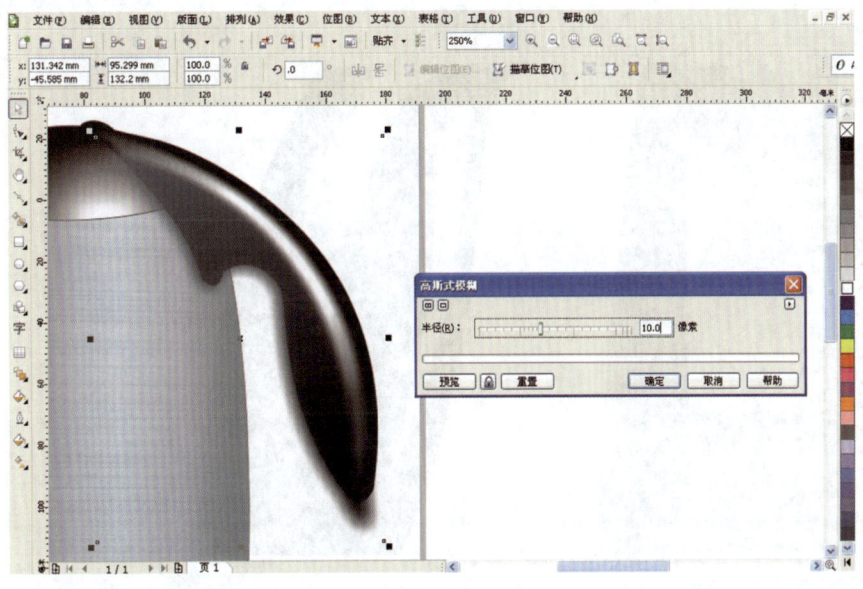

图8-26

27. 选中把手的高光和蓝灰色正面图形，打开菜单命令 "效果/图框精确剪裁/放置在容器中"，点击壶把图形，将它们放置在壶把图形内，如图8-27所示。

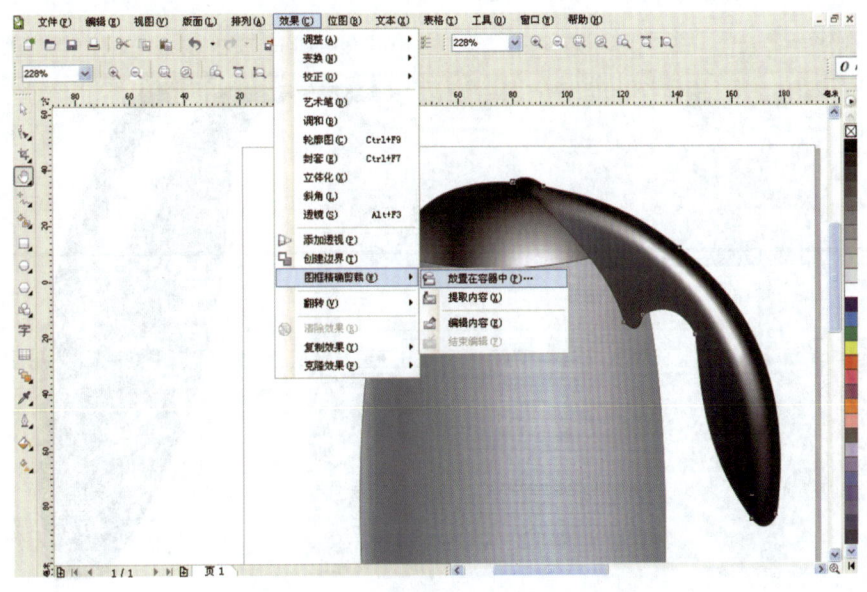

图8-27

28. 绘制壶把正面部分的反光图形。使用贝塞尔工具绘制如图8-28所示曲线，然后用形状工具进行编辑，再打开轮廓工具去除它的轮廓，并给它填充上白色。

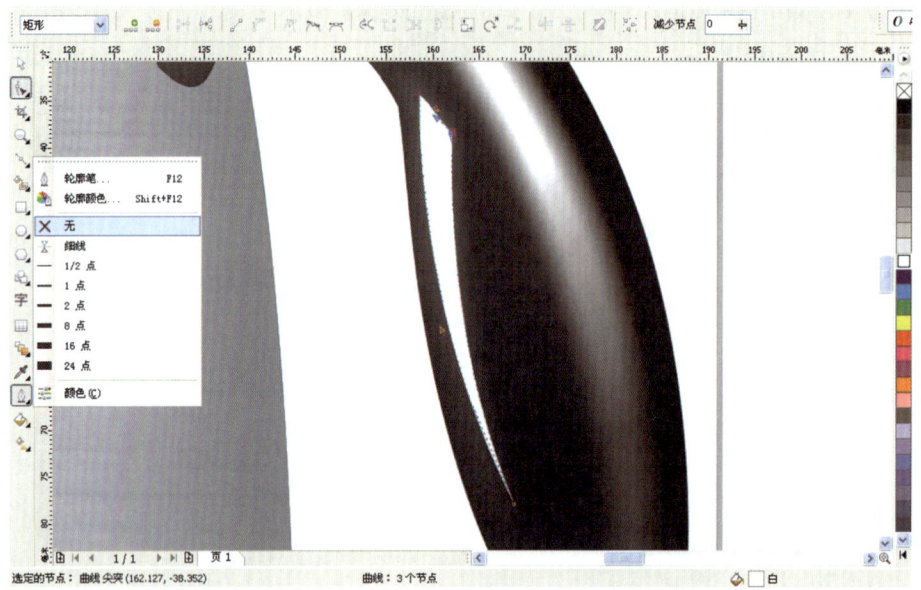

图8-28

29. 同样将壶把反光图形也转换成位图，然后给它一个高斯模糊效果，设置"高斯式模糊"的半径为12.0像素，效果如图8-29所示。

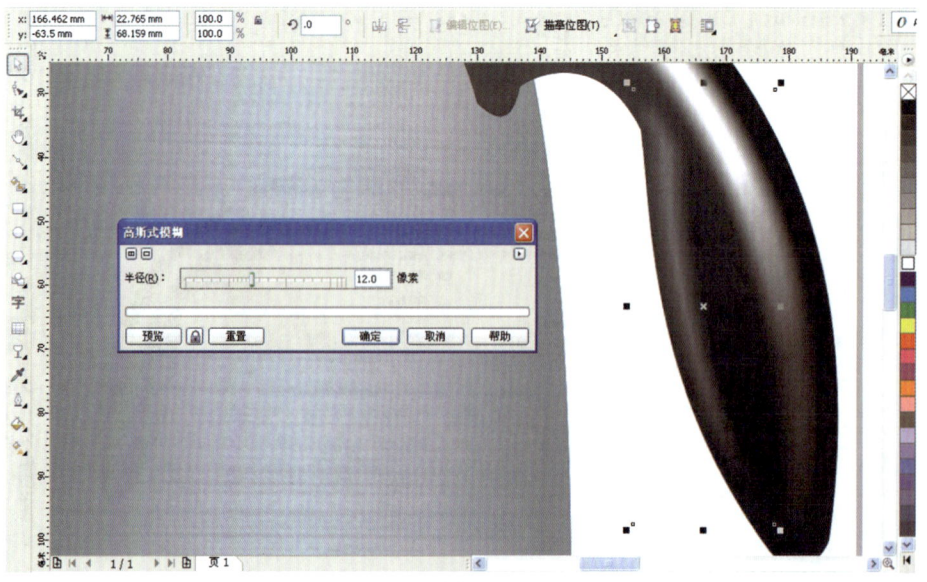

图8-29

30. 反光图形的反光效果强度过大，现在使用交互式透明工具给它添加一个线性渐变透明效果，设置渐变透明色彩点的色彩为黑白，角度为-71.5，步长为256，边界为3%，效果如图8-30所示。

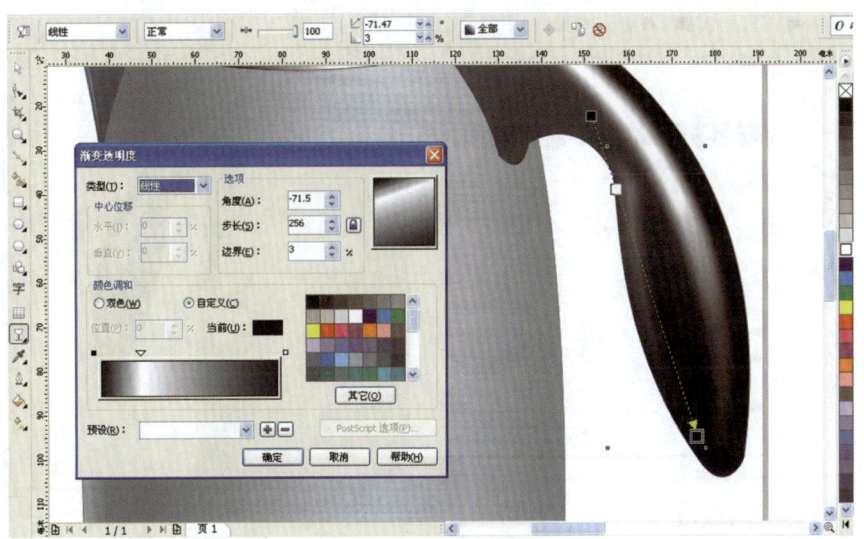

图8-30

31. 使用贝塞尔工具绘制电热水壶壶把下端的结构图形，然后用形状工具进行点的编辑（尖突模式），如图8-31所示。

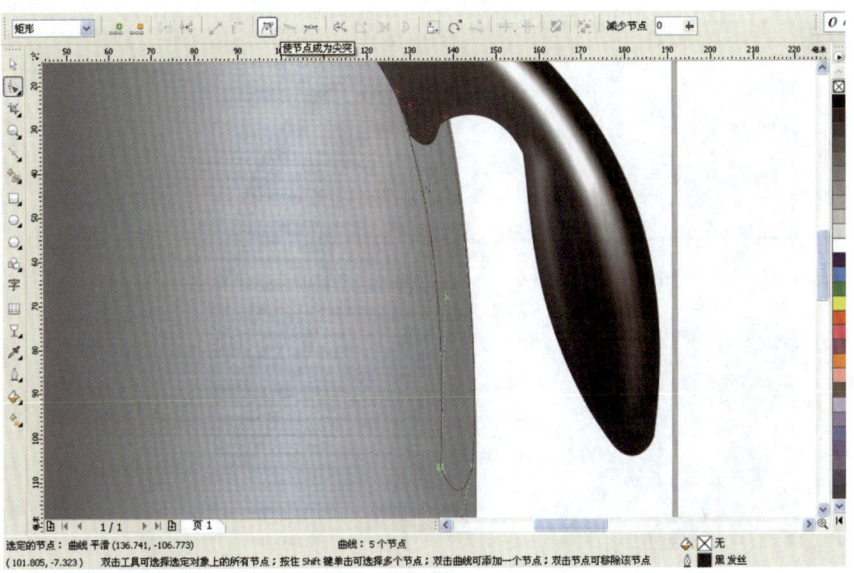

图8-31

32. 打开交互式填充工具给该图形一个线性渐变填充效果,渐变色的CMYK值从上到下分别是87、75、70、77,90、73、66、45,并设置它的角度为-82.3,步长为256,边界为9%,其他选项默认,效果如图8-32所示。

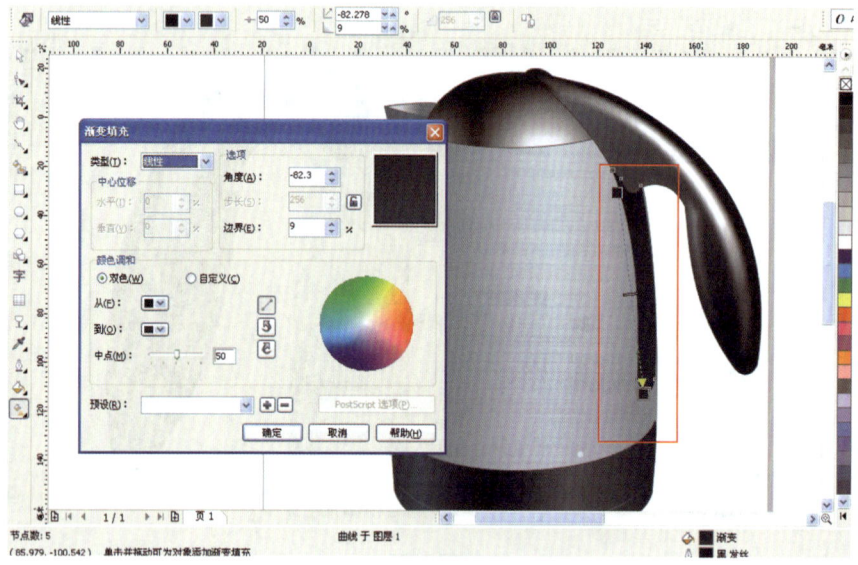

图8-32

33. 选择贝塞尔工具绘制壶把下端结构的亮面图形,然后打开形状工具对该曲线进行修改,编辑效果如图8-33所示。

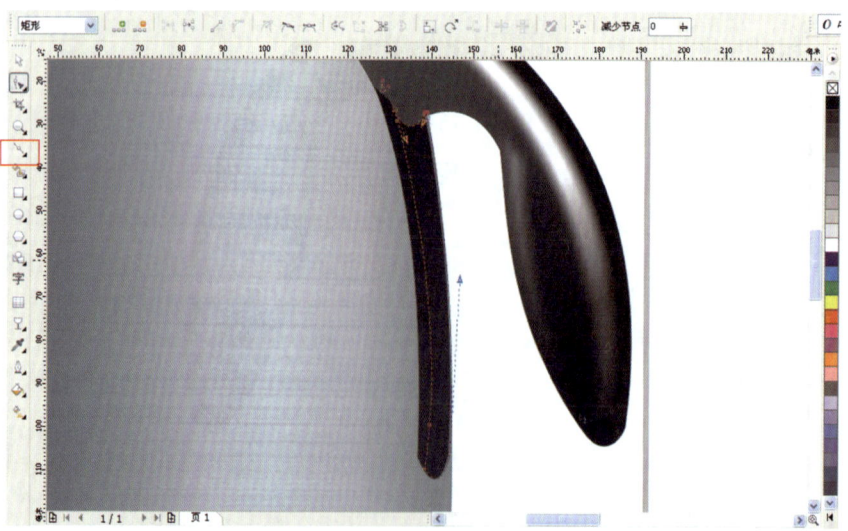

图8-33

34. 先去除该图形的轮廓，然后打开交互式填充工具给它一个渐变填充，渐变色的CMYK值从上到下分别为25、13、15、0、85、74、5、67，设置它的类型为线性，角度为91.1，步长为256，边界为13%，其他选项默认，如图8-34所示。

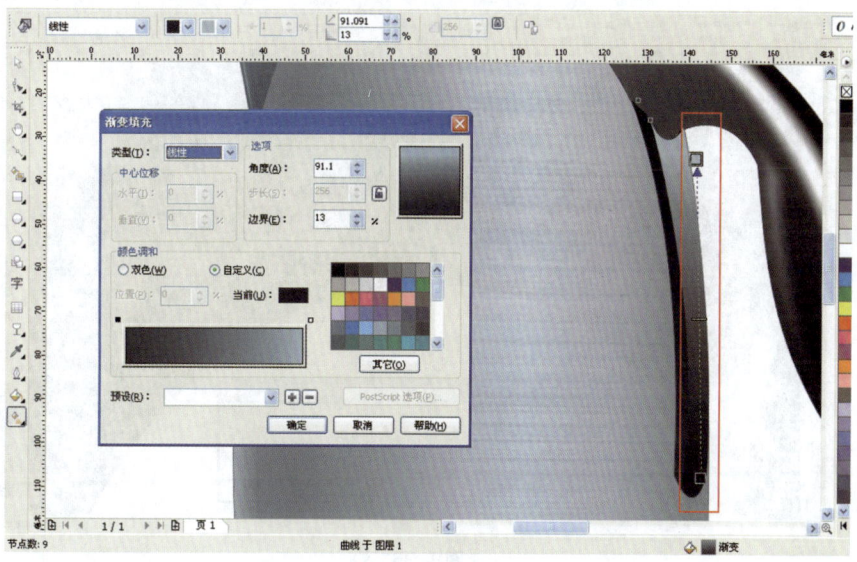

图8-34

35. 使用贝塞尔工具绘制壶把的下侧面阴影图形，并用形状工具进行修改，然后给它填上黑色，效果如图8-35所示。

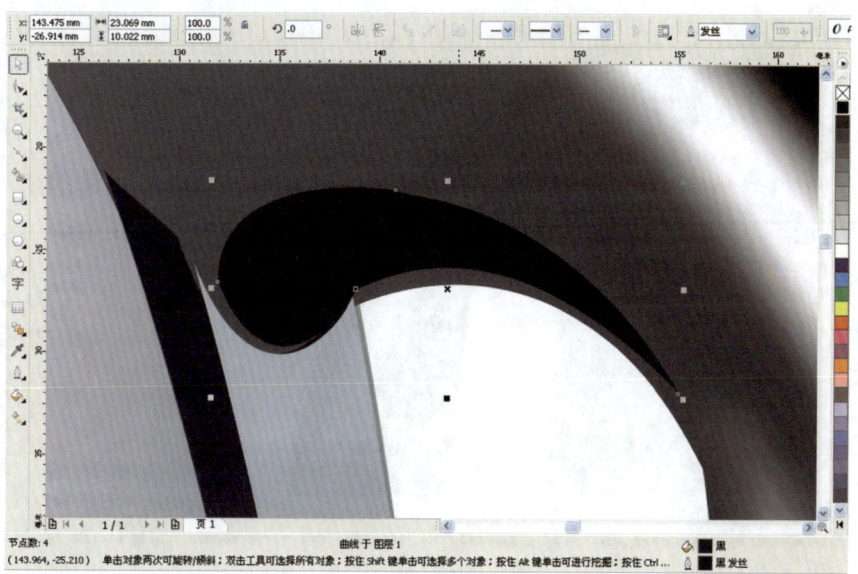

图8-35

36. 先点击菜单命令"位图/转换为位图"将该图形转换成位图，然后再打开"位图/模糊/高斯式模糊"菜单命令将其进行模糊，并设置"高斯式模糊"的模糊半径为6.0像素，效果如图8-36所示。

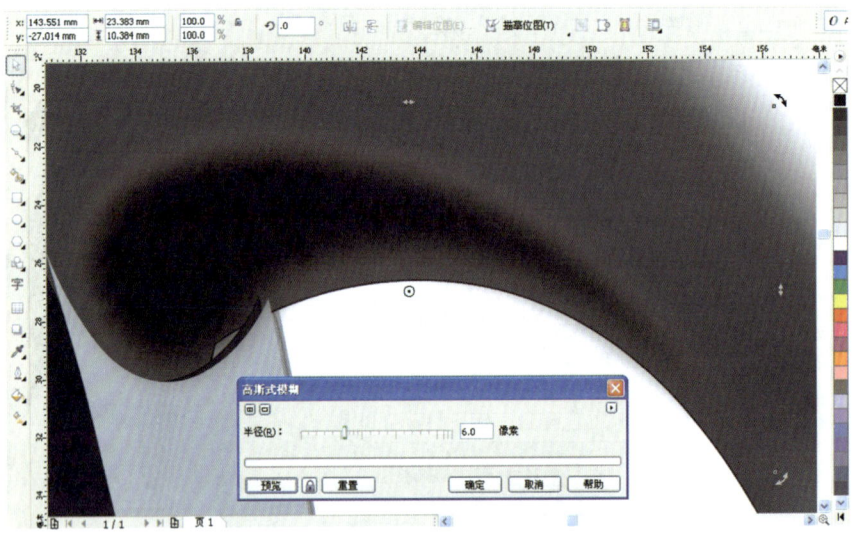

图8-36

37. 绘制壶把上的辅助功能结构图形，如图8-37所示，使用手绘工具绘制图形曲线，然后用形状工具进行编辑。

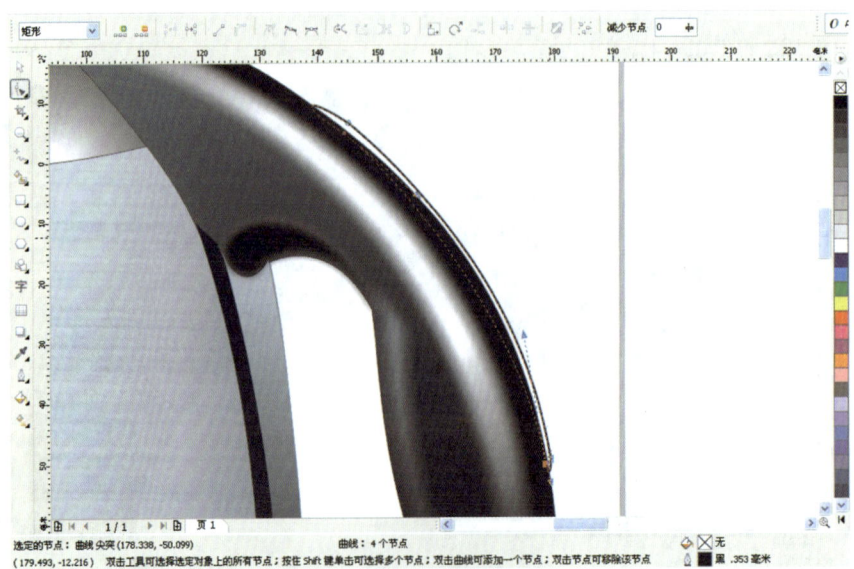

图8-37

38. 打开交互式填充工具给该图形填充一个线性渐变色彩，渐变色的CMYK值从左至右依次为84、64、63、23、15、9、10、0、89、71、63、34，并设置"渐变填充"的角度为123.7，步长为256，边界为5%，效果如图8-38所示。

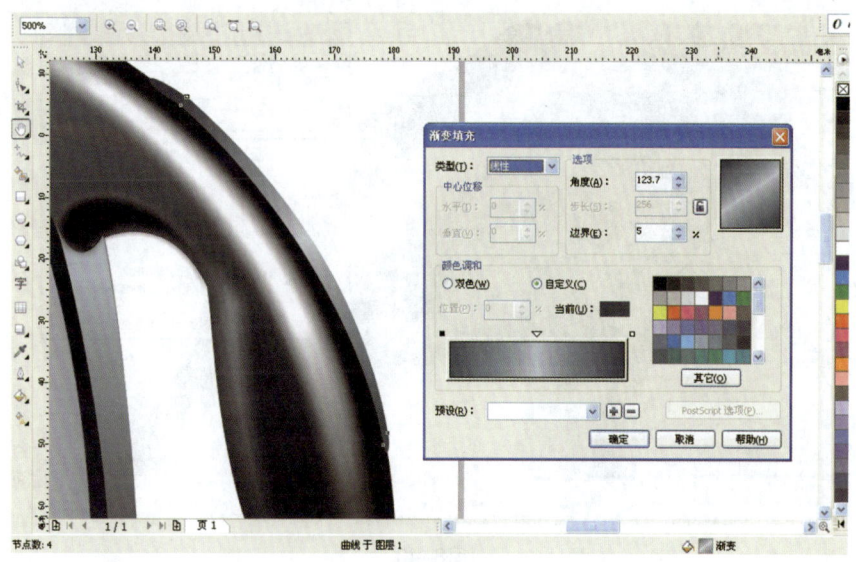

图8-38

39. 现在给壶把添加缝隙效果。打开贝塞尔工具绘制缝隙图形曲线，然后用形状工具进行编辑，并设置缝隙图形曲线的宽度为0.88 mm，轮廓色彩为黑色，如图8-39所示。

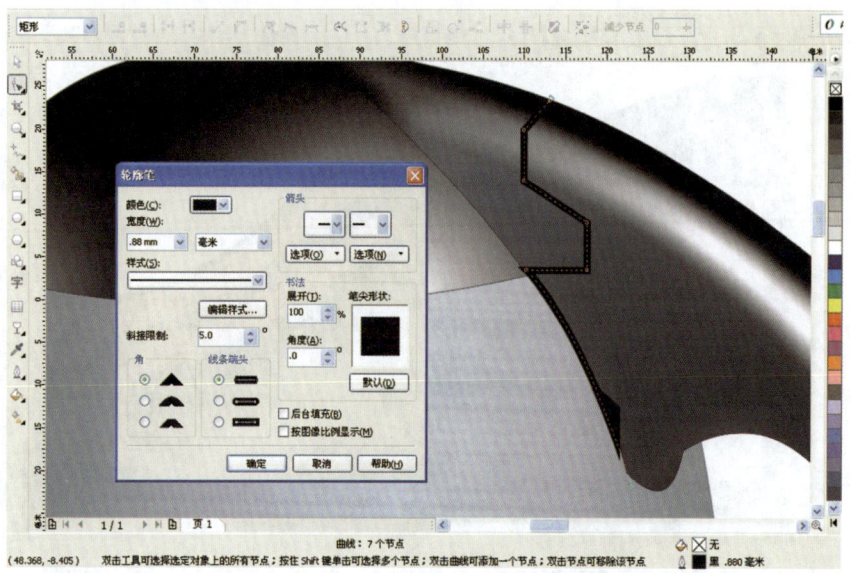

图8-39

40. 以同样的办法绘制另外一个壶把上的缝隙图形曲线，并设置缝隙图形曲线的宽度为0.5 mm，曲线轮廓色彩为黑色，如图8-40所示。

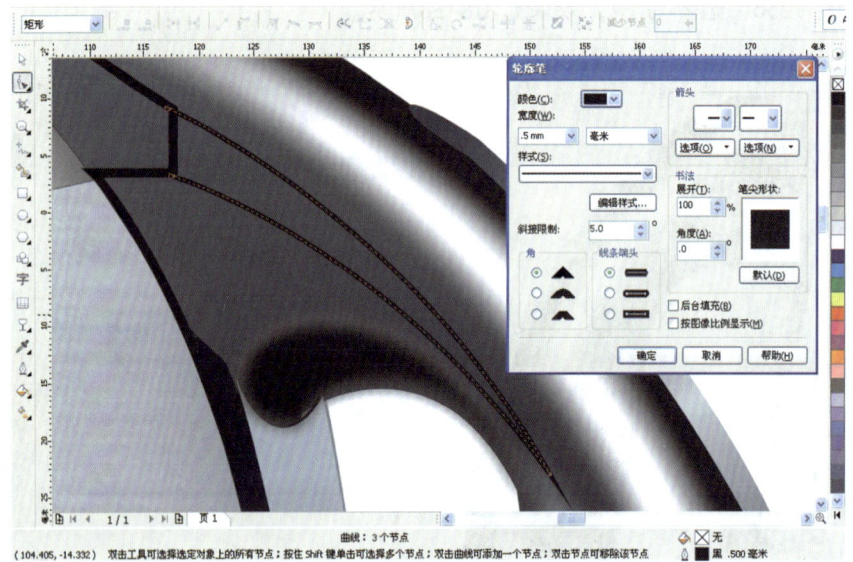

图8-40

41. 接下来绘制壶把上的开关按钮。使用贝塞尔工具先绘制按钮轮廓图形，并填上黑色，然后在它的上面绘制如图8-41所示开关指示灯图形曲线，设置曲线的轮廓宽度为1.4 mm，颜色的CMYK值为0、100、100、0，其他选项默认。

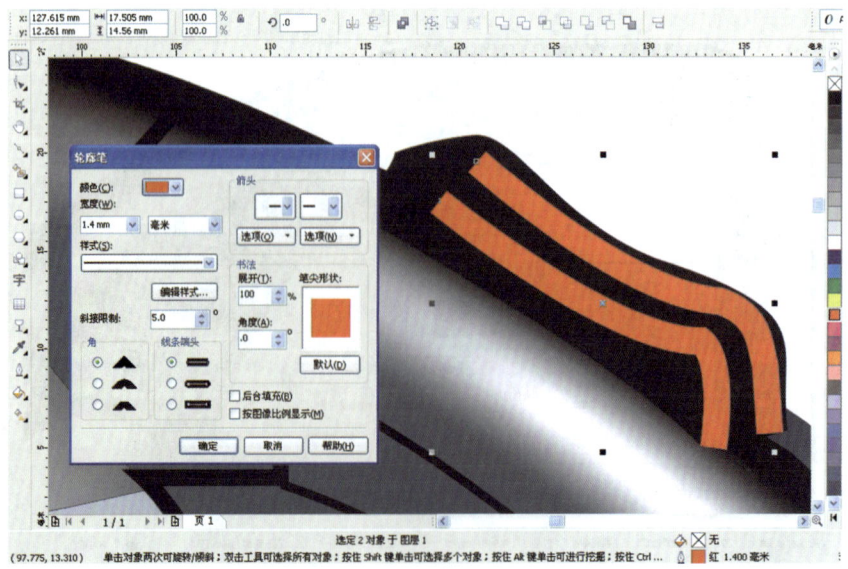

图8-41

42. 选中该图形，然后打开菜单命令"位图/转换为位图"将其转换成位图，再打开"位图/模糊/高斯式模糊"菜单命令给它一个高斯模糊效果，并设置"高斯式模糊"的半径为8.0像素，如图8-42所示。

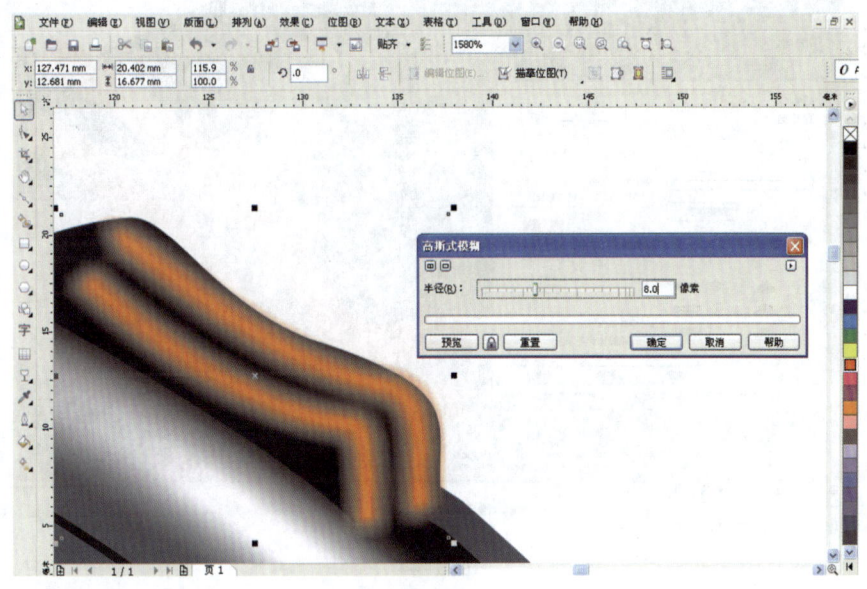

图8-42

43. 打开交互式透明工具再给该图形一个线性渐变透明效果，设置渐变透明的角度为-24.6，步长为256，边界为15%，渐变透明色彩点色彩的CMYK值从左至右依次为0、0、0、90，白，0、0、0、90，白，如图8-43所示。

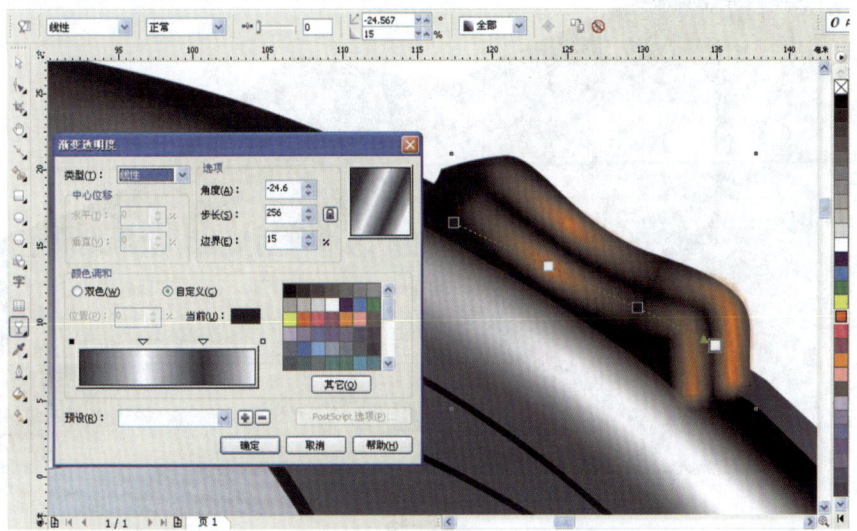

图8-43

44. 以同样的方法绘制如图8-44所示的曲线，然后打开轮廓工具，设置它的颜色CMYK值为0、100、100、0，宽度为1.4 mm。

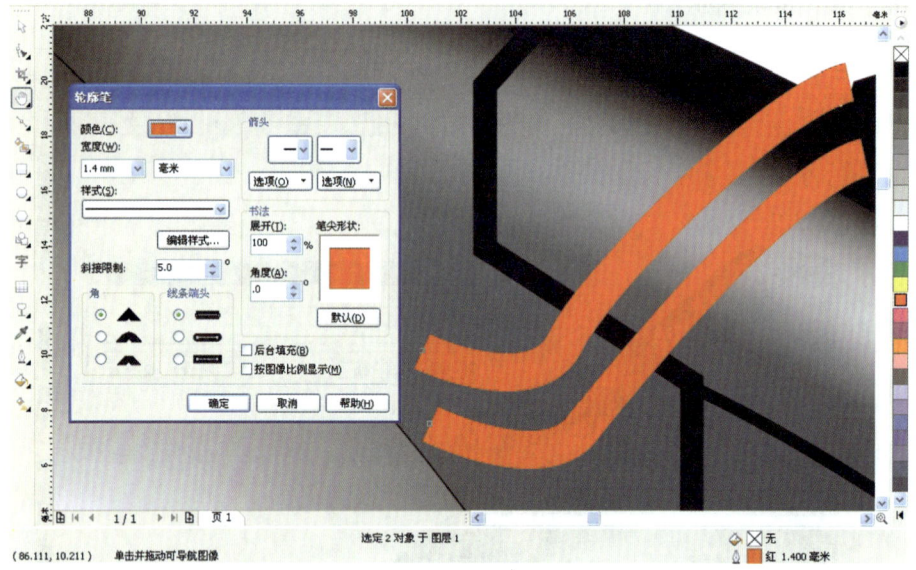

图8-44

45. 先将该图形在位图菜单命令中转换成位图，然后使用"位图/模糊/高斯式模糊"对其进行模糊操作，并设置高斯式模糊的半径为10.0像素，如图8-45所示。

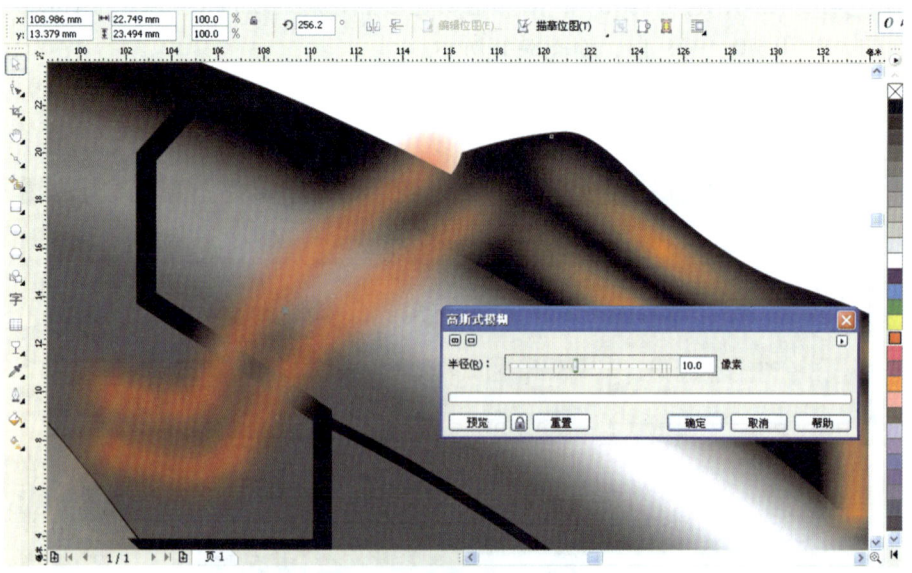

图8-45

46. 给该图形一个线性渐变透明效果，并设置渐变透明的角度为37.7，步长为256，边界为12%，渐变透明色彩点色彩为黑白色，效果如图8-46所示。

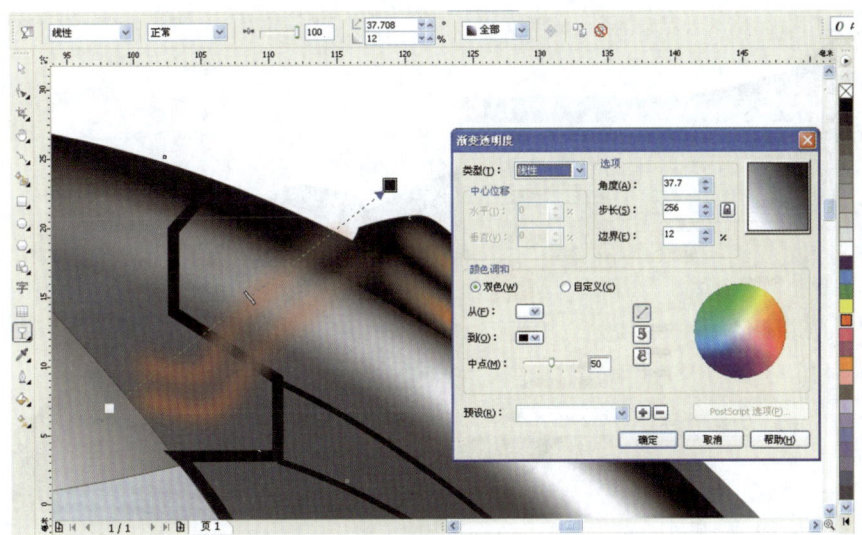

图8-46

47. 选择刚刚绘制的朱红色开关按钮指示灯图形，打开菜单命令"效果/图框精确剪裁/放置在容器中"将它们放置在黑色开关按钮轮廓图内，效果如图8-47所示。

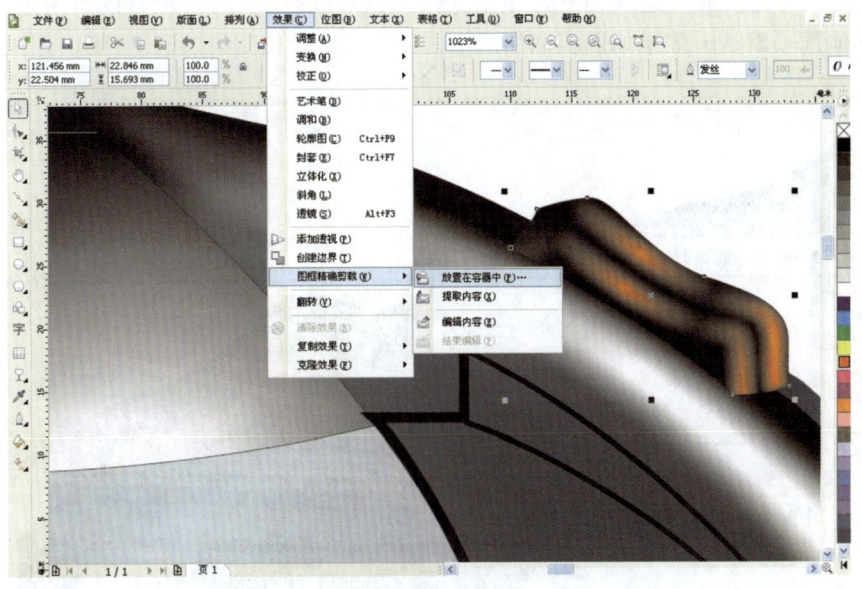

图8-47

48. 同样的，使用贝塞尔工具绘制另外一个开关按钮的指示灯图形曲线，设置它的宽度为1.4 mm，颜色CMYK值为0、100、100、0，效果如图8-48所示。

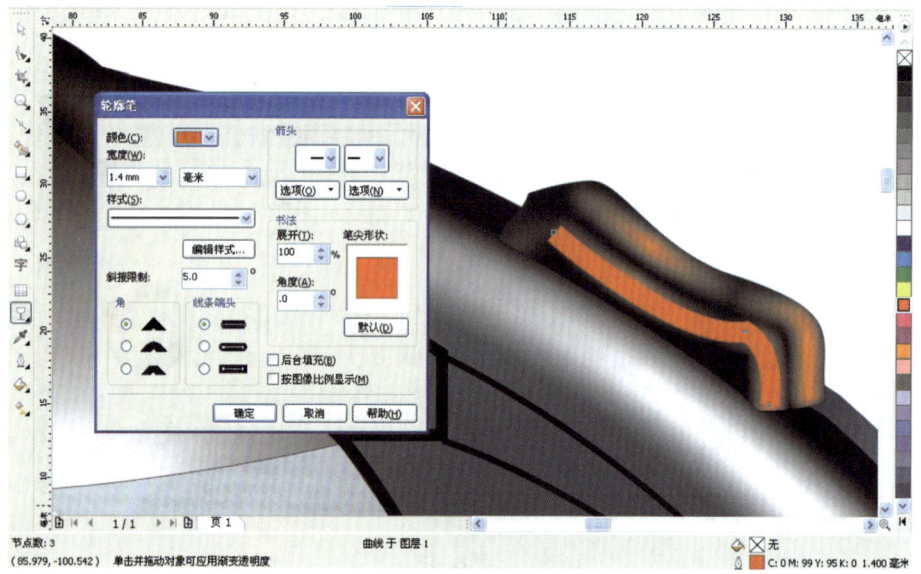

图8-48

49. 打开交互式透明工具给该图形一个线性渐变透明效果，设置"渐变透明度"的角度为147.9，步长为256，边界为3%，渐变透明色彩点的色彩从左至右依次为黑、白、白、和黑，其他选项默认，效果如图8-49所示。

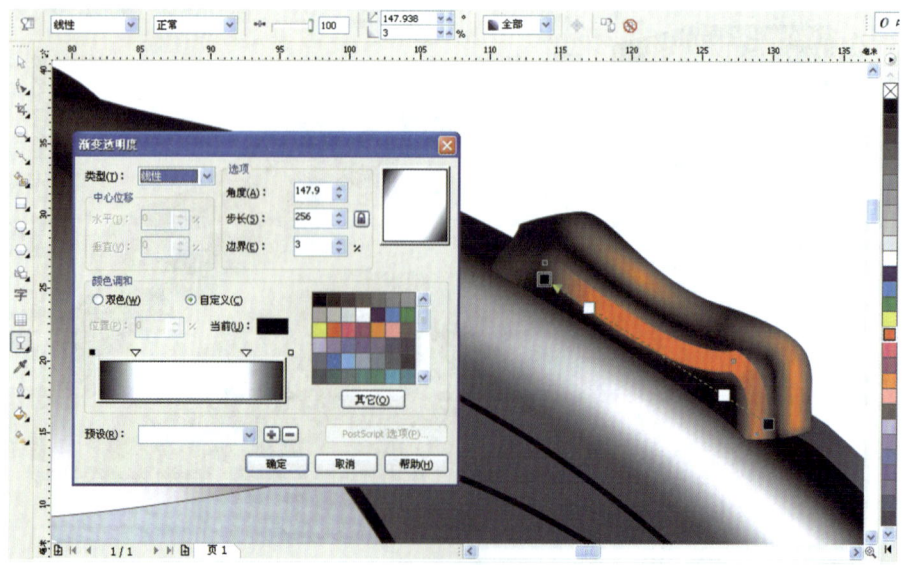

图8-49

50. 绘制电热水壶壶盖上的红色电源指示灯。打开椭圆形工具先绘制一个椭圆，然后去除它的轮廓并用填充工具给它填上CMYK值为0、100、100、0的红色，如图8-50所示。

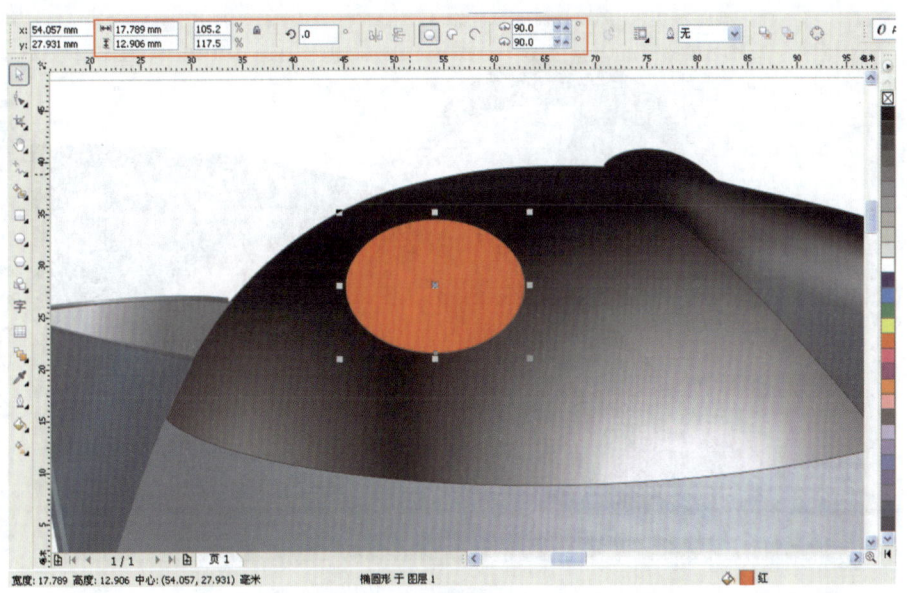

图8-50

51. 再用手绘工具绘制月牙状图形，用贝塞尔工具绘制不规则图形曲线，并使用形状工具进行曲线的编辑，效果如图8-51所示。

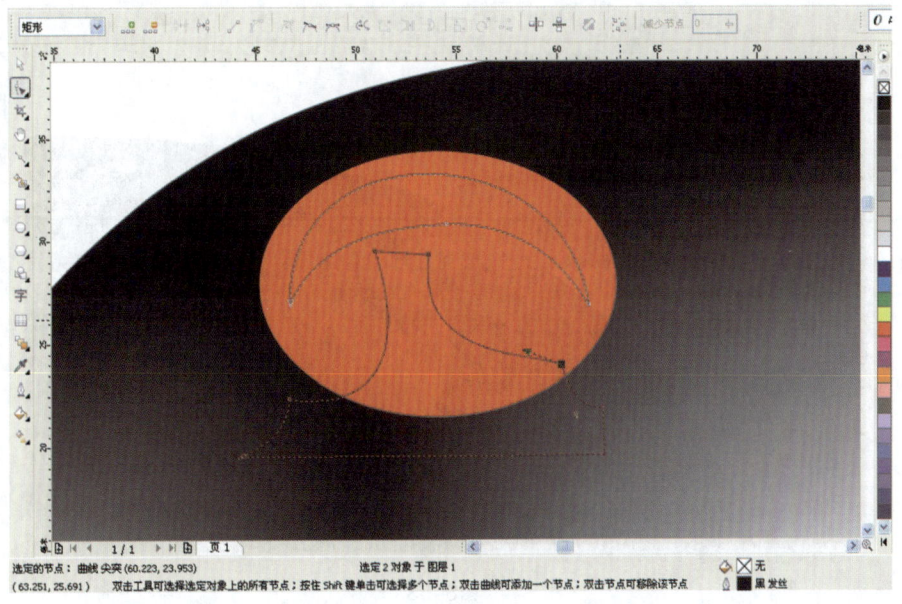

图8-51

52. 先给不规则图形填上任意一个颜色，然后打开交互式阴影工具给它添加阴影效果，设置阴影的透明度为100，羽化度为38，其他参数如图8-52所示。

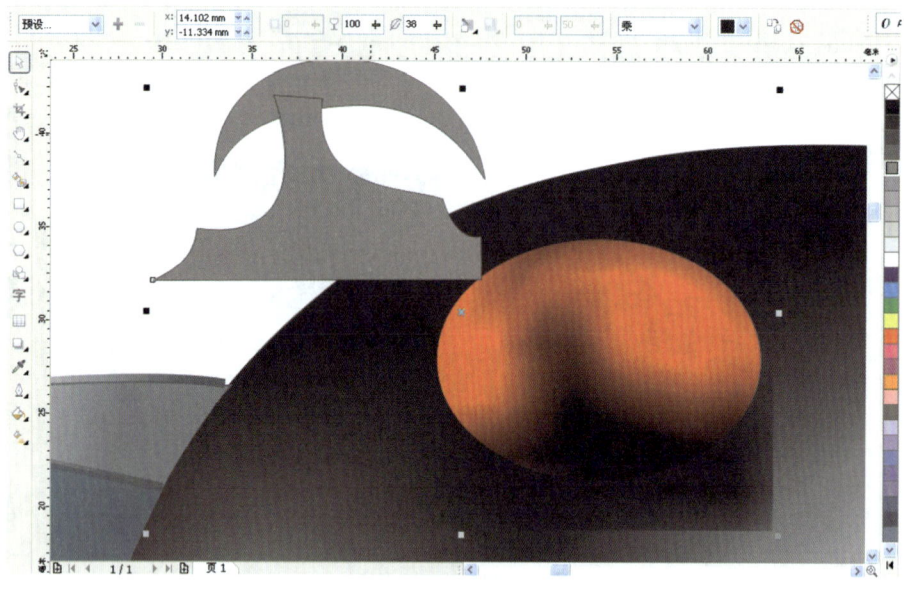

图8-52

53. 同样的，先给月牙状图形填上任意颜色，然后再用交互式阴影工具给它添加透明度为100，羽化度为36的阴影效果，其他参数默认，效果如图8-53所示。

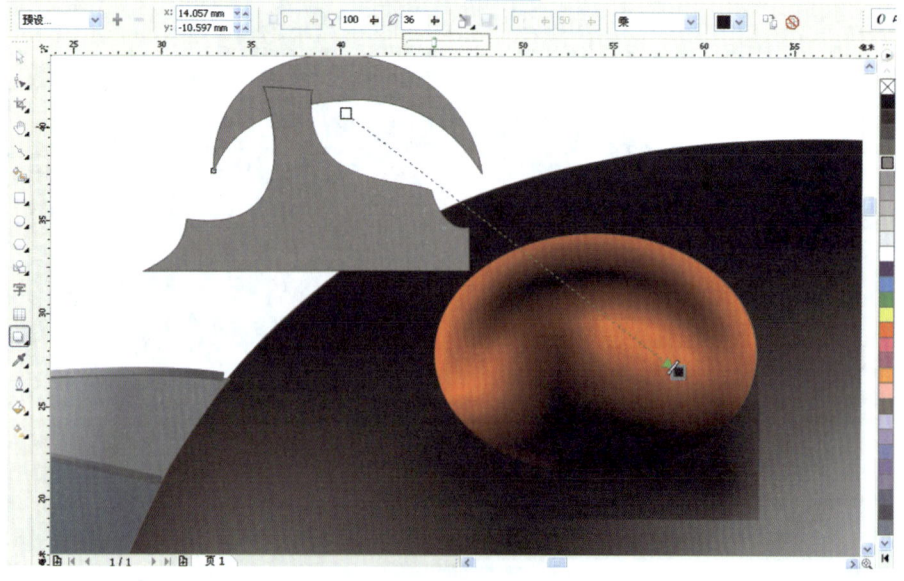

图8-53

54. 打开菜单命令"排列/拆分 阴影群组 于 图层"分别将该两个图形与它们的阴影进行拆分,如图8-54所示。

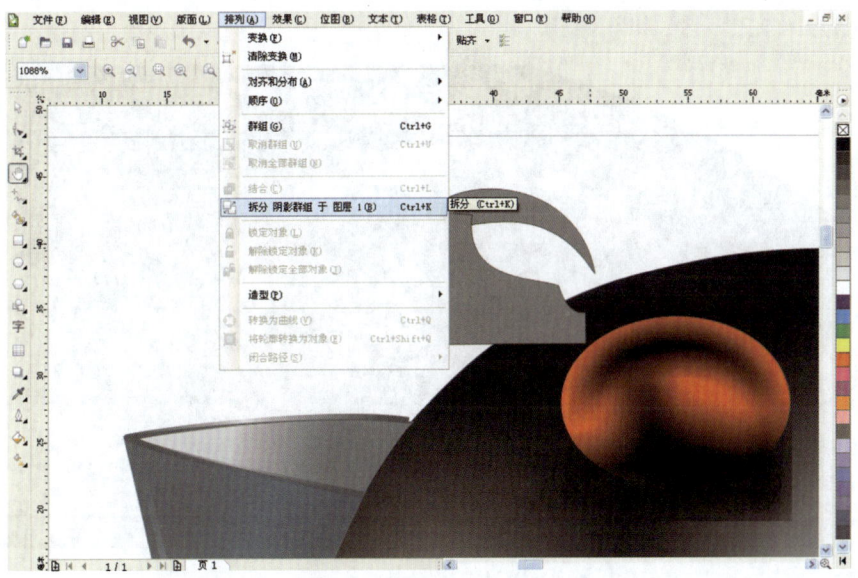

图8-54

55. 选择刚刚拆分出来的阴影图形,然后打开菜单命令"效果/图框精确剪裁/放置在容器中"点击红色椭圆形,将两个阴影图形放置进去,如图8-55所示。

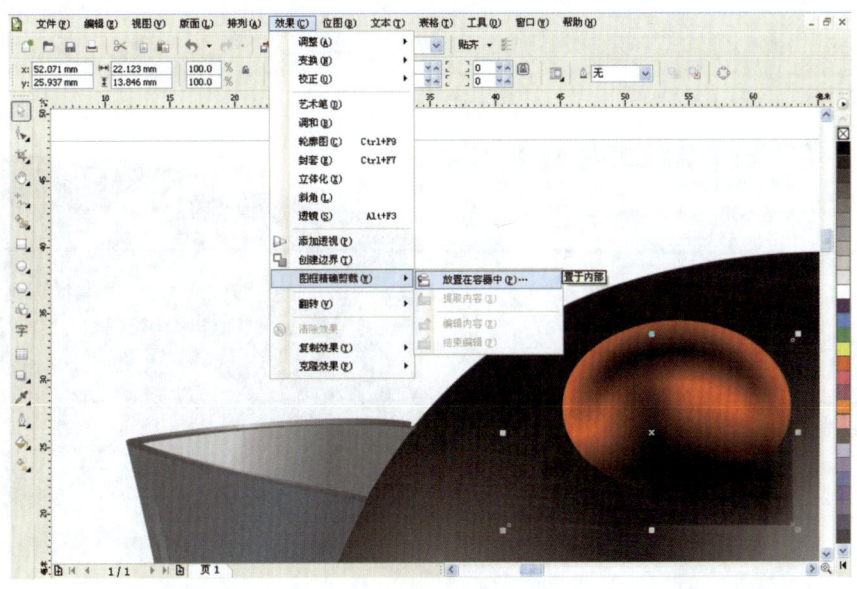

图8-55

56. 使用贝塞尔工具，绘制电热水壶壶盖上电源指示灯的高光图形，再用形状工具编辑后去除轮廓，最后给它填上任意颜色，如图8-56所示。

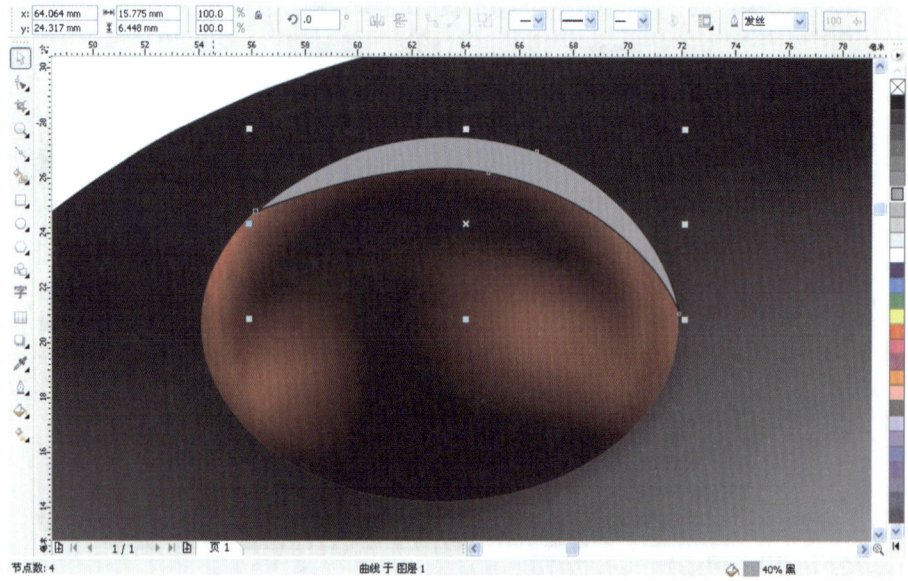

图8-56

57. 使用交互式阴影工具给该图形添加阴影效果，并设置阴影的透明度值为80，羽化值为10，阴影类型为"正常"，阴影颜色的CMYK值为32、20、23、21，如图8-57所示。

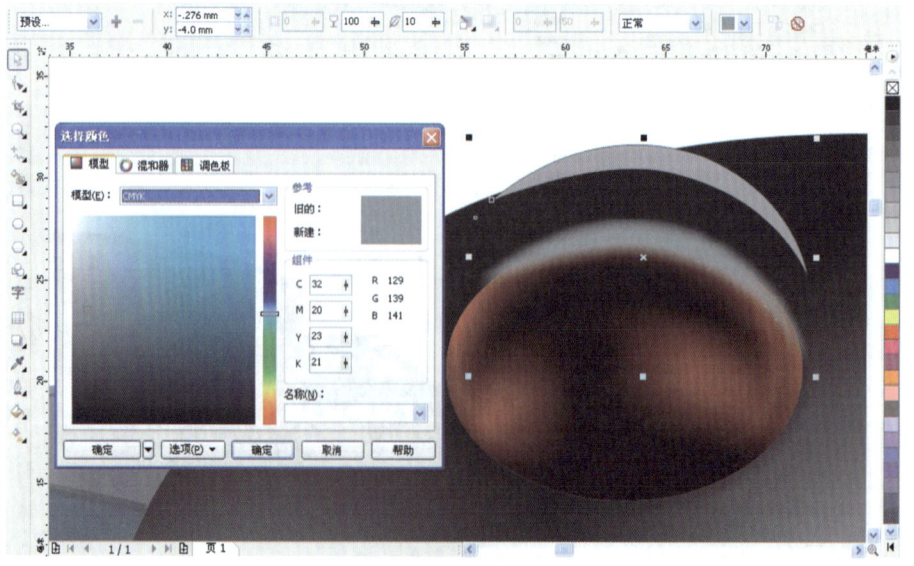

图8-57

58. 使用菜单命令"排列/拆分 阴影群组 于 图层"将该阴影与其图形进行拆分，然后再打开椭圆形工具绘制如图8-58所示图形，并给椭圆形任意填充一种颜色，效果如图8-58所示。

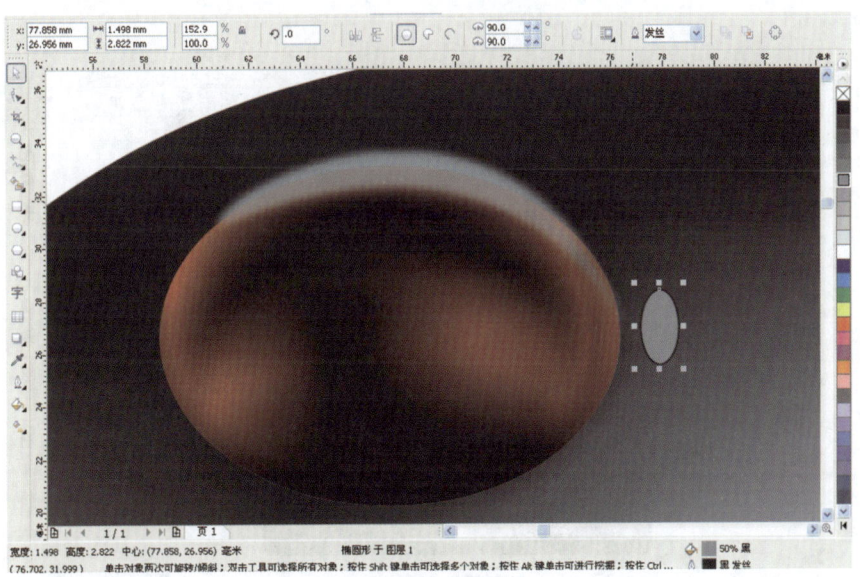

图8-58

59. 使用交互式阴影工具给该椭圆形一个阴影效果，设置阴影的透明度为100，羽化值为18，阴影颜色CMYK值为8、1、0、30，最后再次打开菜单命令"排列/拆分 阴影群组 于 图层"将图形与阴影进行拆分，效果如图8-59所示。

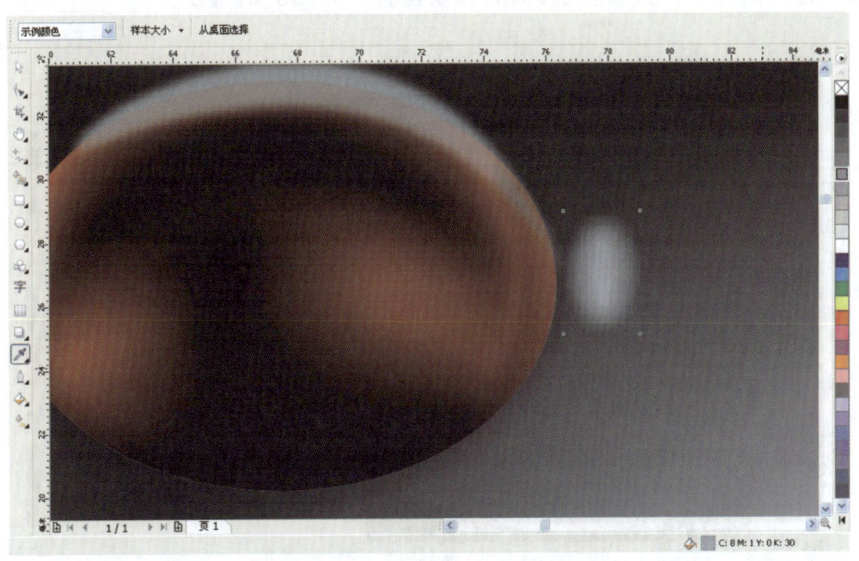

图8-59

60. 绘制电热水壶的水容量测量面板。打开椭圆形工具绘制如图8-60所示图形，然后使用轮廓工具去除它的轮廓，并给它填上CMYK值为86、73、68、55的蓝黑色，最后再复制一个，填上CMYK值为11、4、5、0，去除轮廓，并用挑选工具调整它的大小，效果如图8-60所示。

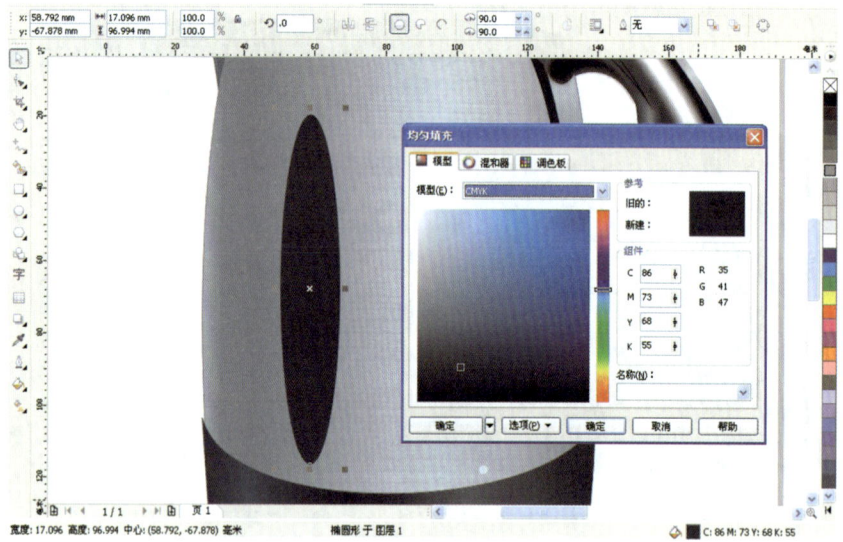

图8-60

61. 选中该蓝黑色椭圆图形，按Ctrl+C和Ctrl+V键复制它，然后用交互式填充工具给复制椭圆填上渐变色彩，渐变色的CMYK值从左至右依次为45、25、26、0，2、0、57、0，27、12、15、0，然后用挑选工具向右移动位置，如图8-61所示。

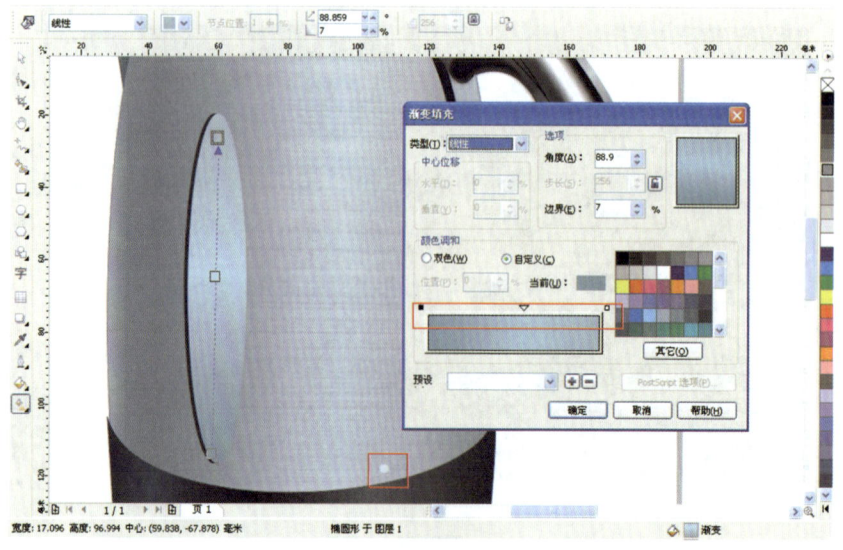

图8-61

62. 使用以上相同的方法，再次复制该椭圆形，然后用挑选工具进行位置的移动，并填上CMYK值为90、71、66、41的色彩，效果如图8-62所示。

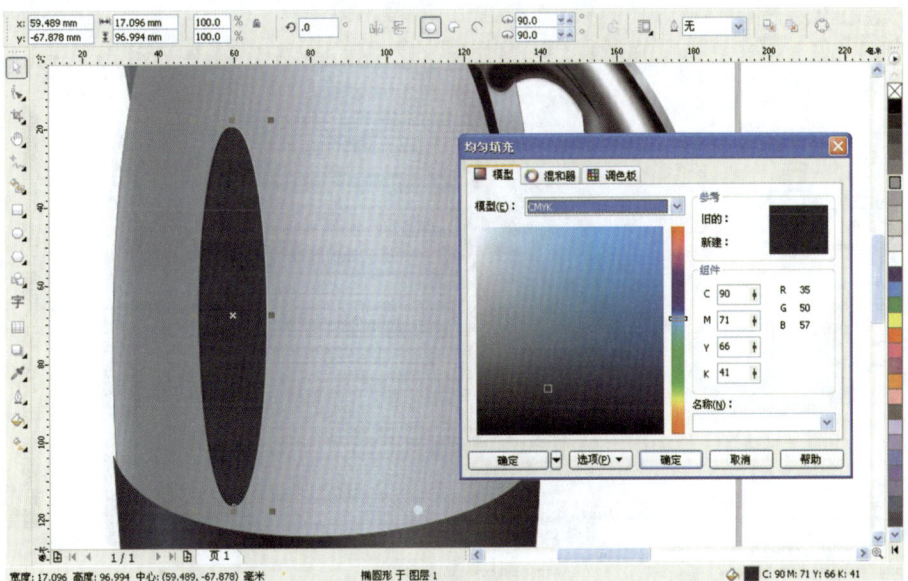

图8-62

63. 选择如图8-63所示正圆形，然后按Ctrl+D键进行复制，并调整所复制的两个正圆形的位置。

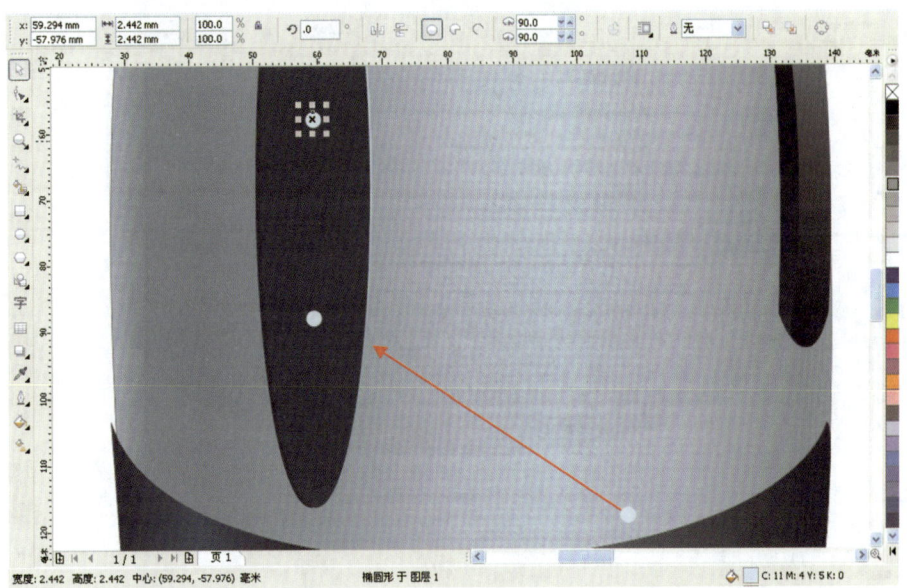

图8-63

64. 打开文本工具输入如图8-64所示的文本内容，然后对它们的位置进行修正，并用轮廓工具中的轮廓颜色对话框给它们填上白色。

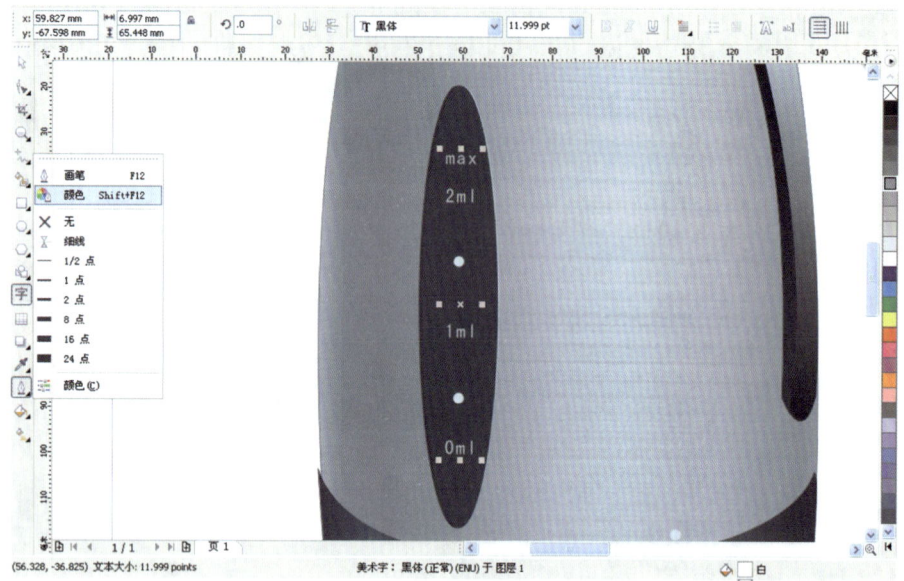

图8-64

65. 绘制电热水壶底座上的线槽。使用贝塞尔工具绘制如图8-65所示曲线，并用轮廓工具中的"颜色"对话框给它填上一个CMYK值为64、40、38、1的色彩。

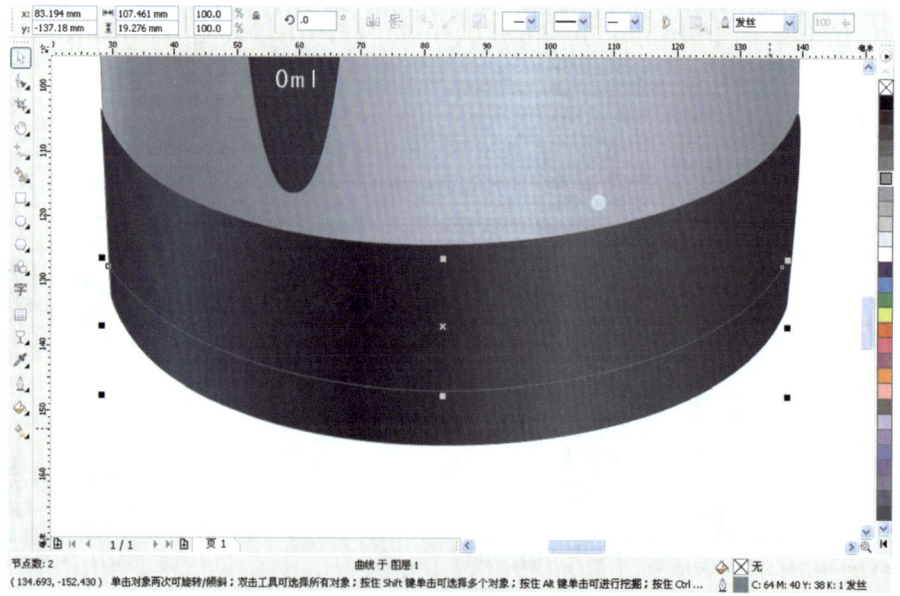

图8-65

66. 为了增加该线槽的空间真实感，现在使用交互式透明工具给它添加渐变透明效果，渐变透明色彩点上的色彩CMYK值从左至右依次为黑、白、0、0、0、60、白、黑，效果如图8-66所示。

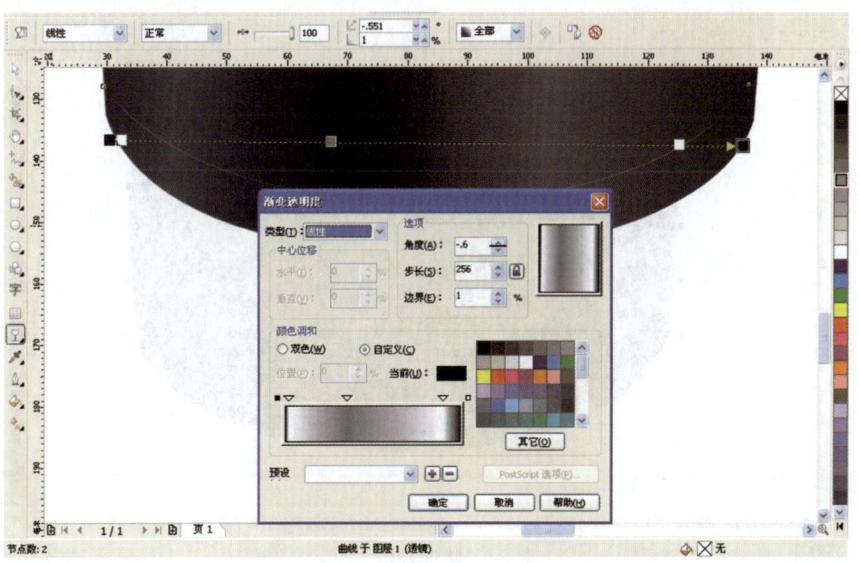

图8-66

67. 现在给该电热水壶添加阴影效果。打开贝塞尔工具绘制如图8-67所示曲线，并设置曲线的宽度为2.822 mm，填充轮廓色为黑色。

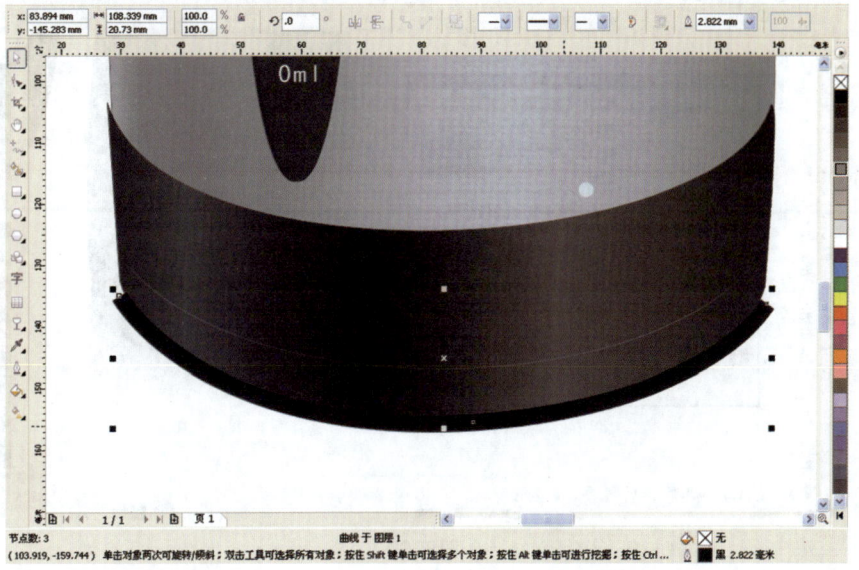

图8-67

68. 现在给电热水壶制作倒影效果。选中电热水壶的底座图形，按Ctrl+C和Ctrl+V键对其进行复制，然后用挑选工具把所复制的图形放置在如图8-68所示的位置上，并对复制底座上的线槽位置也进行调整。

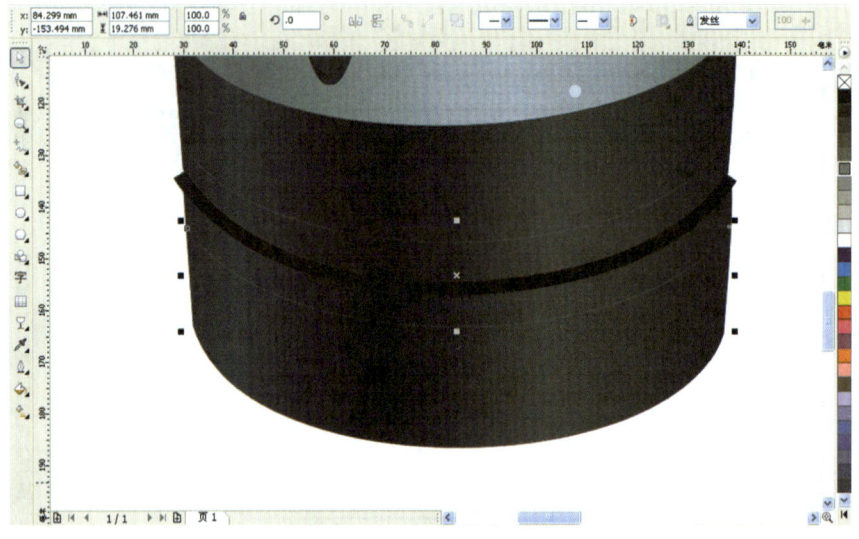

图8-68

69. 打开交互式透明工具给该电热水壶底座复制图形添加一个渐变透明效果，设置渐变透明的角度为-88.8，步长为256，边界为13%，其他选项默认，如图8-69所示。

图8-69

70. 复制一个制作好的电热水壶图形，然后删除不必要的局部图形，打开菜单命令"排列/群组"将它们进行群组，最后使用交互式阴影工具给它一个阴影效果，设置阴影的透明度为50，羽化值为15，其他参数默认，如图8-70所示。

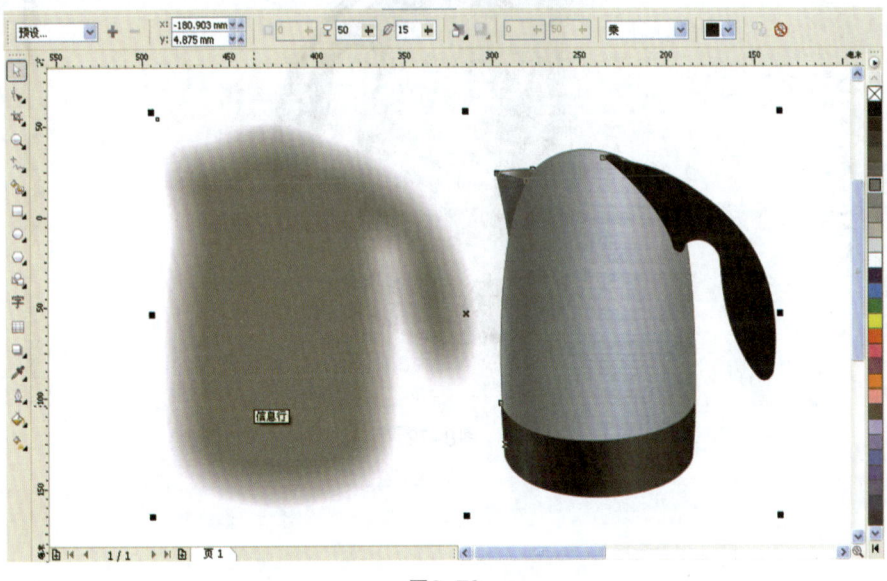

图8-70

71. 打开菜单命令"排列/拆分 阴影群组 于 图层"将阴影与它的图形进行拆分，然后再使用挑选工具进行压缩变形，如图8-71所示。

图8-71

72. 至此,整个电热水壶全部绘制完毕,效果如图8-72所示。

图8-72

第九章 立体电影海报

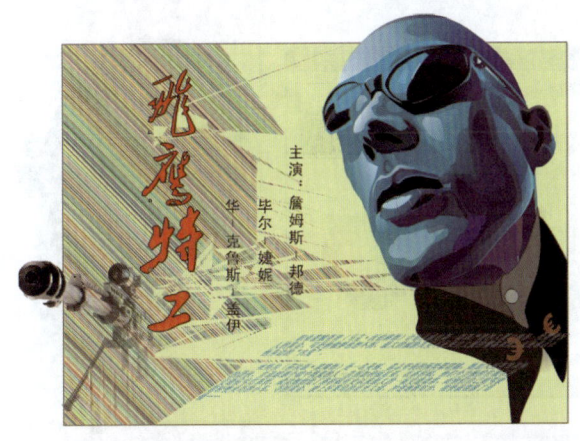

电影海报是设计师常常面对的一种招贴形式，本案例中，使用CorelDRAW X4绘制该立体电影海报也并不复杂，甚至是CorelDRAW X4几个功能的重复。不过，这幅立体电影海报采用了矢量图与位图相结合的方法，值得我们思考与应用。另外，男性人物的表现一定要阳刚一些，不要计较细枝末节。

1. 打开手绘工具 （快捷键为F5）绘制海报男主角的头部轮廓曲线，通过形状工具的修改后，再用填充工具进行颜色填充，设置颜色的CMYK参数为80、16、21、0，效果如图9-1所示。

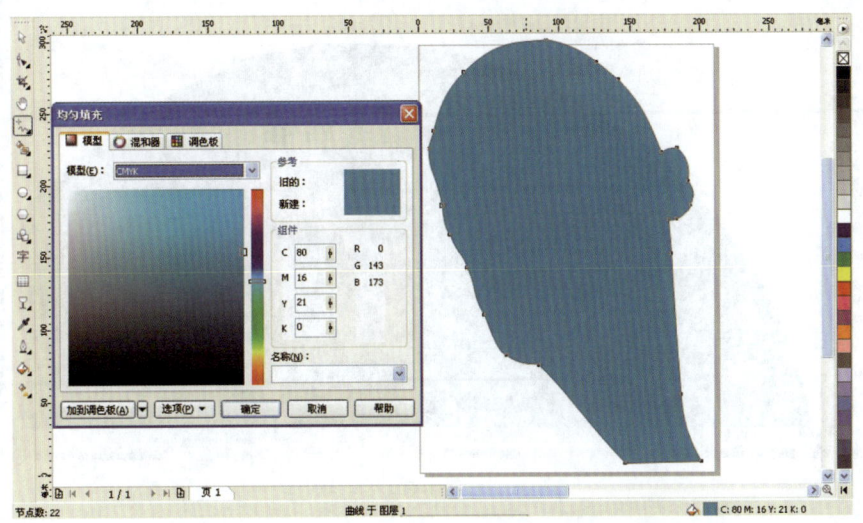

图9-1

第三部分 幻想征途 **225**

2. 打开交互式透明工具给该图形一个线性渐变效果，设置"渐变透明度"的角度为–68.9，步长为255，边界为34%，其他选项默认，效果如图9-2所示。

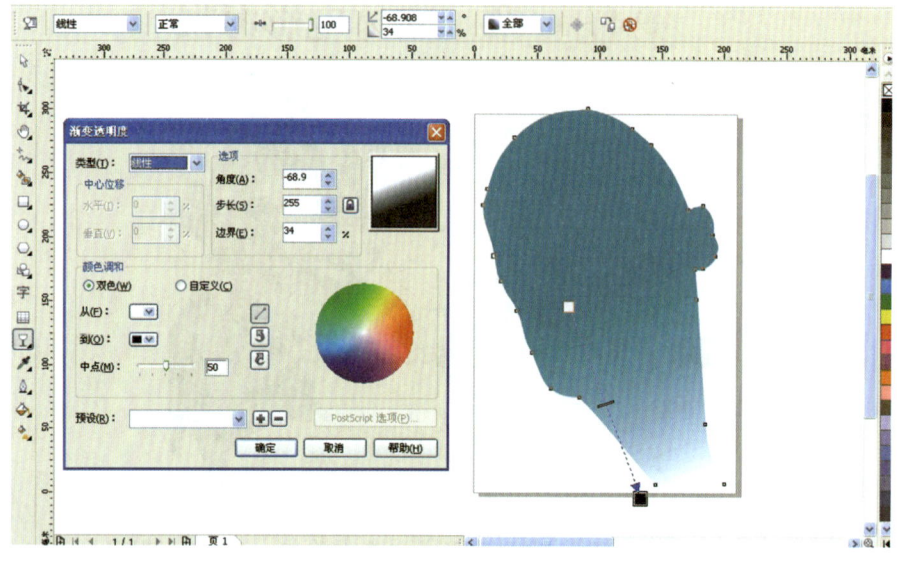

图9-2

3. 现在绘制头发图形（简化型）。应用手绘工具绘制如图9-3所示图形，先用轮廓工具去除它的轮廓，然后使用形状工具对其进行编辑，并用填充工具给它填上CMYK值为97、56、29、0的蓝色。

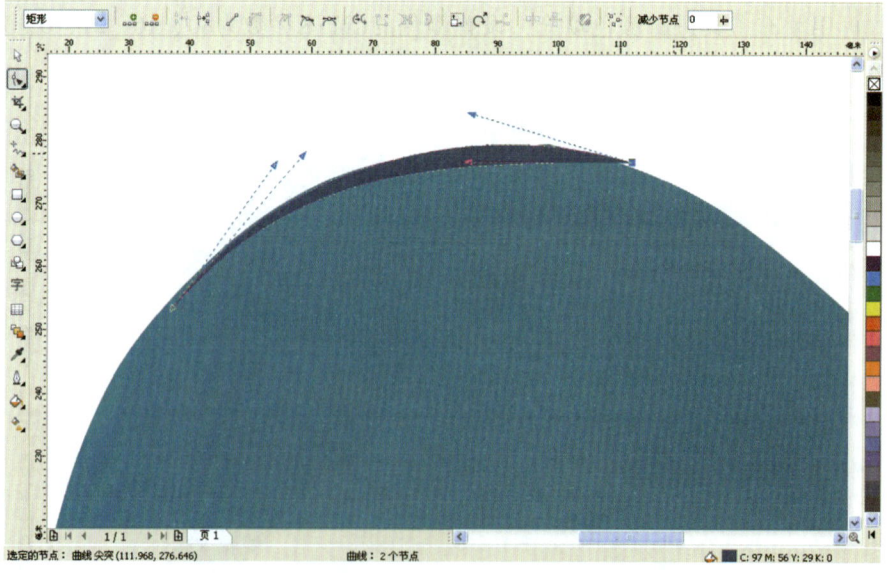

图9-3

4. 打开手绘工具绘制额头图形曲线，然后用形状工具对曲线的点进行编辑，再给它填上白色，如图9-4所示。

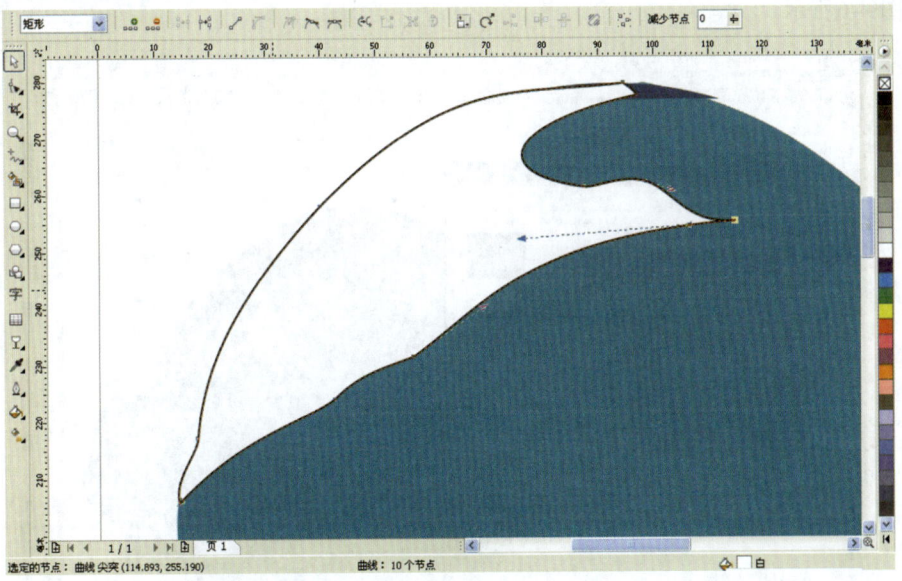

图9-4

5. 打开交互式透明工具给额头图形添加线性渐变透明效果，设置渐变透明的角度为36.3，步长为255，边界为13%，其他选项默认，如图9-5所示。

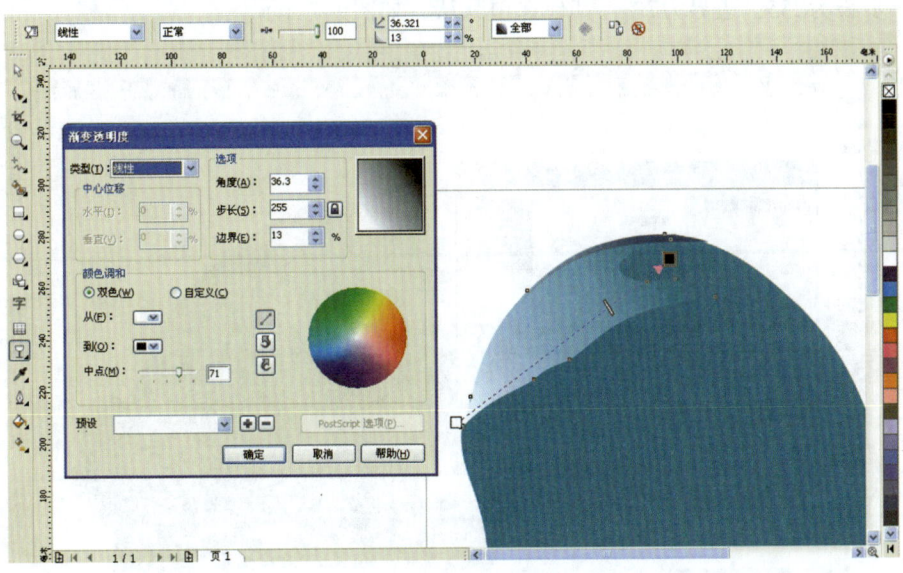

图9-5

6. 同样使用手绘工具绘制颧骨上部图形，并使用形状工具对它的点进行修改，用填充工具填上CMYK值为100、100、0、0的蓝色，再打开轮廓工具中的"无"删除它的轮廓，效果如图9-6所示。

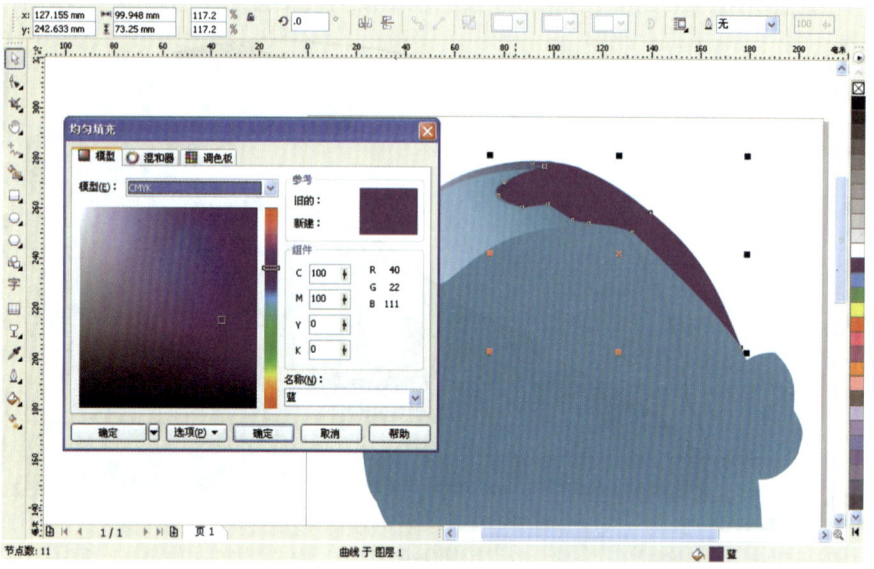

图9-6

7. 打开交互式透明工具给该图形添加线性渐变透明效果，设置渐变透明的角度为173.1，步长为255，边界为7%，其他选项默认，如图9-7所示。

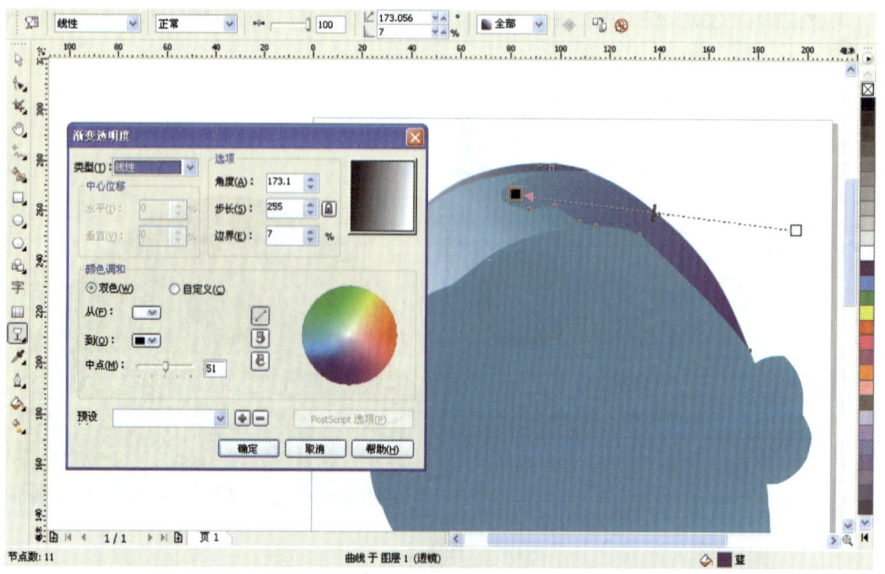

图9-7

8. 打开手绘工具绘制另一个如图9-8所示图形，用形状工具进行编辑后，再用填充工具给它填上CMYK值为100、100、0、0的蓝色，并打开轮廓工具中的"无"选项来删除它的轮廓。

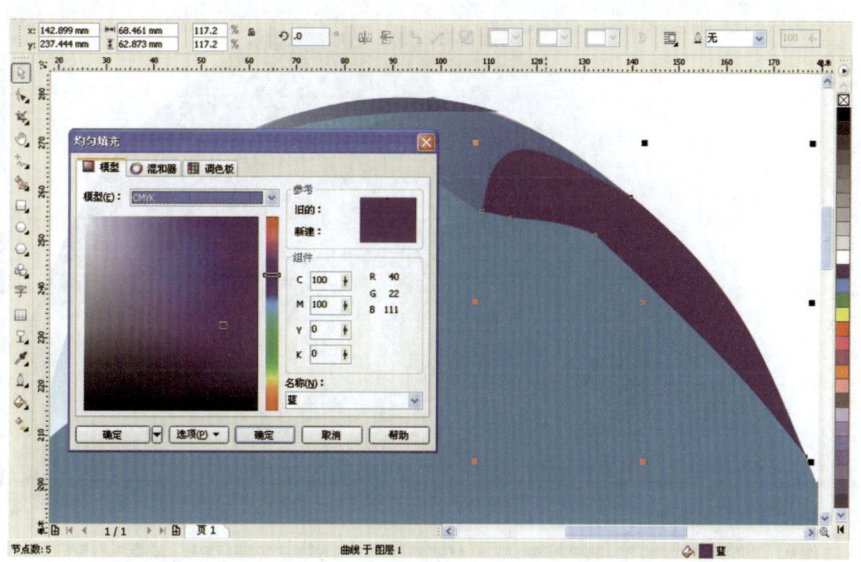

图9-8

9. 打开交互式透明工具给它添加线性渐变效果，设置渐变透明的角度为145.9，步长为255，边界为6%，其他选项默认，如图9-9所示。

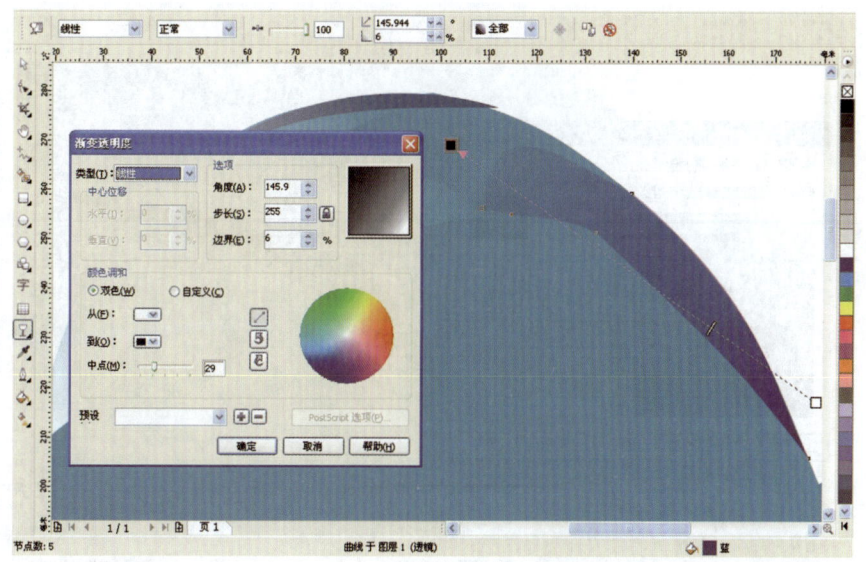

图9-9

10. 现在开始绘制眼镜图形。打开贝塞尔工具绘制如图9-10所示曲线,然后使用形状工具进行修改,注意将曲线的点属性类型改成尖突模式。

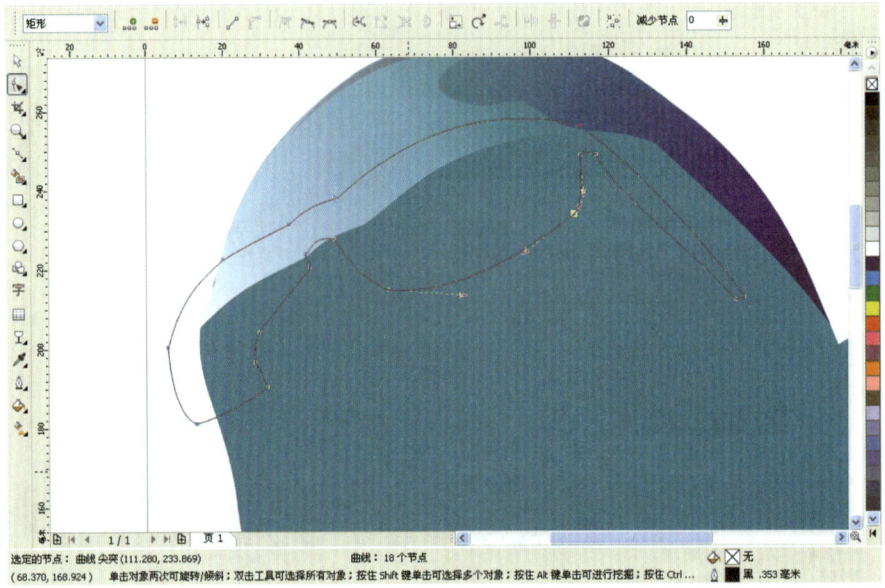

图9-10

11. 打开贝塞尔工具绘制眉毛图形。将眉毛图形去除轮廓后用形状工具进行编辑,然后给它填上CMYK值为91、49、44、7的蓝灰色,如图9-11所示。

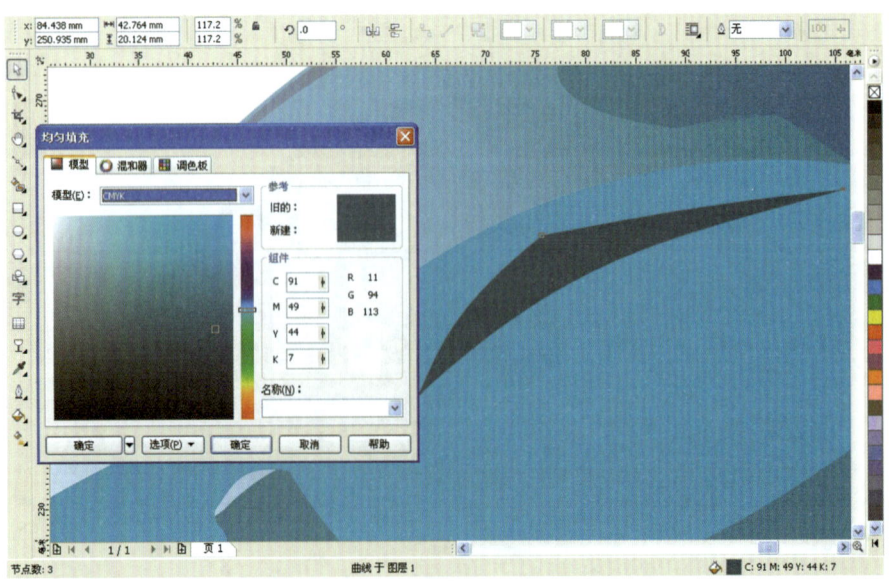

图9-11

12. 继续打开交互式透明工具给该图形一个线性渐变透明效果,并设置渐变透明的角度为0,步长为256,边界为0,其他选项默认,如图9-12所示。

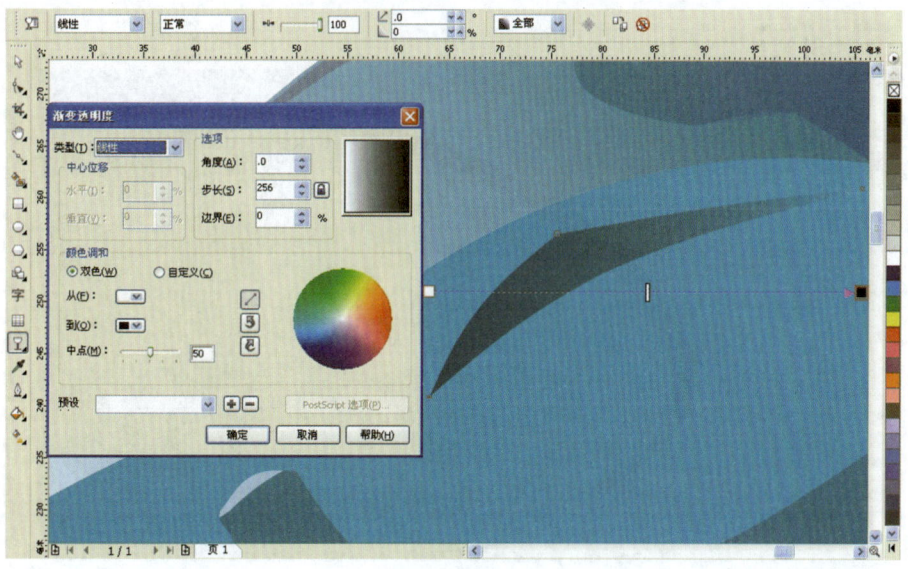
图9-12

13. 选中刚刚绘制好的眉毛图形,按Ctrl+D键进行复制,然后将复制的眉毛图形进行缩小,并用交互式透明工具给它一个线性渐变透明效果,设置渐变透明的角度为123.0,步长为255,边界为39%,如图9-13所示。

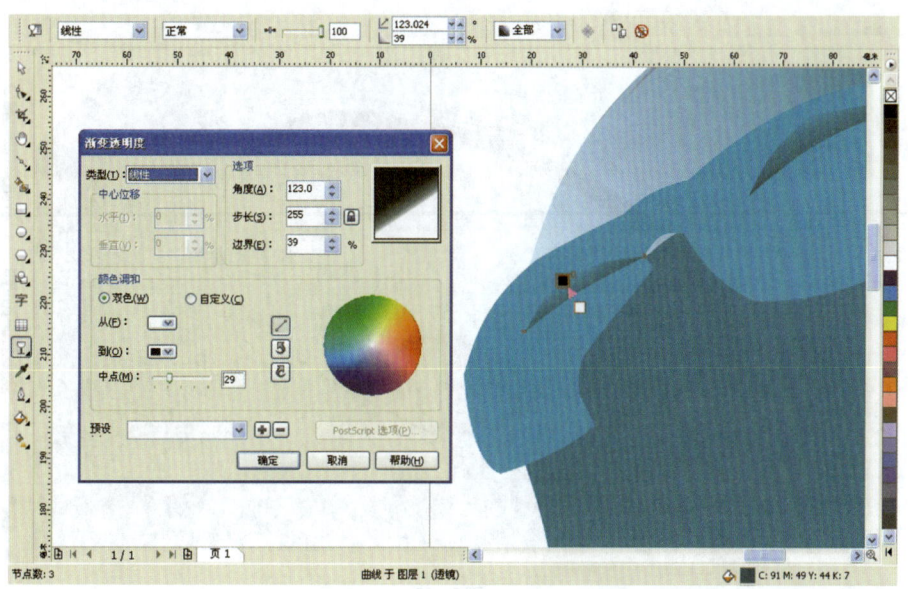
图9-13

14. 使用贝塞尔工具绘制眼镜框图形，并用形状工具进行修改，然后给它填上CMYK值为99、99、84、31的色彩，如图9-14所示。

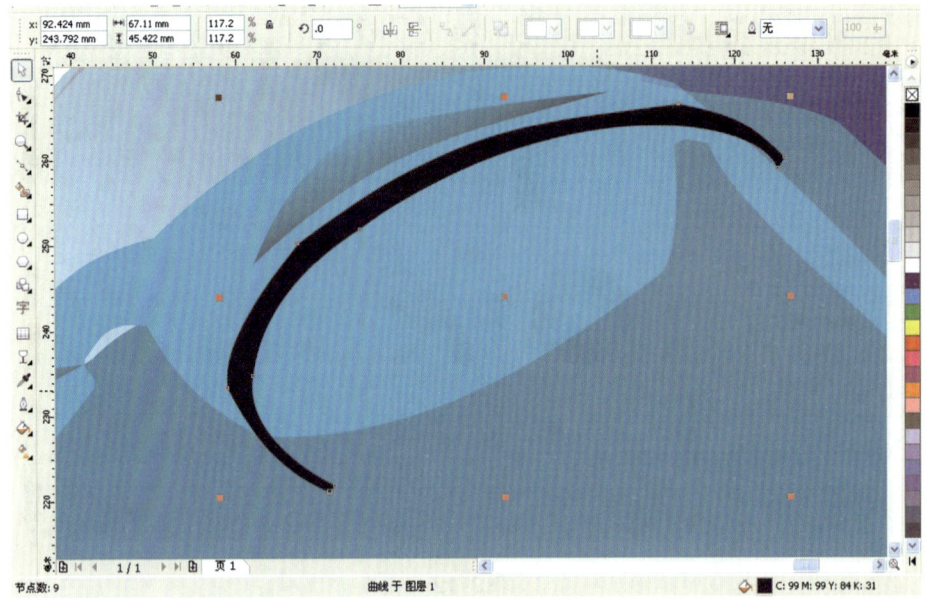

图9-14

15. 使用贝塞尔工具绘制眼镜框的另一半图形，然后用形状工具对其进行点的编辑，最终效果如图9-15所示。

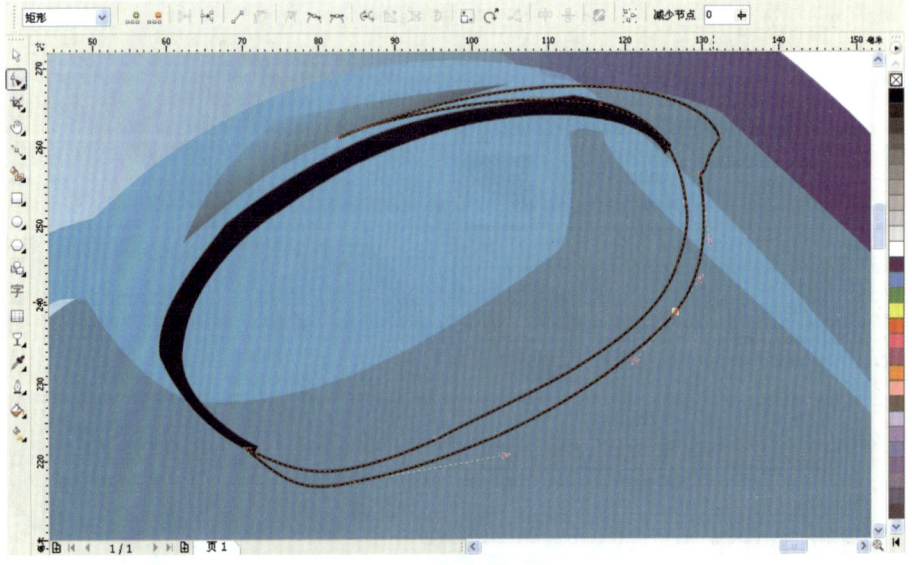

图9-15

16. 启用交互式填充工具，给该眼镜框图形添加渐变色彩填充效果，设置渐变色的色彩CMYK值从左至右依次为92、86、61、51、100、100、0、0、100、100、100、100，如图9-16所示。

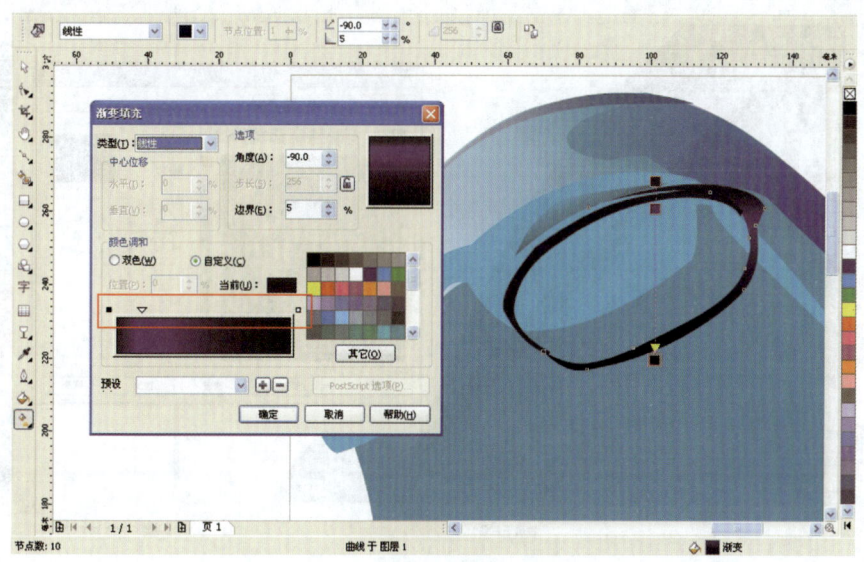

图9-16

17. 使用贝塞尔工具绘制眼镜耳架图形，在轮廓工具中"轮廓笔"对话面板中设置轮廓的宽度为0.706 mm，颜色为黑色，如图9-17所示。

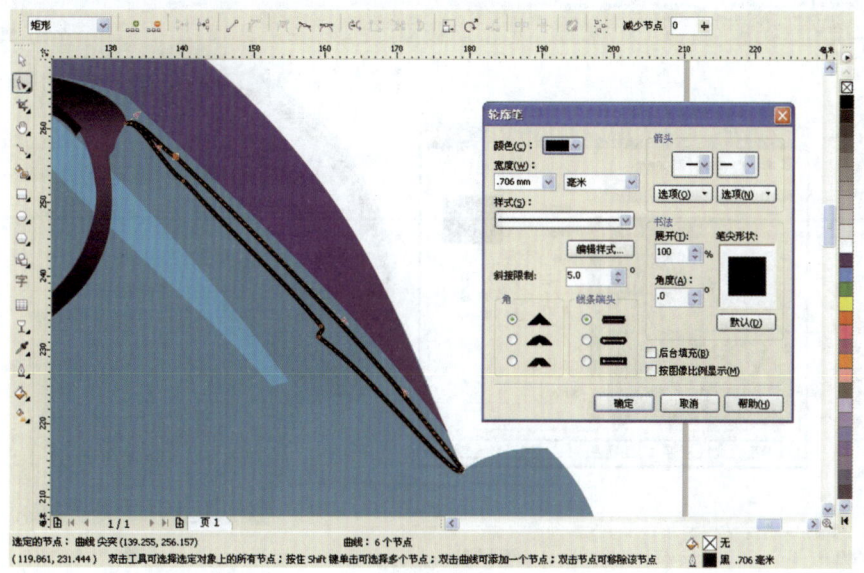

图9-17

18. 激活填充工具给该图形填上一个CMYK值为98、98、32、2的蓝紫色，效果如图9-18所示。

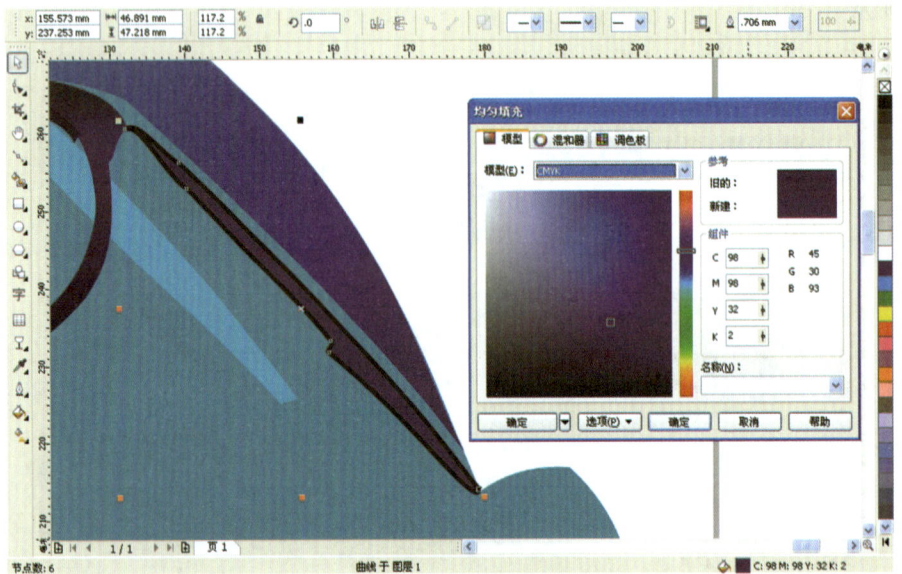

图9-18

19. 激活贝塞尔工具绘制左边的眼镜图形，在用形状工具编辑后，再用填充工具给它填上一个CMYK值为99、99、84、31的蓝黑色，如图9-19所示。

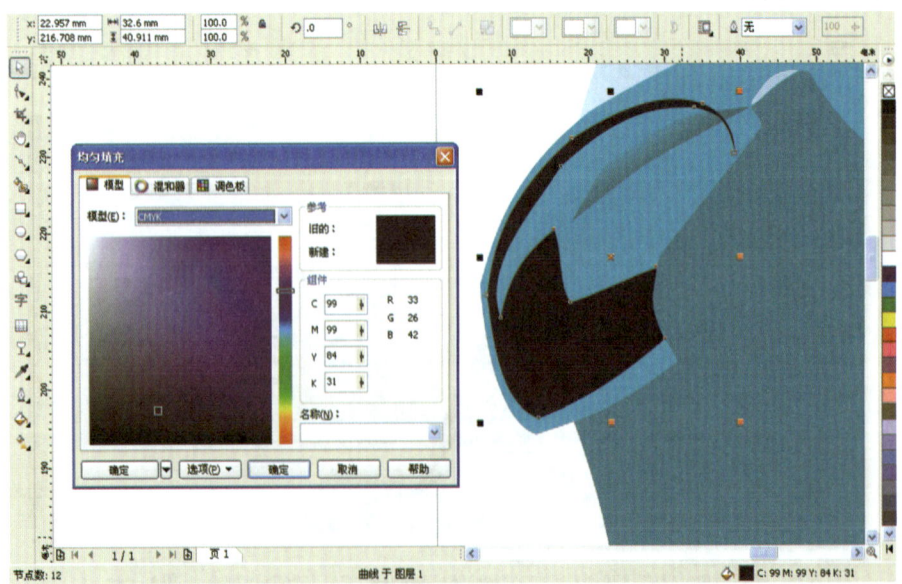

图9-19

20. 打开贝塞尔工具绘制一个眼镜面上的高光图形，使用形状工具编辑后，给它填上白色，效果如图9-20所示。

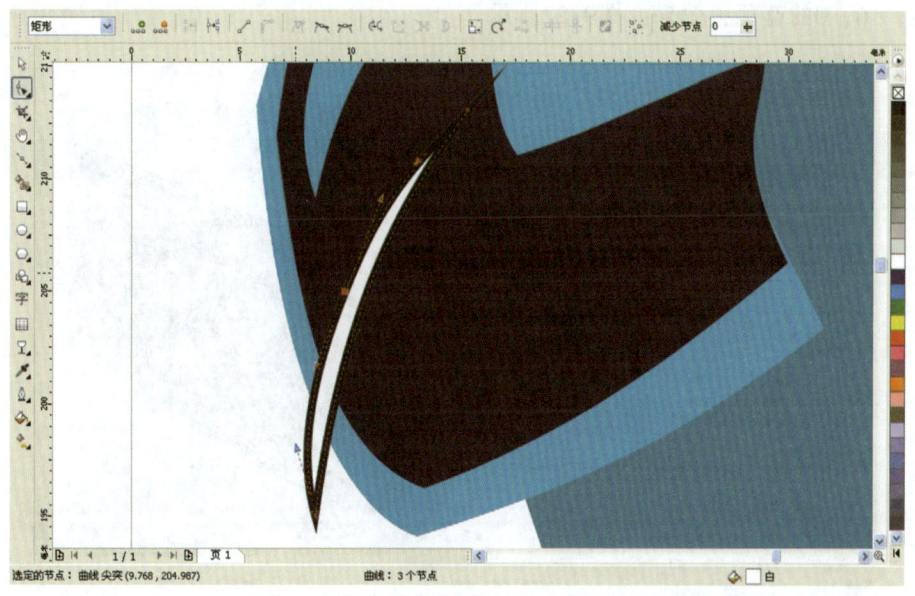

图9-20

21. 激活交互式透明工具给该高光图形一个渐变透明效果，设置"渐变透明度"对话面板上的角度为65.8，步长为255，边界为23%，如图9-21所示。

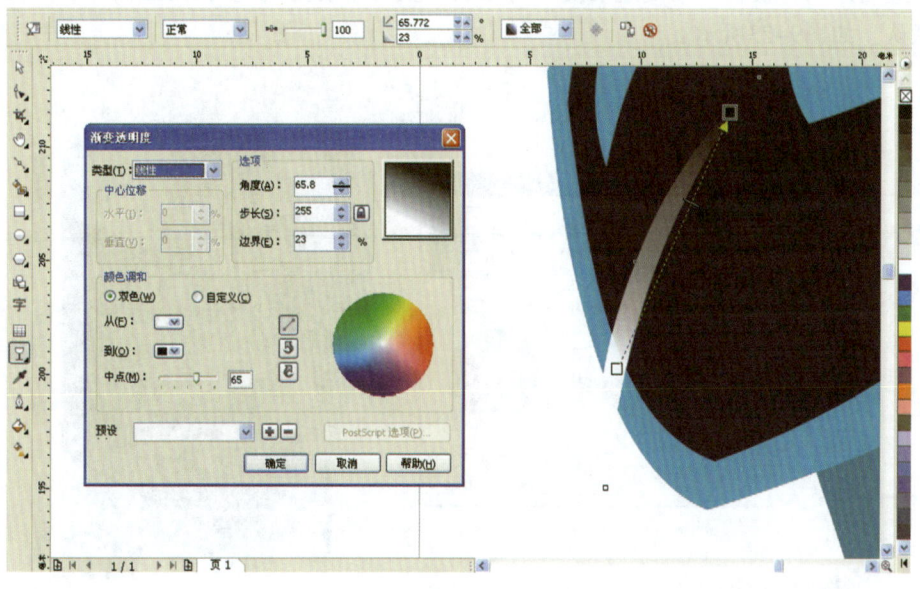

图9-21

22. 在该高光图形的一侧添加一个折射光效果。用贝塞尔工具绘制好曲线后再进行形状上的编辑，然后使用轮廓工具中的"轮廓笔"对话面板给它的轮廓填上一个CMYK值为96、51、16、0的蓝色，效果如图9-22所示。

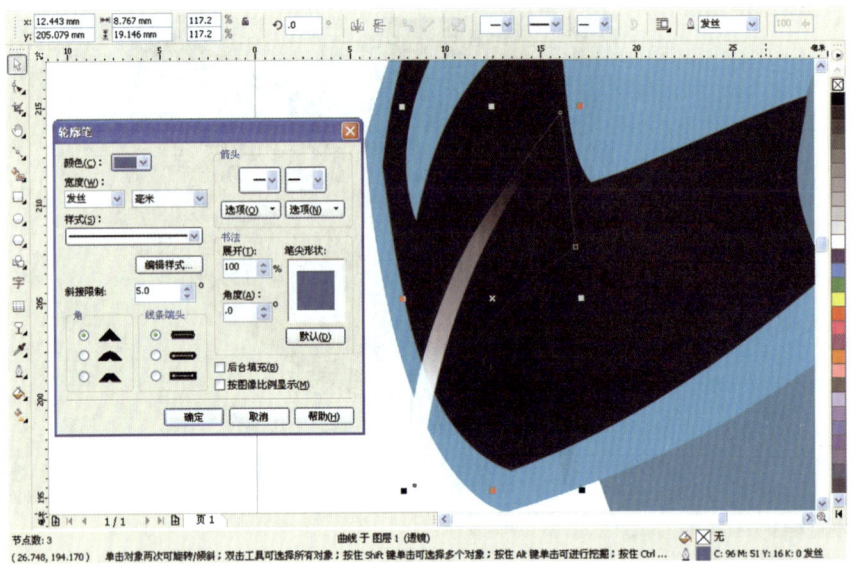

图9-22

23. 给该折射光图形填上与其轮廓相同的色彩，然后使用交互式透明工具给它添加线性渐变透明效果，设置"渐变透明度"对话面板上的角度为0，步长为256，边界为0，其他选项默认，如图9-23所示。

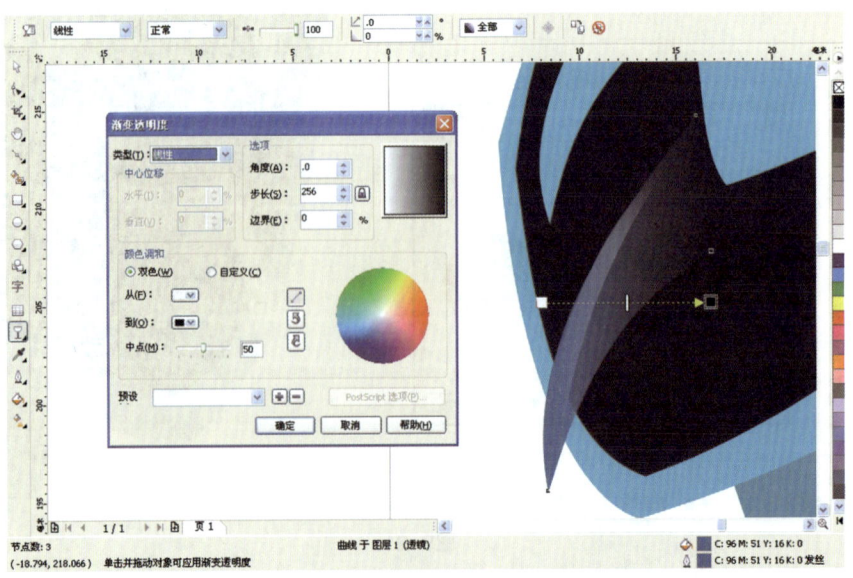

图9-23

24. 绘制眼镜片上的另外一个高光图形。用手绘工具绘制完成曲线后，进行点的编辑，然后删除它的轮廓，并填上白色。打开交互式透明工具给它一个线性渐变效果，设置"渐变透明度"的角度为–121.2，步长为255，边界为0，其他选项默认，如图9-24所示。

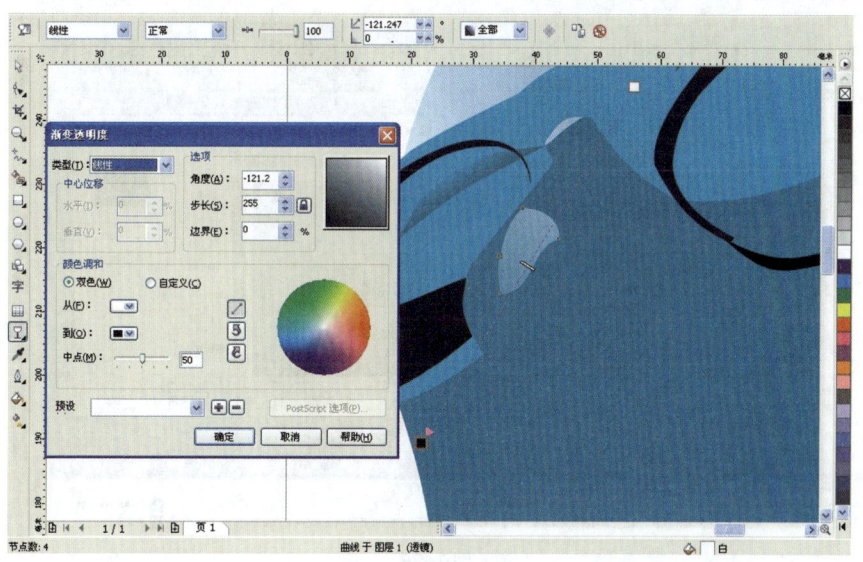

图9-24

25. 现在绘制眼镜的两个垫脚。打开手绘工具绘制如图9-25所示曲线，轮廓的宽度和色彩为默认，使用填充工具给它填上CMYK值为99、99、85、32的深蓝色。

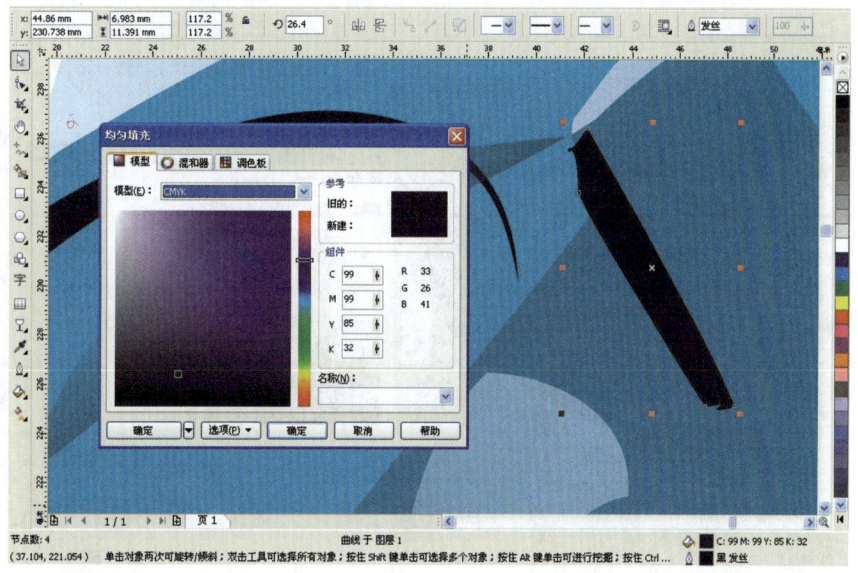

图9-25

26. 用同样的方法绘制眼镜的另外一个垫脚图形。经过形状工具修改后，给它填上与上一个垫脚图形相同的色彩，如图9-26所示。

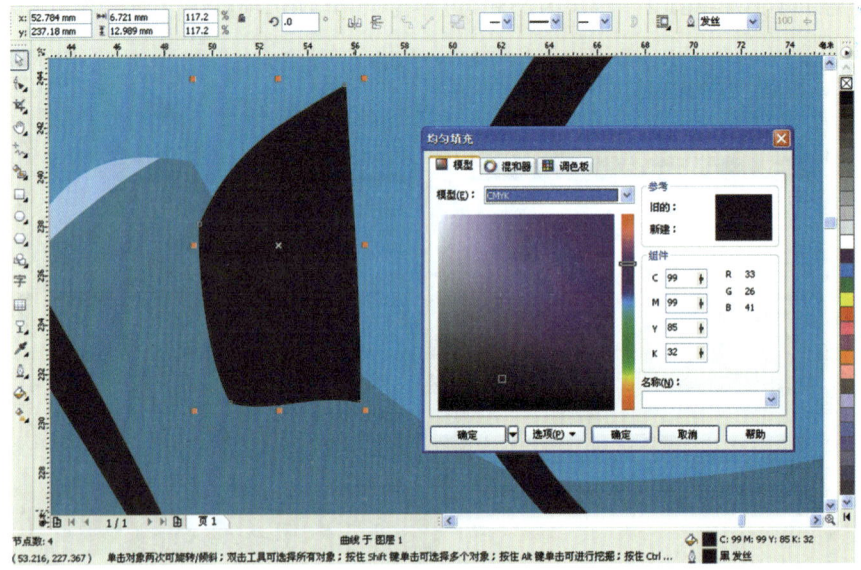

图9-26

27. 绘制右侧眼镜片上的折射图形。使用手绘工具绘制好如图9-27所示曲线后，再用填充工具给它填上CMYK值为98、99、61、12的蓝紫色，并用轮廓工具中的"无"选项删除它的轮廓。

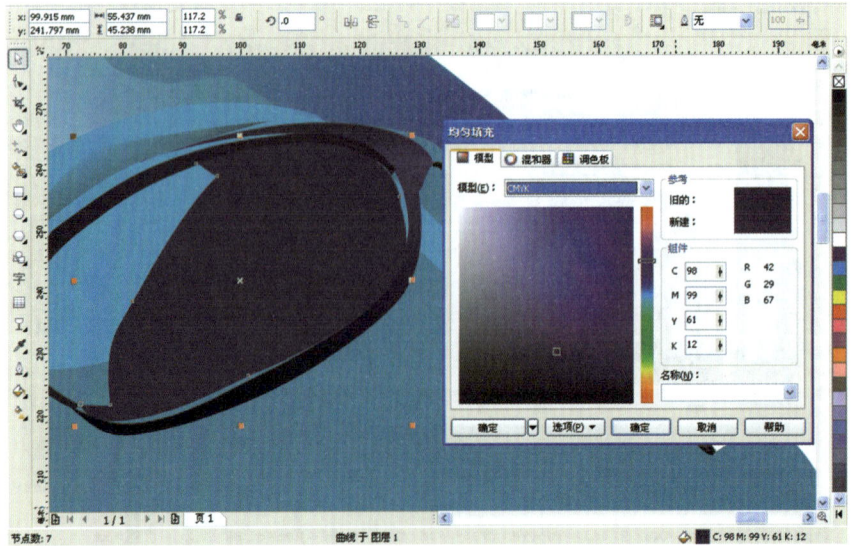

图9-27

28. 使用手绘工具绘制镜片上折射图形的较暗部分。先用轮廓工具去除它的轮廓，然后给它填上CMYK值为99、99、84、31的深蓝色，如图9-28所示。

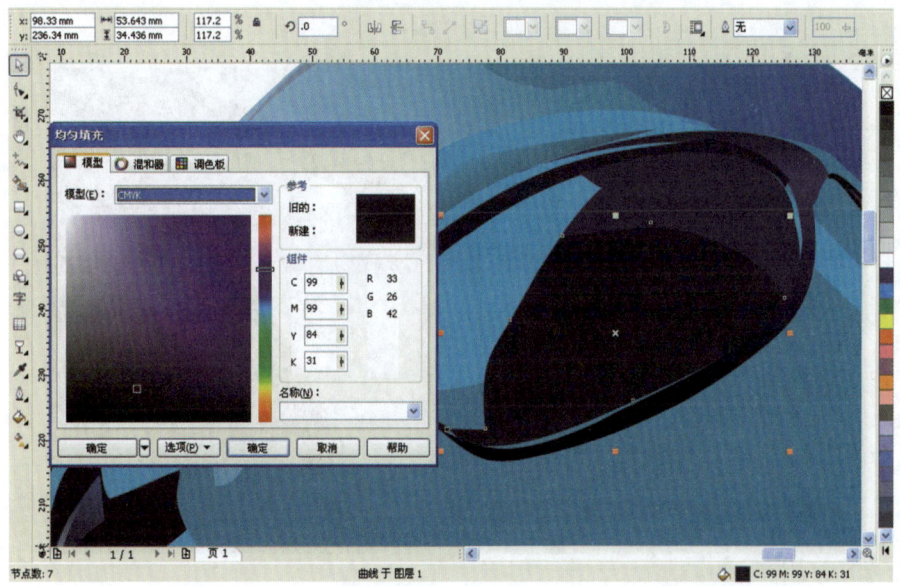

图9-28

29. 使用贝塞尔工具绘制一曲线，设置曲线"轮廓"的色彩为白色，曲线的宽度为1.6 mm，其他选项默认，如图9-29所示。

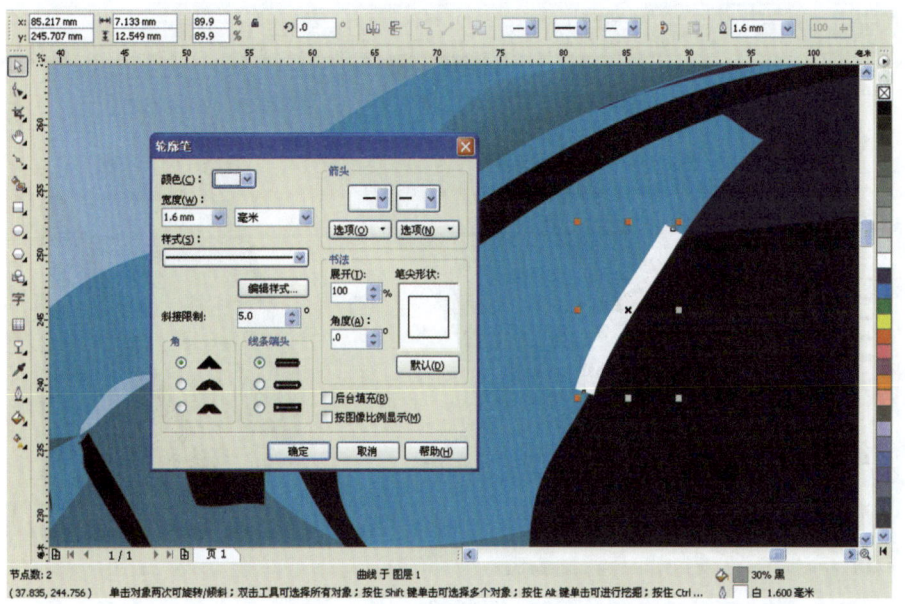

图9-29

30. 给该曲线一个渐变透明效果，在交互式透明工具的"渐变透明度"对话面板上设置类型为线性，角度为147.1，步长为255，边界为0，其他选项默认，如图9-30所示。

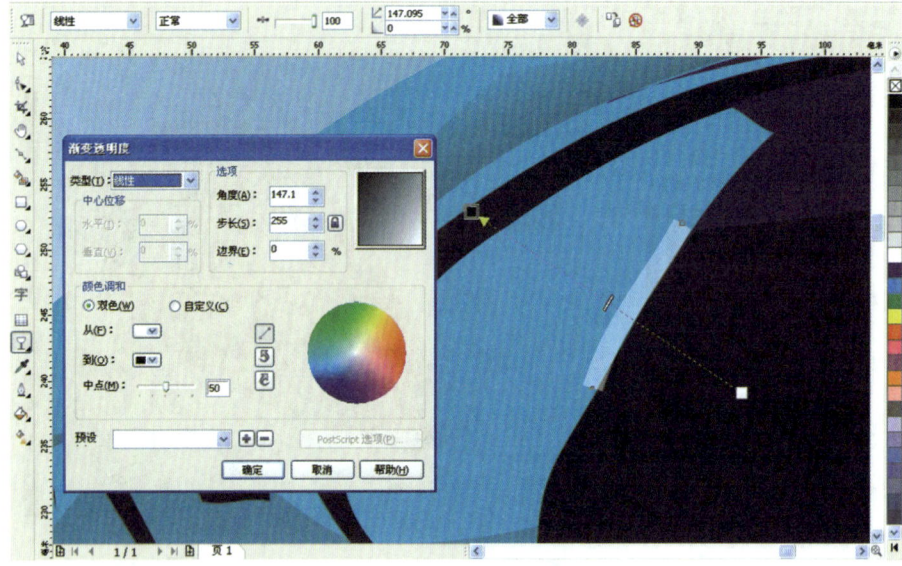

图9-30

31. 使用贝塞尔工具绘制眼镜片上的高光图形，给它填上白色，并打开轮廓工具去除它的轮廓，效果如图9-31所示。

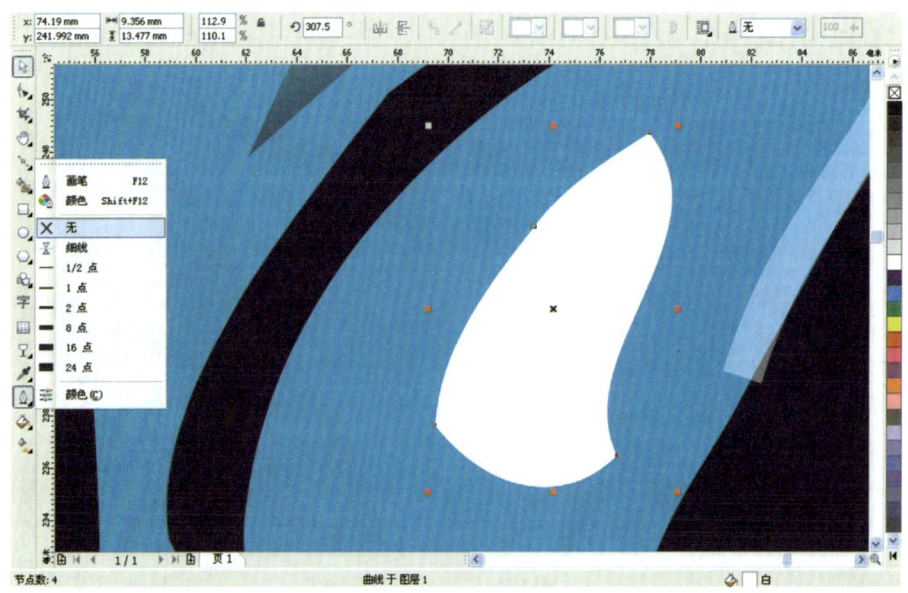

图9-31

32. 现在给该高光图形一个线性渐变透明效果，打开交互式透明工具，设置"渐变透明度"的角度为117.7，步长为255，边界为0，其他选项默认，如图9-32所示。

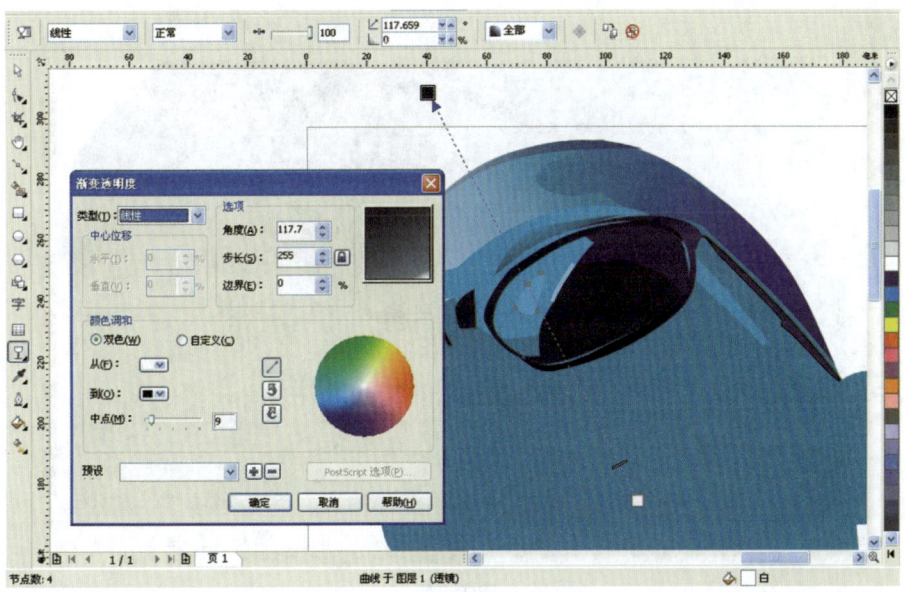

图9-32

33. 打开贝塞尔工具绘制如图9-33所示曲线，在"轮廓笔"对话面板上设置它的颜色CMYK值为96、93、51、27，宽度为0.8 mm。

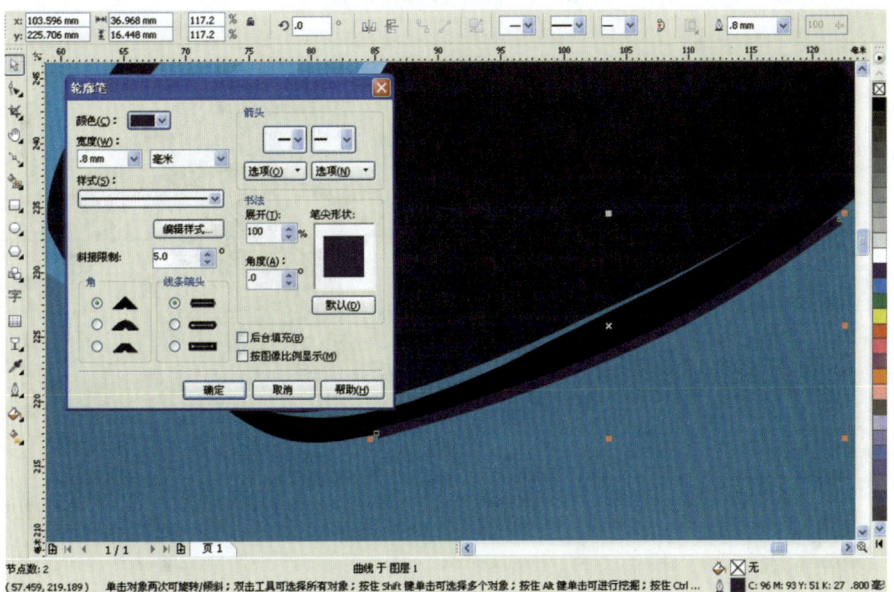

图9-33

34. 绘制眼镜的阴影图形。激活贝塞尔工具绘制如图9-34所示曲线，并用形状工具进行修改。

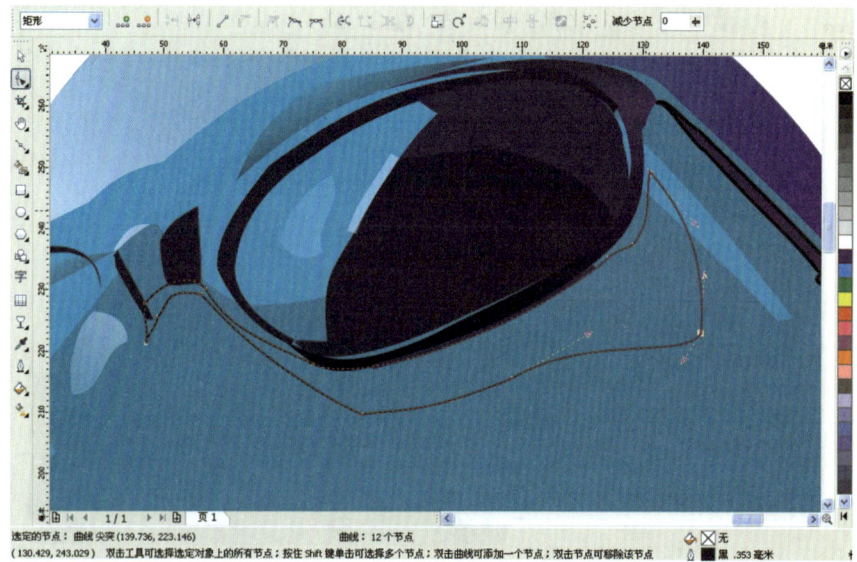

图9-34

35. 给该阴影图形一个线性渐变填充。打开交互式填充工具，设置"渐变填充"的角度为0，步长为256，边界为0，渐变色的CMYK值从左至右依次为100、100、100、100，99、100、55、52、98、99、5、0，如图9-35所示。

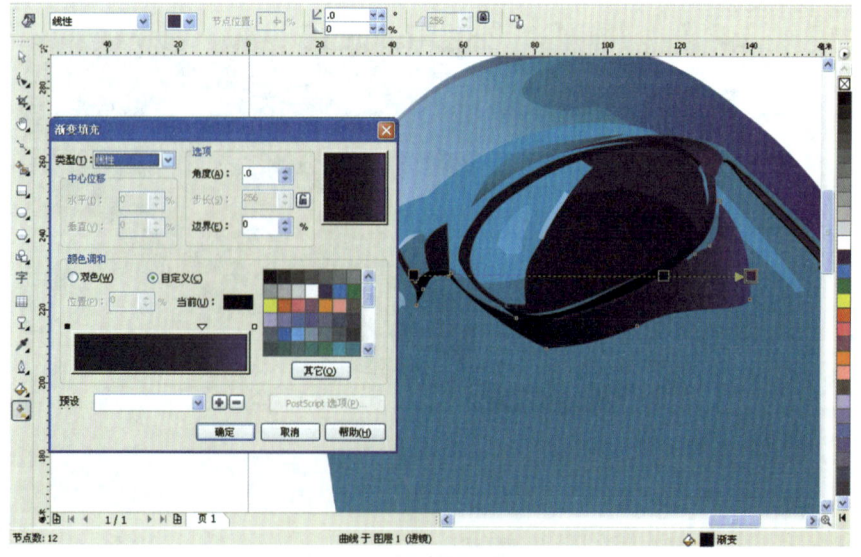

图9-35

36. 激活贝塞尔工具绘制如图9-36所示图形，经过形状工具的编辑后，使用填充工具给它填上CMYK值为98、98、32、2的蓝紫色，如图9-36所示。

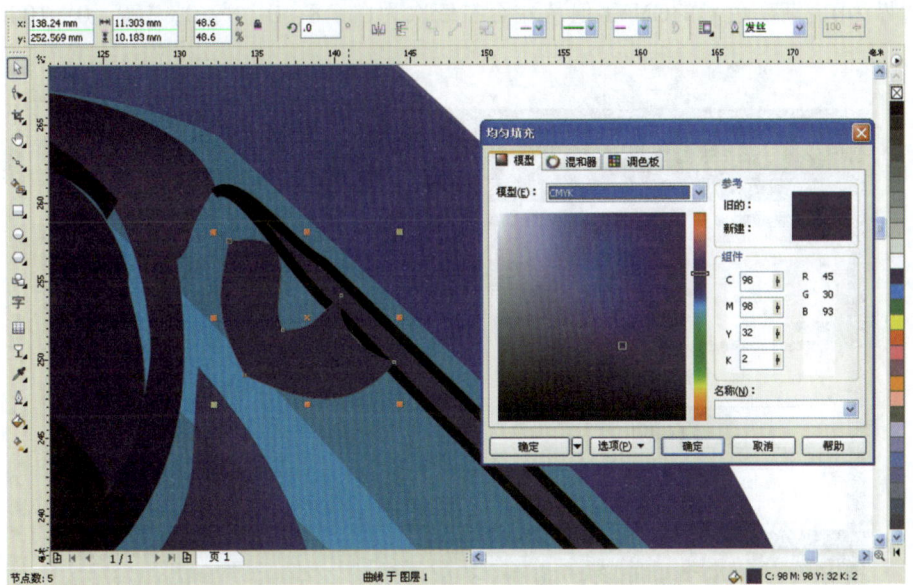

图9-36

37. 打开贝塞尔工具在该图形的中间再绘制一个反光图形。然后用轮廓工具中的"无"选项去除它的轮廓，经过形状工具的编辑后，再使用填充工具给它填上CMYK值为12、1、7、0的色彩，如图9-37所示。

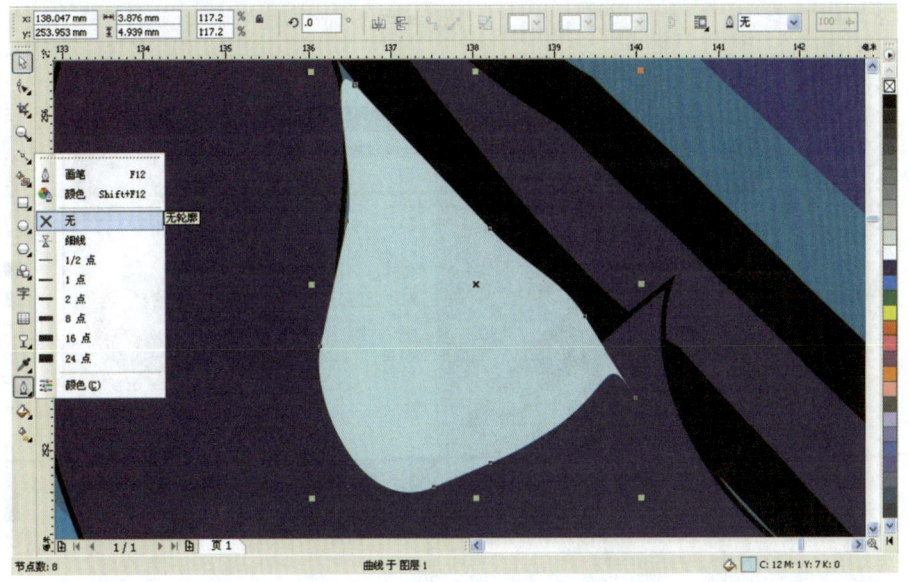

图9-37

38. 给眼镜挂架的下面增添一个反光折射效果。使用贝塞尔工具绘制如图9-38所示曲线，然后打开交互式填充工具给它填上一个线性渐变色彩，渐变色彩的角度为0，步长为256，边界为0，渐变色彩的CMYK值从左至右依次为白、8、0、8、0，100、0、100、0。

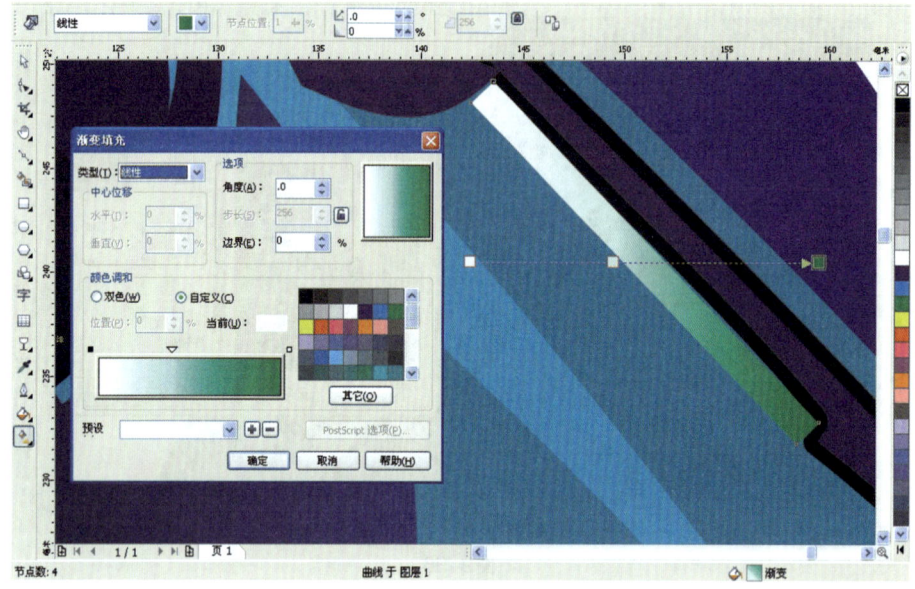

图9-38

39. 激活交互式透明工具，给该反光折射图形一个线性渐变透明效果，设置它的角度为0，步长为256，边界为0，如图9-39所示。

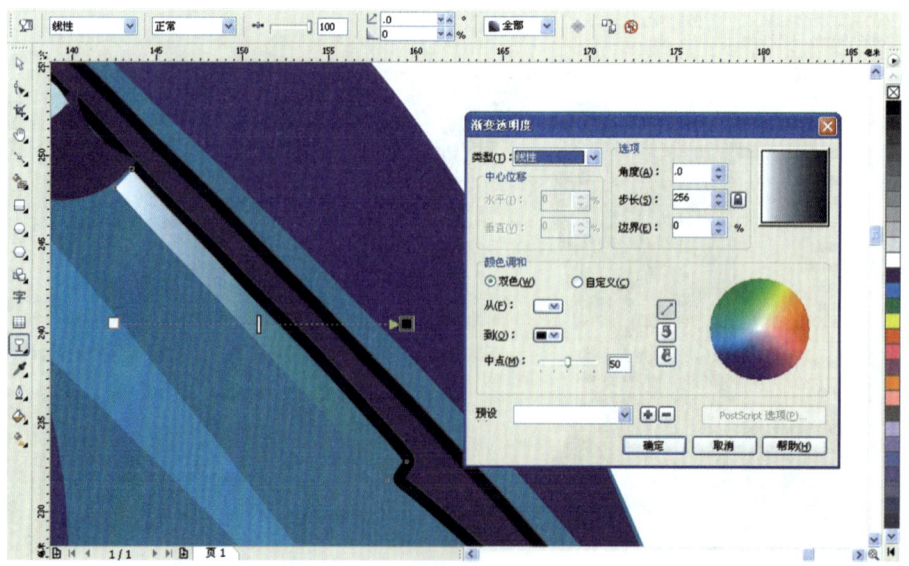

图9-39

40. 使用手绘工具绘制如图9-40所示高光图形曲线，用形状工具编辑后打开"轮廓笔"对话面板，设置它的颜色CMYK值为35、0、15、0，宽度为2.822 mm，其他选项默认，然后复制一个该图形，并放置在合适的位置上。

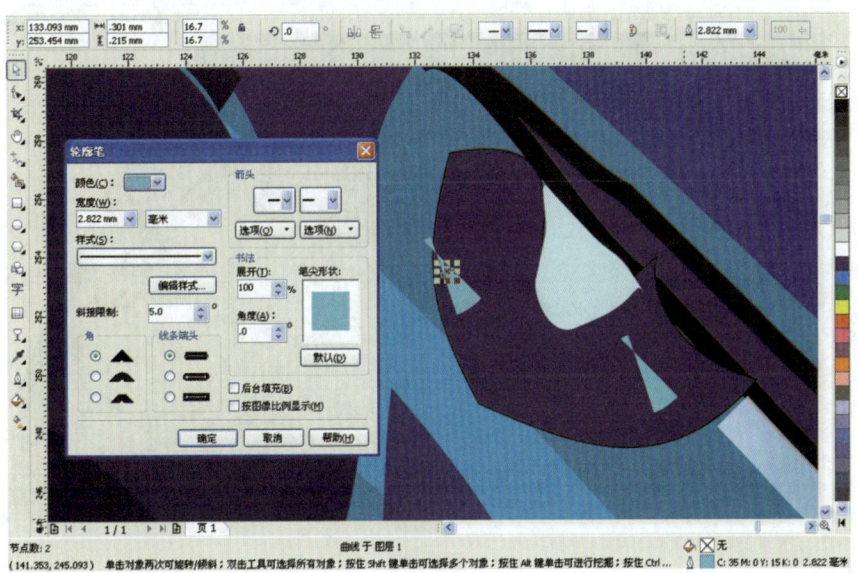

图9-40

41. 打开手绘工具绘制一个曲线，设置该曲线的色彩CMYK值为100、99、10、0，设置它的宽度为2.822 mm，其他选项默认，如图9-41所示。

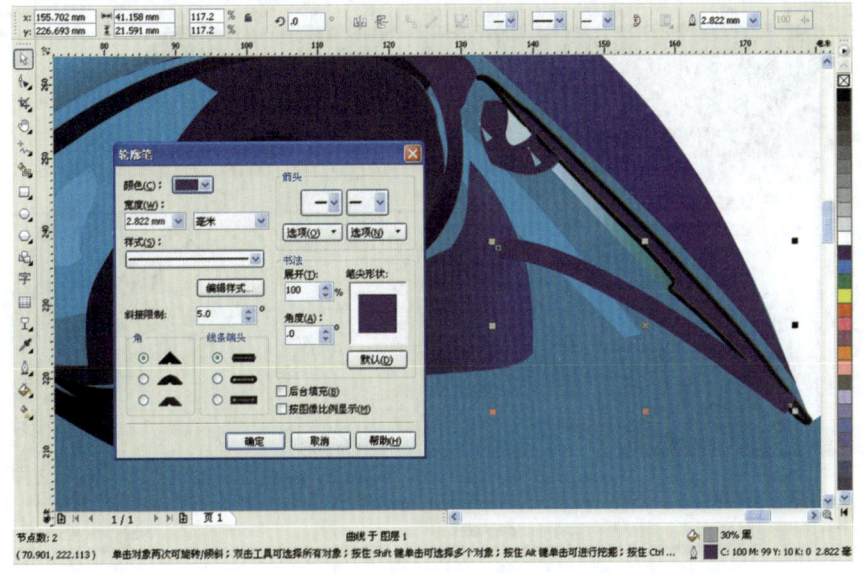

图9-41

42. 打开交互式透明工具再给该图形一个线性渐变透明效果。设置"渐变透明度"的角度为152.9，步长为255，边界为23%，其他选项默认，效果如图9-42所示。

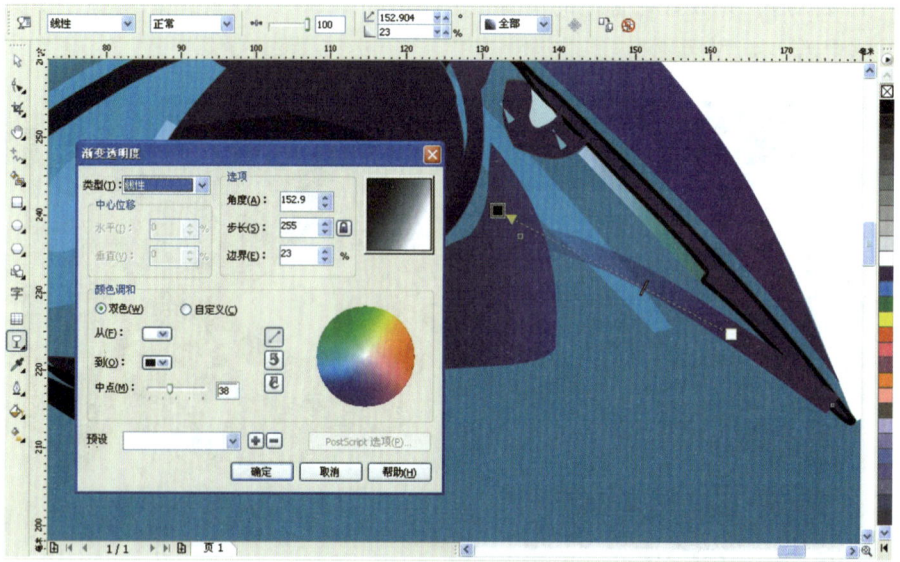

图9-42

43. 现在添加一个眼镜挂架在脸面上的阴影。使用手绘工具和形状工具完成如图9-43所示图形，再给该图形和它的轮廓填上一个CMYK值为97、56、29、0的色彩。

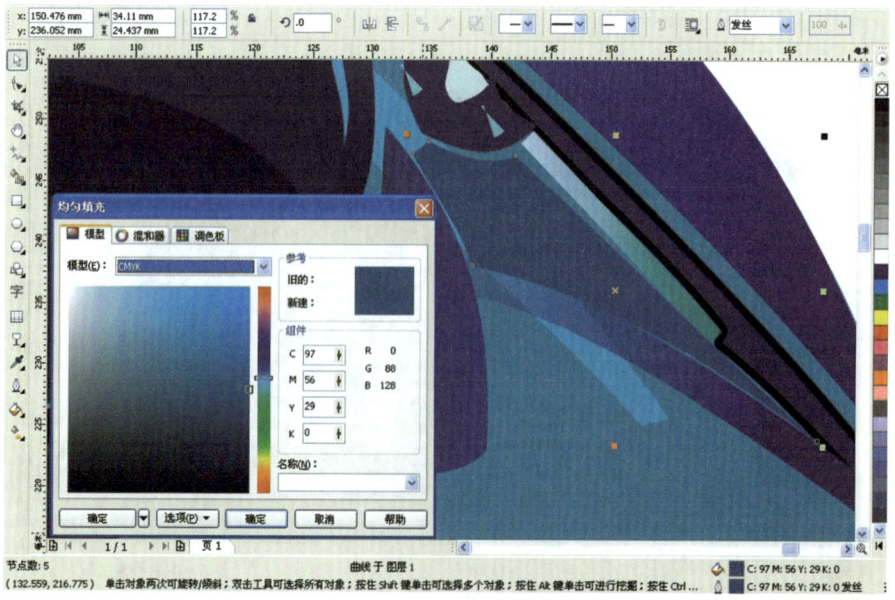

图9-43

44. 激活交互式透明工具给它一个线性渐变效果，并设置它的角度为–163.6，步长为255，边界为35%，其他选项默认，如图9-44所示。

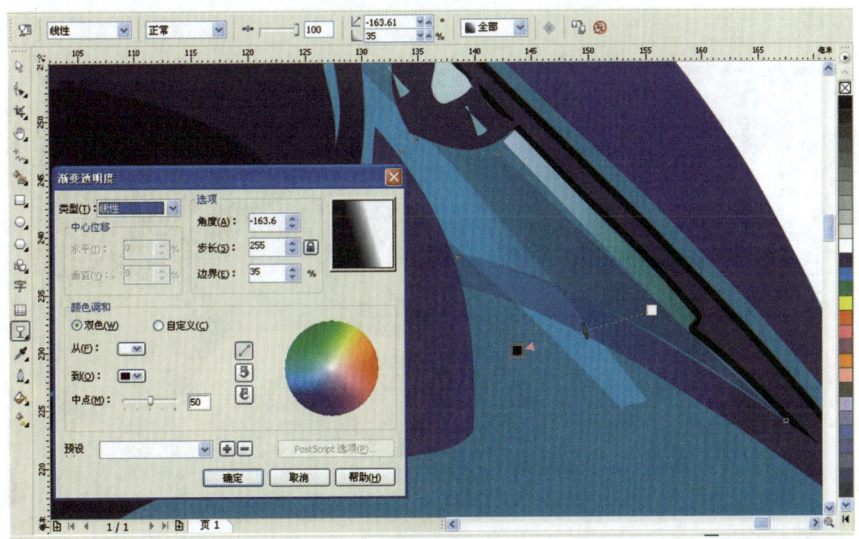

图9-44

45. 激活手绘工具绘制眼镜架框的另外一个阴影图形。如图9-45所示，使用形状工具对该阴影图形进行编辑后，打开轮廓工具中的"无"选项去除它的轮廓，再打开填充工具给它填上CMYK值为94、27、22、0的蓝色。

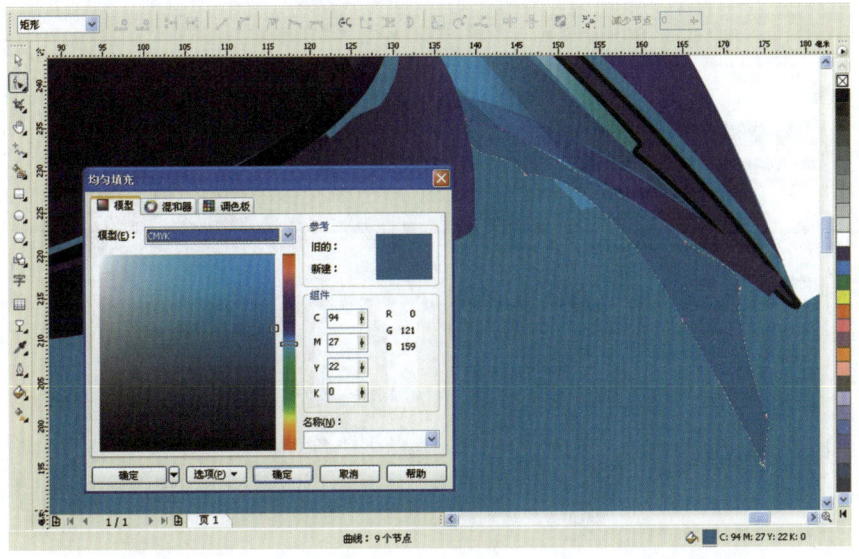

图9-45

46. 现在绘制鼻子的亮色部分图形。使用手绘工具绘制如图9-46所示曲线，先去除它的轮廓，然后给它填上白色。

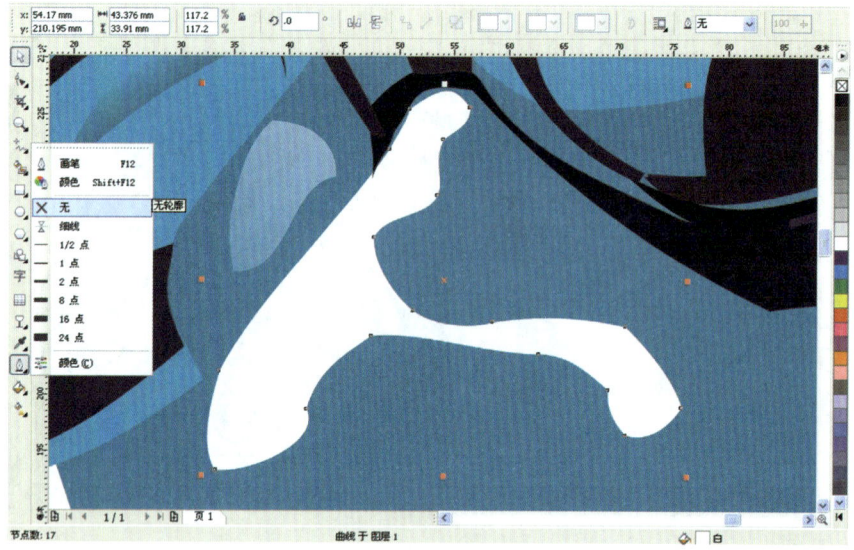

图9-46

47. 选择交互式透明工具给鼻子图形一个渐变透明效果，在"渐变透明度"对话面板上设置类型为线性，角度为-26.2，步长为255，边界为14%，其他选项默认，效果如图9-47所示。

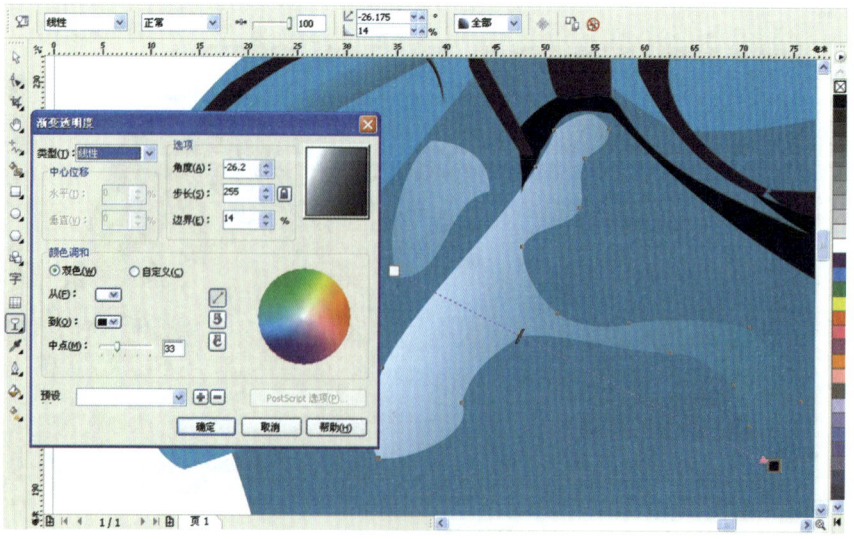

图9-47

48. 绘制脸部颧骨处的高光图形。打开手绘工具绘制如图9-48所示曲线，先用形状工具编辑它的形状，再用轮廓工具删除它的轮廓，然后打开填充工具或者右侧的默认CMYK调色板给它填上白色。

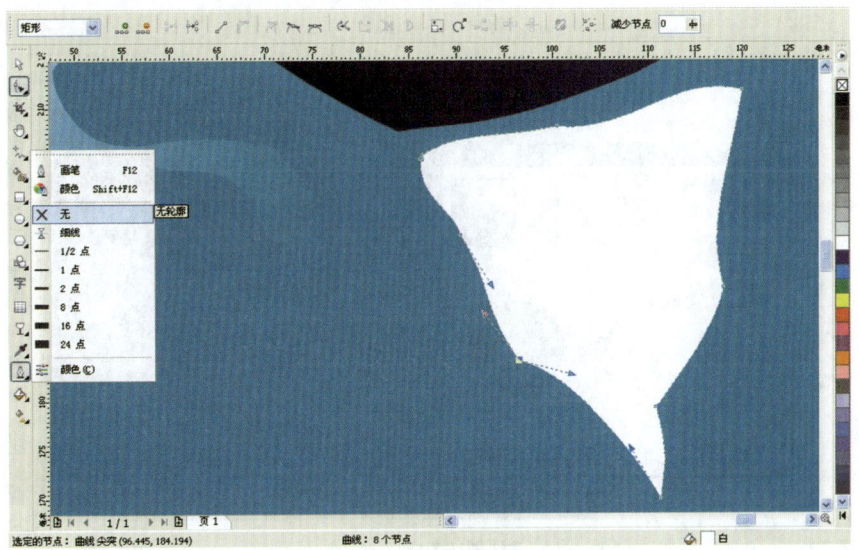

图9-48

49. 现在再用交互式透明工具给它一个渐变透明效果，设置"渐变透明度"对话面板上的类型为线性，角度为-29.3，步长为255，边界为2%，其他选项默认，如图9-49所示。

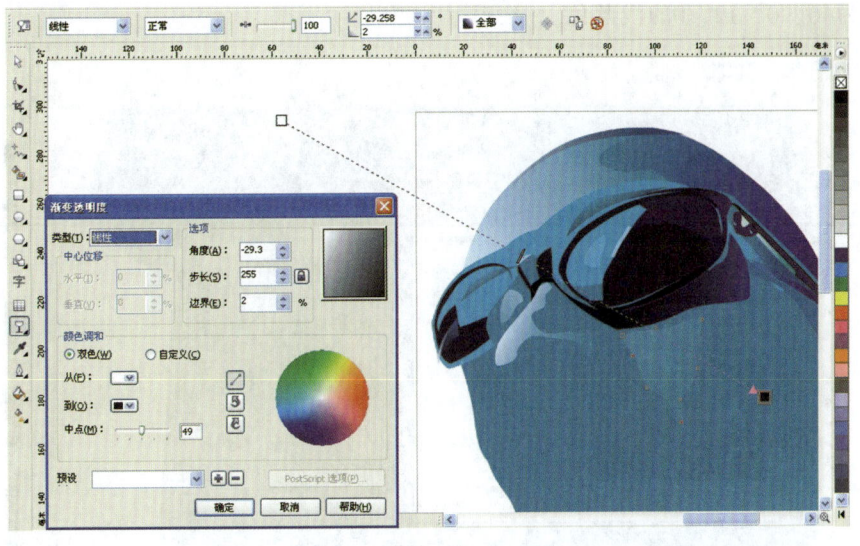

图9-49

50. 按Ctrl+D键复制一个刚刚绘制的颧骨部分图形，然后用形状工具进行编辑，再打开交互式透明工具给它添加线性渐变透明效果，激活"渐变透明度"对话面板，设置角度为–65.5，步长为255，边界为0，如图9–50所示。

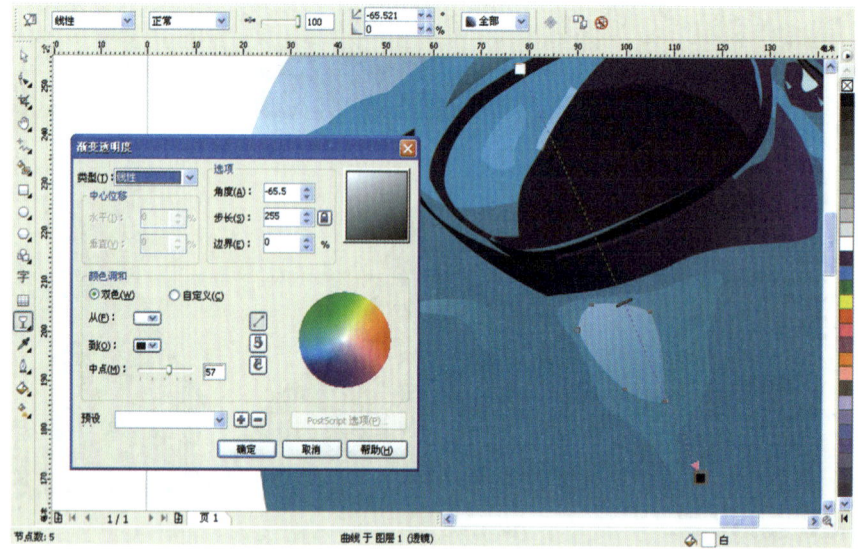

图9–50

51. 为了便于把握整个头部结构的准确性，现在先把腮帮图形勾勒出来，如图9–51所示，用手绘工具绘制该图形，然后用形状工具进行编辑，最后使用填充工具给它填上CMYK值为46、0、12、0的浅蓝色。

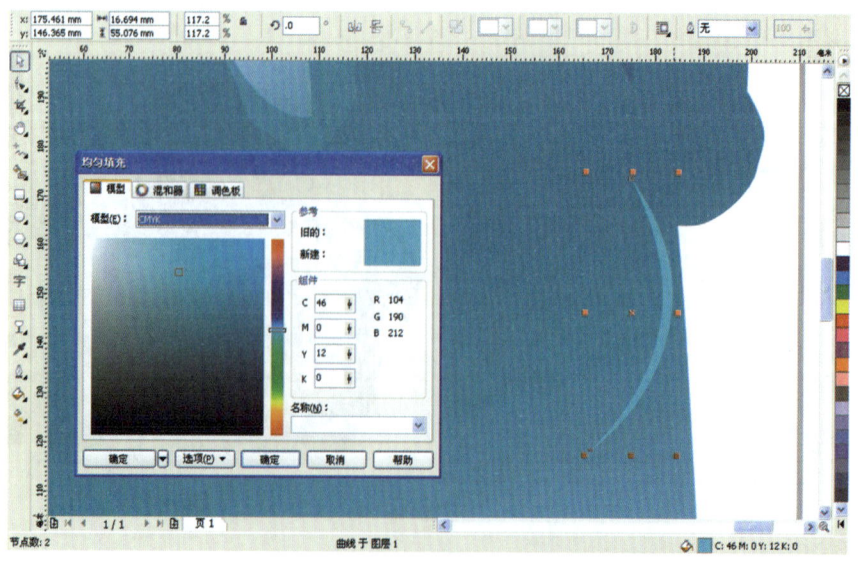

图9–51

52. 绘制鼻翼一侧的暗部图形。打开手绘工具和形状工具，绘制和编辑出如图9-52所示图形，并用轮廓工具去除它的轮廓，然后使用填充工具给它填上CMYK值为86、33、27、1的浅蓝灰色。

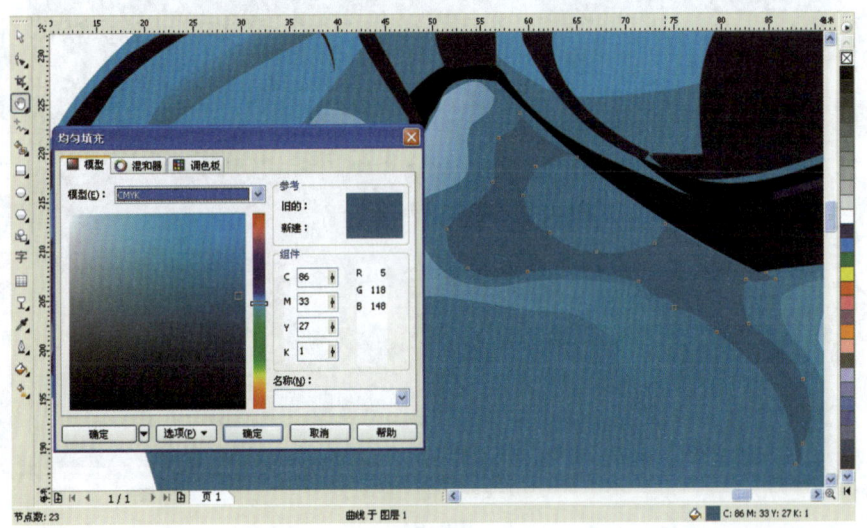

图9-52

53. 绘制鼻子的暗部图形。打开手绘工具绘制如图9-53所示图形，然后使用形状工具对其进行修改，激活轮廓工具去除它的轮廓后并打开填充工具给它填上CMYK值为99、99、72、14的深蓝色。

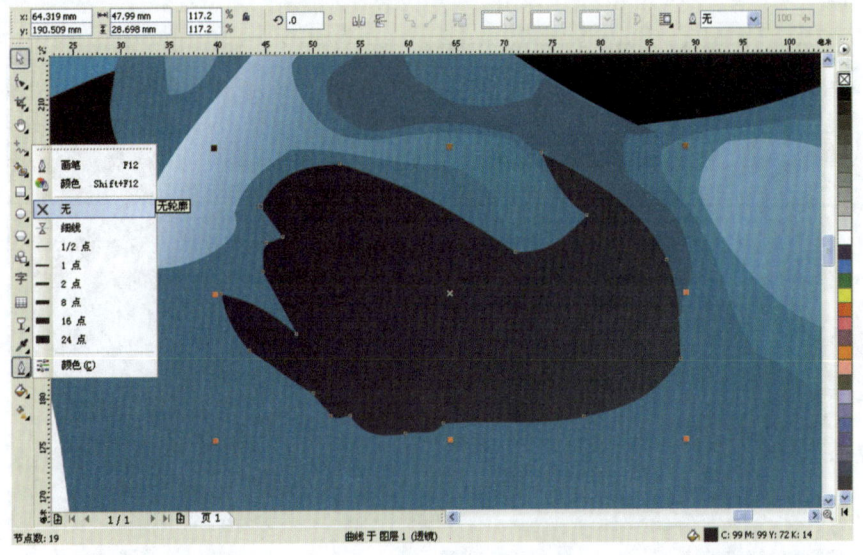

图9-53

54. 使用相同的方法绘制另外一个鼻孔图形。通过形状工具的编辑后再去除它的轮廓,然后给它填上黑色,如图9-54所示。

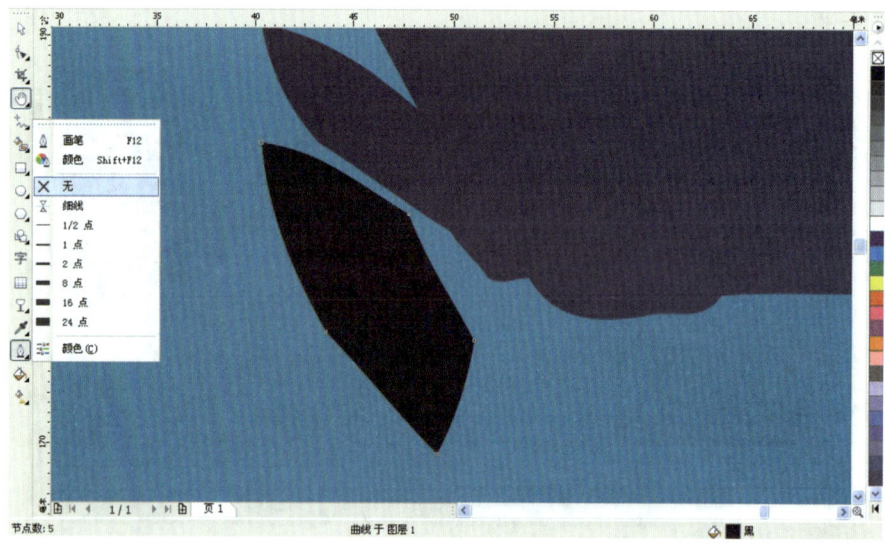

图9-54

55. 绘制鼻孔和人中之间的暗面部分。打开手绘工具绘制如图9-55所示图形,先用轮廓工具去除它的轮廓,然后使用形状工具进行修改,再用填充工具给它填上CMYK值为96、94、51、26的蓝色。

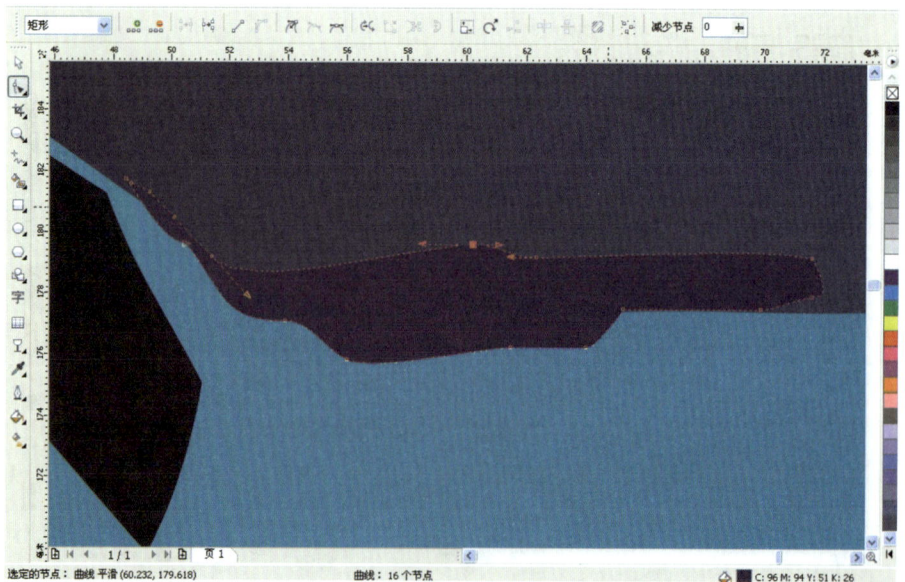

图9-55

56. 绘制右边的鼻孔图形。打开贝塞尔工具绘制鼻孔图形曲线，去除它的轮廓后，打开填充工具给它填上黑色，如图9-56所示。

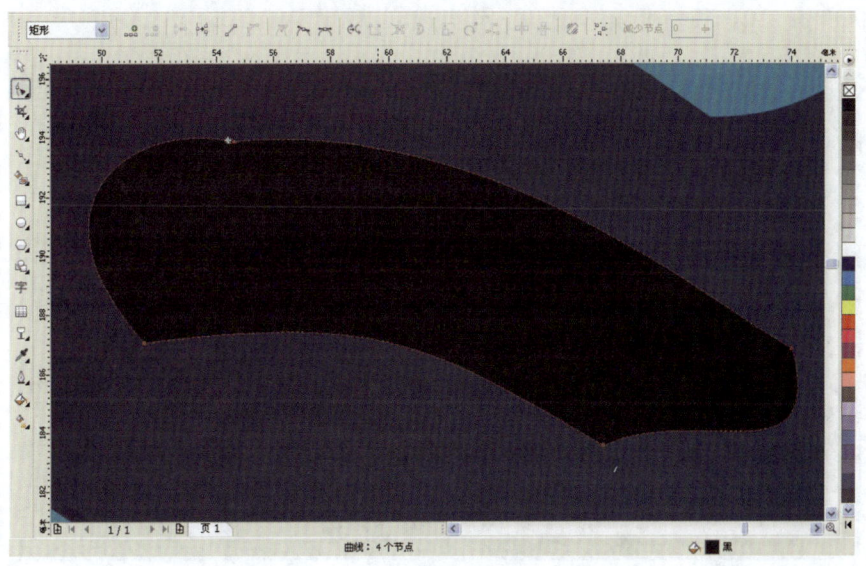

图9-56

57. 现在绘制鼻翼一侧的阴影图形。使用贝塞尔工具绘制好如图9-57所示图形，再用形状工具进行修改，编辑好图形的形状后，打开填充工具给该图形及它的轮廓填上CMYK值为99、99、85、32的蓝黑色。

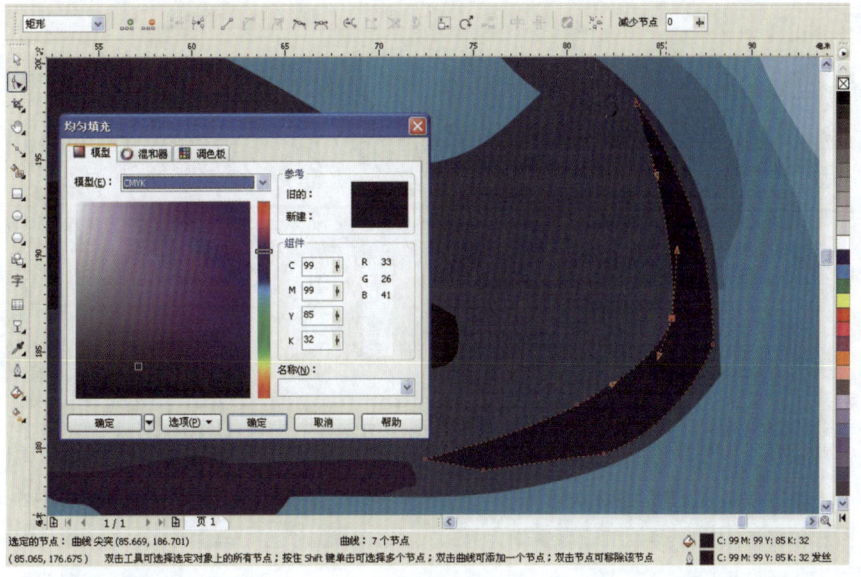

图9-57

58. 选择贝塞尔工具绘制鼻翼一侧的图形。用形状工具对其进行修改后，去除它的轮廓，然后给它填充颜色，色彩的CMYK值为97、96、41、11，如图9-58所示。

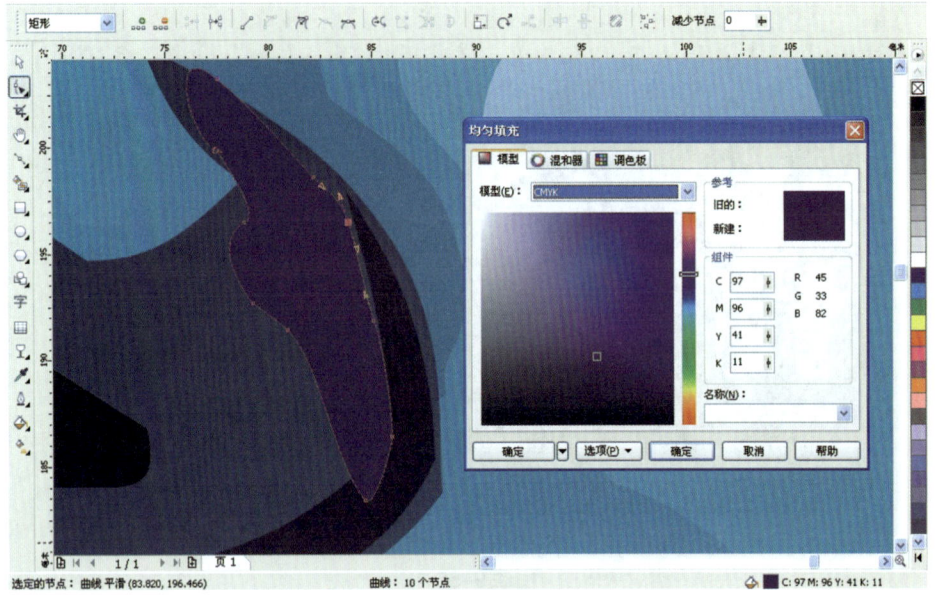

图9-58

59. 画好鼻子之后，接着使用贝塞尔工具开始绘制"人中"两侧的面。先删除轮廓，然后填上CMYK值为92、29、27、0的蓝色，如图9-59所示。

图9-59

60. 打开交互式透明工具给该图形添加渐变透明效果，设置"渐变透明度"上的"类型"为线性，角度为–3.7，步长为255，边界为0，其他选项为默认状态，如图9–60所示。

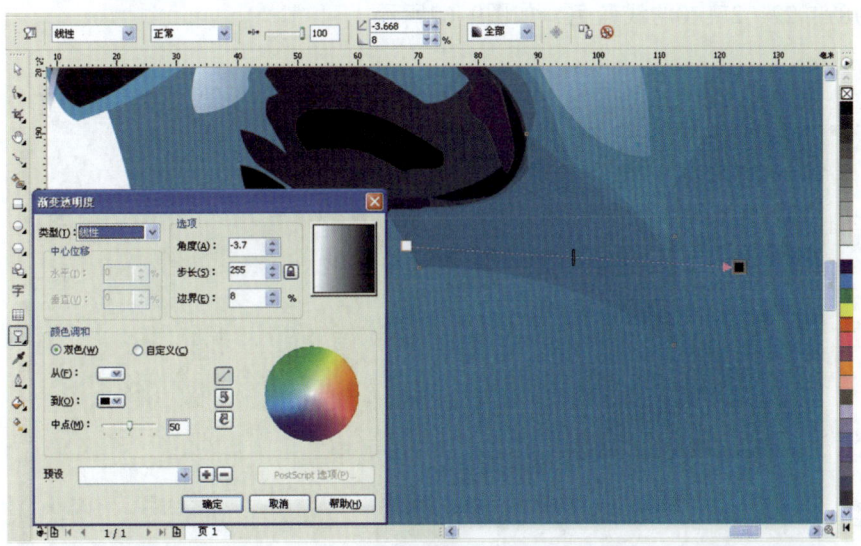

图9–60

61. 打开贝塞尔工具绘制"人中"图形的下部分。设置轮廓工具中的"轮廓笔"颜色CMYK值为89、22、27、0，其他选项默认，再用填充工具给它填上CMYK值为91、49、39、4的蓝色，如图9–61所示。

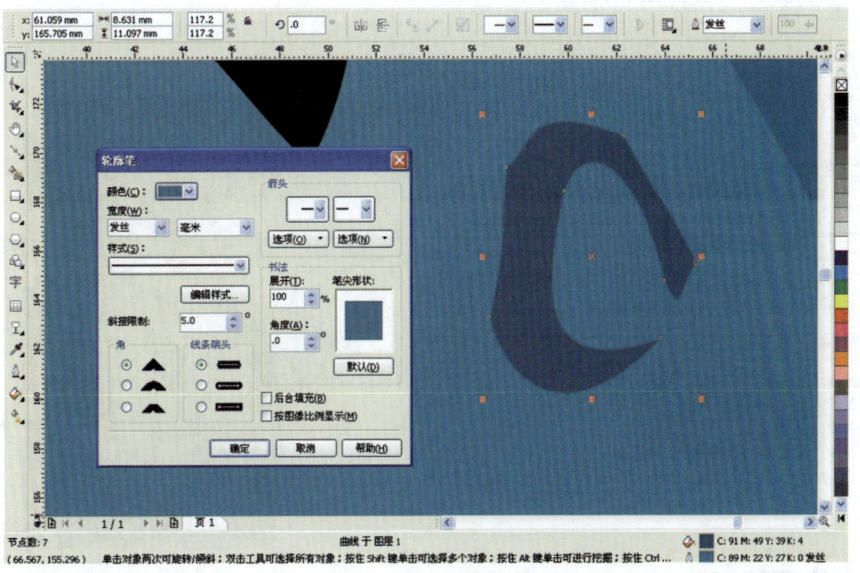

图9–61

62. 使用贝塞尔工具绘制人中的结构图形。经过形状工具的编辑后，用填充工具给该图形填上CMYK值为92、29、27、0的色彩，再用轮廓中的"色彩笔"给它的轮廓填上CMYK值为89、22、27、0的浅蓝色，如图9-62所示。

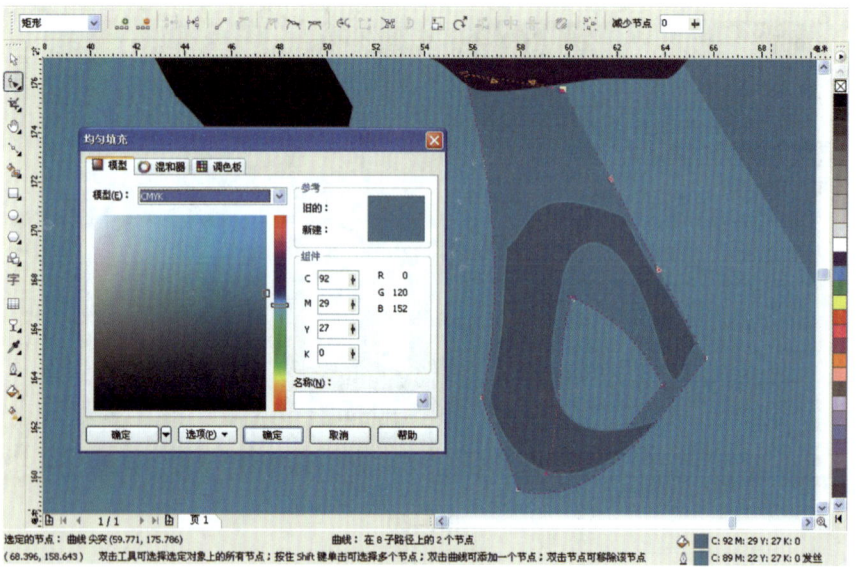

图9-62

63. 使用贝塞尔工具绘制"人中"左侧的面。去除它的轮廓后，给它填上CMYK值为18、0、3、0的颜色，如图9-63所示。

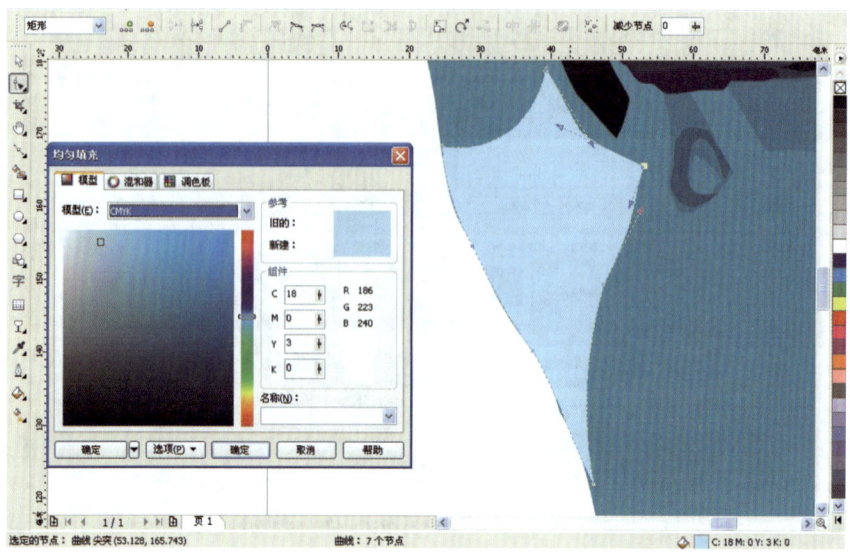

图9-63

64. 打开交互式透明工具给该图形一个线性渐变透明效果，设置渐变透明的角度为–160.2，步长为255，边界为25%，其他选项默认，如图9-64所示。

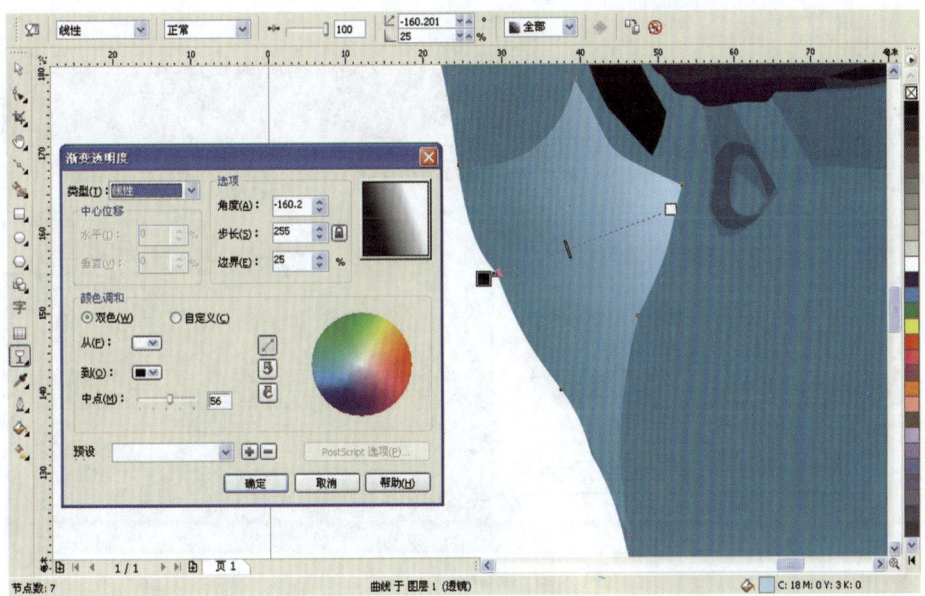

图9-64

65. 打开手绘工具绘制嘴唇的亮光部分图形。去除它的轮廓后，点击CorelDRAW右侧的默认CMYK调色板中的白色，给它填上白色，如图9-65所示。

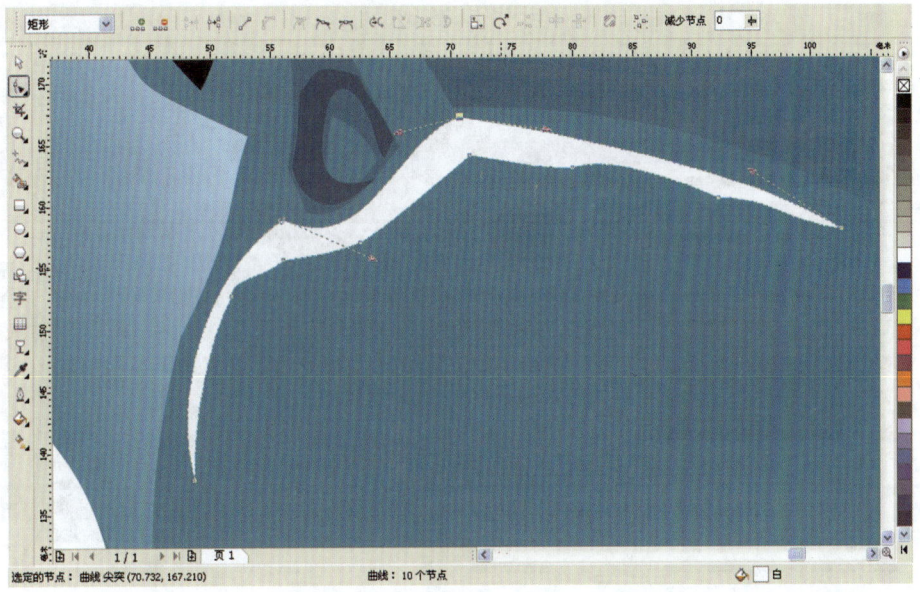

图9-65

66. 选择交互式透明工具给该图形添加线性渐变透明效果，设置"渐变透明度"的角度为-55.0，步长为255，边界为33%，其他选项默认，如图9-66所示。

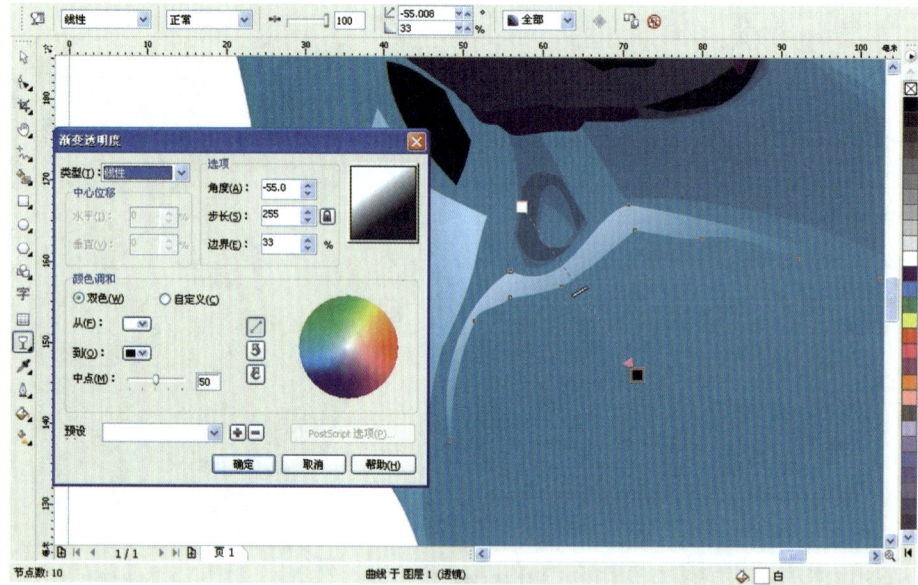

图9-66

67. 使用手绘工具和形状工具编制嘴唇的暗部分，去除它的轮廓后，使用填充工具给它填上CMYK值为97、74、31、1的深蓝色，如图9-67所示。

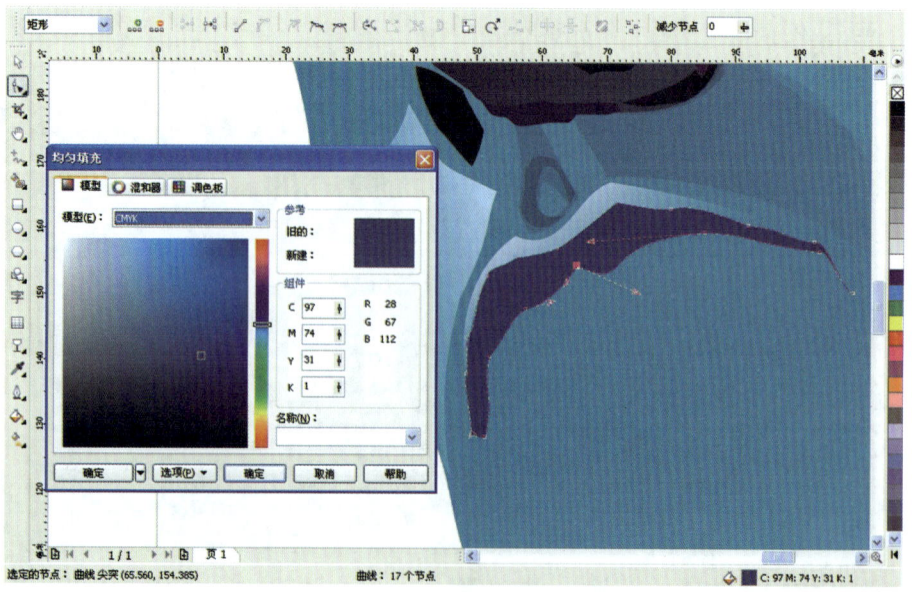

图9-67

68. 同样的方法步骤，给该图形一个渐变透明效果。设置"渐变透明度"中的类型为线性，角度为154.3，步长为255，边界为35%，效果如图9-68所示。

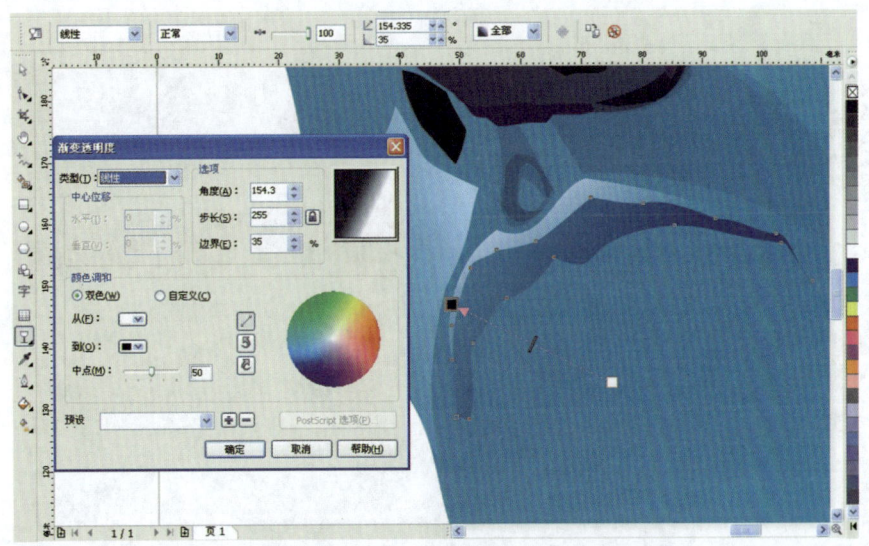

图9-68

69. 在刚刚绘制的嘴唇图形上添加"明暗交界线"图形，通过轮廓工具和形状工具分别去除轮廓和形状编辑后，打开填充工具给它填上CMYK值为97、96、45、18的色彩，使用轮廓工具中的"颜色"选项给它的轮廓填上CMYK值为98、94、49、4的色彩，效果如图9-69所示。

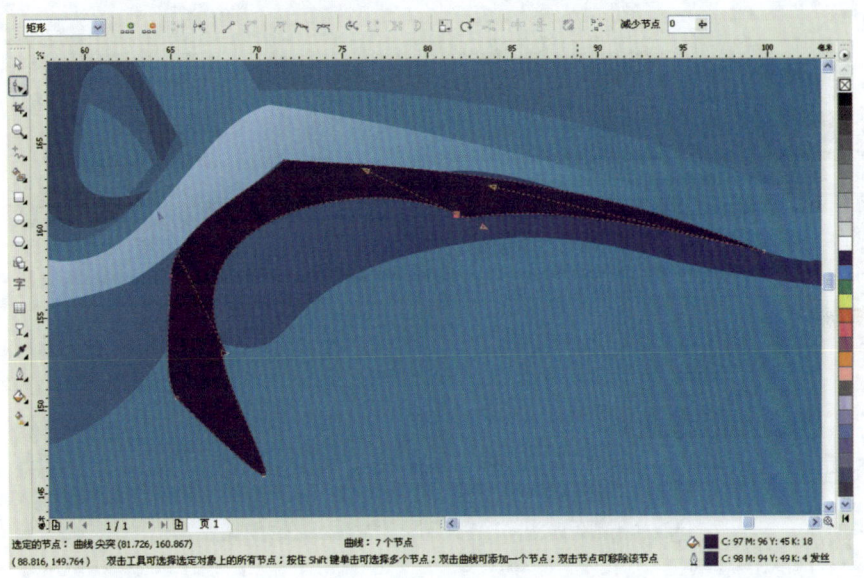

图9-69

70. 打开交互式透明工具给该图形添加线性渐变效果,并设置"渐变透明度"的角度为21.3,步长为255,边界为16%,其他选项默认,效果如图9-70所示。

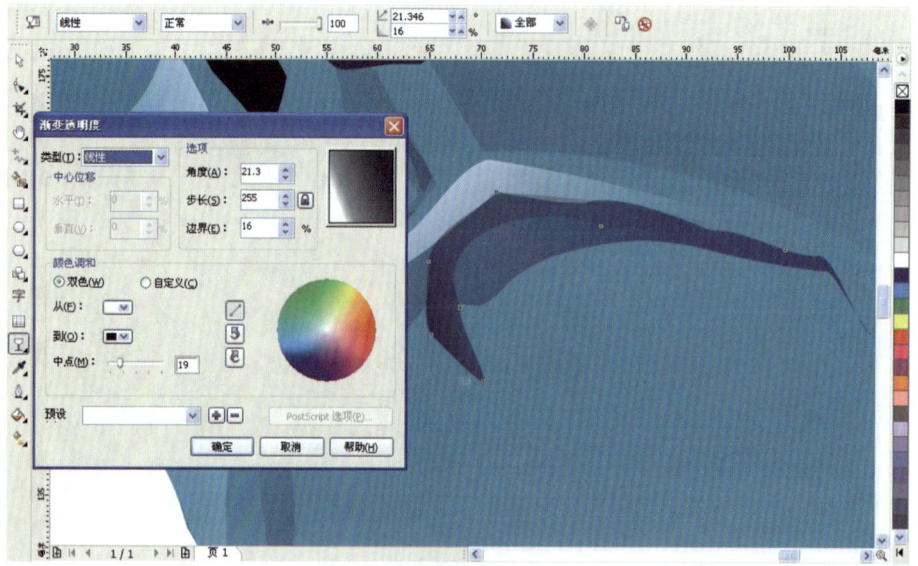

图9-70

71. 再给嘴唇的暗面部分添加一个"缓冲灰色"图形。打开手绘工具绘制如图9-71所示曲线,然后经过形状工具的修改,打开填充工具给它填上CMYK值为97、59、24、0的色彩,使用轮廓工具中的"颜色"选项给它的轮廓填上CMYK值为97、59、24、0的蓝色。

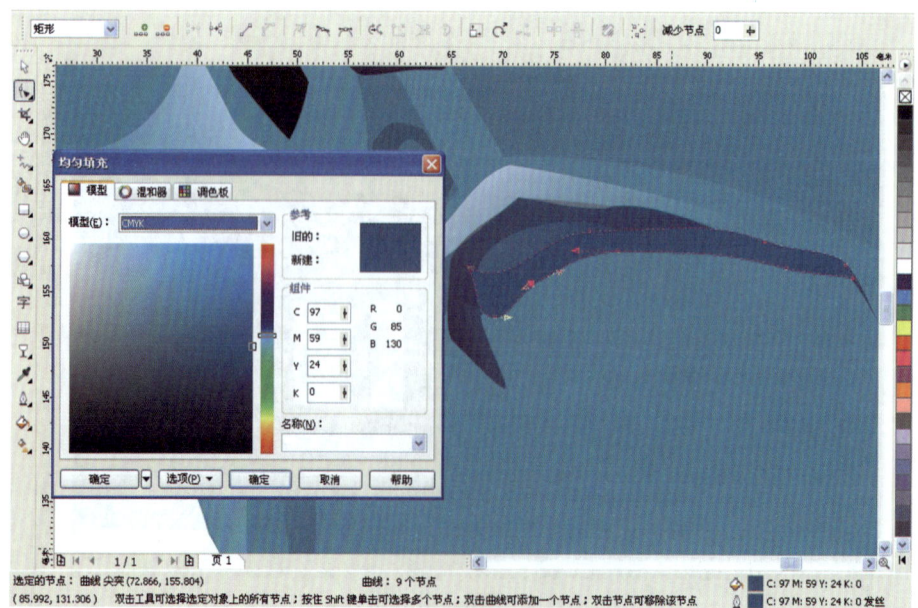

图9-71

72. 由于该"缓冲灰色"图形边界有点生硬，所以要给它添加一个渐变透明效果，打开交互式渐变透明工具，设置"渐变透明度"的角度为142.3，步长为255，边界为23%，其他选项默认，如图9-72所示。

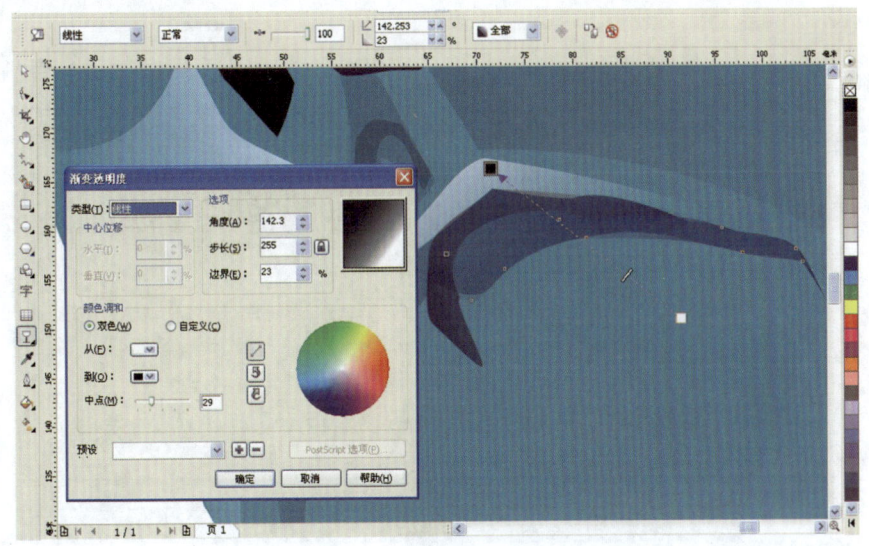

图9-72

73. 对上嘴唇进行完善。打开手绘工具绘制如图9-73所示图形，删除它的轮廓后，给它填上CMYK值为99、100、83、35的蓝黑色。

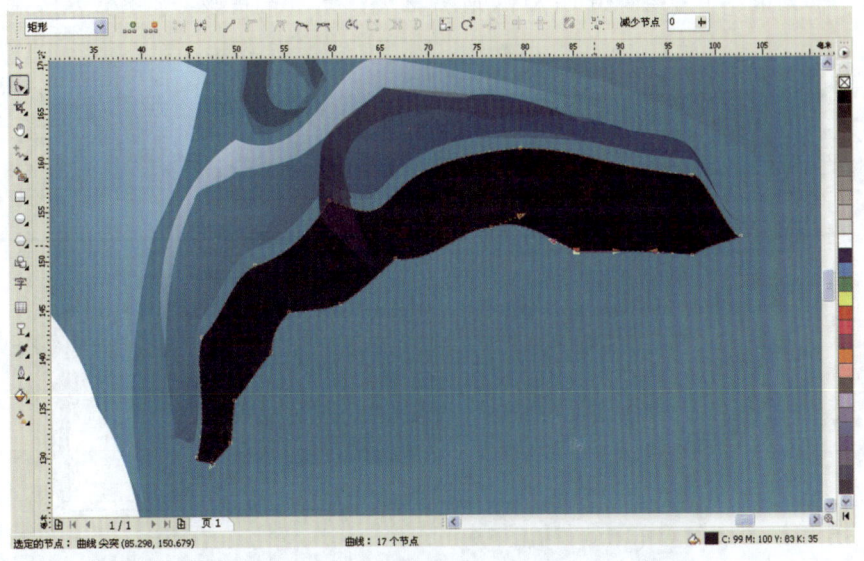

图9-73

74. 添加嘴唇的最暗的"口缝"图形。使用手绘工具绘制完该曲线后,再用形状工具进行编辑及用轮廓工具删除它的轮廓,然后点击CMYK默认调色板上的黑色,效果如图9-74所示。

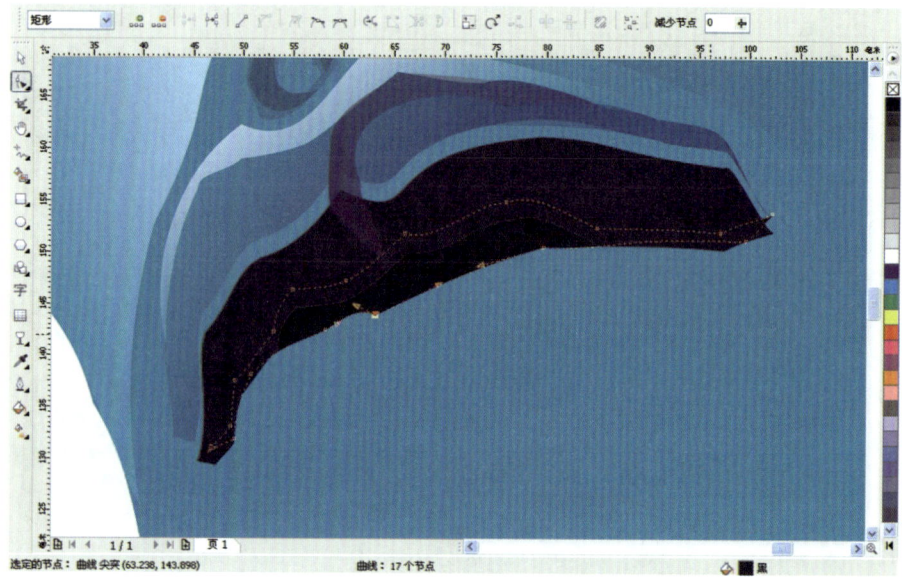

图9-74

75. 打开矩形工具绘制一个矩形,使用形状工具将其编辑成嘴角的高光图形,删除它的轮廓后,使用填充工具给它填上CMYK值为34、0、7、0的色彩,如图9-75所示。

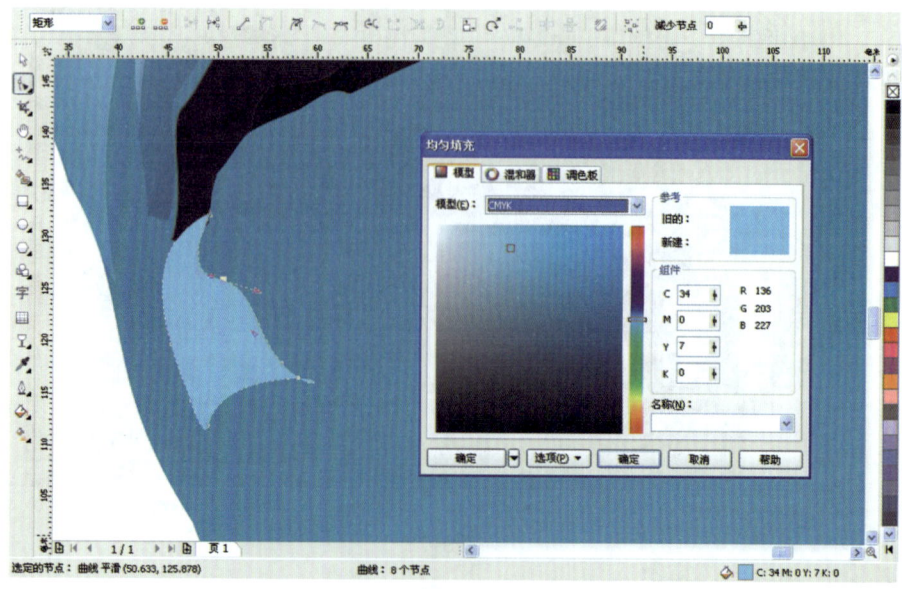

图9-75

76. 为了增加嘴角高光图形的空间真实感和面与面之间的连续过渡性，打开交互式透明工具给它添加线性渐变透明效果，设置渐变透明的角度为–60.6，步长为255，边界为17%，其他选项默认，效果如图9-76所示。

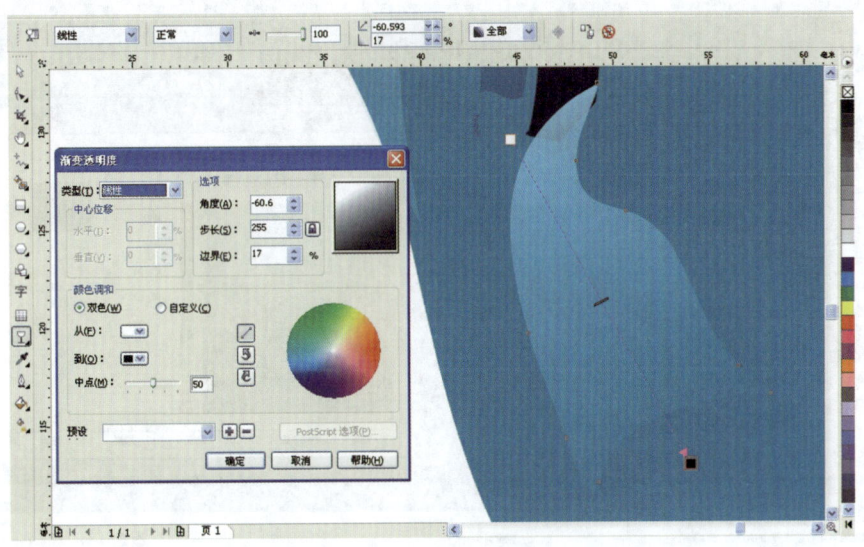

图9-76

77. 给下嘴唇添加高光效果。还是使用手绘工具绘制如图9-77所示图形，经过形状工具编辑后，再去除它的轮廓，然后使用填充工具给它填上CMYK值为22、0、5、0的蓝白色。

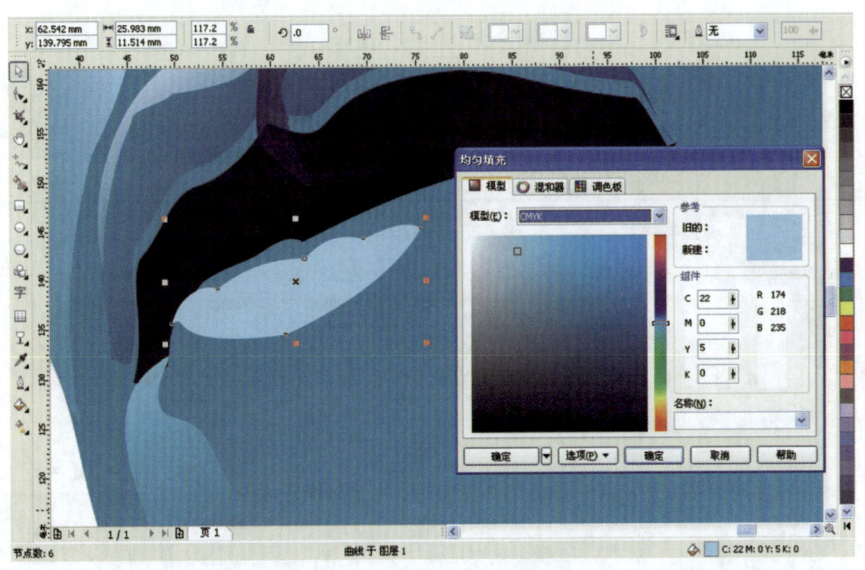

图9-77

78. 用同样的步骤绘制下嘴唇的暗部分。然后打开填充工具给它填色，设置所填颜色的CMYK值为94、57、33、1，如图9-78所示。

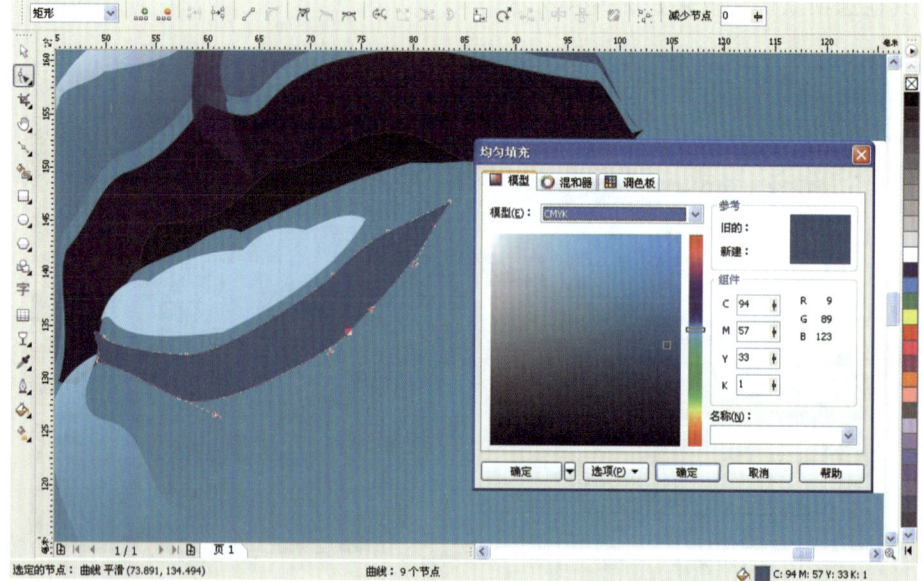

图9-78

79. 在下嘴唇暗部图形上添加一个线性渐变透明效果，以增加图形的空间透视效果。设置"渐变透明度"的角度为163.1，步长为255，边界为8%，其他选项默认，如图9-79所示。

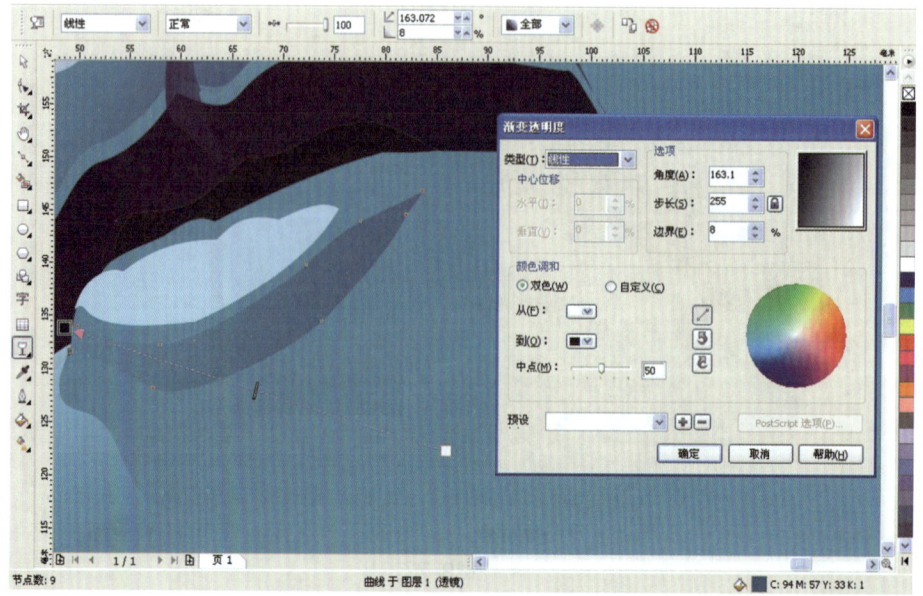

图9-79

80. 给下嘴唇添加上暗部分图形。同样使用贝塞尔工具绘制如图9-80所示曲线，然后给它填上CMYK值为97、74、26、3的蓝色。

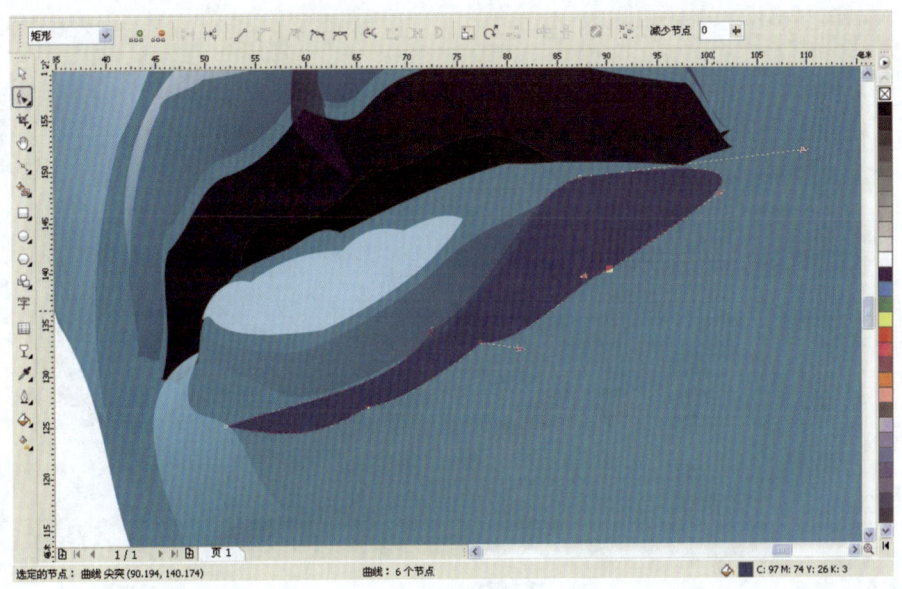

图9-80

81. 绘制下嘴唇最暗的部分图形。同样的使用贝塞尔工具、形状工具、轮廓工具完成如图9-81所示图形，打开填充工具给它一个均匀填充，设置填充颜色的CMYK值为99、99、76、12。

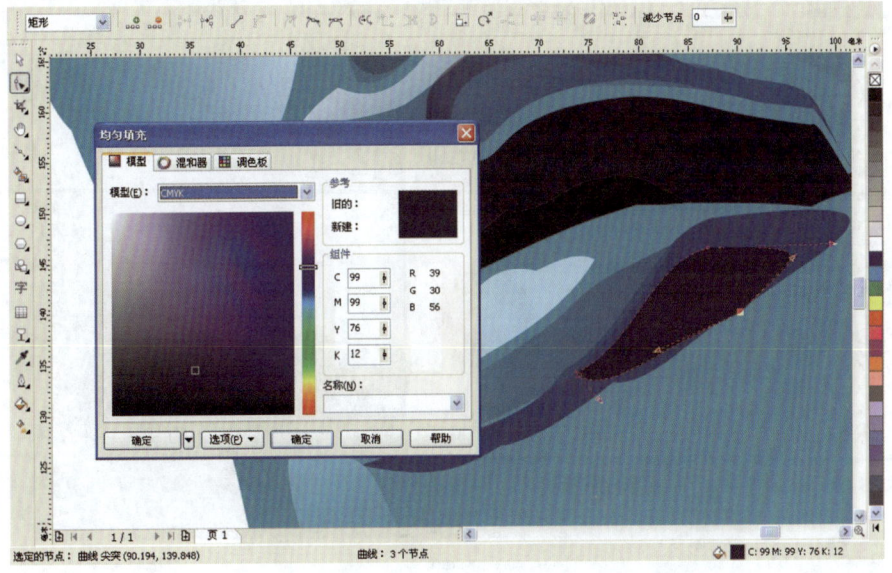

图9-81

82. 为了增加嘴唇图形的真实感和细腻度,现在给它添加嘴唇上的唇纹。打开贝塞尔工具绘制一曲线,颜色为黑色,如图9-82所示。

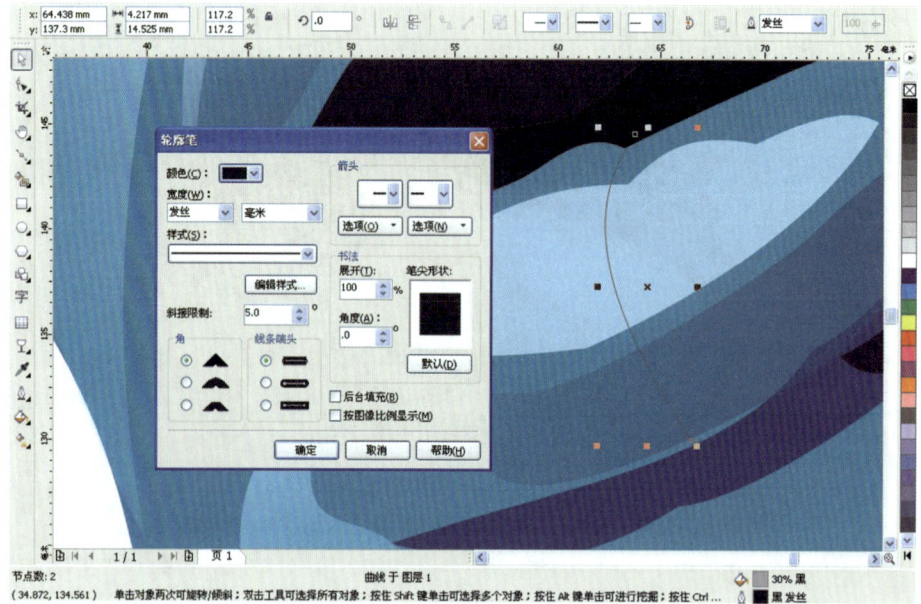

图9-82

83. 给它添加虚实效果。打开交互式透明工具给它一个线性渐变透明效果,并设置"渐变透明度"的角度为88.1,步长为255,边界为0,其他选项默认,效果如图9-83所示。

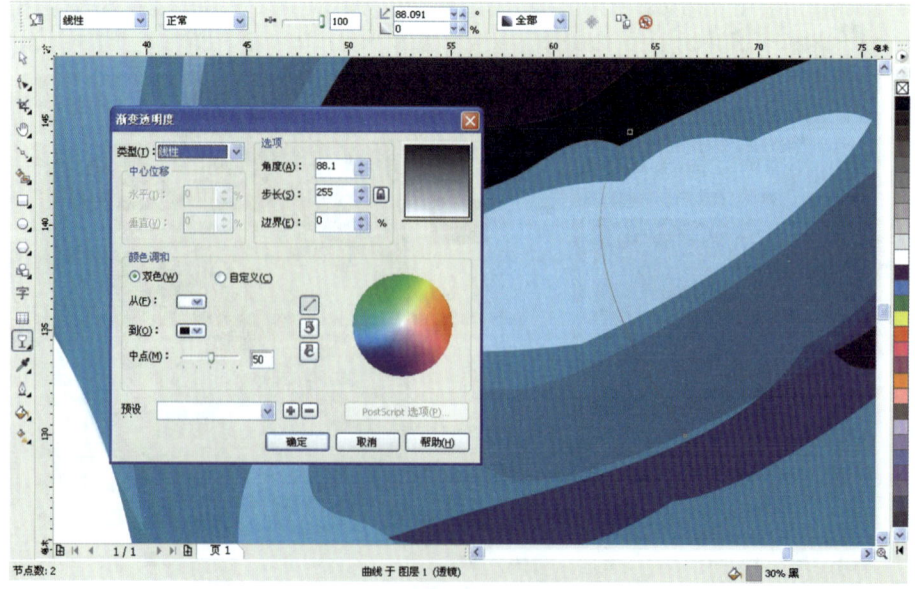

图9-83

84. 按Ctrl+D键复制一个该唇纹图形，并在轮廓工具中设置它的颜色为白色，然后打开交互式透明工具给它添加虚实效果，设置"渐变透明度"对话面板上的类型为线性，角度为–49.6，步长为255，边界为16%，其他选项默认，如图9–84所示。

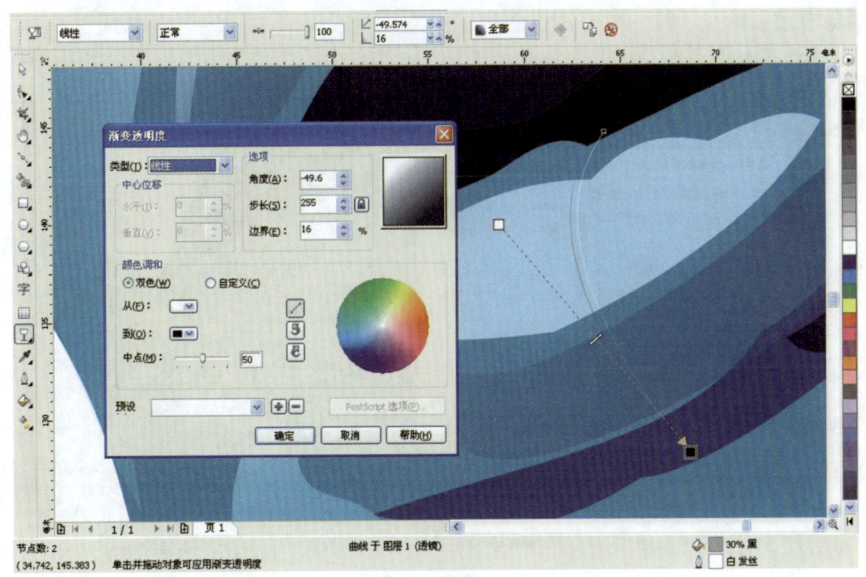

图9–84

85. 选中该两个唇纹图形，按Ctrl+D键复制5组，然后分别用形状工具进行编辑和挑选工具进行位置的确定，如图9–85所示。

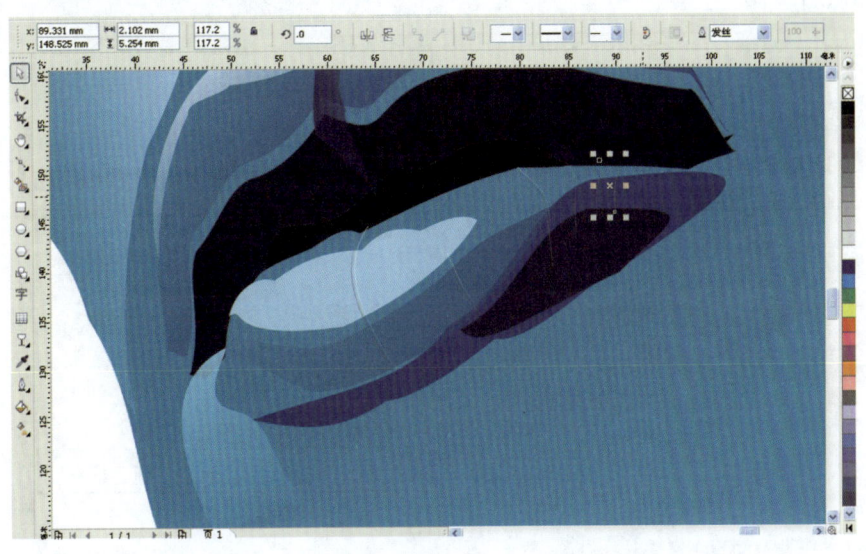

图9–85

86. 在鬓角处添加一个亮光图形。先用矩形工具绘制一个矩形，然后通过形状工具、轮廓工具的修改，形状如图9-86所示，再打开填充工具给它一个均匀填充，设置填充色彩的CMYK值为80、16、21、0。

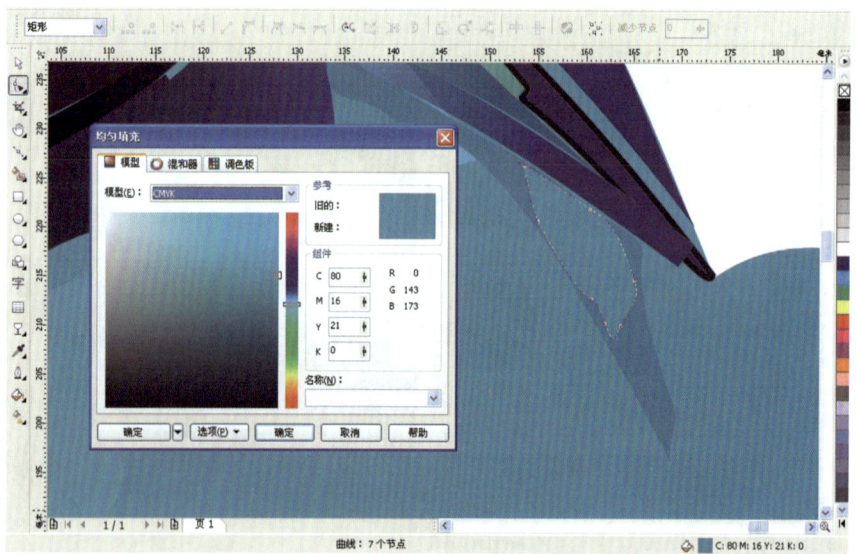

图9-86

87. 勾勒腮帮和下巴处的结构。使用贝塞尔工具绘制如图9-87所示图形，经过形状工具、轮廓工具的编辑后，再打开填充工具给它进行填色操作，设置所要填充色彩的CMYK值为82、22、12、0。

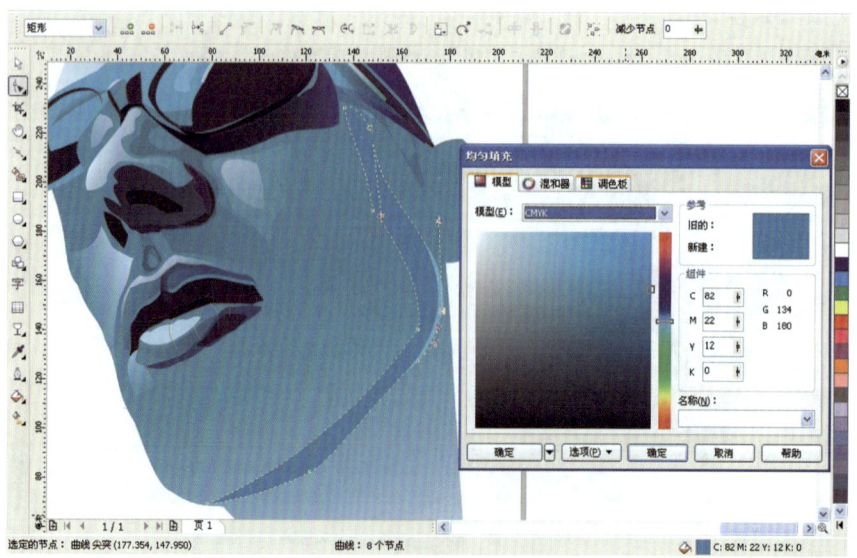

图9-87

88. 同样为了该图形的空间真实感，给它添加一个渐变透明效果。打开交互式透明工具，设置"渐变透明度"的类型为线性，角度为–157.5，步长为255，边界为26%，其他选项默认，效果如图9-88所示。

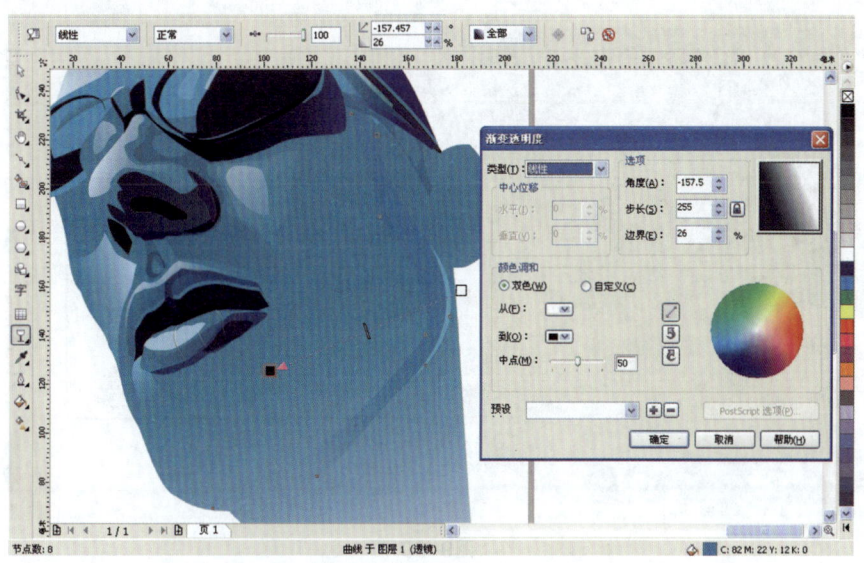

图9-88

89. 勾勒腮帮处的结构。打开贝塞尔工具、形状工具和轮廓工具绘制、编辑出如图9-89所示图形，然后打开填充工具给它一个均匀填充，所填充的色彩CMYK值为38、1、5、0。

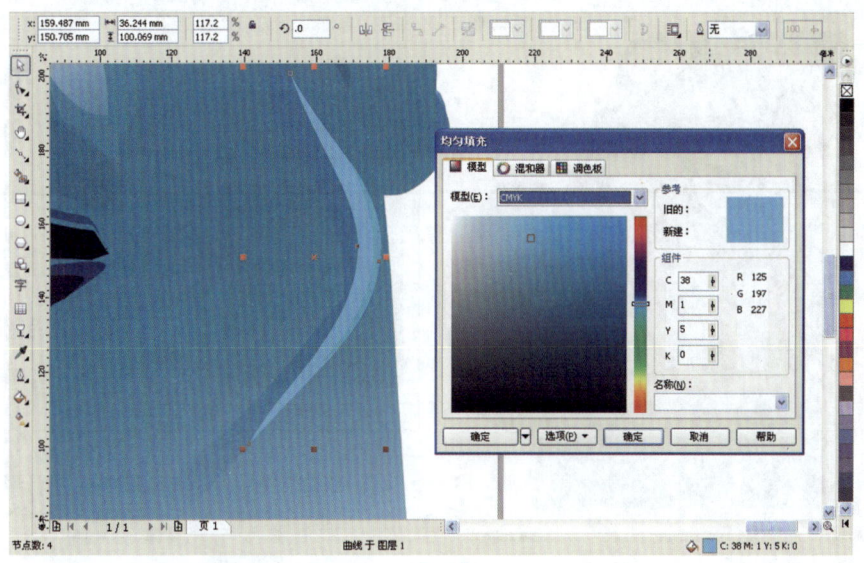

图9-89

90. 打开交互式透明工具，给该腮帮结构图形添加一个线性渐变透明效果，设置"渐变透明度"的角度为169.0，步长为255，边界为40%，其他选项默认，如图9-90所示。

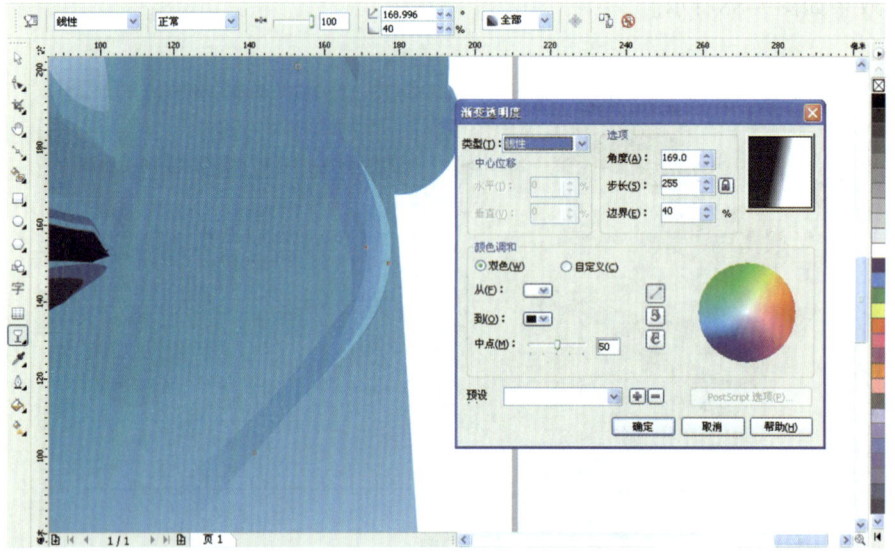

图9-90

91. 开始绘制耳朵部分的结构图形。先用手绘工具绘制好如图9-91所示图形，利用轮廓工具删除轮廓后，打开填充工具给它一个均匀填充，并设置所填充颜色的CMYK值为99、98、36、9。

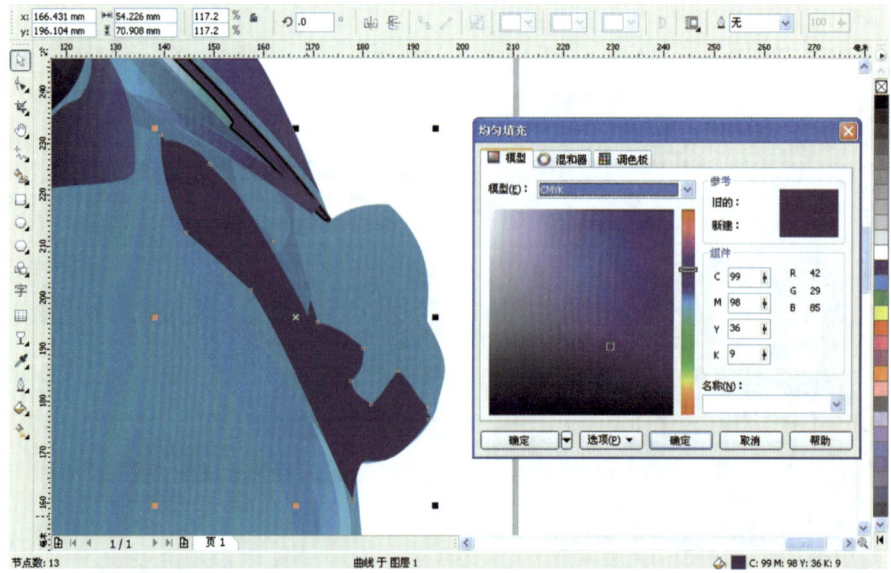

图9-91

92. 同样，选择交互式透明工具给该图一个线性渐变透明效果。打开交互式透明工具，并设置它的角度为122.0，步长为255，边界为5%，其他选项默认，如图9-92所示。

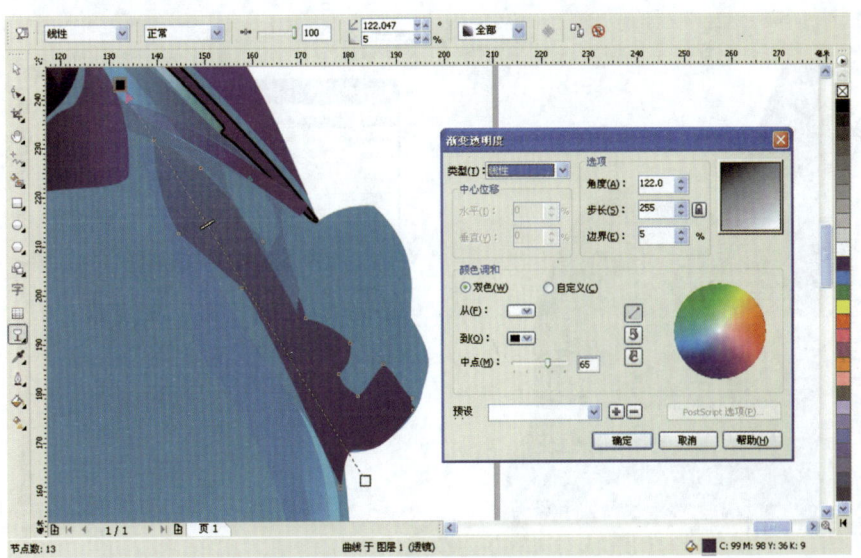

图9-92

93. 现在绘制耳朵的周边轮廓图形。打开矩形工具绘制一个矩形，然后将其转化成曲线（单击右键，选择"转换为曲线"），它的轮廓为默认状态，用填充工具给它填上CMYK值为67、52、0、29的色彩，效果如图9-93所示。

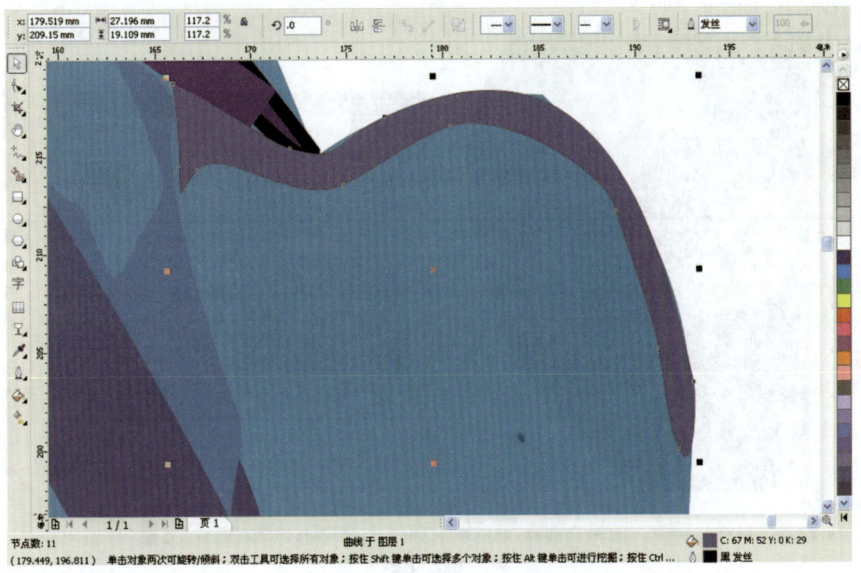

图9-93

94. 打开交互式透明工具给该图形添加线性透明效果。设置"渐变透明度"的角度为–25.4，步长为255，边界为2%，其他选项默认，如图9-94所示。

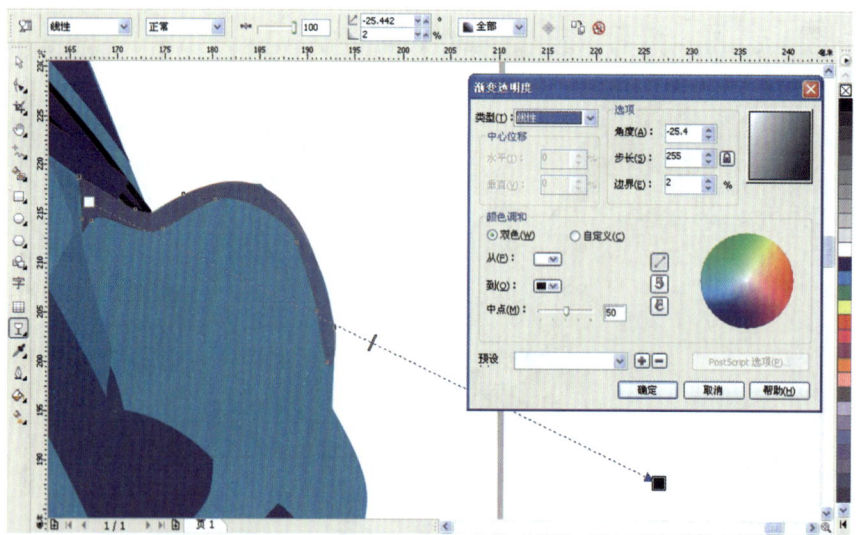

图9-94

95. 打开手绘工具绘制耳垂部位的暗部分图形，经过形状工具编辑后，使用填充工具和轮廓工具中的"颜色"给该图形及它的轮廓填上CMYK值为98、80、33、0的蓝色，效果如图9-95所示。

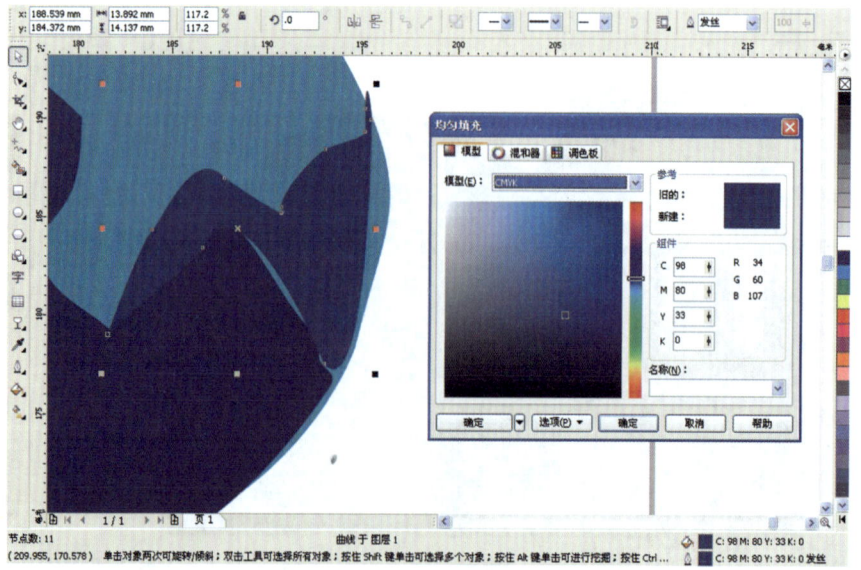

图9-95

96. 为了将该图形与耳朵整体统一起来，还需要给它添加渐变透明效果。打开交互式透明工具，设置它的类型为线性，角度为31.5，步长为255，边界为10%，其他选项默认，如图9-96所示。

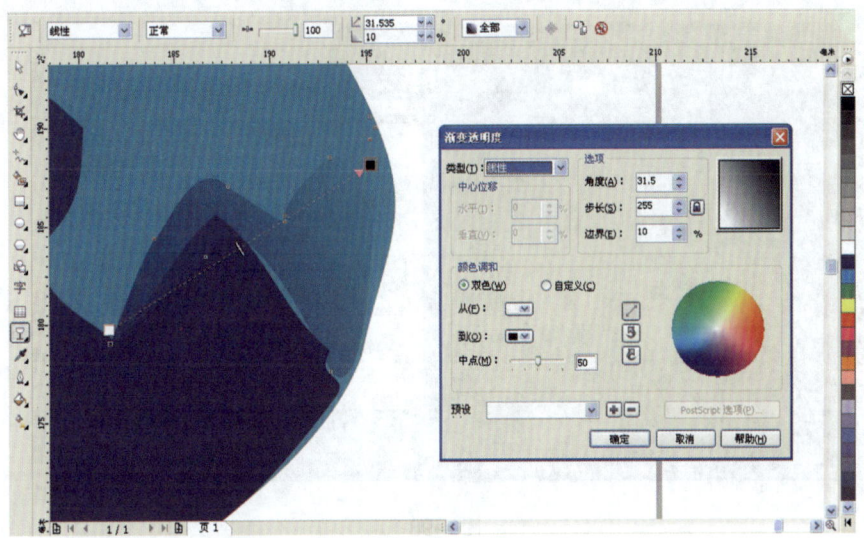

图9-96

97. 使用手绘工具绘制耳朵内部的结构图形。打开手绘工具绘制如图9-97所示曲线，通过形状工具的编辑，轮廓工具的去除轮廓，再打开填色工具给它填上CMYK值为95、38、24、0的蓝色。

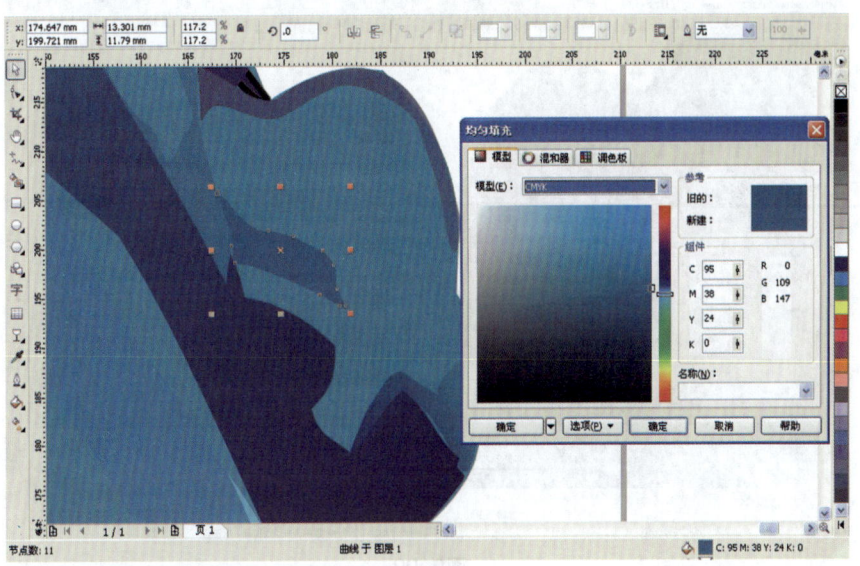

图9-97

98. 同样的打开交互式透明工具给该图形一个线性渐变透明效果,并设置渐变透明的角度为–18.4,步长为255,边界为20%,其他选项默认,如图9-98所示。

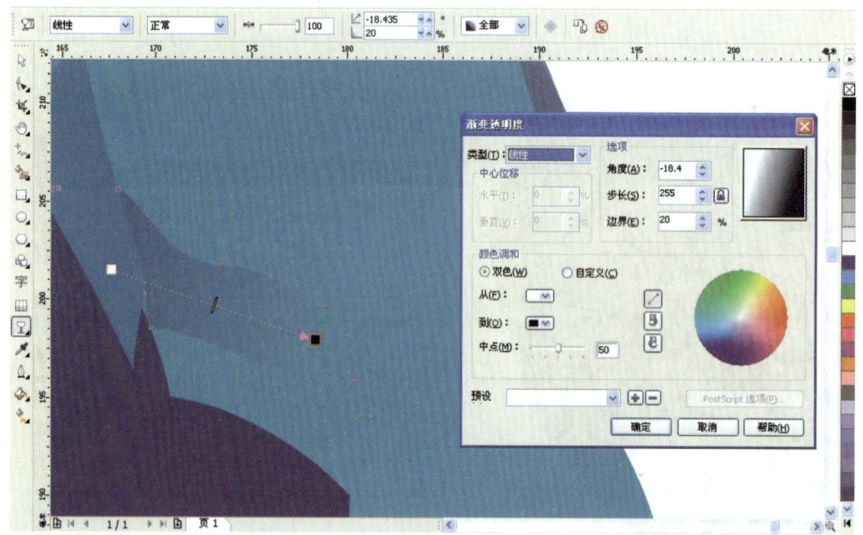

图9-98

99. 给耳朵添加最暗部分图形。打开手绘工具绘制如图9-99所示图形,经过形状工具对图形曲线的点的编辑后,激活填充工具给它填上CMYK值为99、99、67、15的深蓝色,它的轮廓所有内容默认不变。

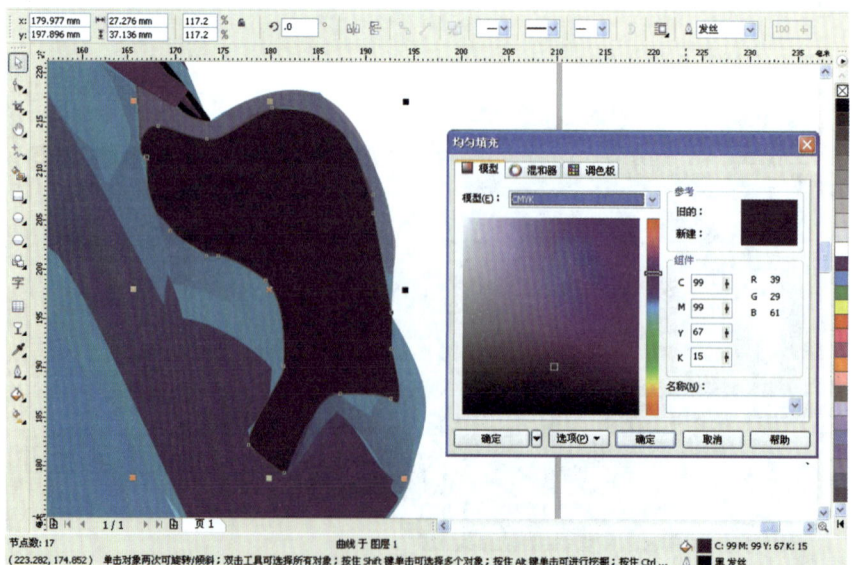

图9-99

100. 在耳朵内部暗的部分添加较亮结构的图形。打开手绘工具绘制如图9-100所示曲线，然后进行形状的编辑，再选择填充工具和轮廓的"颜色"工具给该图形和它的轮廓填充颜色，设置颜色的CMYK值为98、97、34、0。

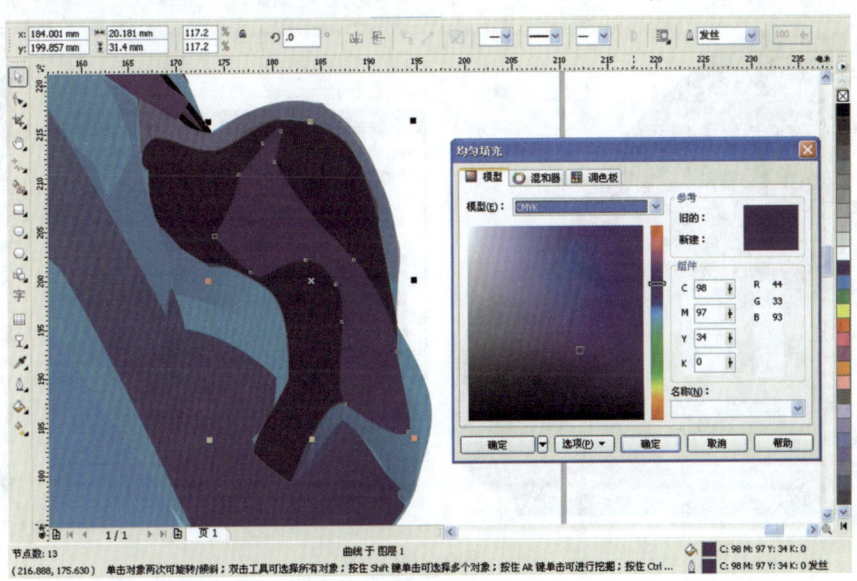

图9-100

101. 打开矩形工具绘制一个矩形，转换成曲线后，利用轮廓工具去除它的轮廓，再进行形状编辑，最后给它填上CMYK值为98、91、37、1的色彩，如图9-101所示。

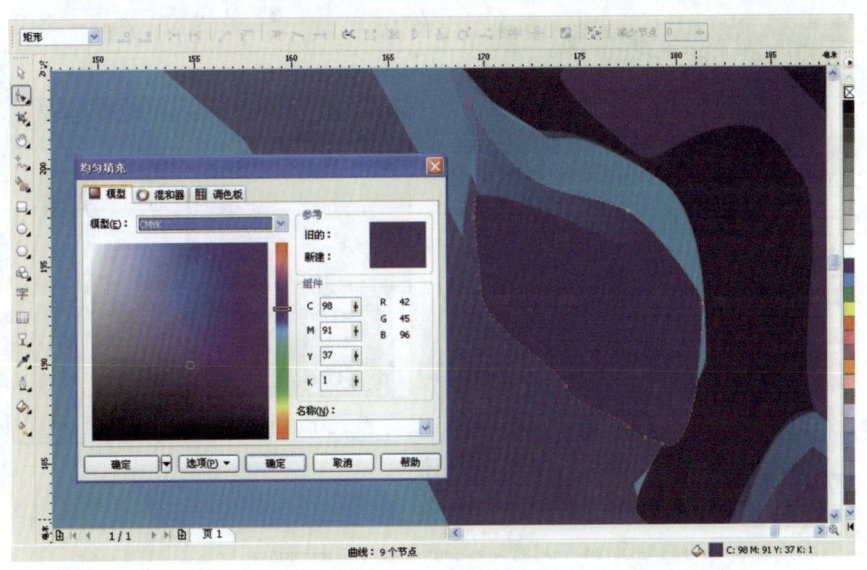

图9-101

102. 选择交互式透明工具给该图形添加线性渐变透明效果，并设置"渐变透明度"的角度为83.3，步长为255，边界为0，其他选项默认，效果如图9-102所示。

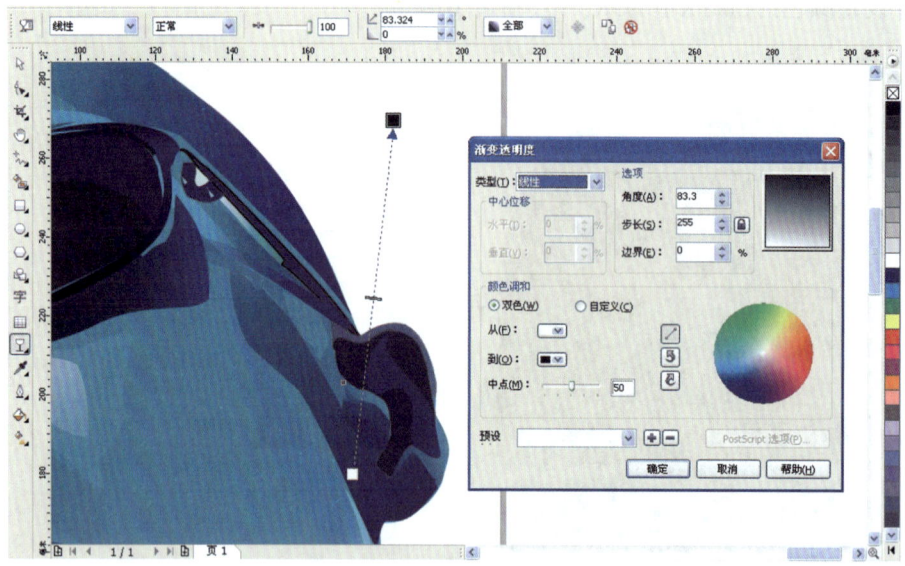

图9-102

103. 打开手绘工具再绘制耳朵的内部结构较亮部分的图形，通过形状工具的编辑后，给它填上CMYK值为91、19、13、0的蓝色，如图9-103所示。

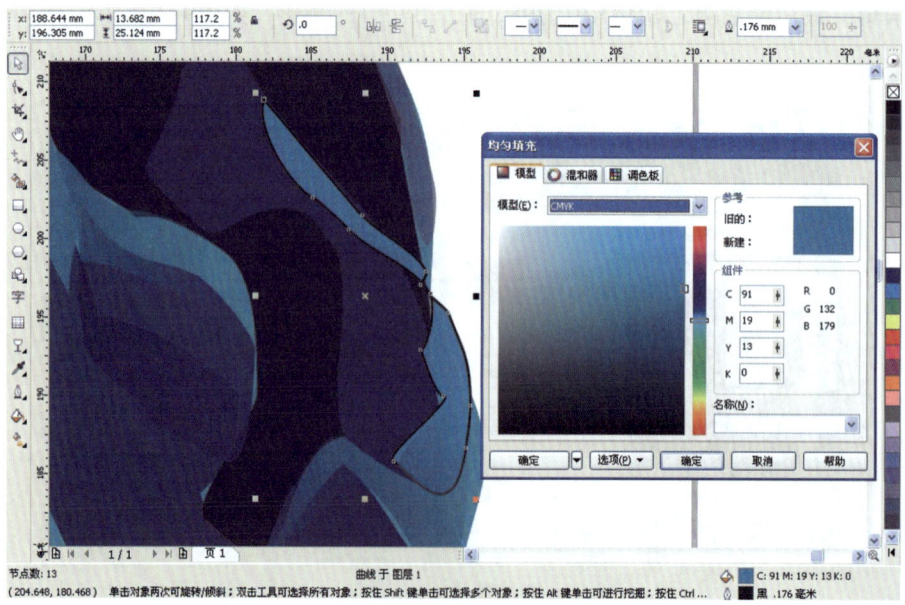

图9-103

104. 打开交互式透明工具给该图形一个渐变透明效果，设置渐变透明的类型为线性，角度为128.8，步长为255，边界为6%，其他选项默认，如图9-104所示，至此，耳朵图形绘制完毕。

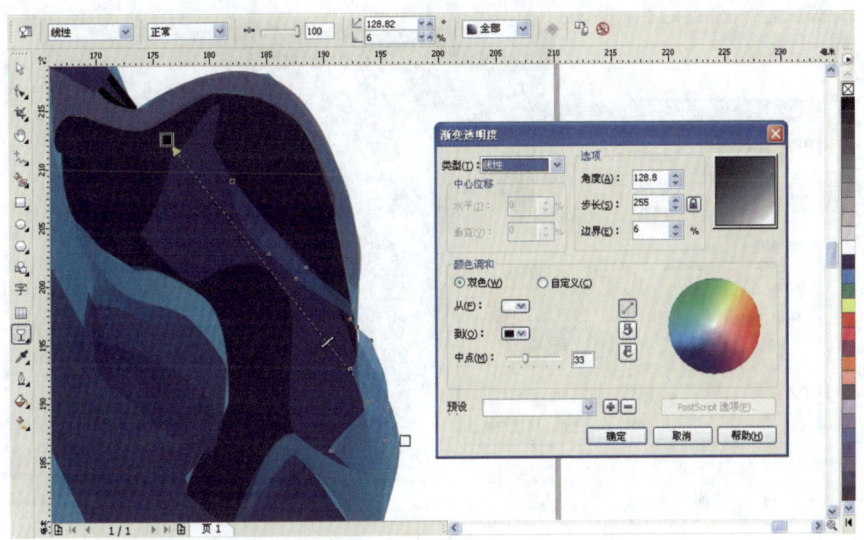

图9-104

105. 现在添加右边的嘴角图形。选择矩形工具绘制一个矩形，将其转换成曲线后，使用形状工具编辑它的形状，去除轮廓后，给它填上一个蓝色，蓝色的CMYK值为94、45、24、0，如图9-105所示。

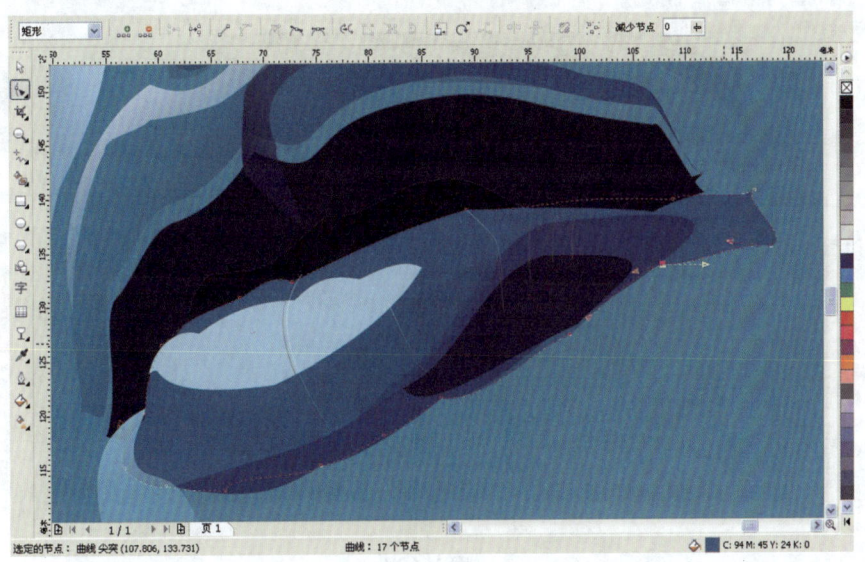

图9-105

106. 给该图形添加渐变透明效果。设置交互式透明工具的"渐变透明度"的类型为线性，角度为-156.1，步长为255，边界为17%，其他选项默认，效果如图9-106所示。

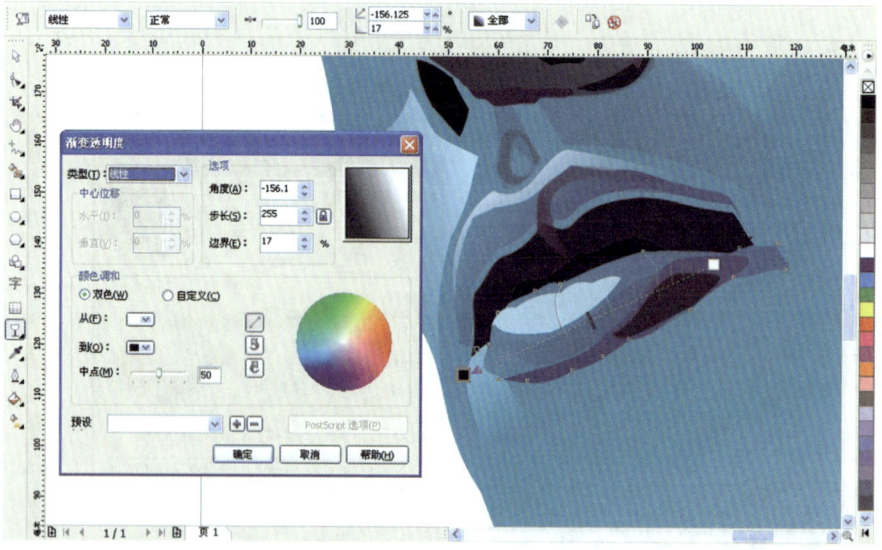

图9-106

107. 绘制下嘴唇的阴影。打开手绘工具绘制曲线，然后使用形状工具对其进行修改，去除轮廓后，给它填充颜色，打开填充工具，设置颜色的CMYK值为98、98、32、2，如图9-107所示。

图9-107

108. 在右侧嘴角处再次添加阴影图形。绘制一个矩形，转成曲线，去除轮廓，然后使用形状工具进行编辑，再打开填充工具给它填上CMYK值为99、96、60、5的深蓝色，效果如图9-108所示。

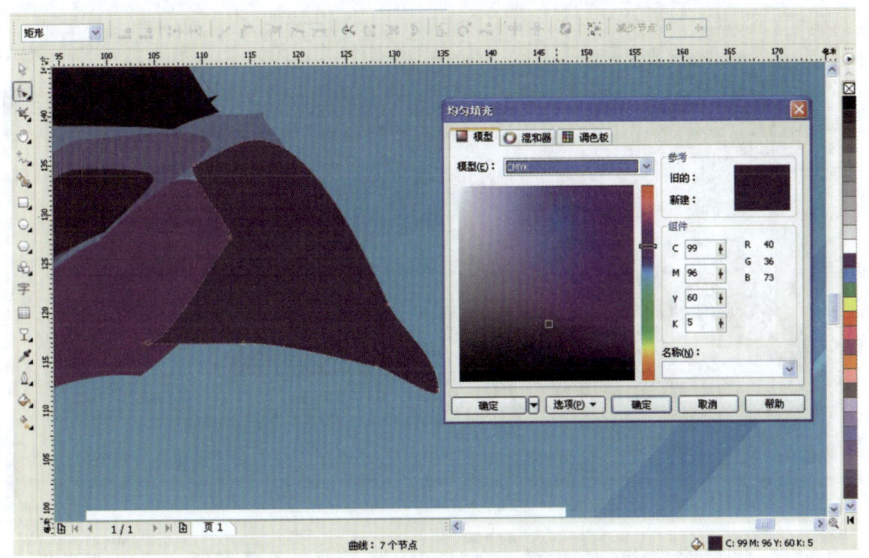

图9-108

109. 该图形显得过于生硬，必须打开交互式透明工具给它一个线性渐变透明效果。设置渐变透明的角度为-7.9，步长为255，边界为1%，其他选项默认，效果如图9-109所示。

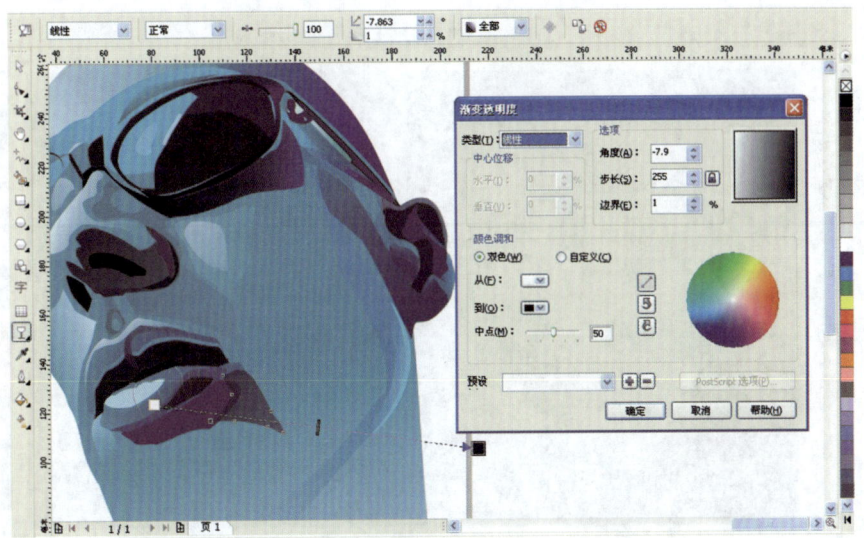

图9-109

110. 绘制右侧嘴角上面的图形。绘制一个矩形，转化成曲线后使用形状工具进行编辑，然后打开轮廓工具和填充工具给该图形及它的轮廓填上相同的颜色，颜色的CMYK值为97、65、40、0，如图9-110所示。

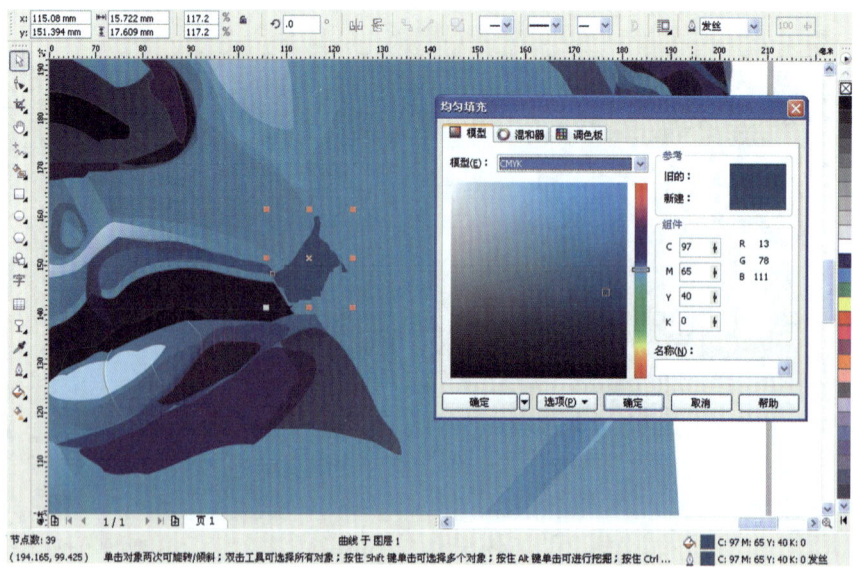

图9-110

111. 打开交互式透明工具给该图形一个线性渐变透明效果，设置渐变透明的角度为125.8，步长为255，边界为32%，其他选项默认，如图9-111所示。

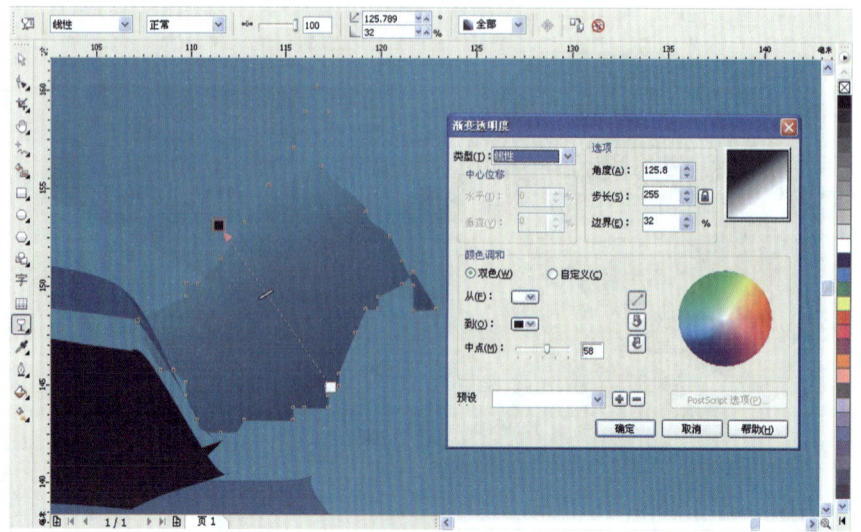

图9-111

112. 在右侧嘴角的右上方添加一个如图9-112所示图形，打开填充工具给它填上一个均匀色，色彩的CMYK值为97、66、41、2。

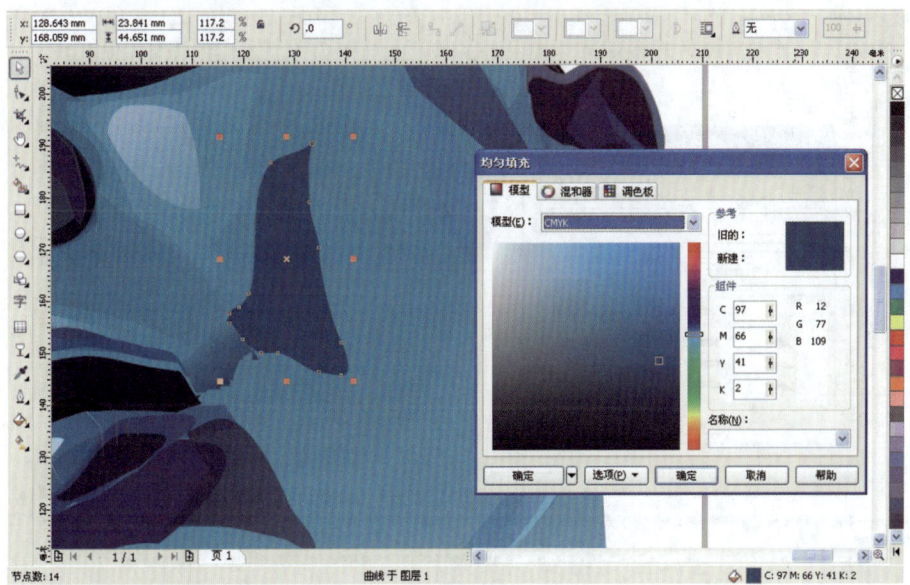

图9-112

113. 现在打开交互式透明工具给它一个线性渐变透明效果，设置渐变透明的角度为147.0，步长为255，边界为16%，其他选项默认，如图9-113所示。

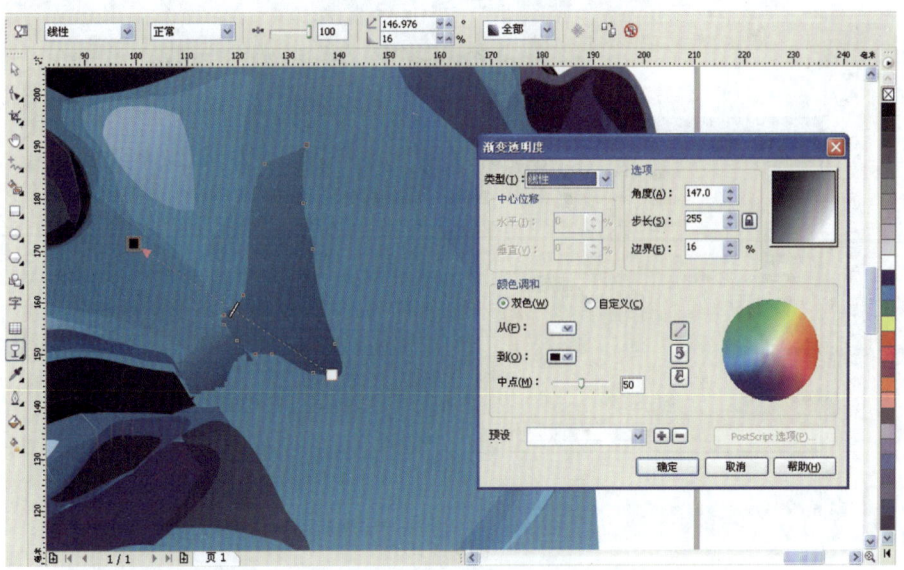

图9-113

114. 绘制下巴处的"明暗交界线"图形。绘制、编辑好该图形之后，打开填充工具和轮廓工具给该图形及它的轮廓填上CMYK值为97、56、33、0的色彩，效果如图9-114所示。

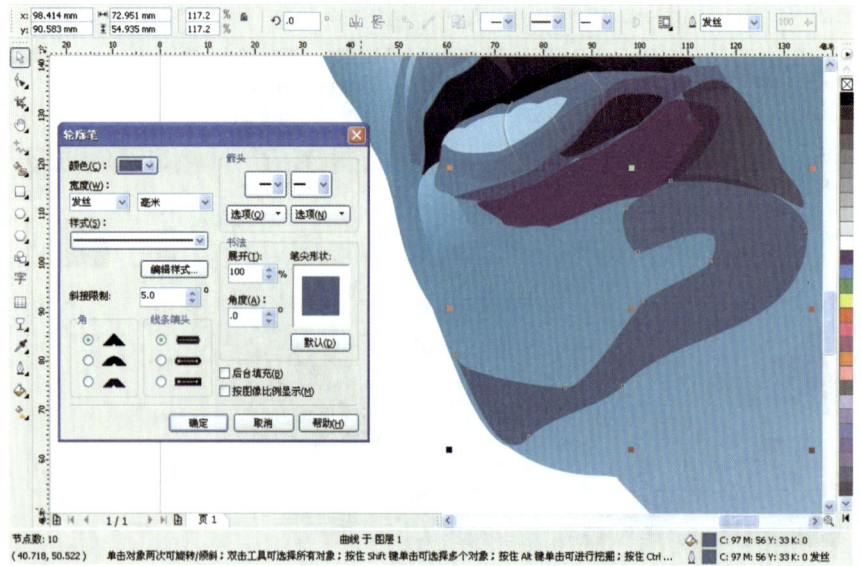

图9-114

115. 给该图形添加渐变透明效果。打开交互式透明工具，设置渐变透明的类型为线性，角度为131.6，步长为255，边界29%，其他选项默认，效果如图9-115所示。

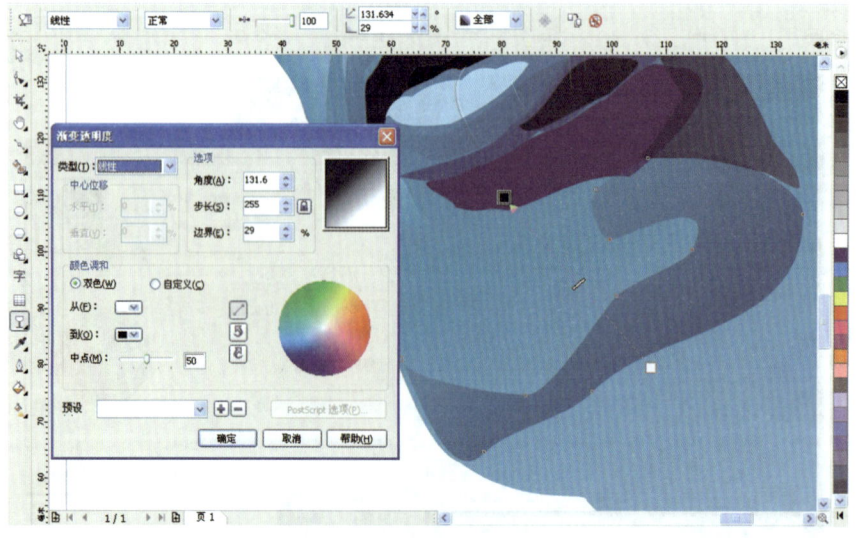

图9-115

116. 在下巴外添加高光图形。用贝塞尔工具绘制如图9-116所示图形，经过形状工具的编辑后，再使用轮廓工具去除它的轮廓，然后给它填上CMYK值为18、0、3、0的色彩，最后用交互式透明工具给它添加线性渐变透明效果，其角度为9.8，步长为255，边界为0，其他选项默认。

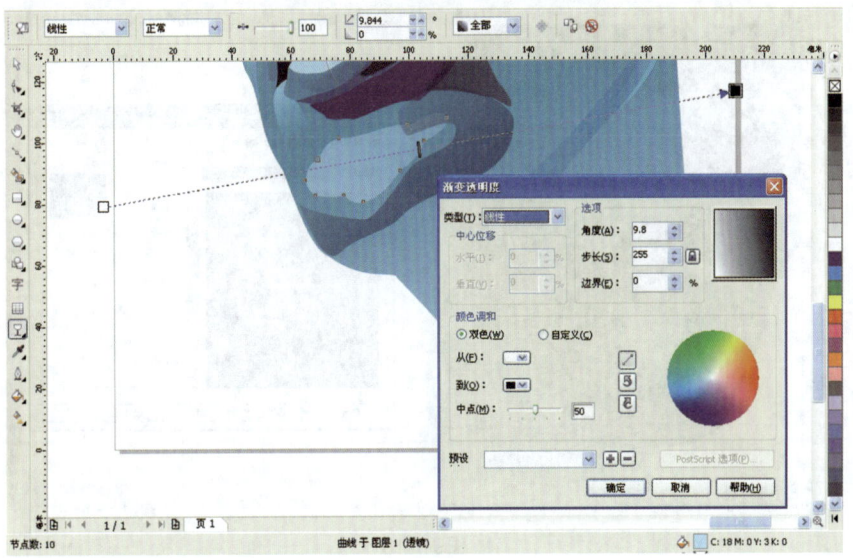

图9-116

117. 绘制腮帮处的暗面图形。编辑好图形之后，给它填上CMYK值为98、74、25、1的色彩，然后添加一个角度为114.6，步长为255，边界为12%，其他选项为默认的线性渐变透明效果，如图9-117所示。

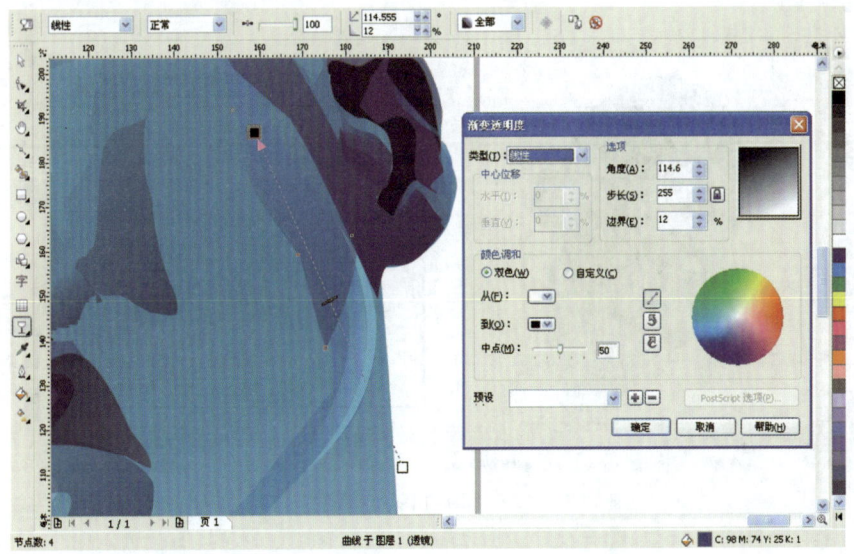

图9-117

118. 绘制右侧脸面的暗部图形。使用矩形工具绘制一个矩形，转成曲线后使用形状工具进行修改，去除轮廓后给它填上CMYK值为99、98、47、2的深蓝色，效果如图9-118所示。

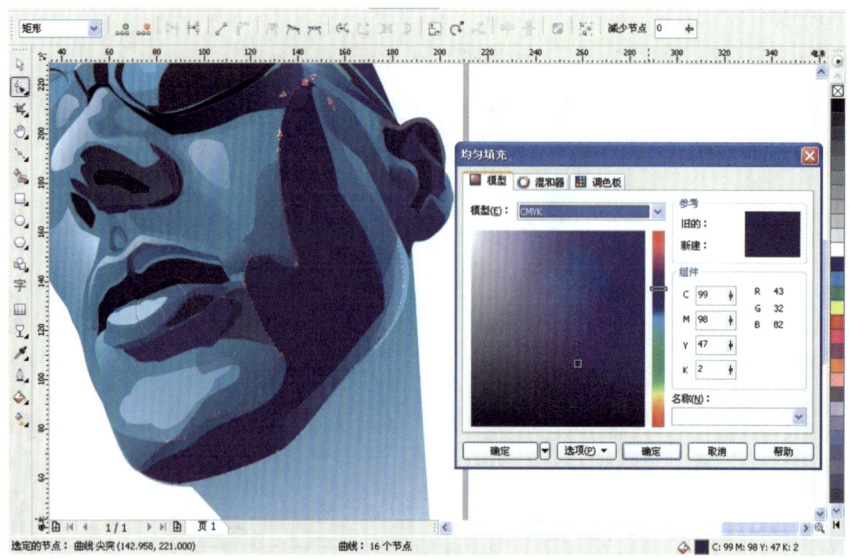

图9-118

119. 使用交互式透明工具给该图形一个线性渐变透明效果。设置渐变透明的角度为52.4，步长为255，边界为2%，其他选项默认，如图9-119所示。

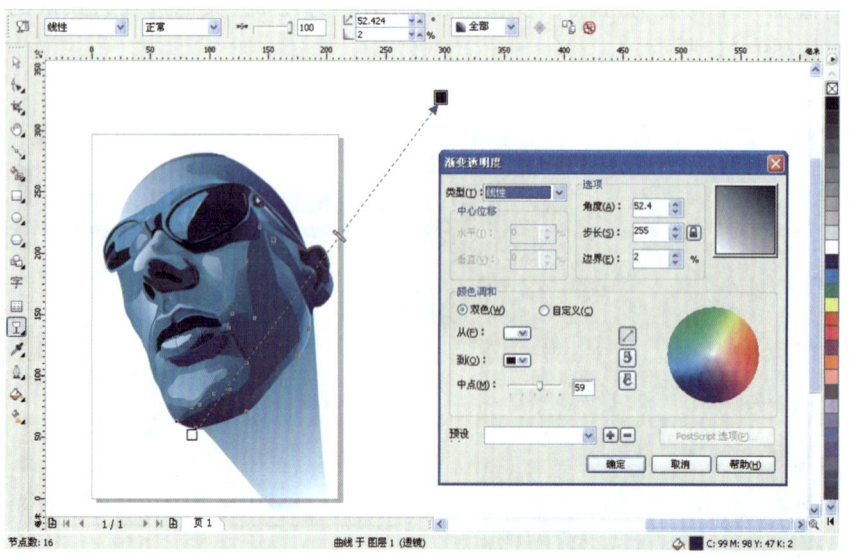

图9-119

120. 在嘴角右下侧添加一个图形。使用矩形工具绘制一个矩形之后，转为曲线，然后使用形状工具进行编辑，去除它的轮廓，再用填充工具给它填上CMYK值为96、86、9、0，效果如图9-120所示。

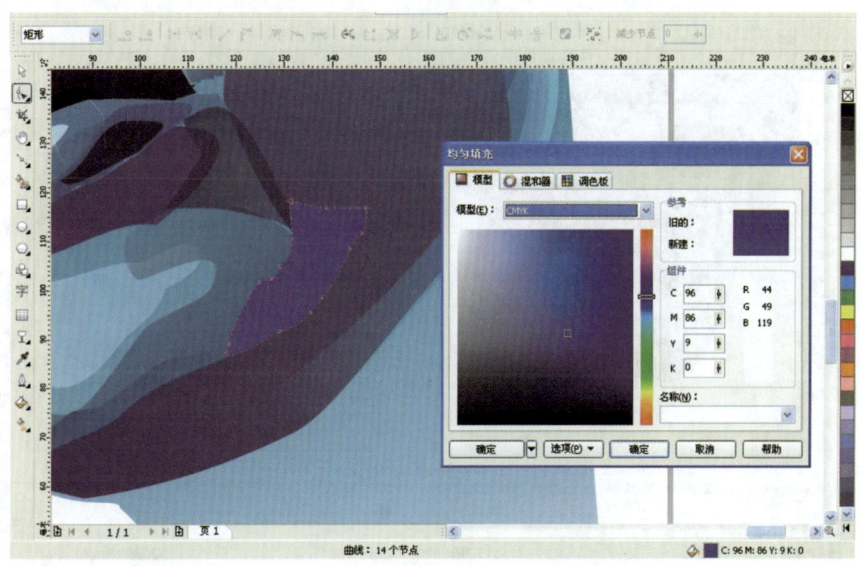

图9-120

121. 在右侧脸部的中间再添加一个深色的图形。使用矩形工具绘制矩形后转成曲线并编辑、去除轮廓，然后打开填充工具给它填上CMYK值为98、87、38、0的深蓝色，效果如图9-121所示。

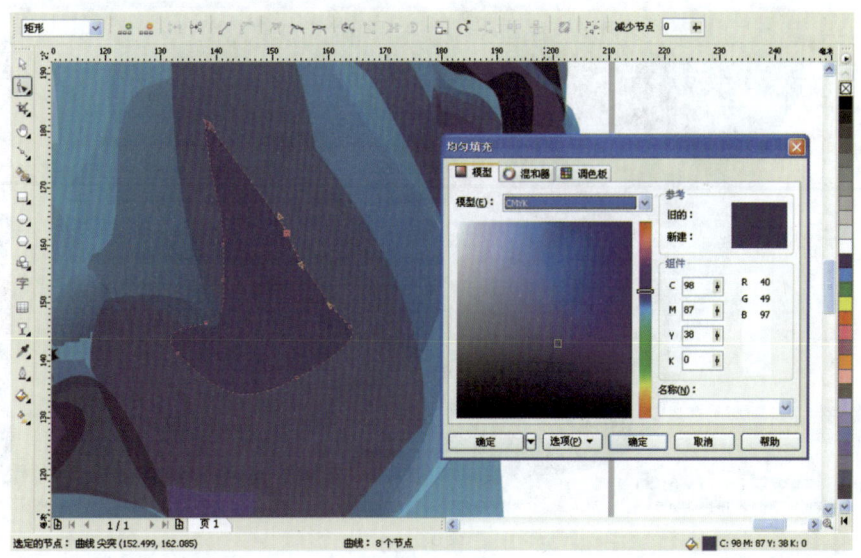

图9-121

122. 绘制矩形，转成曲线，通过形状工具、轮廓工具的编辑，再给它填上CMYK值为99、98、47、2的深蓝色，最后再打开交互式透明工具给它一个类型为线性，角度为-64.9，步长为255，边界为0，其他选项默认，如图9-122所示。

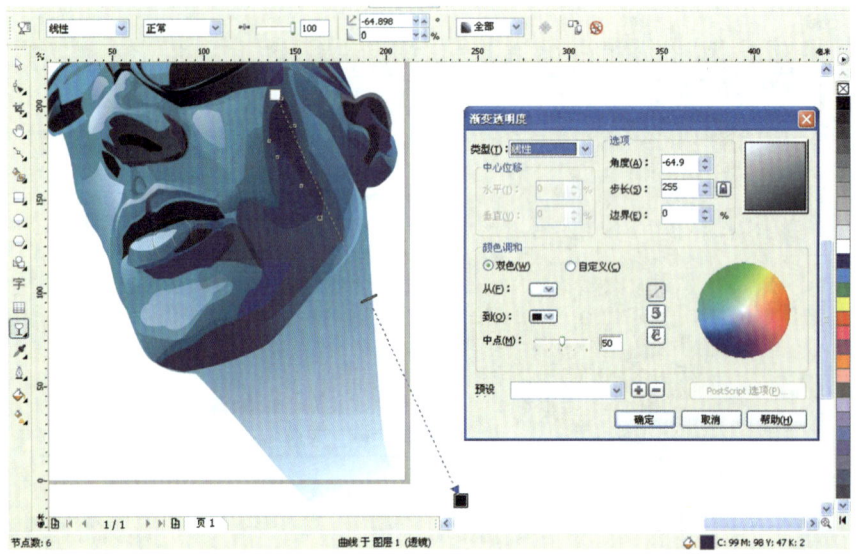

图9-122

123. 绘制一个矩形，转成曲线后使用形状工具编辑成如图9-123所示图形，去除它的轮廓后，给它填上CMYK值为98、96、48、17的色彩。

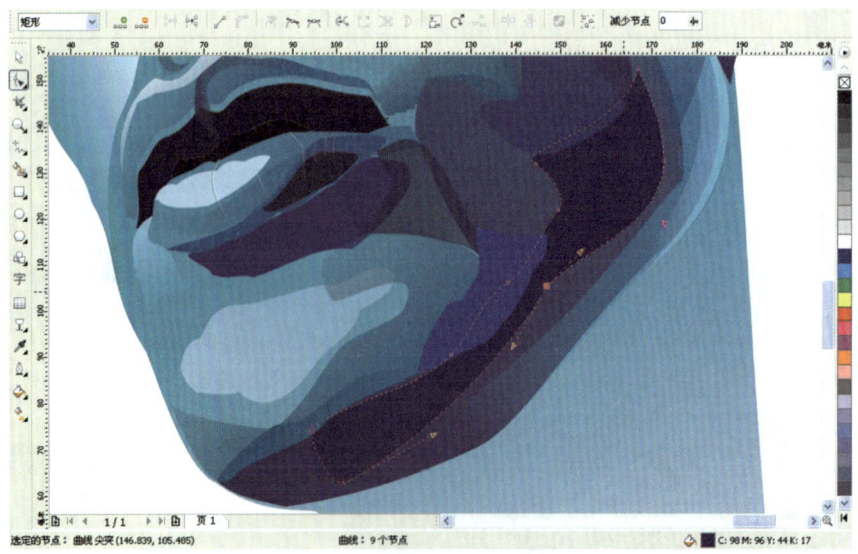

图9-123

124. 同样还要再给该图形添加渐变透明效果。设置交互式透明工具的"渐变透明度"对话面板，类型为线性，角度为43.4，步长为255，边界6%，其他选项默认，效果如图9-124所示。

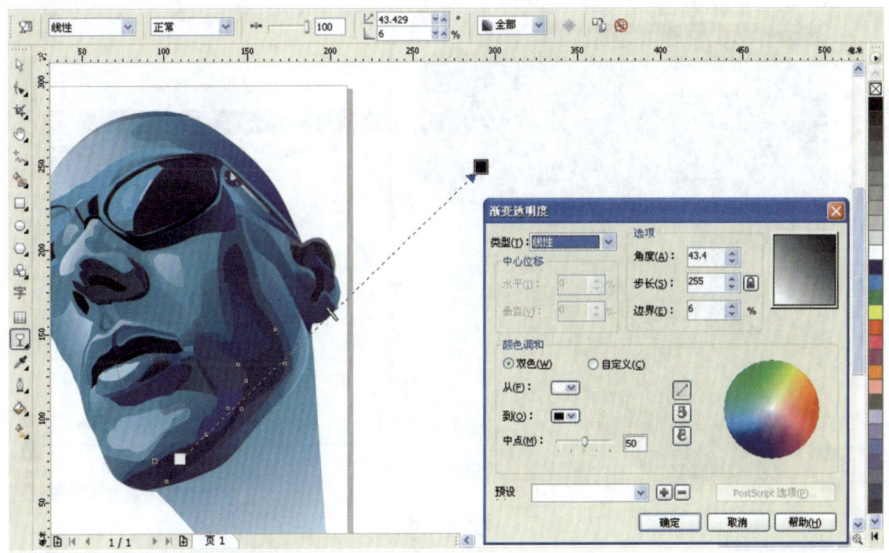

图9-124

125. 在嘴角右侧添加一个暗面图形，先画一个矩形，转成曲线，去轮廓，然后给它填上CMYK值为99、98、47、2的蓝色，效果如图9-125所示。

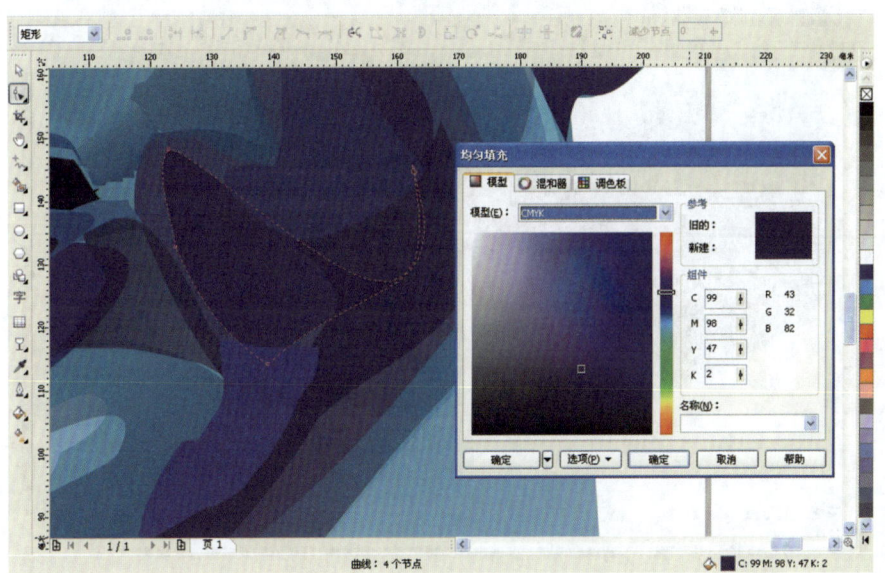

图9-125

126. 需要给该图形添加线性渐变透明效果。打开交互式透明工具，设置它的角度为–8.6，步长为255，边界为3%，其他选项默认，如图9-126所示。

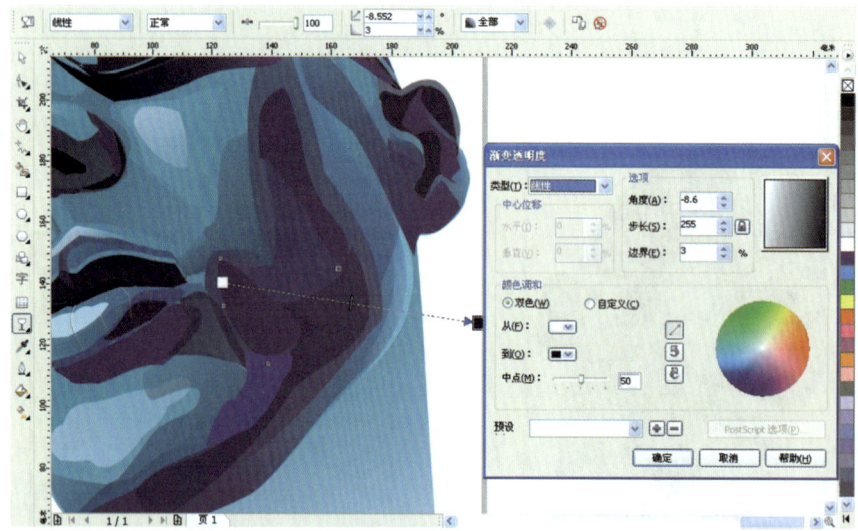

图9-126

127. 在下巴的中间用手绘工具绘制一个暗部分的图形，经过形状工具的编辑后给它填上CMYK值为94、90、55、38的蓝黑色，它的轮廓保持默认，效果如图9-127所示，至此，男主角的头部全部完成。

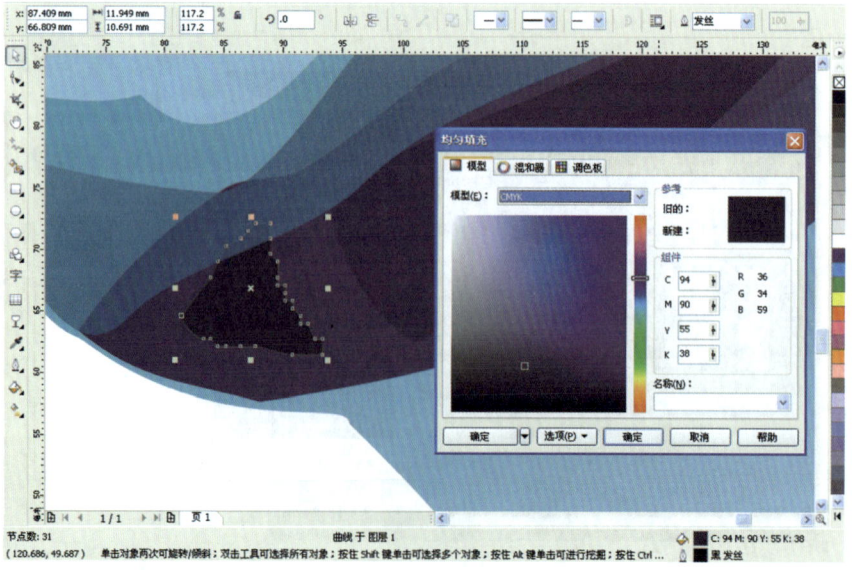

图9-127

128. 绘制男主角的脖子及衣领。先用手绘工具绘制脖子图形，然后进行形状的编辑，再去除它的轮廓，最后打开交互式透明工具给它添加类型为线性，角度为–74.6，步长为255，边界为25%，其他为默认的渐变透明效果，如图9–128所示。

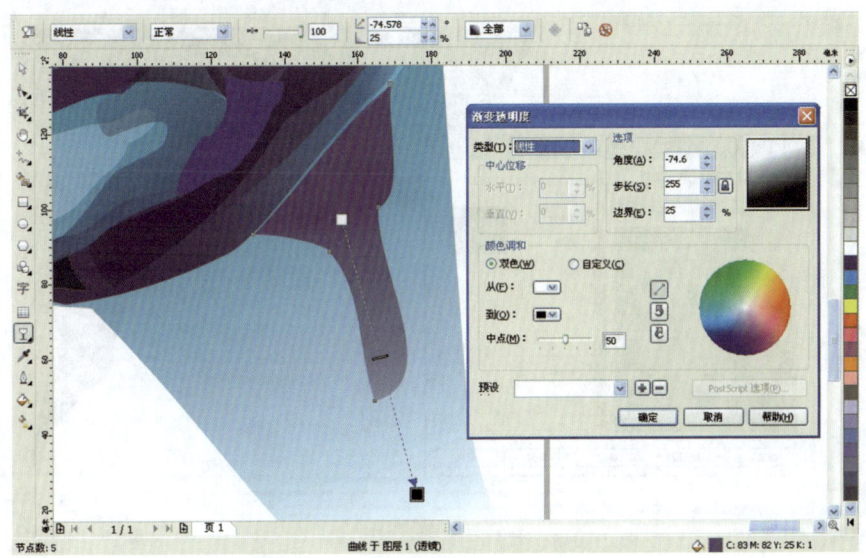

图9–128

129. 以同样的方法绘制另一个脖子上的图形。给它填充的色彩CMYK值为99、99、40、1，它的轮廓保持默认，给它添加的渐变透明效果的渐变透明类型为线性，角度为–71.6，步长为255，边界为22%，其他选项默认，如图9–129所示。

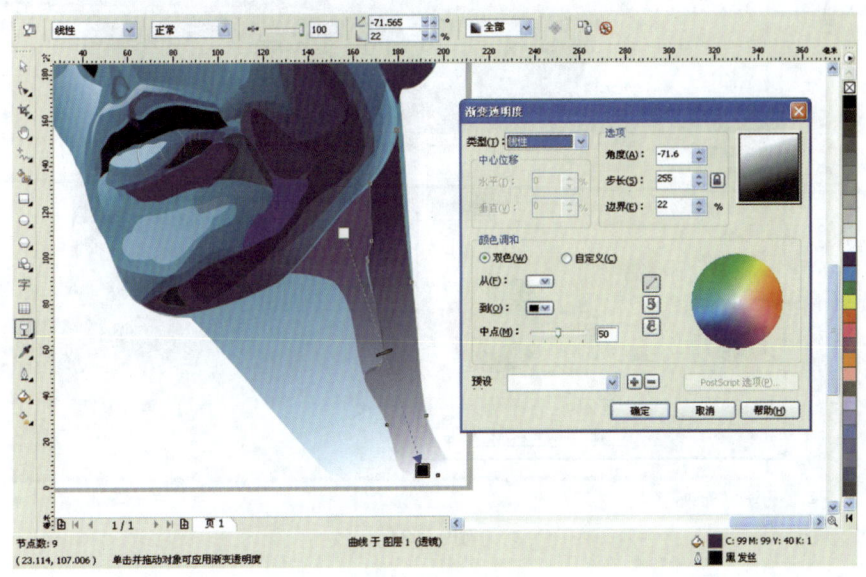

图9–129

130. 同样的方法，绘制如图9-130所示图形，去除轮廓后，给它填上CMYK值为93、93、43、11的深蓝色。

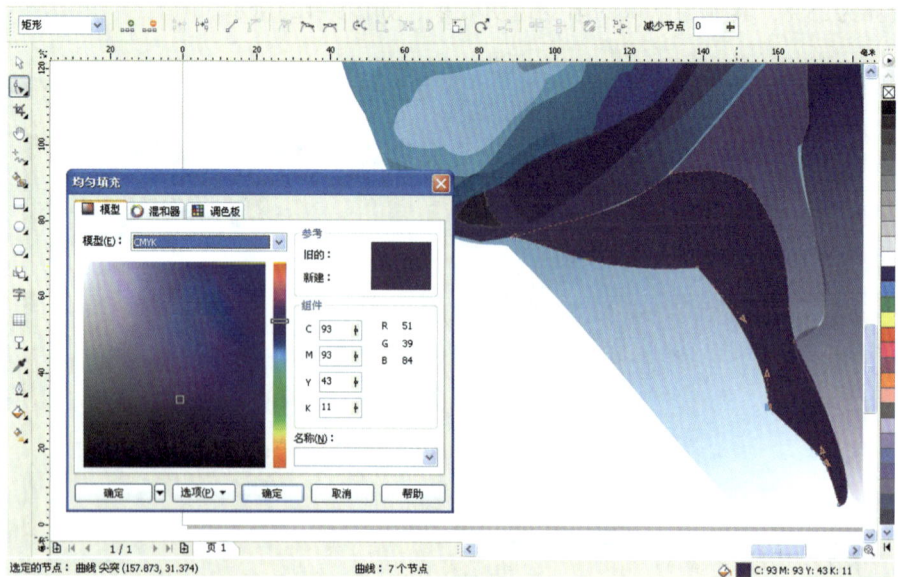

图9-130

131. 打开交互式透明工具给该图形添加一个线性渐变透明效果，设置"渐变透明度"的角度为-67.8，步长为255，边界为22%，其他选项默认，如图9-131所示。

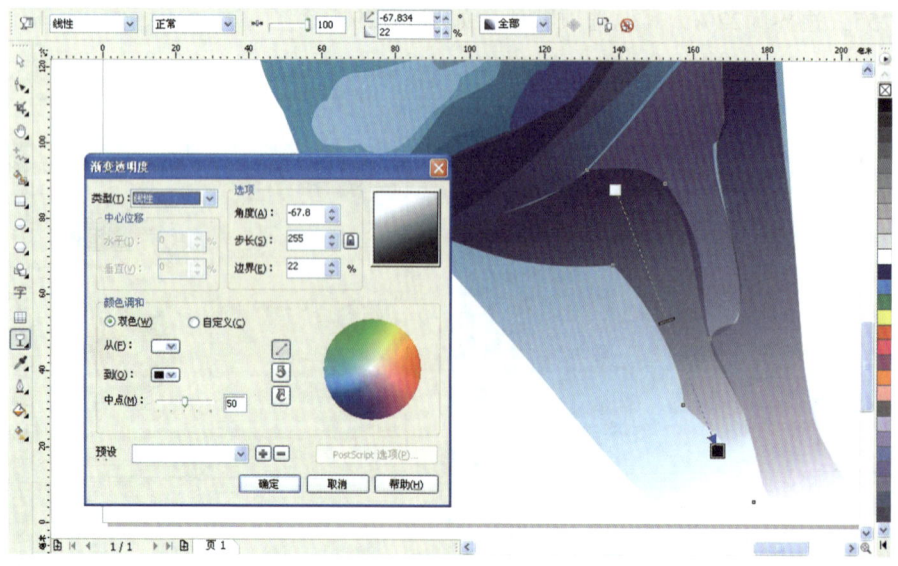

图9-131

132. 以同样的方法绘制脖子的另外一个图形，去除轮廓后，给它填上CMYK值为84、82、31、2的色彩，再次打开交互式透明工具给它添加一个类型为线性，角度为–58.1，步长为255，边界为16%，其他选项默认，如图9–132所示。

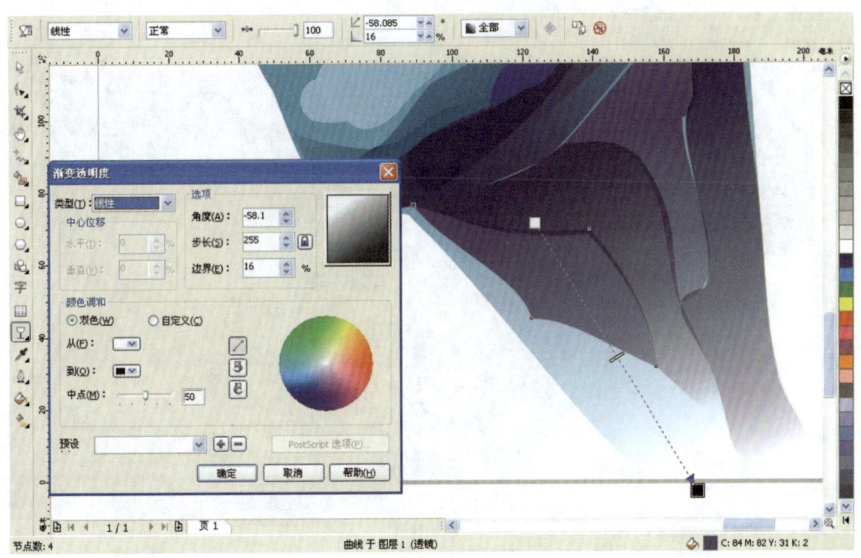

图9–132

133. 再绘制一个脖子的较亮图形，通过形状工具、轮廓工具的编辑后，打开填充工具给它填上CMYK值为40、60、0、40的强蓝色，如图9–133所示。

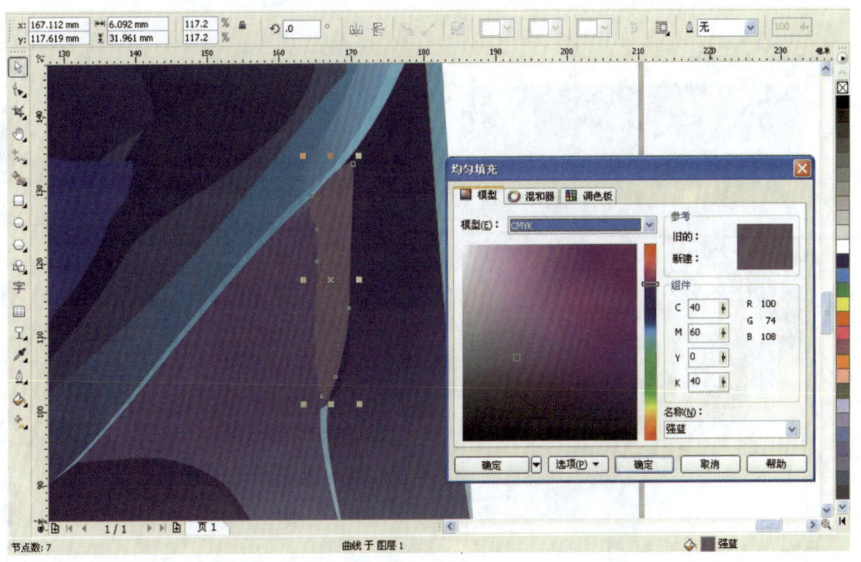

图9–133

134. 绘制男主角的衣领图形。使用手绘工具绘制衣领曲线图形，然后点击CMYK默认调色板上的70%黑色，给它填充色彩，而它的轮廓则保持默认值不变，效果如图9-134所示。

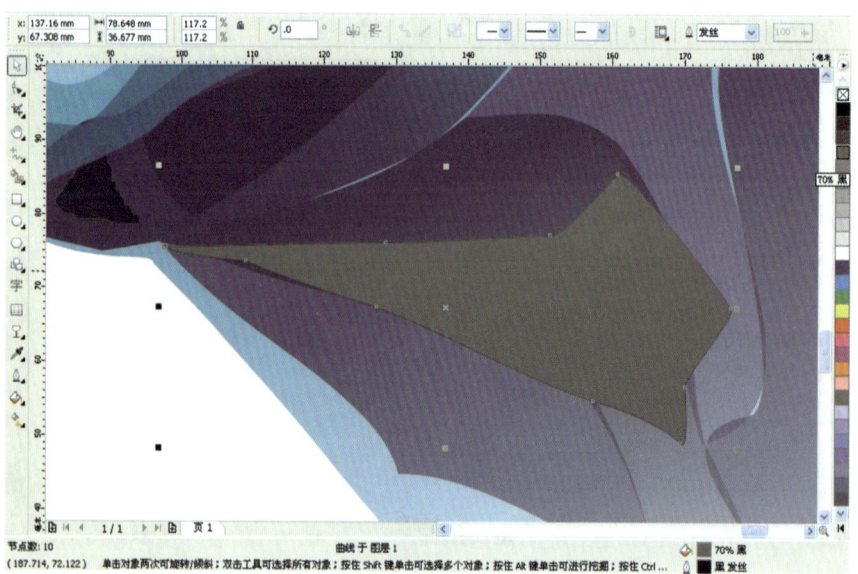

图9-134

135. 以同样的方法绘制另一个衣领图形，并给它填上60%的黑色，它的轮廓也保持默认不变，效果如图9-135所示。

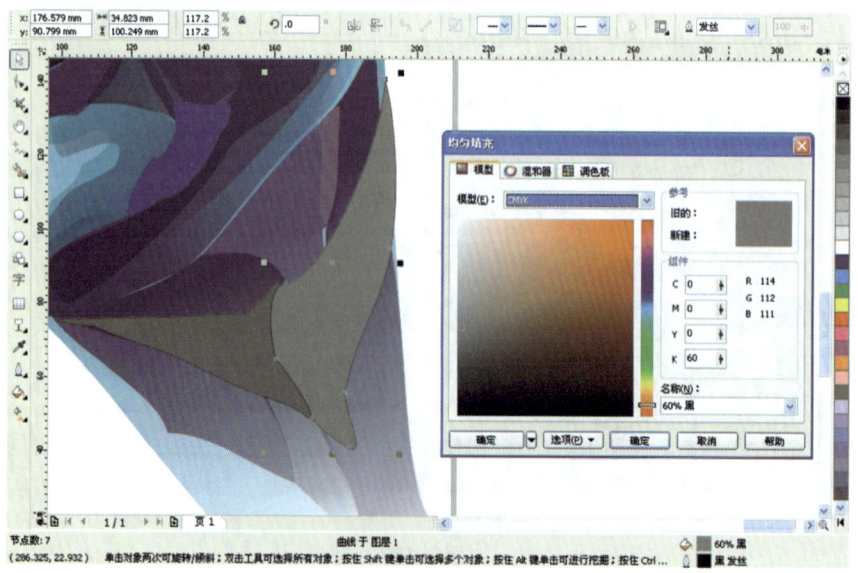

图9-135

136. 打开椭圆形工具绘制纽扣。如图9-136所示，给"圆形纽扣"填上30%的黑色，轮廓保持默认不变。

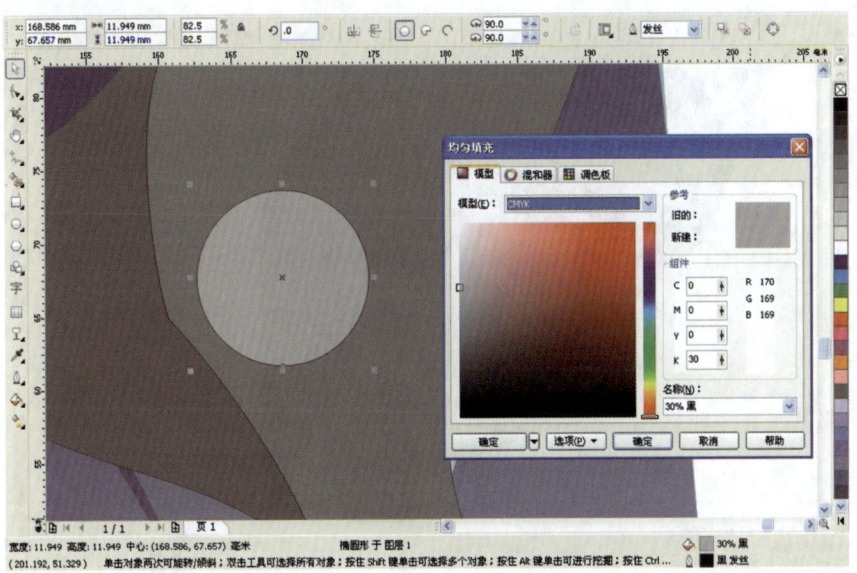

图9-136

137. 开始绘制男主角的外衣领图形，保持它的轮廓默认不变，再给它填上90%的黑色，效果如图9-137所示。

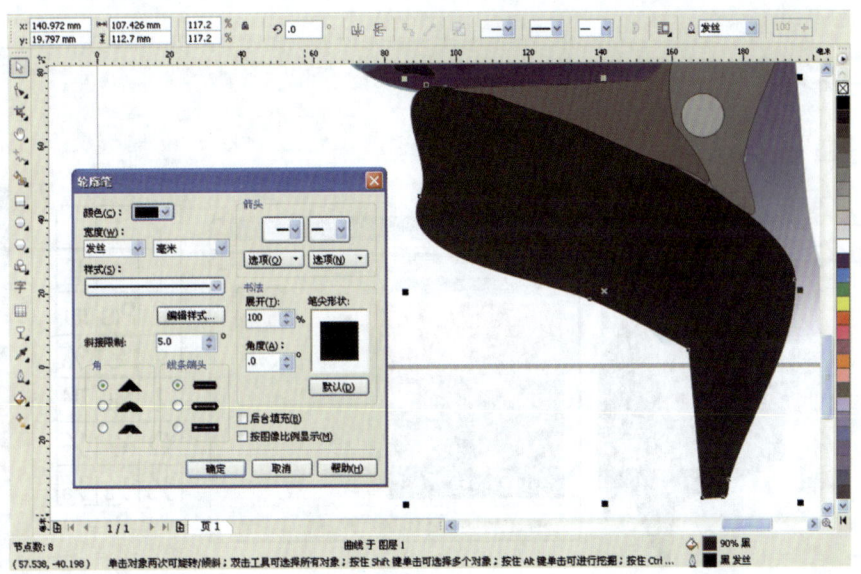

图9-137

138. 打开矩形工具绘制一个矩形,转成曲线后,使用形状工具将其编辑成男主角的另外一个外衣领图形,然后给它及它的轮廓填上黑色,如图9-138所示。

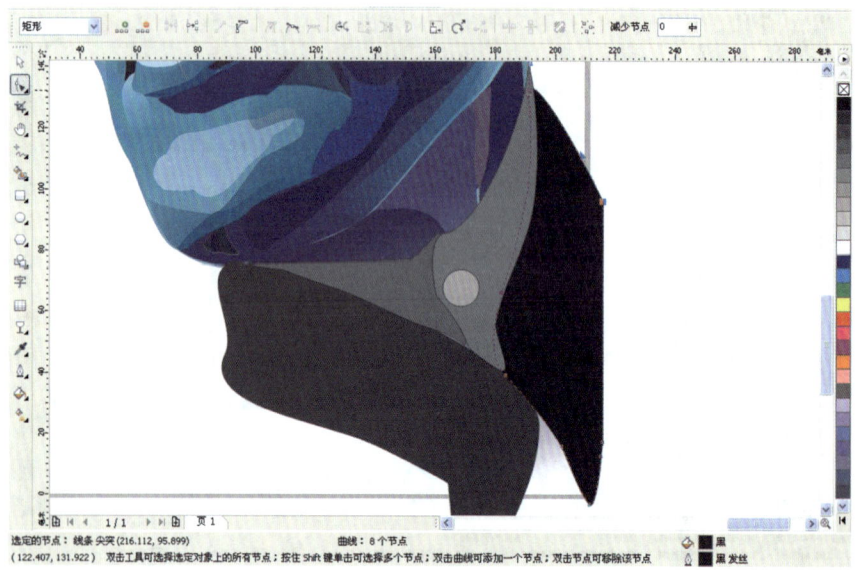

图9-138

139. 打开菜单命令"文本/插入符号字符",在弹出"插入字符"的对话面板里拖出如图9-139所示字符,然后给它填上宝石红色C0,M60,Y60,K40,至此,男主角全部绘制完毕。

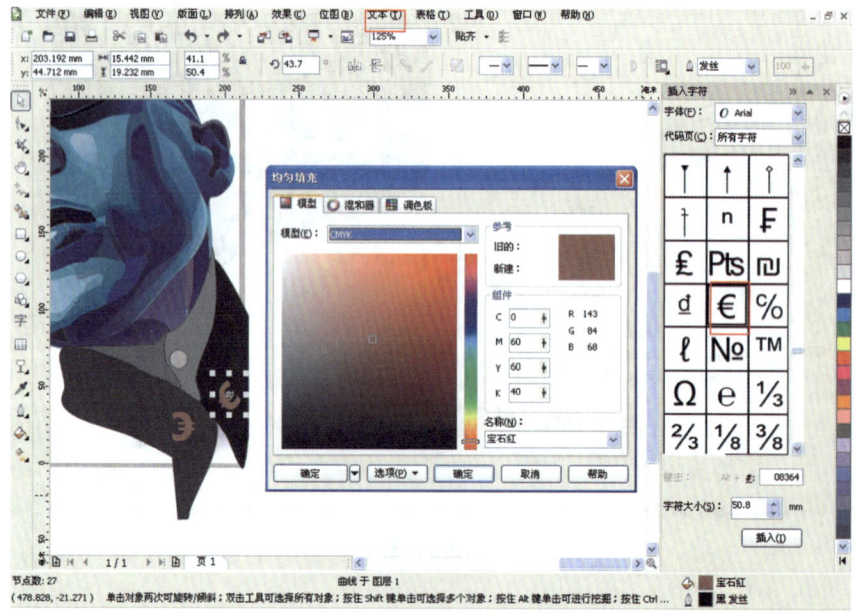

图9-139

140. 开始添加电影海报的背景。打开矩形工具绘制矩形，使用填充工具给它填上CMYK值为3、3、30、0的色彩，如图9-140所示（把男主角头像露出背景，具有立体空间感）。

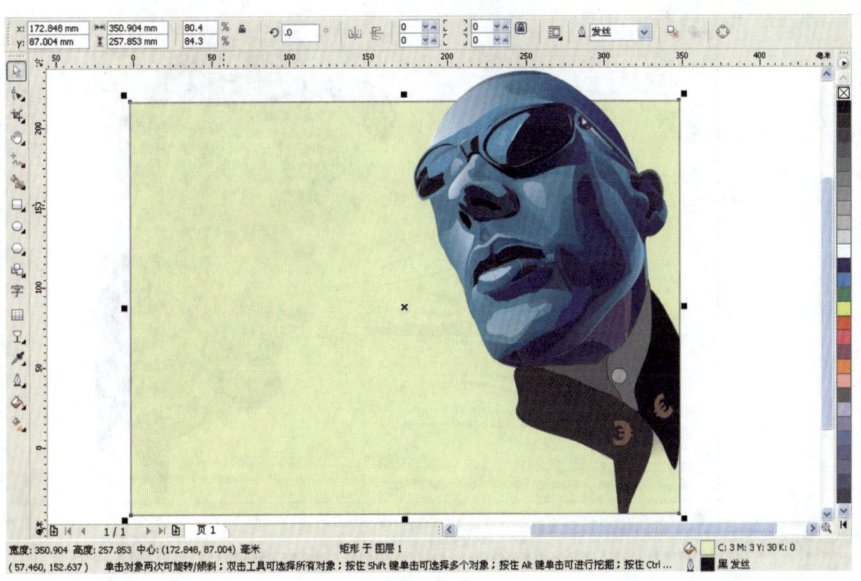

图9-140

141. 再绘制一个矩形，先将它转成曲线，然后打开粗糙笔刷工具 对它的一个边进行粗糙处理，粗糙笔刷的参数如图9-141所示。

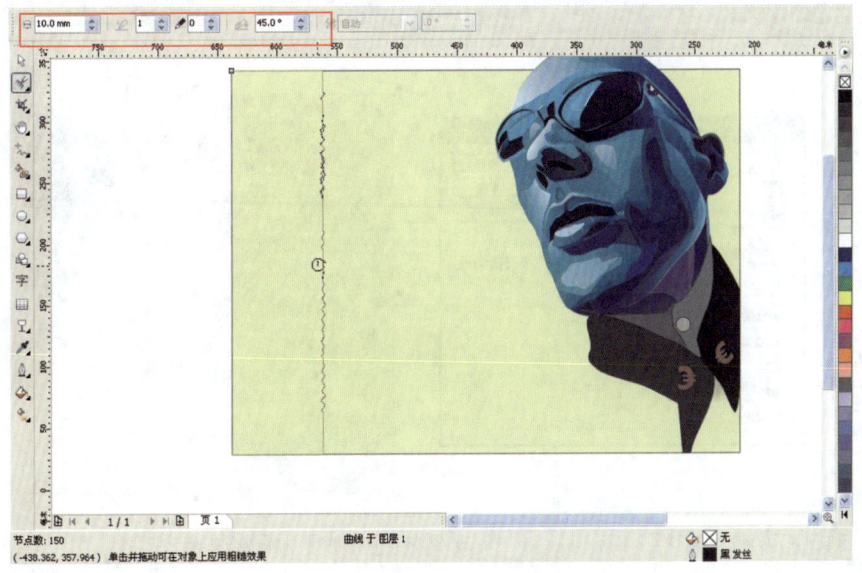

图9-141

142. 打开形状工具，选中该矩形被粗糙笔刷处理过的一边，任意拖曳矩形粗糙边上的点，效果如图9-142所示。

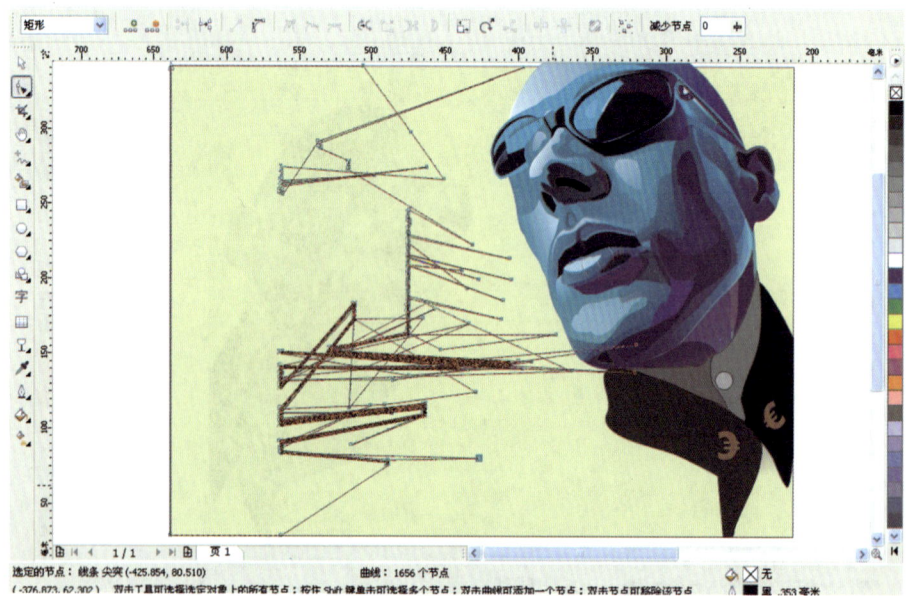

图9-142

143. 打开填充工具中的"Postscript底纹"选项，在它的对话面板中选择"彩色阴影"，设置它的参数后，点击"确定"，填充到上一步制作的图形之中，如图9-143所示。

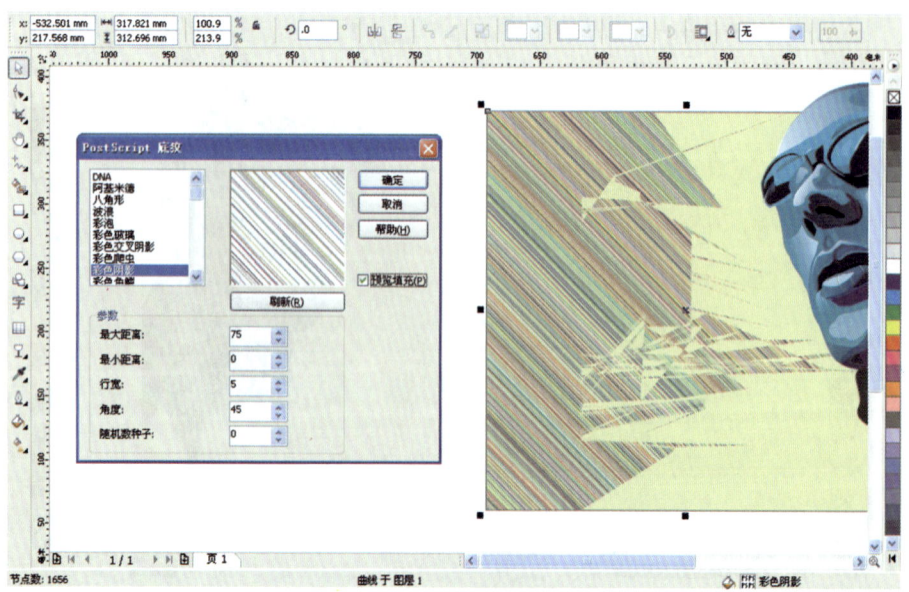

图9-143

144. 在背景上添加一杆枪，由于各种限制，只能导入一张psd格式的位图（注意：导入时选择"背景透明"），然后给它添加线性渐变透明效果，交互式透明工具的对话面板上的参数如图9-144所示（把枪露出背景，也是体现立体感）。

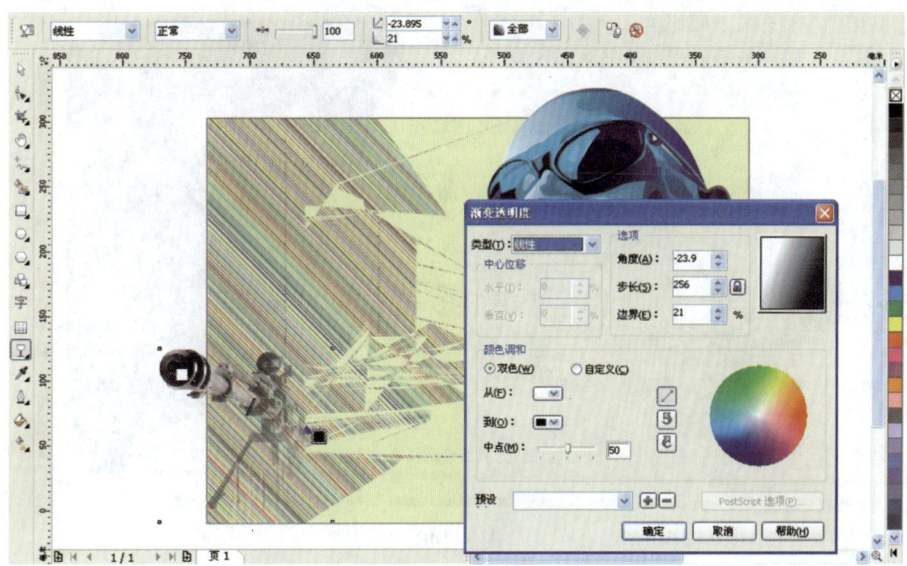

图9-144

145. 打开文本工具输入该电影海报的故事梗概，字体采用宋体字。然后使用挑选工具将段落文本拉斜，再用填充工具给段落文本填上青色C100、M0、Y0、K0，如图9-145所示。

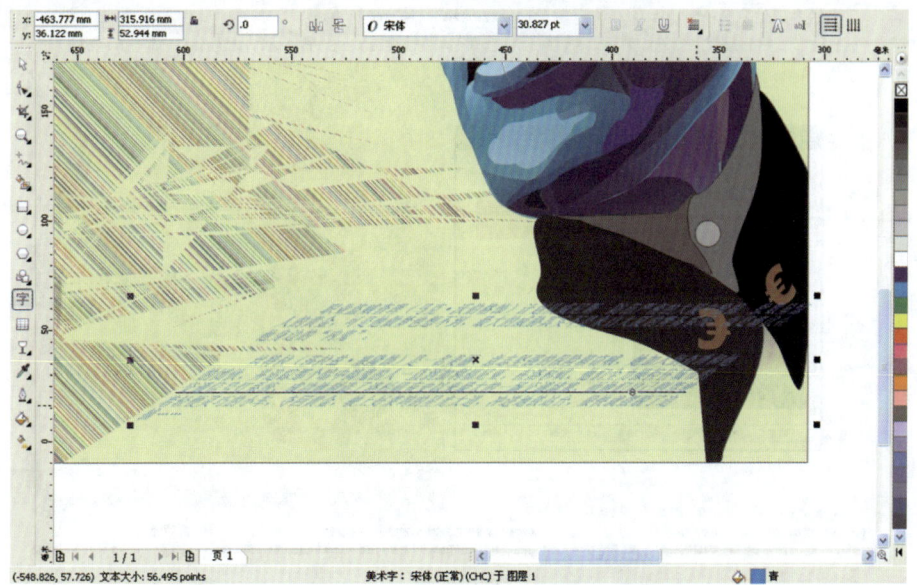

图9-145

146. 使用文本工具输入虚拟的演员名字，并设置文本字体为"黑体"，字体的大小及其他属性如图9-146所示。

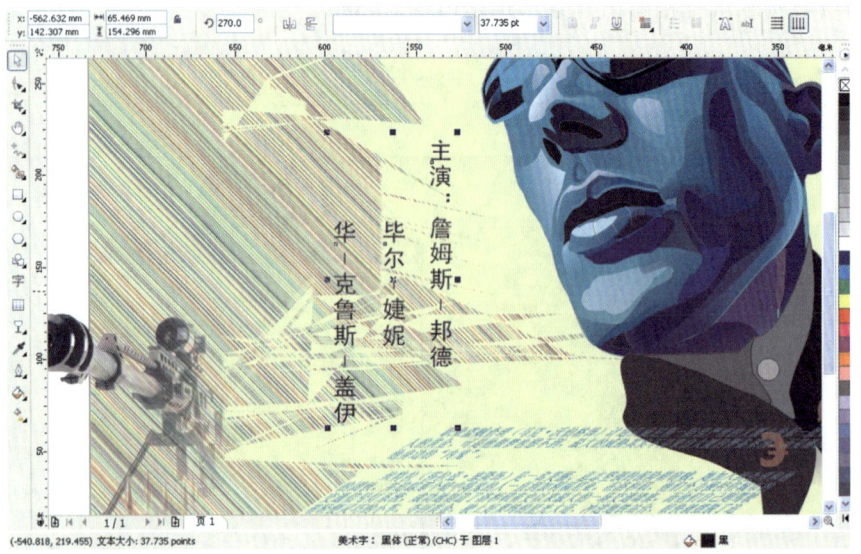

图9-146

147. 输入电影的名称"飞鹰特工"（虚拟的），并采用"草檀斋毛泽东字体"，大小为150pt，然后使用填充工具给它填上红色C0，M100，Y100，K0，字体的轮廓默认，效果如图9-147所示。

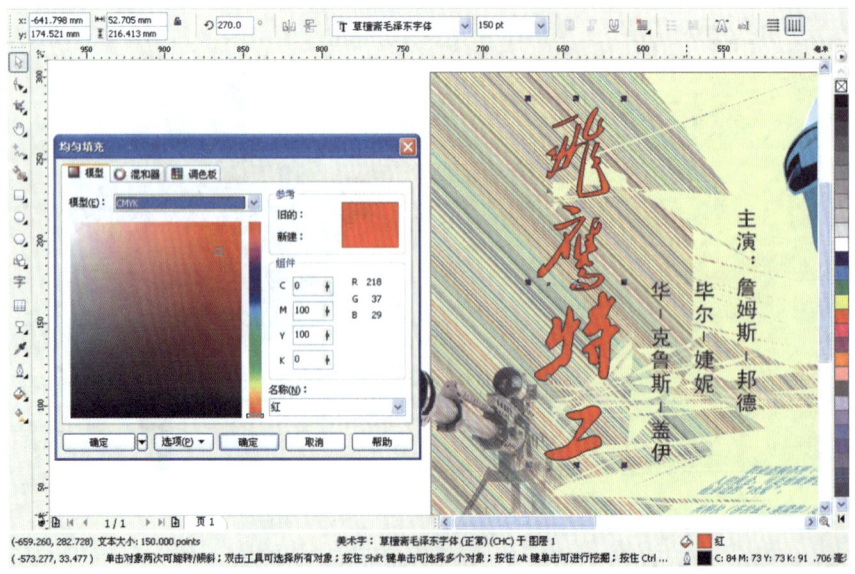

图9-147

148. 至此，本立体电影海报全部制作完成，效果如图9-148所示。

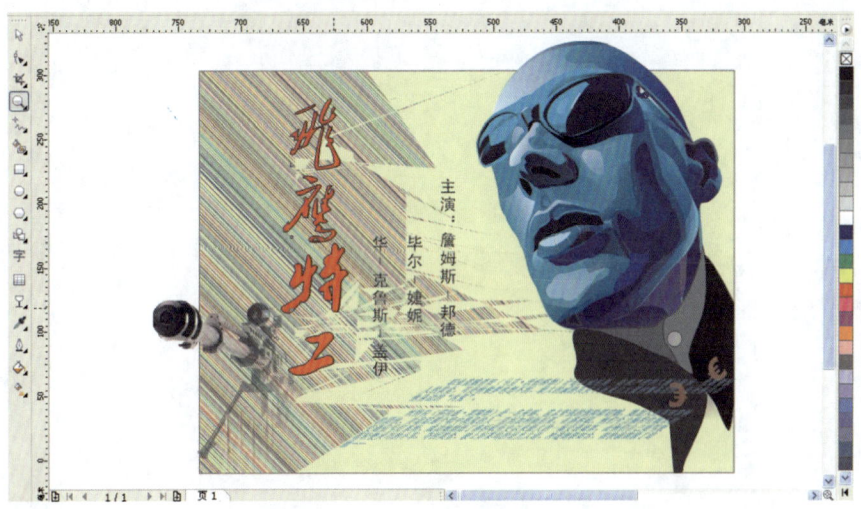

图9-148

149. 当然也可以调换背景的色彩，以变更整个电影海报的视觉冲击效果和感觉，如果将背景色换成橙色，效果如图9-149所示。

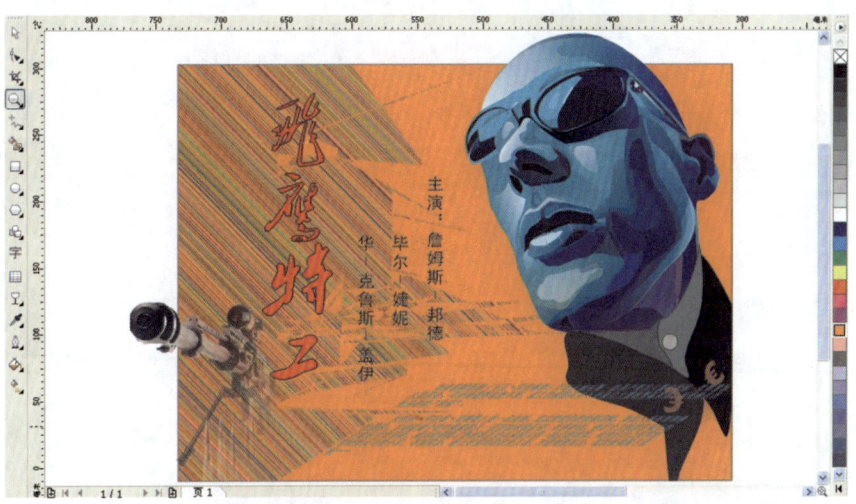

图9-149